中国安全生产史

（1949—2015）

朱义长　主编

煤炭工业出版社

·北　京·

内容简介

本书叙述了中华人民共和国建立之后，直到第十二个国民经济和社会发展五年规划期末，也即从1949年10月到2015年12月之间，我国安全生产的发展进步历程。旨在探索归纳安全生产的发展规律和基本特点，阐释和回答安全生产工作领域的一般性概念与普遍性问题，帮助目前正在从事安全生产工作的同志，以及有志于安全生产事业的青年一代，深刻认识安全生产的重要性，了解我国安全生产所经历的发展道路，认清工业化进程中安全生产所面临的严峻挑战，把握我国经济社会安全发展、科学发展的必然趋势，增强做好安全生产工作的信念和信心。既是一部研究我国安全生产发展过程的史学专著，也可作为安全生产监管系统的业务培训教材，以及高等院校安全科学与工程专业未来有必要开设“安全生产史”课程的教科书。

中国安全生产协会

《中国安全生产史（1949—2015）》

编审委员会

赵铁锤（主任）

朱义长（副主任、主编）　田玉章　赖　辉

徐汉才　吴晓煜　杨国顺　曹宗理　詹瑜璞

杨乃莲　朱安愚

[序言]

杨焕宁

以史为鉴做好安全生产工作

——《中国安全生产史(1949—2015)》序

中华民族是一个历史悠久的民族，对总结、借鉴、运用历史经验的价值意义有着深刻的认识。看了中国安全生产协会组织撰写的《中国安全生产史(1949—2015)》初稿，再次感到历史是一面镜子、一盏明灯，也是一位老师，使人有所发现、受到启迪。这里与大家交流一些读后的感受。

一、秉持党和国家的本质属性和根本宗旨，不断强化做好安全生产工作的政治自觉和责任自觉

一百多年前，马克思主义的创始人就深刻批判资本主义社会不顾工人死活的恶劣安全生产状况，提出了保护劳工权益、促进人的全面发展的思想。中国共产党从诞生之日起，就高度重视保护工人的安全健康，并为之不断探索努力。1921年，中共一大通过的《中国共产党第一个决议》，提出要建立产业工会，维护劳工权益。1931年，中华苏维埃临时中央政府发布实施了《劳动法》，规定“工作条件与工作过程特别危害工人身体健康的工厂，须供给工人特别保护衣服和其他保护物”。1942年，陕甘宁边区政府颁布《边区劳动保护条例草案》，规定“各企业各机关必须采取适当设备，以消灭或减少工人之危险，及御防危险之事件发

生”;“当地主管机关应对各企业时常检查，凡发现其建筑设备损坏，致有立即危害工人身体健康或生命之可能的程度，得命令该企业即停工修理”。

新中国成立后，中央人民政府旗帜鲜明地提出了“安全生产”的方针和要求，强调“安全为了生产，生产必须安全”，并建立了安全生产一整套制度体系。即使在“十年动乱”时期，1970 年毛泽东主席批准发出了《中共中央关于加强安全生产的通知》，1975 年国务院召开了全国第一次安全生产会议。改革开放以来，党和国家在安全生产领域进行了一系列的体制机制改革创新，提出并完善了“安全第一、预防为主、综合治理”的方针，并采取有力措施推进安全生产法治建设、基础建设和责任体系建设。特别是党的十八大以来，以习近平同志为总书记的党中央对安全生产工作空前重视，几乎历次中央全会都对安全生产工作提出要求。习近平总书记振聋发聩地提出了发展决不能以牺牲安全为代价、实行“党政同责、一岗双责、失职追责”等重要思想和重大决策。国务院多次作出具体部署、加大投入，有力地推动了安全生产各项工作的发展。

回顾我们党领导安全生产工作的发展历程，从党刚刚成立的幼年阶段，到战火纷飞的革命岁月，再到热火朝天的社会主义建设年代和波澜壮阔的改革开放新时期，尽管党所处的历史方位、所面临的内外形势、所肩负的使命任务发生了重大变化，但对安全生产工作都予以高度重视和大力推动。何以如此？我想，这是中国共产党“三个先锋队”、“三个代表”的本质属性和中华人民共和国是工人阶级领导的、以工农联盟为基础的人民民主专政社会主义国家的基本性质决定的，是我们党坚持马克思主义基本理论、全心全意为人民服务的根本宗旨和以人民为中心的发展思想的必然要求。高度重视、切实做好安全生产工作，最大限度地保护人民群众生命健康，体现的是党的先进性和中国特色社会主义制度的优越性。这也决定了我们应以高度的政治自觉和责任自觉来加强、推动安全生产工作。

二、深刻认识客观规律，牢牢把握安全生产工作大方向、大逻辑

分析某一起具体生产安全事故的原因，往往与事故企业生产经营的技术水

平、管理水平以及员工素质能力等因素直接相关。但是，一个阶段生产安全事故总体的变化趋势，则主要与经济社会大背景特别是发展思路、发展模式和社会治理能力密切相关。1949 年新中国成立以来，我国安全生产既有事故总量持续下降，安全生产形势基本稳定的时期，也出现过事故高发的严重局面。大致可概括为“三升三稳”：“大跃进”时期、“十年动乱”和 1993 年至 2002 年，是事故高发上升的阶段；新中国建立初期、“文革”结束后的一段时间和 2003 年以来，安全生产事故总量呈现稳步下降。

从三次事故大幅上升的高峰期来看，1958 年至 1960 年的“大跃进”时期，由于我们急于改变贫穷落后的面貌，不切实际地盲目追求高指标，严重违背了客观经济规律，发展思路发生了偏差，经济秩序出现了混乱，不仅没有取得好的经济效果，而且造成事故高发。“大跃进”时期，国营及县属以上集体企业年均死亡人数 16190 人，比“一五”时期增长了 3. 9 倍。1966 年至 1976 年的“十年动乱”时期，社会秩序、法律秩序和企业生产秩序遭受严重破坏，各级党政机关和企业管理机构陷入瘫痪，安全生产各类规程、规章、制度形同虚设，导致事故频发。1966—1969 年的事故伤亡人数未能正常上报统计，有统计的 1970 年、1971 年、1972 年，全国县属以上企业事故死亡人数，分别为 1965 年的 2. 85 倍、4. 24 倍、4. 31 倍。1993 年至 2002 年，我国迈进工业化快速发展阶段，在经济快速发展和社会深刻变革的过程中，一些地方和企业重效益轻安全，致使生产安全的风险明显加大，各类事故及致人死亡的数量在这 10 年里持续攀升，最高曾达到一年 107 万起、死亡近 14 万人。

从三次事故平稳下降的时期看，新中国建立初期，我国还是农业经济占主导的产业结构，农业产值占近 60%，近代工业刚刚起步，生产规模很小，同时党和政府正确地把握各方面的重大关系，强调“安全为了生产，生产必须安全”。“文革”结束后，经过拨乱反正，安全生产在思想上、组织上、制度上得到全面加强，突出强调安全生产的管理责任，明确提出企业发生事故，首先要追查厂长、党委书记的责任；一个部门、一个地区事故多，要追查部门和地方领导人的责任，有效扭转了生产安全事故多发势头。2003 年以来，党中央、国务院明确提出以人为本、安全发展理念，党的十八大以来，习近平总书记反复强调发展决不能以牺牲安全为代价的红线意识，以此为指导，各级党委政府把安全生产纳入经济社会发展大局中统筹考虑，大力加强安全生产法制建设、机制建设和责任体系建设，取得了显著成效，在经济快速发展的同时，事故总量和死亡人数连续14年“双下降”。

总结“三升三稳”的历史经验，可以看到，安全生产问题是经济、政治、文化、社会各方面问题和各种致灾因素相互作用的结果。有效治理这个问题，必须尊重客观规律，坚持科学发展，坚守安全红线，立足全局把握安全生产的大方向、大逻辑，不断提高我国安全生产的整体水平。

三、顺应社会主义现代化建设的大势，推动安全生产工作的改革创新

党的十八届五中全会描绘了全面建成小康社会的宏伟蓝图，提出了创新、协调、绿色、开放、共享五大发展理念。这是我国今后五年经济社会发展的行动指南，也为安全生产工作指明了方向。同时，必须清醒地看到，尽管近十多年来我国生产安全事故持续减少，但是总量依然较大，重特大事故时有发生，已有的问题尚未根本解决，新的问题又不断出现，整体状况同建设更为全面、更高质量的小康社会仍存在明显的差距。要进一步解决这些问题，安全生产工作要深入贯彻党中央“四个全面”的战略部署，积极顺应我国社会主义现代化建设的大局大势，顺势而为、乘势而上，在不断突破各种不适应新的发展要求的羁绊中，推动安全生产工作更好地与全面建成小康社会的目标要求相适应。

一要牢固树立安全发展理念。当前，安全发展理念、安全红线意识在全社会树立得不够牢固、不够深入，仍是生产安全问题特别是重特大事故发生的思想根源。因此，要提高我国安全生产工作的整体水平，各级党委政府、生产经营单位和社会各方面要非常明确、非常强烈、非常坚定地坚持安全发展理念和红线意识，大力宣传、切实贯彻安全发展理念和红线意识。对于党委政府来说，保安全就是保改革、保稳定、保党的宗旨落实；对于生产经营者来说，保安全就是保效

益、保品牌、保市场；对于广大人民群众来说，保安全就是保生命、保健康、保幸福。只有全社会更加普遍、更加自觉地接受安全发展理念和红线意识，安全生产的法律法规、工作责任和各项具体措施才能真正落到实处。

二要健全落实安全生产责任制。按照“党政同责、一岗双责、失职追责”的原则，要进一步明确规范党委政府的领导责任、部门监管责任和属地管理责任，改革完善开发区、工业园区、港口等功能区安全监管体制，切实织密织紧安全生产责任网。建立与全面建成小康社会相适应和体现安全发展水平的安全生产考核评价体系，普遍实施各级政府对同级安委会成员单位和下级政府安全生产责任考核和巡查，推动安全生产责任层层落到基层。突出企业主体责任，实行严格的全员安全生产责任制，建立企业生产经营全过程安全责任实名追溯制度，对被追究刑事责任的生产经营者实施职业禁入，对负有重大责任的技术服务机构实施行业禁入。

三要大力推进依法治理。在社会主义市场经济条件下，企业成为市场主体，由单位变成“法人”，与此相适应，安全生产工作应由主要是行政纵向管理转变为依法平面监管。因此，要大力推动安全生产法治建设。研究制定安全生产中长期立法规划，建立法律法规标准立、改、废、释工作协调机制，着力解决不配套、不一致等问题。综合运用行政执法、刑事司法、党纪政纪等手段，依法严格查处各类违法违规行为。加强事故调查的专业性，坚持问责与查因并重，所有事故调查报告全文及时向社会公开。建立行政执法和刑事司法衔接制度，完善安全生产违法线索通报、案件移送与协查机制。改进安全监管执法监督工作，保证执法严明、依法依规、科学严谨、违法必纠。

四要健全安全预防控制体系。生产安全事故的发生，有其内在规律特点，都是由风险失控逐步演变为隐患最终酿成事故。要有效预防事故，必须坚持关口前移，把功夫下在风险管控和隐患治理上，积极构建风险分级管控、隐患排查治理双重预防机制，力求把事故消灭在萌芽状态。组织各级政府有关部门和企业深入开展安全风险排查，特别是容易发生群死群伤的重点领域、重点部位及城市风险点，并逐一落实管控责任和措施，把可能导致的后果限制在可防、可控范围之内。加快隐患排查治理体系建设，建立安全隐患自查、自报、自改的闭环管理工作机制，做到隐患整改责任、措施、资金、时限、预案“五落实”，确保整改到位。

五要加强安全基础保障能力建设。完善中央和地方财政安全投入长效机制，落实企业安全生产费用提取管理使用制度。加大对安全生产和职业健康科研项目的支持力度，建立安全生产、职业健康国家工程技术中心、重点实验室。提升现代信息技术与安全生产融合度，统一标准规范，加快安全生产信息化建设。健全政府购买服务、专业技术服务机构等社会化服务体系，发挥安全生产责任保险、诚信体系、“黑名单”制度等市场机制作用，对存在严重违法违规行为的单位及责任人实行联合惩戒。加强安全宣传教育，把安全知识普及纳入国民教育体系和“阳光工程”等职业技能培训内容，培育新型产业工人，提升全社会安全意识和避险逃生能力。

历史连接着过去、现在和未来。我们回顾历史，是为了总结历史经验、把握历史规律，增强开拓前进的勇气和力量。我们党在领导革命、建设、改革的进程中，一贯重视历史经验的借鉴和运用，倡导领导干部要读点历史，要善于运用历史知识。长期以来安全生产史志研究工作相对滞后，缺乏深入系统的总结和归纳。本书在一定程度上填补了这方面的空白。希望安全监管系统和安全生产战线的同志，通过学习我们党领导安全生产工作的历史，强化宗旨意识和政治觉悟，进一步增强维护人民群众生命安全的责任感、使命感；准确把握安全生产工作规律特点，进一步提高贯彻落实习近平总书记关于安全生产重要指示精神的自觉性、主动性；深入总结经验、吸取教训，进一步提高安全生产工作的前瞻性和预见性，努力提升全社会整体本质安全水平，推动安全生产形势持续稳定好转，为经济社会平稳健康发展、为全面建成小康社会作出我们应有的贡献。（2016 年 9 月）

目 录

绪　论

安全生产是指国家经济建设和企业生产经营活动秉持以人为本、生命至上理念，遵循安全第一、预防为主、综合治理方针，努力做到人、机器、环境等的和谐统一，使各类潜在的事故风险和伤害因素得到有效控制，确保企业从业人员和社会公众生命安全始终处于切实保障的状态。

安全生产作为一个独立的完整的概念，产生于建国之初，由“安保”或“保安”、“安全卫生”等说法和词语演变而来。其最初的涵义，就是要在保证劳动者生命安全的前提下进行生产和建设。随着安全生产实践活动的逐步深入，其内涵也不断得到丰富和发展。二十世纪八十年代以来，研究机构和安全生产监管系统的同志就此作出了多种阐释。有把安全生产定义为某项方针原则的，认为安全生产是“旨在保障劳动者在生产过程中的安全的一项方针，也是企业管理必须遵循的一项原则，要求最大限度地减少劳动者的工伤和职业病，保障劳动者在生产过程中的生命安全和身体健康”①。有将安全生产解释为某种基本要求、基本条件和重要标志的，认为“安全生产是以人为本的体现，是安全发展战略的基本要求，是保证经济建设持续、稳定、协调发展的基本条件，是社会进步与文明的重要标志”②。有将安全生产定义为某项活动的，认为“安全生产是指在生

① 《中国大百科全书》社会学卷第 1 页，中国大百科全书出版社 1988 年版。

② 罗云：《安全科学导论》中国质检出版社、中国标准出版社 2013 年 12 月出版，第 19 页。

产经营活动中，为了避免造成人员伤害和财产损失的事故而采取相应的事故预防和控制措施，以保证从业人员的人身安全，保证生产经营活动得以顺利进行的相关活动”[①]。还有把安全生产解释为某项前提或某种责任的：“安全生产是人类为其生存和发展向大自然索取和创造物质财富的生产经营活动的一个最重要的基本前提”[②]；“安全生产是企业的一种社会责任”、“安全生产是个人的一种基本生存责任”[③]。所有这些，都在一定程度上反映了安全生产的本质及其特征、特点，都有助于我们不断加深对安全生产重要性的认识。

安全生产与劳动保护的区别在于：前者特指经济建设和生产经营活动所引发的人身以及财产安全问题、职业健康问题。后者则覆盖了劳动者权益保护的各个方面，既包括了劳动者的安全与健康；也包括了工作时间、劳动报酬、工伤补助、退休待遇，以及劳动年龄限制和禁止使用童工、保护女工等，建国之前也称“劳工保护”。建国后特别是在国家劳动管理部门负责履行政府安全生产监管监察职能时期，曾经将安全生产与劳动保护作为同一项工作，一起安排部署、监督检查和贯彻落实。2001 年国家安全生产监督管理体制改革后，安全生产与劳动保护才分离开来，成为内涵与外延都不相同的两件事情。本书在溯及以往工作时，难以完全避免两个概念并行、交叉或混合使用的情况。

安全生产与国际社会通行的“职业安全与健康（Occupational Safety and Health)”之间，既有同一和重叠，也有差别。前者着眼于劳动者的人身安全问题，致力于防范遏制生产过程中可能发生的伤亡事故；后者着眼于社会上各类职业及相关工作岗位的安全防护与卫生健康状况，致力于防范和治理各类职业伤害。由目前的以防范伤亡事故为主，逐步向着以防范治理职业伤害为主转变，是安全生产事业发展进步的必然趋势。

安全生产工作是指在中国共产党领导下，我国各级政府、各类生产经营单位以及群众组织、社会团体等为保护人民群众的生命财产安全与健康，推动经济社

---

① 360 百科网，“安全生产” 条目解释。http：//baike. so. com/doc/4474135 －4683109. html。

② 范维唐主编：《我国安全生产形势、差距和对策》，煤炭工业出版社 2006 年 6 月出版。

③ 人民网——强国论坛——“安全生产重于泰山”。http：//blog. people. com. cn/article/。

会的安全发展和科学发展，而组织开展的一系列立法和执法、制定政策、督促指导、现场管理、监督检查、技术服务等活动，大致上由源头管理、过程控制、应急救援和事故查处等构成。建国以来安全生产工作长期属于工业生产、经济建设的范畴。党的十七大报告把安全生产工作纳入社会建设和社会管理,之后中央在部署社会建设任务,推动社会管理创新中,都对安全生产工作作出部署、提出要求。

建立健全党和政府统一领导下的责权分明、协作密切的安全生产责任体系，调动各方面力量齐抓共管，是我国安全生产工作所具有的特殊优势。地方各级党委、政府对本地区安全生产工作负有领导责任。各级政府安全生产监督管理机构、行业主管部门对安全生产履行综合监管和专业监管职责。企业是安全生产全部工作的着眼点、出发点和落脚点，开展安全生产标准化创建活动，建设本质安全型企业，形成自我约束、持续改进的内生机制，提升企业防范抵御事故灾害的能力，是安全生产最重要的基础工作。人民群众是安全生产工作的指向和对象，也是安全生产实践活动的主体，是安全生产各项工作的参与者、监督者和推动者。加强各级党委和政府的领导，发挥企业的责任主体作用，充分调动、紧紧依靠广大人民群众的积极性，是搞好我国安全生产的基本方法和有效途径。

我国安全生产经历了曲折的发展历程。建国之前党为维护劳动群众的安全健康权益付出了巨大努力，根据地和解放区各个革命政权在安全生产、劳动保护工作方面做出了积极实践。建国初期党和政府把安全生产摆上重要日程，以雷厉风行、说到做到的作风，涤荡和扫除了旧时代遗留下来的不珍视劳动者生命、不重视安全生产的陋习积弊。“大跃进”和“十年动乱”期间安全生产受到干扰、冲击和破坏，付出了伤亡事故多发、人民生命财产遭受严重损失的惨痛代价。改革开放后拨乱反正，安全生产重新步入正常进行的轨道。为适应向社会主义市场经济体制转变新形势下加强安全生产的需要，党和国家积极推动安全生产监管体制改革，加快建立以《安全生产法》为主体的安全生产法律体系，依法开展煤矿等重点行业领域的安全整治，加大事故查处和责任追究力度。特别是党的十八大以来，中央把安全生产纳入“四个全面”战略布局，倡导和树立安全生产红线意识，强化各级领导安全责任，完善安全法治体系，深化安全监管体制改革，使全国安全生产工作持续加强并取得显著成效。

建国以来尤其是改革开放后安全生产工作虽然取得了显著进展，但重特大事故时有发生，高危行业和全国安全生产形势依然严峻。与先进工业化国家相比，目前我国亿元国内生产总值事故死亡率、工矿商贸10万从业人员事故死亡率等指标仍然落后。工业化、城镇化持续推进时期也是生产安全事故的易发期。人民群众日益强烈的安全愿望与相对落后的社会生产之间，急剧扩大的社会生产规模与比较薄弱的安全生产基础条件之间，安全生产科学管理的内在要求与现阶段社会管理、企业管理水平仍然较低的现实状况之间，矛盾突出而且相互交织。安全发展任重而道远，必须付出持续不懈的努力。

本书叙述了中华人民共和国建立之后，直到第十二个国民经济和社会发展五年规划期末，也即从1949年10月到2015年12月之间，我国安全生产的发展进步历程。旨在探索归纳安全生产的发展规律和基本特点，阐释和回答安全生产工作领域的一般性概念与普遍性问题，帮助目前正在从事安全生产工作的同志，以及有志于安全生产事业的青年一代，深刻认识安全生产的重要性，了解我国安全生产所经历的发展道路，认清工业化进程中安全生产所面临的严峻挑战，把握我国经济社会安全发展、科学发展的必然趋势，进一步增强做好安全生产工作的责任感、使命感和紧迫感。

本书以构成安全生产的要素如安全监管体制、安全法治、安全文化、安全科技等以及安全生产领域的重大事件、重要文件、重特大事故等为纲目，设置了我国安全生产所经历的各个重要时期，安全生产方针、理念、原则等的提出和确立，安全生产监督管理体制沿革，煤矿安全生产及其监察监管体制改革发展，安全生产法治建设历程，安全文化建设的逐步加强，安全生产经济政策的制定与实施，安全生产科学技术工作进展，职业卫生工作的发展变化，安全生产应急管理和救援体系建设，事故报告查处和用事故教训推动安全生产工作十一个章目和若干小节。既是一部研究我国安全生产发展过程的史学专著，也可作为安全生产监管系统的业务培训教材，以及高等院校安全科学与工程专业未来有必要开设“安全生产史”课程的教科书。

第一章

我国安全生产所经历的各个重要时期

生产活动中的人身安全问题自古有之。人们在获取生产和生活资料的过程中，时常会受到来自自然界、作业场所、劳动工具以及人自身不安全行为的伤害。在农业社会这种伤害的范围、规模和社会影响程度都极其有限。进入机器生产和工业化社会之后，事故伤亡日益严重，安全生产才逐步成为一个需要严肃对待的重大问题。

十九世纪末和二十世纪初，我国社会“风气渐开，各商纷纷请办矿务”①，现代矿山开采、铁路运输、机械制造和纺织工业等步入发端。因技术落后、设施简陋，加之安全意识薄弱，造成事故多发、伤亡惨重，民情舆论反映强烈。致使统治者不得不予以关注，并学习借鉴国际社会一些通行的做法，采取措施以图安抚。光绪二十八年，清廷派员“购取英、美、德、法、奥、比、西等国矿章，详加译录”，“又采取日本矿章，加以参校”②，着手起草矿业法规。光绪三十年（1904 年）清政府颁布的《奏定矿务章程》，第二十五条规定办矿人“设立合宜防备之法，以免矿师及矿工有意外之虞”，也即建立切实有效的制度和办法以防

---

① （清）商部：《奏定矿务章程》，光绪三十年二月初一日奏折，刻印古籍本第 1 页。

② 马韵珂著：《中国矿业史略》，开明书店出版发行，民国二十一年六月，第 101 页。

范事故；且要求厚待矿山事故伤亡者，规定“若有伤毙矿工人等，须妥为抚恤。其恤银多寡，应衡情从优酌断”[①]。光绪三十三年（1907 年）清政府正式颁布的《大清矿务章程》对矿主的安全责任进一步做出规定，“因工程不善以致有险害等事，该矿商承任责成，应速讲求预防之法”；同时规定了地方政府和相关人员在矿山安全方面的监察职责，要求矿务警察、矿务委员对“坑内及矿地所施设之工程有无危险事”，“矿工之生命及其他卫生事”进行监督检查，发现危险和隐患要及时处理，“如事迫不及禀请总局者，该委员亦可命其暂行停工”[②]。

1914 年 3 月 11 日，袁世凯以总统教令第三十四号公布《矿业条例》，规定凡打算开办煤矿的，应向矿务监督部门提出申请并呈报农商总长核准；“矿业工程如有危险或损害公益时，矿业权者应预为防范，或暂行停止”[③]。1922 年 8 月北洋政府召开研究“国体国是”会议，所拟定的宪法草案第九十五条规定：“国家对于劳动应颁法律保护之”，并载明要制定劳动法、矿法等法律[④]。在上述法律的指定出台需要假以时日的情况下，1923 年北洋政府相继颁布了《暂行工厂规则》、《矿业保安规程》、《煤矿爆发预防规则》、《矿场钩虫病预防规则》、《矿工待遇规则》五部涉及安全生产和劳工保护的法规。特别是《煤矿爆发预防规则》，从矿工培训、矿井通风、瓦斯监测监控、矿灯和火药管理，到事故应对、抢险救援、救护队建设等，都有比较具体的要求。

国民政府 1927 年定都南京之后，组建了劳工局并成立了劳动法起草委员会，1929 年 12 月颁布《工厂法》，翌年 12 月颁布《工厂法实施条例》，随后又出台《工厂检查法》，建立了工厂检查制度，把厂矿企业安全及卫生设备、工厂灾变（事故）、工人死亡伤害等纳入检查的内容，规定检查员由中央劳工行政机构和省市主管机构派出。1930 年颁布的《中华民国矿业法》建立了政府对矿业安全

① （清）商部：《奏定矿务章程》，光绪三十年二月初一日奏折，刻印古籍本第 7 页。

② 政学社印行：《大清法规大全 · 实业部》，台湾考正出版社 1972 年版，第 3091 页。

③ 谢振民编著：《中华民国立法史》，政法大学出版社 2000 年版，第 596 页。

④ 中国科学院历史研究所第三所南京史料整理处：《国是会议宪法草案（甲种）》，《中华民国史史料长编》第 30 册，南京大学出版社 1993 年 1 月，第 11902 －9 页。

等的监督制度，规定采矿权人须将矿井内部实测图等交由地方政府矿业事务所建档备查，并呈报省府主管备案；政府部门发现有危险时，“应令矿业权者设法预防或暂行停止工作”①。

以上这些，事实上多为应时应景之举或者表面文章，统治者既没有把保护劳动者安全与健康问题真正放在心上，作为当权者必须履行的崇高职责；也没有雷厉风行、一抓到底的决策与执行能力。仅靠几纸空文，根本无法改变旧中国工矿企业安全状况恶化、劳动者生命与健康得不到保障的残酷现实。

第一节　中国共产党在劳工保护方面的初步探索和根据地革命政权的积极实践

1921 年 7 月中国共产党第一次全国代表大会通过的《中国共产党第一个决议》，就提出要建立产业工会，维护劳工权益。1922 年 5 月毛泽东在湖南《大公报》上发表了《更宜注意的问题》一文，指出“大家注意，就请注意到劳工的三件事：一、劳工的生存权，二、劳工的劳动权，三、劳工的劳动全收权”②。当年 7 月召开的中国共产党第 2 次全国代表大会把制定保护工人劳动的法令、维护工人权益作为斗争目标，并提出废除包工制，实行八小时工作制，工厂设立工人医院及其他卫生设备，制定工厂保险法，保护女工和童工，保护失业工人等政治主张。8 月，中国共产党领导下的中国劳动组合书记部利用北洋军阀宣布恢复国会、制定宪法的机会，发出了《关于劳动立法的请愿书》，要求国会在宪法中规定保护劳工的条文。请愿书说：“同人等素从事劳工运动，连年来亲睹国内劳工饱受暴力摧残之惨状，深知国内劳工无法律保护之痛苦，加以感受操政柄者之巧于舞文玩法，益觉得劳动法案规诸宪法之重要。为全国劳工请命计，为国家立法前途计，理合拟具劳动法案大纲”③。中国劳动组合书记部拟定的《劳动法案

① （国民政府）湖南省建设厅印行：《矿业法规》，1939 年 7 月印，第 17 页。

② 中共中央文献研究室编：《毛泽东文集》第一卷，1996 年 9 月出版，第 8 页。

③ 杨一凡、陈寒枫主编：《中华人民共和国法制史》，黑龙江人民出版社 1997 年版，第 388 页。

大纲》共 19 条，与安全生产、劳动保护相关的如：每日劳动时间不超过 8 个小时，剧烈（繁重）劳动时间不超过 6 小时，每周要有一天休息时间；保护童工和女工，禁止雇用童工，禁止 18 岁以下工人从事繁重高危体力劳动，给予女工 5 ~ 8 周的产假；建立保险制度，使劳动者在发生工伤事故、丧失劳动能力的情况下能够得到补偿，其保险费完全由雇主或国家支付；通过国家立法，保障工人能够得到文化、职业技能方面的教育培训；国家设立劳动检查局，对公私企业进行监督，以保护劳动者权益。法案大纲的“附白”（即起草说明）指出：“这是本部斟酌各国劳动法拟定的，我们认为是最低的限度，并不过高，我们是非要国会都要通过不可的”；“这是我们劳动阶级切身的利害，我们不可忽视呀！”① 为迫使政府表态，劳动组合书记部还举行了国会议员和新闻记者招待会，在唐山、郑州、长沙等地召开大会，组织游行示威和通电请愿，营造舆论声势。

1924 年临时国民政府建立之后，中国共产党把劳动者的安全健康作为“最低限度的要求”，向临时国民政府和国民会议提出了实行 8 小时工作制，工厂改良卫生，实施工人伤亡保险等建议和主张；并立场鲜明地指出：“本党认为拥护这些要求，是一切人民及其代表之责任，尤其是国民党之责任”②。1925 年 5 月 1 日，在中国共产党主导下召开的第 2 次全国劳动大会通过的《经济斗争的决议案》，分析了国内安全生产、劳动保护现状，指出“现在的劳动条件已经坏到了极点”，各类工厂缺乏必要的安全卫生设施设备，“因而危险之事常常发生。如去年上海祥经丝厂的火灾，工人被烧死者数百人。平时因工厂之不洁，而得肺痨疫症以死者，更不可计数；又在工人工作受伤或死亡失业后，亦无相当的保障”③。决议案为此提出：一切企业应设法消除或减少对工人身体有害的工作及生产方法，并当预防不幸事情的发生；极力注意工厂卫生与防疫事宜；对于从事有危害健康工作的工人，工厂须供给他们以种种抵抗危害的服装、用器、消毒材

---

① 解放军政治学院党史教研室编：《中共党史参考资料》第二册第 312 页，1979 年 4 月。

② 《中国共产党对于时局的主张》，《中共中央第一次国内革命战争时期统一战线文件选编》，档案出版社 1991 年 5 月出版，第 71 页。

③ 《中国历次全国劳动大会文献》，工人出版社 1957 年 3 月出版，第 16 页。

料等。1927 年 6 月召开的第 4 次全国劳动大会通过的《产业工人经济斗争决议案》指出，为保护工人身体健康，特别是繁重和危险的产业工作部门，如冶炼业、矿山、有害的化学工业等，工作时间要减至八小时以内；禁止使用女工和 16 岁以下的童工从事有害健康的化学工业、坑下劳动及繁重的劳动；一切有危险性的工作岗位，应由充分的防护设施，并注意卫生工作，各种机器均须有安全设备；各工厂必须有通风除尘等设备，以畅通空气，防止尘埃；各种污秽有毒害的工厂，须供给工人工作服，并建立其他预防设施。1929 年 11 月召开的第 5 次全国劳动大会通过的《中华全国工人斗争纲领》，要求“工厂应有最完善的卫生、防险等设备；应由国会监督工厂此项设施，尽力保持工人康健，减少伤害不幸事件”①。

土地革命时期，中央苏维埃政权和各个革命根据地在保护劳动者安全和健康方面付出了积极努力。1934 年 1 月第 2 次全国苏维埃代表大会通过的《中华苏维埃共和国宪法大纲》，第五条规定“中华苏维埃政权以彻底改善工人阶级的生活状况为目的，制定劳动法，宣布八小时工作制，规定最低限度的工资标准，创立社会保险制度与国家的失业津贴，并宣布工人有监督生产之权”②。1931 年 11 月，中华苏维埃临时中央政府在江西瑞金宣告成立，同时组建了劳动人民委员部（简称劳动部），由苏维埃中央人民委员会副总书记项英兼任劳动部部长。刘少奇同志曾经担任副部长。劳动部下设劳动保护局（内设劳动检查科、技术检查科和卫生检查科）、失业工人介绍局，后又增设社会保险局，主要负责工人安全健康、劳动力使用调剂、社会保险等工作。相继制定和公布了《劳动法草案》和《中华苏维埃共和国劳动法》、《中华苏维埃共和国劳动法（修正）》。在这部由中国共产党建立的革命政权所颁布实施的首部安全生产、劳动保护法律中，设立了“安全与卫生”专章，规定工作条件与工作过程特别危害工人身体健康的企业（温度、湿度异常与毒气等），企业管理人须供给工人特别保护衣服与其他

① 《中国历次全国劳动大会文献》，工人出版社 1957 年 3 月出版，第 288 页。

② 《中共党史参考资料》第六册，中国人民解放军政治学院党史教研室编，1979 年 4 月出版，第 542 页。

保护物，如护眼器、面具、呼吸器、肥皂、特殊食品（油类与牛奶）。在有毒的企业内，要供给消毒药品或器具。这些设置的费用不得由工人负担，并须按期对工人进行健康检查，以保护他们的安全和健康。到1932年底，中央苏区大多数县政府都建立了劳动部，并配置了劳动、技术、卫生三类检查员。劳动检查员负责监督检查劳动保护方面的情况，技术检查员负责监督检查厂房、机器设备等安全状况，卫生检查员负责监督检查卫生状况。当发现某个企业存在危害工人身体健康和生命安全的情况时，劳动检查员有封闭该企业的权力。

其他根据地也为此付出了努力。1930年3月闽西根据地通过的《闽西第一次工农兵代表大会劳动法》，规定工厂房屋要注意卫生，"东家"（工厂作坊的主人）要设法改良工场作坊内的卫生等。1932年8月湘赣省第2次苏维埃代表大会通过《关于劳动法执行条例的决议》，对劳动保护问题做了专门说明，规定：凡有危害工人身体健康的工作，雇主应供给工人特别保护衣服及其他保护物；无论何种企业，必须由雇主发给工人便利于该项工作的专门衣服；所有被雇用后在工作过程中所得的职业病或遭受任何危险，须由雇主全部抚恤之。1933年4月闽浙赣省第2次工农兵代表大会通过的《实行劳动法令决议案》，对根据地内忽视工人安全和卫生的情况予以严肃批评："有些苏维埃政府对于劳动法令的执行，对于工人阶级利益的保护，仍表现出不容许的消极"①，并有针对性地提出了改进工作的意见。

抗日战争和解放战争时期，各根据地、解放区在组织人民群众开展武装斗争的同时，高度重视生产过程中的安全问题。1941年8月晋西北行政公署下发文件，要求区域内各个煤矿应切实"注意保障矿工生命之安全，如发生水火及崩毁情事时，应立即停止工作，从速修理"②。1941年11月晋冀鲁豫边区政府做出规定，井下矿工工作时间不得超过9小时，要求"工厂、矿场应切实注意清洁

---

① 韩延龙、常兆儒编：《中国新民主主义革命时期根据地法制文献选编》（第四卷），中国社会科学出版社1984年出版，第630页。

② 同上，第685页。

卫生，如工作有碍工人健康及安全者，须有必要之卫生防护设备”[①]。1942 年 4 月陕甘宁边区政府颁布《边区劳动保护条例草案》，第 35 条规定“各企业各机关必须采用适当的设备，以消灭或减轻工人之危险，及御防危险之事件发生，并保持工作内之卫生”；第 36 条规定“当地主管机关应对各企业时常检查，凡发现其建筑设备损坏，致有立即危害工人身体健康或生命之可能的程度，得命令该企业即停工修理”[②]。1945 年 7 月颁布的《晋冀鲁豫边区政府太行区采矿暂行条例》，既鼓励积极开矿、发展生产，又对矿山安全生产作出了严格的规定。强调“本区有关劳工保护之法令，一切矿业均须遵行，不得违犯”；赋予矿工安全生产建议权、危险场所作业的拒绝权和对安全生产不称职工程技术人员的要求撤换权，“矿窑各种安全保险设备，工人得随时要求厂方进行修补，如危及工人生命时，工人得拒绝在危险场所作业”；“矿窑技师不得保证工人安全时，工人有权要求撤换”[③]。从 1948 年 3 月份起，东北解放区煤矿管理局所属各矿务局相继建立了内部安全生产工作机构，负责企业的安全管理；举办多期“保安训练班”，培训煤矿通风、瓦斯监测、防灭火等安全生产专门人才。1948 年 8 月在哈尔滨召开的第六次全国劳动大会制定了《中华全国总工会章程》，规定全国总工会的宗旨是团结全国职工，保护职工利益，争取中国工人阶级的解放；通过了《关于中国职工运动当前任务的决议》，强调实行八小时至十小时工作制度，改善工厂健康设备和安全设备。根据该决议精神，哈尔滨市制定了《工厂机械安全改进暂行办法》，规定工厂机械皮带须装设皮带盒，明齿轮须装齿轮盒，动力砂轮须装设砂轮盒，轮锯须装设锯罩；机床及其他机器与墙壁，互相之间须有一米以上的距离；工人须佩戴胶皮鞋、紧口套袖、水龙布围裙、电焊镜等劳动防护物品。同时规定了安全改进工作的期限，“凡哈市各公私营工厂务须于限期内遵照

---

① 韩延龙、常兆儒编：《中国新民主主义革命时期根据地法制文献选编》（第四卷），中国社会科学出版社 1984 年出版，第 663 页。

② 同上，第 647 页。

③ 《晋冀鲁豫边区政府太行区采矿暂行条例》，河北省档案馆藏。

执行，凡因缺乏生产条件及其他原因不能实行者，须到劳动局呈请批准备案”[①]。1949年4月晋绥解放区朔县政府召开全县煤窑工人代表大会，会议决定吸取事故教训，改进煤矿安全管理。要求全县凡用工20人以上的煤窑都要成立由窑主和窑工参加的三到五人的生产委员会，以领导和管理本单位的安全生产。生产委员的重要职责之一，就是要商定本矿安全生产纪律与大家的职责，强调井下作业人员要服从生产委员会和“把总”（工头及作业现场负责人）的指挥：“安在那里那里砍，指到那里那里背，不准随使乱砍，禁止半路放炭”；“娃娃不允许下窑，不会背的也不允许下窑”[②]。1949年10月，陕甘宁边区政府通令废除一些煤矿长期实行的让工人昼夜或连续数天在井下作业的“大班制”，严格实行10～12小时工作制，以保护煤矿工人的安全与健康，并要求煤矿所在地政府主管机关加强督导“并经常执行检查”，对不遵守通令、未能及时废除大班制的煤矿，要“分别予以劝告、警告、罚金、停止开采等处分”[③]。所有这些，对于做好新中国建立之后以及大规模工业建设时期的安全生产工作，都有着积极的探索意义和重要的借鉴作用。

第二节　建国初期党和政府在恢复经济、发展生产过程中高度重视安全生产

建立在战争废墟和旧社会遗址上的新中国，安全隐患丛生，伤亡事故多发。1950年第一季度，各地煤矿相继发生10起大的事故。特别是河南省新豫煤矿公司宜洛煤矿老李沟井“2·27”瓦斯爆炸事故，造成严重的生命和财产损失。伤亡213人，其中174人死亡，39人受伤。直接经济损失折合小麦180余万斤，少生产煤炭4000吨（以日产100吨停工40天计算）。该矿为省营煤矿，共有职工300余人，半手工、半机械开采，设计日产能力百吨左右。在矿上组织开展的生

① 《哈尔滨劳动志》，黑龙江科学技术出版社，1991年12月出版，第468页。
② 孙安弟著：《中国近代安全史》，上海书店出版社，2009年7月出版，第512页。
③ 吴晓煜著：《中国煤矿安全史话》，中国矿业大学出版社，2012年9月出版，第135页。

产竞赛中，日产量最高达到300吨以上。超能力生产造成矿井通风不足，加之现场管理混乱、工人在井下抽烟等原因，导致事故发生。

新中国成立不到半年发生的这起严重事故，引起党和政府高度重视。中南区军政委员会重工业部当即派人前往该矿调查事故发生原因。中央人民政府燃料工业部、劳动部、中华全国总工会联合组成事故检查组赶赴现场。中央人民监察委员会也派出三人小组，前往该矿核查事故原因并负责提出事故责任的追究处理意见。2月29日中南区军政委员会副主席邓子恢主持召开第五次行政例会，专题检讨宜洛煤矿瓦斯爆炸问题。会上中南区重工业部负责人检讨说：该矿早经中央决定由本区重工业部接管，但迟迟未予接受；在暂由河南省政府管理期间，又没有切实加强对该矿的领导，因此对事故的发生，本部须负主要责任，请求予以处分。区财经委员会、监察委员会负责人也作了检讨。会上邓子恢副主席严肃指出：旧时代反动政府草菅人命，对劳动人民的死伤漠不关心；新时代“人民政府应该对人民生命财产负责，首先对人民生命负责，特别对劳动人民的生命负责。我们应当坚决反对对劳动人民生命开玩笑的态度”。会议决定通令中南各地的工矿企业，并且由区重工业部派员前往，切实检查安全设备，不合安全标准者要立即改进甚至停工停产，确保不再发生类似事故，务必保证工人的生命安全；责成全区各省、各县政府及其军事机关，对当地受到土匪特务威胁的厂矿，要立即派武装保护，并加紧肃清土匪特务，以保证工矿安全；建议“中央人民政府给河南省府及中南区重工业部以应有处分。中南军政委员会对此事事前检查不严，事后重视不够，亦应严格地进行自我检讨”①。与会人员全体起立，为该矿死难工友静默三分钟，以示哀悼。

6月2日政务院总理周恩来主持召开第35次政务会议专题听取汇报，研究提出事故处理办法和加强煤矿安全生产的对策措施。这是建国以来中央人民政府召开的第一次专题研究安全生产工作的会议。会上周恩来特别讲明：之所以把宜

---

① 《中南军政委员会第5次会议检讨宜洛煤矿事件，决定切实加强工矿安全设备，对人民生命财产严肃负责》，《人民日报》1950年4月4日。

洛煤矿的事故提到政务会议上讨论，因为这不只是一省一地的事，也不只是煤矿方面的事，而是带有全国性的问题；1949 年以来东北、华北、山东等地矿区共有 16.9 万人死于各类生产安全事故，工人生命和国家财产遭受重大损失。周恩来对一些地方和单位在生产竞赛运动中不顾安全的做法提出了严肃批评，认为宜洛矿开展的劳动竞赛运动，事实上成为争抢矿产资源的运动。他强调指出："工人的积极性一定要和技术性相结合，否则就很容易出乱子，有了积极性之后还必须加强对工人的教育，光有积极性没有技术性，效果是不大的"[①]。周恩来要求今后对煤矿发生的事故，不能只是消极地对失职人员给予处罚，同时还应积极地想出改进办法，改善企业管理，加强安全生产宣传教育；强调要通过这次事故的查处，与官僚主义作斗争，与一切坏的作风作斗争。政务院第 35 次会议决定对官僚主义严重，不顾安全、盲目发动竞赛的新豫煤矿公司经理予以撤职处分，并移送司法机关依法惩办；对河南省工业指导委员会副主任和河南省工会副主任各记大过一次；给予河南省政府主席、副主席警告处分；事故的其他责任者也予以严肃处理。经司法机关审判，宜洛煤矿这次爆炸事故的直接责任者，分别被判处死刑或一年半至五年有期徒刑。政务院人民监察委员会发出事故通报，财经委员会发出通令，要求各地区各行业深刻吸取事故教训，坚决纠正只重视生产、不重视工人安全的错误思想，改进安全管理，防止事故发生。《人民日报》发表署名文章指出：宜洛煤矿事件告诉我们，虽然国营公营煤矿具有一切发展生产、改进经营管理的必要条件，但是我们的矿山领导干部，如果对人民的煤矿事业缺乏热情，沾染了官僚主义的恶劣习气，对安全问题采取马虎潦草，不负责任的态度，那就不仅不能达到增加生产，创造国家财富的目的，而且一定会使国家财产和生产力蒙受不必要的损失，断送国营公营矿山的前途。"宜洛煤矿事件的教训是惨痛的，为了国家与工人阶级的利益，一切国营公营矿山的领导干部，都应该从这里学得教训"；"为了防止类似宜洛煤矿事件的发生，各国营公营煤矿在管理方面，必须建立起真正的责任制度"，必须在"思想上明确树立起经过主观的积极

---

① 吴晓煜：《周恩来总理对煤矿安全的批示》，人民网——新安全 2004 年第五期。

努力，改善技术条件，建立安全制度和办法，就可以保障工矿安全的观点”，采取一系列安全措施，以使事故减少以至完全消灭事故的发生①。

经党中央、政务院同意，1950 年 3 月 7 日至 20 日召开了全国劳动厅局长会议。劳动部部长李立三在会议报告中提出，要批判“只重视机器不重视人”的观点，废除长期压迫工人的封建把头制度和侮辱工人的搜身制，改善劳动条件，做好劳动保护工作。中央人民政府主席毛泽东、副主席朱德参加了闭幕会。朱德副主席代表中央人民政府作简短致辞，表示完全赞同李立三同志的讲话精神，要求各级干部一定要重视劳动保护工作。此后政务院颁发了《关于废除各地搬运事业中封建把持制度暂行处理办法》，政务院财政经济委员会、劳动部等集中制定发布了一批关于劳动保护、安全生产的法规规章和行政命令。

中央政府和中央军委还严肃查处了北京市辅华合记矿药制造厂 1950 年 6 月 4 日发生的爆炸事故。这个矿药制造厂由解放军华北野战军某师生产委员会与民间商人合股经营，位于北京市朝外大街的繁华地段。事故发生的原因是：该厂存放有一批待销毁的地雷，打算从中提取制造雷管的药料。因管理不善，导致爆炸，当场炸死企业员工和附近居民 20 人，受伤住院 152 人，震塌厂房和民房千余间。事故发生后，北京市委书记彭真、市长聂荣臻等立即组织力量投入抢险救灾，并到医院慰问受伤人员。政务院人民监察委员会派员巡视了事故现场并参加了事故善后处置紧急会议。6 月 15 日北京市政府向中央人民政府作出深刻检讨并请求处分。市政府在检讨中表示：发生爆炸的这种制造矿用火药的高危企业，本不应该在城区居民密集之处开设，该火药厂虽为旧时代所遗留，但解放以后没有及时令其迁移；市政府之前虽然发出过布告，要求此类危险工厂、作坊要进行登记并采取防范措施，但没有得到严格的贯彻执行，致有此次惨祸发生，使人民生命财产受到重大损失。为防范此类事故再度发生，北京市政府明令市内各制造爆炸、易燃、毒臭等危险物品的工厂，在规定的限期之内，一律迁往南郊的指定地区。时任北京市公安局局长的罗瑞卿虽已请病假休养半年，但仍代表公安局作

① 杜波：《河南宜洛煤矿事件的教训》，《人民日报》1950 年 6 月 7 日。

出了深刻检讨，指出这次爆炸事故的发生，反映出“我们认真负责精神不够，工作不深入与不彻底，工作中存在着严重的形式主义与官僚主义”等问题，并表示今后一定要努力工作、改进防范，避免再度发生此类事故。6月20日的《人民日报》全文刊登了罗瑞卿的检讨。随后由北京市政府与华北军区联合进行调查，并呈报中央人民政府政务院和中央革命军事委员会批准，对负有联合办厂领导责任的军队有关人员分别予以撤职、交由军法制裁和通令警告等处分；对负有直接管理责任的辅华矿药厂经理、副经理、总技师等人依法追究刑事责任；对负有爆炸物品监管责任的北京市公安系统人员分别予以撤职、记大过、严重警告、警告处分；对负有政府监管责任的北京市第十三区区长以记过处分。政务院和中央军委的批复还指出：市长聂荣臻和副市长张友渔、吴晗“有失职责、致肇事故”，但考虑到事故发生后能够积极进行各项善后救济工作并自请处分，所以免予处分。

全国劳动厅局长会议的召开和对宜洛煤矿瓦斯爆炸、辅华矿药厂爆炸事故的严肃查处，昭示了中国共产党和新成立的人民政府维护人民生命财产安全的坚定立场与鲜明态度，使各级干部受到深刻教育，全国安全生产、劳动保护工作由此得到有力推动。

为迅速扭转旧社会遗留下来的隐患严重、事故多发的现状，按照中央人民政府的统一部署和要求，各行业、各地区广泛深入地开展了安全教育、安全管理和技术革新、安全大检查等活动。

重工业部1950年5月发出“关于大力开展安全教育的指示”，指出在上年冬季的大检查后，各厂矿对安全工作均已提起很大注意；但安全工作仍处在极端薄弱的状态中；为此要在各企业单位、各个厂矿中广泛地开展安全教育，树立积极防范的安全思想，对员工进行安全思想教育、安全技术知识教育、遵守工作制度和劳动纪律的教育。东北多数工厂建立了安全教育制度，新工人入厂由技术保安科讲解安全规程，使工人了解和掌握安全生产的知识和技术，经考试合格发给证书才分配工作。燃料工业部1951年4月召开的第2次全国煤矿会议指出，过去一年里煤炭系统各级领导干部基本上正确认识了安全生产的意义，纠正了过去

“下井三分灾”，“要出煤免不了会死人”等错误认识；强调要进一步加强思想教育，坚决纠正把生产与安全对立起来的错误观点，要求煤矿干部特别是直接领导生产的干部必须树立对安全负责的思想，坚定消灭事故的信心。

东北地区政府财政经济委员会 1952 年 3 月发出“为消灭事故、提高质量、进行均衡的有节奏的生产而奋斗”的号召，指出导致事故发生的一条重要原因，就是管理不科学，生产不均衡，存在着“前松后紧，突击生产”的现象。如“有色金属局从 1950 年到 1952 年的 3 年中，每月事故的比重上旬占 24%，中旬占 36%，下旬占 40%”；“1952 年煤矿伤亡事故发生在下旬的次数比上、中两旬还多，由此可见事故增多与突击生产有直接的关系”①。为此要求各厂矿必须克服生产上月初松、月末紧和年初松、年终紧的现象，健全安全设备，严格执行保安制度，加强设备检查和检修，保证生产均衡和安全进行。华北行政委员会爱国增产节约竞赛运动委员会 1952 年 8 月发出《关于加强厂矿安全卫生工作的紧急指示》，要求企业建立安全卫生管理机构，“各厂矿应即加强或设立安全生产的主管机构，指派有能力的专职人员负责安全卫生工作，较小厂矿也应指定专人管理此项工作，贯彻安全责任制”②。上海市国营企业和公私合营企业发动职工开展合理化建议运动，1952 年下半年征求到安全生产、劳动保护方面的意见建议 78 万余条。这些意见建议所涉及的问题，通过发动群众、依靠群众，其中 60% ~ 70% 的得到了处理和解决，其余的也都由企业拨出专款、制定解决问题、改进工作的计划，并着手进行了整改。

从 1950 年到 1952 年底，在全国范围内开展了群众性的工矿安全卫生大检查。轻工业部与中华全国总工会 1952 年 9 月联合发出《关于在全国盐场开展群众性的安全生产检查紧急指示》，就认真查找和治理盐业生产中存在的事故隐患、保障职工安全提出了具体要求。华东军政委员会《关于进行安全卫生大检查的指示》要求各地将大检查与正在开展或即将开展的工矿企业生产改革、劳

① 《新华月报》1953 年第四期，第 143 页。

② 《新华月报》1952 年第九期，第 107 页。

动竞赛等密切结合起来，充分发动群众搞好大检查。检查的内容主要是工矿建筑、消防、机器、电力、锅炉、通风、照明等设施设备安全状况，企业安全技术规程、生产卫生规则、安全卫生专责制、交接班制、检修制度等的建立与贯彻情况。并要求通过检查，“建立与健全各种安全卫生机构与制度，使安全卫生工作经常化。各工矿企业应根据规模大小，在行政上分别设立安全卫生处、科、股，选拔专人负责，并建立定期的会议、报告、检查等制度，以巩固检查的成果①”。东北地区三年当中对全区工矿企业普遍检查了5次；“各矿务局已经组织了技术检查，把各坑口以瓦斯量分类，对有瓦斯和煤尘的坑口，用洒水法讲求对策”②。华东、中南、西南、西北地区共计有18694个厂矿接受了检查。华北地区检查了主要厂矿。煤矿等行业组织开展群众性安全生产竞赛运动，涌现出一批安全生产先进模范。

经过上下各方的共同努力，全国国营以及县属以上集体企业事故死亡1951年比1950年减少10.7%，重伤减少了9.6%；1952年又比1951年分别减少39.1%和38.3%。厂矿企业安全状况的明显改善，为国民经济恢复任务的顺利完成提供了保障。1952年9月中央人民政府政务院人民监察委员会下发的一份通报指出：“许多厂矿企业的安全问题，确实已有改进，或正在大力改进。如北京各厂矿已增加安全设备和防护用具3049件；上海华东工业部已批准所属46个厂改进设备的费用，就有320亿余元”③。1953年1月30日《人民日报》社论指出：解放以来由于共产党、人民政府和各方面的共同努力，厂矿企业安全生产、劳动保护工作取得了成绩。只重生产、忽视安全的片面观点和官僚主义作风受到了批判和纠正；在恢复与发展生产的同时，安全卫生设备已有不少改善；有关安全卫生的规程制度已经基本建立起来；各地进行了多次安全卫生大检查或重点检查，使干部和群众受到切实的安全生产教育，厂矿企业的安全卫生状况大为改

---

① 《华东军政委员会关于工矿安全卫生大检查的通知》，《解放日报》1952年7月21日。

② 苏联专家讲课稿：《东北煤矿保安技术及工业卫生的情况》，《煤矿学习资料》，东北人民政府工业部煤矿管理局1951年6月印发，第77页。

③ 《关于处理某些国营、地方国营厂矿企业忽视安全生产致发生重大伤亡事故的通报》，《人民日报》1952年9月17日。

观，伤亡事故大大减少。

1953 年国民经济恢复时期结束，国家开始实行第一个五年计划。大规模经济建设时期的来临，使安全生产问题进一步凸显。1953 年 2 月毛泽东主席到华中钢铁公司视察时，向公司党委书记提问的第一句话就是“今年的伤亡事故有多少?[①]”党委书记一时无言以对，只好让安全科长来作简要汇报。1953 年 1—5 月份，重工业部所属企业发生重大伤亡事故 80 起，特别是鞍山钢铁公司燃气厂第二煤气管理室瓦斯中毒事故和华中钢铁公司八卦嘴工地工棚倒塌事故，都造成严重伤亡。重工业部下发文件指出：造成事故多发的主要原因是生产计划不能均衡执行，突击生产违反技术操作规程；缺乏安全教育，不能严格贯彻安全规程；厂矿安全技术组织机构不健全；对粉尘、高温、有毒气体、容易发生危险的地区和设备等，没有采取必要的可行的改进办法。为改变事故多发情况，重工业部要求普遍展开反对无人负责现象的斗争，建立各生产厂矿的责任制度，如技术责任制、生产调度责任制等；尤其要建立行政领导方面的安全技术责任制，厂矿长、工程公司经理、车间主任、坑长、工地主任、工长、班组长都要对安全负责；要制定与修正安全技术规程，使安全技术规程成为企业的法规；要加强安全教育，建立安全教育责任制度，推广安全作业证制度；要建立健全技术组织机构，由专门人员来监督检查企业安全工作。文件要求“各企业领导干部根据这种精神，来切实检查自己的安全工作，并制定出本单位切实可行的安全技术措施计划、制度、规章，并经常检查其执行程度和执行情形”[②]。

为扭转企业安全生产基础薄弱状况，从 1953 年起国家建立了安全技术措施计划制度。要求各产业部门所属企业在编制生产发展规划时，必须同时编制以改善企业劳动条件、防止伤亡事故和职业病为内容的安全技术措施计划。从 1953 年到 1957 年，重工业（冶金）、煤炭、化工、第一机械、铁道、交通、纺织、林业八个产业部门所属企业累计投入近 5 亿元用于实施安全生产技术措施。

---

① 《党的文献》2009 年第二期——《毛主席听汇报，最不喜欢人念稿子——毛泽东怎样听汇报》。

② 《重工业部关于加强安全技术工作的指示》，《新华月报》1953 年第七期第 119 页。

这一时期，煤炭部认真总结、大力推广了河南省焦作矿务局安全“四化”（计划化、群众化、制度化、纪律化）经验。该局把安全生产工作纳入企业工作计划，建立了群众性的安全网，建立了包括半年一次的“安全思想鉴定制度”、保安规程考试制度等在内的一套规章制度，严肃处理那些违反安全规程的行为。煤炭部认为“四化”是“加强安全管理，不断地改善安全情况，做到人人保安的最好经验之一”①，要求全国各个煤矿认真学习借鉴。劳动部等部门在总结各地经验的基础上，提出了企业安全工作“五同时”原则，即企业领导在计划、布置、检查、总结和评比生产工作时，必须同时对安全生产进行计划、布置、检查、总结和评比，把安全工作落实到企业生产经营的所有环节。

经过努力，“一五”时期安全生产取得了显著成效。旧中国遗留的工矿企业不安全、不卫生的情况有了很大改变，伤亡事故下降。全国工矿企业事故死亡人数由 1953 年的 6872 人降为 1957 年的 3704 人，下降 45.1%，年均下降幅度超过 11%。是我国历史上第一个安全生产形势相对稳定时期。

第三节　大跃进对安全生产的冲击和国民经济调整时期安全生产工作的恢复发展

“大跃进”运动严重违背经济建设客观规律，盲目追求高速度、高指标，给安全生产造成极大的冲击。从 1958 年开始，在“赶英超美”、“一年等于二十年”等不切实际的口号鼓舞下，各地掀起全民大炼钢铁、全民办矿、全民办铁路等高潮，全国基本建设规模、厂矿企业数量和工业战线职工队伍迅猛扩大，各类工业产品的产量指标一再拔高。河南省从 1958 年 3 月初到 5 月中旬，建成机械、钢铁、化肥、煤炭、电力、水泥等小型厂矿 16.456 万个。登封县一个月内建成“土高炉”100 座。云南省个旧市无视建设项目应遵循的规程标准，“解决

① 陈郁在全国煤矿先进生产者代表会议上的报告，《煤矿工人先进经验小丛书——安全四化》，煤炭工业出版社 1956 年 7 月，第 3 页。

了‘标准’思想”，“冲破一切陈旧的规章”，大胆设想、土法上马，用两个半月建成一座年产万吨粗铅的大型炼铅厂①。河北省平谷县发动5000农民“放下锄头，拿起锤头”，上山找矿开矿，“短短十几天里，在长达百里的238个山头上，开拓了500多个掌洞进行采矿”②。为贯彻“以钢为纲、以煤保钢”，煤炭部1958年10月在河南省宝丰县召开现场会，总结推广该县“全党全民办煤矿”，使小煤矿“星罗棋布、遍地开花”的经验。到当年10月底，全国各地上报建成小煤矿达10万多处，仅四川省就达3.4万多处。湖南省醴陵县100天里开办了96座小煤矿③。仓促上马的这些小厂小矿特别是小煤矿，绝大多数不具备最起码的安全生产条件，埋下了严重安全隐患。建筑施工则由于单纯图快、严重违反操作规程和管理混乱，事故大量发生。1958年全国建筑系统万人因工死亡率为5.60，是1957年的3.35倍。在因事故“死亡的435人中，由于工程结构倒坍而死亡的有117人，而去年只死亡3人；高空作业跌落死亡的有78人，而去年只有38人。在因结构倒坍而死亡的117人中，属于钢筋混凝土结构倒坍的46人，木结构倒坍的50人，砖结构倒坍的21人”。这些数字说明了基本建设领域工程质量下降、事故多发的严重情况④。

当时中央政府也注意到了安全生产方面存在的严重问题。1958年3月31日，中共中央发出《在生产高潮中应当控制劳动强度的通知》。《通知》指出：广大工人、农民自觉自愿地提高劳动强度是好的，但要有适当控制，要教育工人、农民注意改进技术，改进工具，改进操作方法，不要单纯过分地依靠提高劳动强度来达到目的；要认真地注意安全生产，采取加强各项必要安全措施，力求避免一切可以避免的伤亡事故。1958年4月6日深夜，周恩来总理在首都钢厂视察后离开。周恩来走后两个多小时，又让秘书给钢厂负责人打电话说，刚才有几句话忘记跟你们讲了，现写在纸上，派人送去：“请北京钢厂注意：组织力

---

① 《个旧两个多月建成一座大型炼铅厂》，《人民日报》1958年6月13日。
② 《开发沉睡的燕山》，《人民日报》1958年6月13日。
③ 署名文章：《煤炭工业明年赶上英国》，《人民日报》1958年6月6日。
④ 《陈云文选》第三卷，人民出版社1995年版，第109页。

量，掌握技术，加强协作，消灭事故”①。1958年10月党的八届六中全会作出的《人民公社若干问题》决议指出：必须着重注意安全生产，尽可能改善劳动条件，力求减少和避免工伤事故。1958年11月13日杭州钢铁厂合金钢车间正在建造的8间屋架全部倒塌，造成死亡18人，伤19人。正在平湖调研的陈云同志随后来到该厂，详细了解了事故发生、抢救和善后处理有关情况；并于12月22日至26日，在杭州主持召开了全国各省区市负责人和基建部门负责人参加的全国基本建设工程质量现场会议，在讲话中强调要纠正“基本建设中片面图快图省而不顾工程质量的倾向，对那些质量不好的工程采取补救措施”②。1959年6月17日《人民日报》发表社论指出：“必须把安全生产看作是保证生产大跃进的一个重要条件”；“该检修的设备，一定按计划检修；该采取安全措施的地方，一定加强安全措施；保证安全生产的规章制度，一定要严格遵守”。1959年8月中国共产党八届八中全会通过的《关于开展增产节约运动的决议》，也要求“所有企业都要加强安全管理，加强设备维修，保证安全生产”。

但在当时的环境和条件下，地方政府和企业各级干部普遍头脑发热，广大群众的积极性空前高涨，违背经济建设客观规律、瞎指挥和冒险蛮干成风，中央政府关于安全生产的要求难以得到贯彻落实。导致事故大量发生，安全生产形势严重恶化。1958—1961年出现了建国以来第一次事故高峰期，国营以及县属以上集体企业事故死亡年均16190人，比“一五”时期增长了3.9倍。发生了新中国煤矿史上死亡人数最多的事故——山西省大同矿务局老白洞煤矿煤尘爆炸事故。老白洞煤矿1955年恢复生产，设计年产能力90万吨，1957年产煤50万吨，1959年产量猛增到120万吨，1960年计划产煤152万吨。职工人数也由恢复生产时的1978人猛增到6994人。1960年5月9日，该矿由于盲目高产超产、通风能力不足、瓦斯煤尘聚集、现场管理混乱等原因导致爆炸事故发生，死亡684人。事故发生后中央及地方政府迅速组织力量进行了抢险救援。但随后开展的事

① 《周恩来建国以来的题词》（五），《红岩春秋》2006年第六期。

② 《陈云处理1958年杭州半山钢铁厂车间倒塌事故始末及启示》，国史网——专题——陈云与当代中国。http://www.hprc.org.cn/gsyj/zhutiyj/jjfzfszhb/2014/11/2/。

故调查，则演变成了“反事故抓敌人运动”，把井下区队的工程师、技术员和当班轮休、请假人员，以及受事故惊吓跑回乡的矿工等，都列入重点怀疑对象进行追查，有的还抓了起来。事故的真正原因被回避和掩盖，惨痛教训也没有得到认真吸取。“5·9”矿难的发生既没有改变大同矿区各级领导继续大跃进、夺取煤炭高产的决心；也没有起到警示全国的作用。

1961 年 1 月党的八届九中全会决定对国民经济实行“调整、巩固、充实、提高”八字方针。国家调整了经济发展速度和主要工业产品指标，压缩基本建设和工业规模，致力于提高经济发展质量。当年 9 月中共中央发出《关于讨论和试行〈国营工业企业工作条例（草案）〉的指示》，要求“企业必须实行安全生产制度，认真做好劳动保护工作，改善劳动防护设施，教育工人严格执行安全操作规程，切实避免工伤事故”；并要求企业建立“有关技术管理、质量检查、安全生产和事故分析报告的制度”。安全生产工作也由此进入了一个调整适应、重新加强的阶段。煤炭部修订颁布了新的保安规程，要求各煤矿恢复正规循环作业，搞好采掘接替，加强通风、顶板和电气安全管理。冶金部整顿规章制度，制定实施了安全技术要点和安全工作条例。铁道部突出抓客运安全正点。厂矿企业八小时工作制和必要的安全生产规章制度逐步恢复。大跃进中消耗过度、损害严重的设施设备得到维修更换，安全状况得到改善。

1963 年 3 月国务院下发了《关于加强企业生产中安全工作的几项规定》（简称企业安全生产“五项规定”），把搞好安全生产提到了政治任务的高度，指出安全不仅是企业正常生产活动的必需，“而且也是一项重要的政治任务”；要求各级领导干部充分重视，把做好安全生产工作作为整顿企业、建立正常生产秩序的重要内容之一，真正做到安全工作有制度、有措施、有布置、有检查。

1965 年 5 月中共中央在《关于加强工业生产建设高潮领导的通知》中指出：企业应“保持良好的生产秩序，保证安全生产和劳逸结合；不许违章作业，不经上级批准不得加班加点”。劳动部也下发文件，要求各地区在组织开展生产和劳动竞赛高潮中，一定要牢牢记取 1958 年到 1960 年间发生的重大工伤事故的沉痛教训，坚决反对冒险作业，反对以工人生命作儿戏的官僚主义，反对拼人、拼设备等错误做法。1962—1965 年国营以及县属以上集体企业事故死亡年均 4330 人，比前期（1958—1961）减少 73.3%。这是我国历史上第二个安全生产形势相对稳定的时期。

第四节 “十年动乱”的干扰破坏和党的十一届三中全会后安全生产工作的拨乱反正

1966—1976 年的“十年动乱”期间“左”倾思潮和无政府主义泛滥。党和国家安全生产方针政策受到怀疑、抵制、否定甚至批判，安全第一被攻击为修正主义的“活命哲学”，安全生产法规标准、规章制度被攻击为“走资派”的“管、卡、压”和束缚广大革命群众的“条条框框”，把冒险蛮干、违规违章甚至非法违法行为奉为革命造反精神。生产活动陷入无序和混乱，煤矿瓦斯煤尘爆炸和冒顶透水、火药厂爆炸、轮船碰撞沉没、旅客列车颠覆、车间仓库火灾等重特大事故频频发生。纺织企业普遍拼设备、拼体力，采取“加班加点、扩大看台、提高转速、吃饭不关车”办法来提高产量，“十年动乱”后期“因工死亡率比 1957 年增加了三倍，火灾事故也很严重”①。天津第二棉纺厂 1973 年 1—10 月发生火警 167 次，大约两天一次。铁道部 1973 年“平均每天发生两次重大事故”②。宁夏自治区石炭井矿务局一个采煤队，1970 年曾经在 40 天内发生两起严重事故，死亡 14 人。其上级非但没有对事故责任进行追究处理，反而将该采煤队的队长提拔为矿革委负责指挥生产的副主任。由于各级政府濒于瘫痪，劳动保护、安全生产监管机构被撤销或者被迫停止运转，导致事故上报统计制度事实上废弛。各地、各单位发生的伤亡事故大量的被忽略、漏报或者被故意隐匿。有的事故则改头换面，把丧事当喜事办，作为英雄事迹在媒体上予以报道，大力宣传遇难、受困人员临危不惧，面对死亡仍唱着语录歌、喊着“万岁”的“革命大

---

① 胡明：《在调整中加强纺织工业安全生产》，《劳动保护》1981 年第三期。

② 《谷牧副总理在全国安全生产会议上的讲话》，1975 年 2 月 23 日，油印件。

无畏”精神①。1966—1969 年全国事故伤亡没有确切、可靠的统计数据。与 1965 年相比，1970 年全国县属以上企业事故死亡人数为其 2.85 倍，1971 年为其 4.24 倍，1972 年为其 4.31 倍。成为我国历史上第二个事故高峰期。

为扭转当时安全生产严重混乱状况，1970 年 12 月毛泽东主席批示“照发”，发出了《中共中央关于加强安全生产的通知》。这是建国后党中央下发的关于安全生产工作的首个指导性文件。《通知》指出，有些地方不断发生重大事故，给人民生命财产造成严重损失，在政治上带来不良影响，这是一个必须引起各级领导十分重视的政治问题。《通知》分析了造成这些事故的原因，强调“关键的问题是，有些领导干部，怕字当头，不敢抓安全生产”；有些领导干部漫不经心，“对人民的生命财产采取不负责任的官僚主义态度”，事故发生前不进行安全生产教育，事故发生后又不认真检查原因，以致事故不断发生。《通知》强调要以对革命对人民高度负责的精神，教育群众把革命的冲天干劲和科学态度结合起来。群众的干劲越大，越要关心群众生活，注意劳逸结合，加强安全生产。《通知》要求各级党组织、革命委员会和国务院有关部门要把安全生产摆在重要日程上，结合斗、批、改运动发展情况，对安全生产进行一次深入的思想教育和认真的检查，查思想、查纪律、查态度、查领导，总结经验教训；要充分发动群众，彻底批判无政府主义倾向，克服忽视安全生产和违反安全制度的现象；要坚持原有的行之有效的安全制度和质量检查制度，总结推广安全生产先进经验；要严格组织纪律，对一切违反安全生产制度，不遵守劳动纪律，工作不负责任，以致造成的重大事故，必须分别情况、追究责任，情节严重者以党纪国法论处。中共中央《通知》下发后，国务院组织力量对各地贯彻执行情况进行了监督检查，一些企业安全生产管理机构和安全生产规章制度逐步恢复，开展了设备检修和安全检查等工作。

“十年动乱”后期特别是 1975 年邓小平同志主持国务院和中央军委日常工

① 《筋断骨碎无所惧——记一不怕苦、二不怕死的基干民兵王寿波》，《解放军报》1969 年 10 月 31 日。

作后，以整顿铁路秩序、确保铁路运输安全正点等为突破口，全面开展了经济领域的整顿工作。当年2月23日国家计划经济委员会在北京召开了全国首次安全生产会议。国务院副总理王震、余秋里、谷牧出席会议并发表讲话。会议总结和通报了各地贯彻落实《中共中央关于加强安全生产的通知》的情况，指出了存在的问题和差距，要求重新认识安全生产的重要性和必要性，切实加强领导，各地区、各部门和企业必须有一位领导人分管安全生产工作，各级政府都要有机构负责安全生产工作的计划、布置、检查和总结。会议结束时，与会领导和代表合唱《三大纪律八项注意》歌，以增强大家贯彻执行党中央、国务院安全生产指示精神的纪律意识。随后国务院批转了全国安全生产会议的纪要，要求各地区、各部门切实注意和做好安全生产工作。3月5日，邓小平在全国各省、市、自治区主管工业的书记会议上发表讲话指出："现在铁路事故惊人，去年一年发生行车重大事故和大事故755件，比事故最少的1964年的88件增加好多倍。这中间有许多是责任事故，包括机车车辆维修方面的责任事故。这说明没有章程了，也没有纪律了。这个问题不光是铁道部门存在，其他地方和部门也同样存在"；"所以必要的规章制度一定要恢复和健全，组织性纪律性一定要加强"①。所有这些，都表明了党和政府在保护人民生命财产安全、重视安全生产方面的一贯立场和不懈努力，也在一定程度上遏制了当时全国安全生产状况的进一步恶化。

粉碎"四人帮"后安全生产领域拨乱反正，违背经济建设和工业生产客观规律，不顾人身安全，冒险蛮干等"左"的思潮和错误倾向得到纠正。1977年3月2日国家劳动总局召开了由各省（区市）劳动部门分管劳动保护、锅炉压力容器安全工作的负责人参加的会议，王震、余秋里、谷牧三位副总理再次一起出席会议并讲话，强调安全生产必须讲制度、讲纪律、讲规程，必须把受"四人帮"干扰破坏的、行之有效的规章制度恢复起来，改变安全生产无人负责的现象，做到生产大上，事故大降。当年4月20日至5月14日中央召开了全国工业

---

① 《全党讲大局，把国民经济搞上去》，《邓小平文选》第二卷，人民出版社1994年10月出版，第3页。

学大庆工作会议，余秋里副总理在会议报告中指出：这些年“四人帮”干扰破坏，在不少企业，把思想搞乱了，把组织搞乱了，把管理搞乱了，造成了严重的后果。“当前要发动群众，大家出主意、想办法，重点抓好扭转亏损、提高质量、降低消耗、维修设备、安全生产这几件事情”①。1978 年 10 月中共中央发出《关于认真做好劳动保护工作的通知》，明确指出“加强劳动保护工作，搞好安全生产，保护职工的安全和健康，是我们党的一贯方针，是社会主义企业管理的一项基本原则”。针对“十年动乱”对安全生产在思想上、组织上、制度上所造成的混乱，通知要求立即对安全生产情况进行一次大检查，发现问题，采取有效措施，并及时解决；“企业单位发生了重大伤亡责任事故，首先要追查厂长、党委书记的责任，根据事故情节轻重，严肃处理，不能姑息迁就。一个部门、一个地区事故多，伤亡严重，要追查部门和地区领导人的责任”。《人民日报》发表社论，要求各级领导破除思想障碍，旗帜鲜明、态度坚定抓好安全生产，指出安全生产“决不是软任务，而是硬任务，是我们社会主义国家的一项重要的政治任务”；必须“把安全生产摆在重要日程上，纳入工业学大庆、普及大庆式企业的规划。凡是安全生产搞不好，事故经常发生，尘毒危害严重的企业，不能评为大庆式企业”②。煤炭部部长高扬文针对当时存在的一些“左”的思想认识，旗帜鲜明地讲道：“煤矿工作不能讲一不怕苦、二不怕死。生产建设不同于对敌斗争，生产过程中发生事故，死了人，一点意义也没有”③。1979 年 5 月国务院批转了国家计委、国家经委、国家劳动总局联合拟定的通知，重申要继续认真贯彻执行国务院 1956 年颁布的“三大规程”和 1963 年颁布的“五项规定”，尤其要强化和落实安全生产责任制，严格事故查处和责任追究，建立正常的安全生产秩序。1979 年底“渤海 2 号”钻井船翻沉事故发生后，国务院决定提请全国人大常委会批准、解除石油部部长的职务，并给予国务院分管石油工业的副总理记大

---

① 《全党全国工人阶级动员起来，为普及大庆式企业而奋斗－余秋里副总理在全国工业学大庆工作会议上的报告》，《人民日报》1977 年 5 月 8 日。

② 社论：《越是大干快上越要搞好安全生产》，《人民日报》1978 年 3 月 14 日。

③ 王淇、陈志凌主编：《中共党史人物传》第 73 卷，中共文献出版社 2000 年版，175 页。

过处分。国务院《关于“渤海2号”事故的处理决定》指出：“渤海二号”事故不仅是对石油部门的一个严重警告，也是对全国其他各部门和各企业事业单位的一个严重警告；安全生产是全国一切经济部门和生产企业的头等大事；一切重大责任事故，必须严肃处理，追究行政和法律责任，不得姑息宽容。1981年6月国家经委、国家劳动总局和全国总工会在北京召开全国安全生产工作会议。会议深入查摆了“左”的思潮在安全生产上造成的影响与危害，讨论了补还安全欠账、推动安全生产的政策措施，研究了安全生产五年规划。会议首次评选表彰了全国安全生产先进集体和先进个人。随着党的工作重心转移到经济建设上来和改革开放的逐步深入，安全生产工作也步入不断加强、持续改进的新阶段。1980—1992年，国营和县属以上集体企业事故死亡人数呈现逐年下降趋势，是我国历史上第三个安全生产形势相对稳定的时期。

第五节　事故易发期的来临及党和国家采取的应对措施

从二十世纪九十年代开始我国进入工业化快速发展阶段，国内生产总值连续翻番，能源原材料和交通运输市场需求持续旺盛，煤炭、冶金、化工等行业纷纷扩大规模增加产量。同时煤矿等高危行业与社会公共安全基础仍然薄弱，安全法治尚不健全，政府安全监管机制还不完善，安全科技和教育培训相对滞后。经济体制改革也使安全生产面临新情况、新问题。1993年劳动部组织进行的一项在全国范围内的抽样调查表明，在深化企业改革、转化经营机制的过程中，全国有50%左右的国有企业放松了安全管理；“一些地方对乡镇企业、三资企业①以及个体经营企业忽视了安全生产基本条件的要求”，致使这些企业作业环境恶劣，安全保障能力低下，伤亡事故大幅度增加②。从1993年起，全国事故总量开始呈现上升趋势。当年全国企业职工工伤事故比上年上升18.5%，之后连年增加。

① “三资企业”：中外合资经营企业、中外合作经营企业、外商独资经营企业。

② “全国伤亡事故高发原因及对策研讨会论文征集启事”，《中国安全科学学报》1994年第一期第59页。

2002 年全国各类事故死亡总数为 13.94 万人（其中工矿商贸企业事故死亡 14924 人，道路交通事故死亡 109381 人，其余为水上交通、铁路交通、民航等事故），达到历史最高点。在事故总量居高不下的同时，重特大事故频频发生。“十五”期末的 2005 年，全国共发生一次死亡 10 人以上的重特大事故 134 起，其中一次死亡 30 人以上事故 17 起、死亡 1200 人，分别比上年度增加 6.3% 和 28.2% 。先后发生了辽宁省阜新矿业集团海州立井瓦斯爆炸、广东省梅州市大兴煤矿水灾、黑龙江省龙煤集团七台河分公司东风煤矿瓦斯爆炸、河北省唐山市恒源实业公司刘官屯煤矿瓦斯爆炸 4 起死难百人以上的事故，使人民生命财产遭受惨重损失。这一时期是我国历史上第三个事故高发期。

2003 年初国家安监局组织进行了“安全生产与经济社会发展研究”课题研究。课题组历时两年，广泛收集了全球 40 多个国家的多项经济社会发展指标，选择 27 个不同经济社会发展水平的国家、5 大类 18 项经济指标作为研究样本；采用多元统计分析法和计量经济分析法，系统地研究、分析了不同类型国家在各个经济社会发展阶段的安全生产状况及其变化趋势，发现安全生产与工业化发展阶段之间呈非对称抛物线函数关系。工业化初级阶段，采掘业、重化工、建筑业、制造业等高危行业所占比重过大，加之经济增长方式粗放，主要依靠加大人力和自然资源的投入来拉动经济增长，导致事故上升；工业化中级阶段，影响制约安全生产的各种矛盾和问题更加突出，发生重特大事故的几率加大；工业化高级阶段，随着产业结构的调整优化和经济增长质量的不断提高，加之科技进步等因素的作用，事故逐步减少，安全生产形势渐趋稳定；后工业化时代，各个行业领域的安全生产完全处于可控制、有保障状态下，极少发生人身伤亡事故。当经济处于快速增长的特定区间时，生产安全事故也会相应增多，并在一个阶段内处于高位波动状态。这个阶段即为生产安全事故的“易发期”。研究同时表明，安全生产除了与经济社会发展水平相关外，还与政府安全监管体制、安全法治建设、科学技术水平、教育普及程度、安全文化状况、社会福利制度等因素相关，因此“易发”并不必然等于事故高发多发。先进工业化国家尽管都经历了事故易发期，但各国“易发期”所处的经济发展区间、经历的时间跨度不尽相同。

美国、英国的事故易发期处于人均1000～3000美元之间，时间跨度分别为60年（1900—1960）和70年（1880—1950）；战后新兴的工业化国家日本的事故“易发期”则处于1000～6000美元之间，时间跨度也缩短为26年（1948—1974）。

为应对事故易发期所带来的严峻挑战，党和国家从安全监管体制、法治、机制，以及调整优化传统高危产业机构、淘汰落后生产能力等方面，采取一系列举措加强安全生产。改革和完善安全生产监管体制，成立了国务院安全生产委员会以统筹领导全国安全生产工作，组建了国家煤矿安全监察局和国家安全生产监督管理局，要求县以上地方政府建立独立履行职能的安全监管机构，构建了“政府统一领导、部门依法监管、企业全面负责、群众参与监督、全社会广泛支持”的安全生产工作格局。颁布实施《安全生产法》，建立了安全生产监管执法、市场准入、行政许可、教育培训、资格认证、建设项目安全设施“三同时”等一整套法律制度，初步形成中国特色安全生产法律法规体系。建立了安全生产控制指标体系和考核制度，加大安全生产在政绩业绩考核中的权重，实行重大安全风险和重特大事故“一票否决”。深入开展重点行业领域安全专项整治，依法整顿关闭不具备安全生产条件的小矿小厂，治理安全生产领域非法违法行为。加大事故查处和责任追究力度，依法严惩事故责任者。经过艰苦努力，2003年我国事故总量出现下降的历史性转折点。当年全国事故死亡136340人，比上年减少2591人，下降1.9%。

2004年至2006年的三次重要会议（重大活动），表明中国共产党、中国政府对安全生产的重视达到了前所未有的高度，同时也标志着我国安全生产由此步入切实加强、有效提升的阶段。

2004年1月17日，首次以国务院名义召开了全国安全生产工作会议。各省（区市）政府分管副省长（副主席、副市长）和副秘书长，以及省级安监局长、公安厅长、交通厅长、建设厅长，国务院安委会成员单位相关负责人等参加了会议。中共中央政治局常委、国务院副总理黄菊出席会议并发表讲话。会前温家宝总理曾主持召开国务院常务会议，审议通过了《国务院关于进一步加强安全生产工作的决定》和《安全生产许可证条例》。这次会议上，还首次以人事部、国家安监局的名义，联合表彰了全国安全生产监督管理和煤矿安全监察系统先进工作者，北京市安监局监管二处主任科员王保树、天津市西青区安监局长路国彬等39人被授予全国先进工作者称号。

2006年1月23日，首次由国务院总理出面对安全生产年度工作作出安排部署。当日召开的全国安全生产工作（视频）会议，除北京主会场外，还在县级以上政府所在地、重点企业设立了分会场，地方各级政府分管负责人、企业安全管理人员等参加会议。温家宝总理在讲话中，回顾了安全生产工作进展情况，分析了造成事故多发、安全生产形势严峻的原因，深刻阐述了安全生产的重要性，全面部署了2016年度安全生产各项重点工作。要求各级干部树立正确的政绩观，以对人民群众高度负责的精神，努力做好安全生产工作。

2006年3月27日，中共中央政治局首次专题研讨安全生产问题。胡锦涛总书记主持会议并发表讲话，指出重视安全生产，是坚持立党为公、执政为民的必然要求，是贯彻落实科学发展观的必然要求，是实现好、维护好、发展好最广大人民的根本利益的必然要求，也是构建社会主义和谐社会的必然要求，必须做到思想认识上警钟长鸣、制度保证上严密有效、技术支撑上坚强有力、监督检查上严格细致、事故处理上严肃认真，促进安全生产与经济社会的协调发展。学习会之前，国家安监总局党组组织部分专家学者，对工业化进程中的事故易发期、我国安全生产的发展阶段及其对策措施等重大问题进行了深入研究，集体研究起草了“国外安全生产的制度措施和加强我国安全生产的制度建设”一稿；学习会上，清华大学公共安全研究中心范维澄教授、中国安全生产科学研究院刘铁民研究员就此进行了讲解。

这一时期，国务院还采取了深化依法治理，加大非法和不具备安全生产条件小矿小厂整顿关闭力度，厉行责任追究等断然措施，加强煤矿等重点行业领域安全生产；全国人大常委会组织开展了《安全生产法》执法检查，健全完善安全生产法律体系；中央纪委、监察部进一步严明了安全生产党纪政纪，依法依纪严惩了一批事故责任人。党和政府的高度重视及其所采取的一系列举措，使我国九十年代中期之后出现的事故多发、伤亡严重的被动局面开始得到扭转。“十一五”

(2006—2010 年）期间全国事故死亡年均减少约 1 万人，“十二五”（2011—2015 年）期间全国事故死亡年均减少 2700 人，全国安全生产状况逐步趋稳趋好。

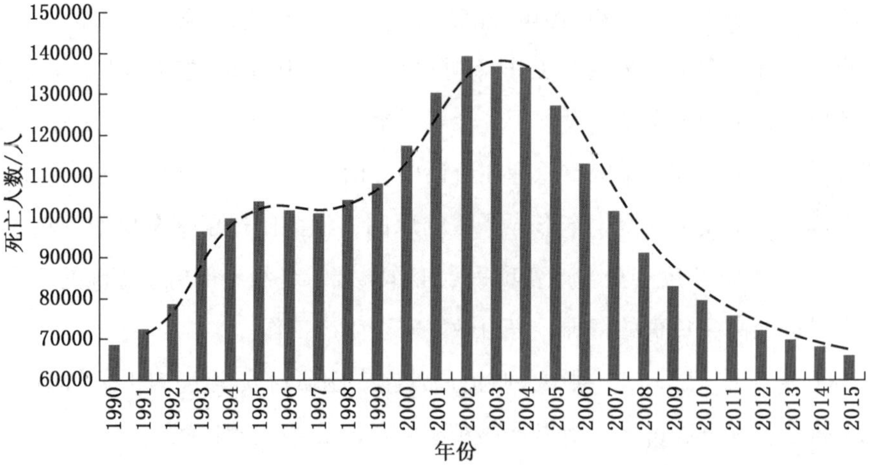

图 1－1　1990—2015 年全国各类事故死亡人数趋势图

第六节　目前我国安全生产形势依然严峻及其原因分析

我国安全生产虽然取得了积极进展和显著成效，但与先进工业化国家相比仍存在差距。事故总量仍然较大：2015 年全国发生各类事故约 28.2 万起、死亡约 6.6 万人，平均每天发生事故 773 起，约 180 人在事故中丧生。重特大事故时有发生，而且有从煤矿、金属非金属矿山、建筑施工等传统高危行业向化工、油气管道运输、城市轨道交通、金属制品、农产品加工等行业领域蔓延的趋势。“十二五”中后期，相继发生了吉林长春市宝源丰禽业公司 2013 年“6·3”火灾，山东青岛市中石化东黄输油管线 2013 年“11·22”泄漏爆炸，江苏苏州昆山市中荣金属制品有限公司 2014 年“8·2”爆炸，天津港瑞海公司危险品仓库 2015 年“8·12”火灾爆炸，广东深圳市光明新区渣土受纳场 2015 年“12·20”滑坡等特别重大事故，使人民群众生命财产蒙受严重损失，造成恶劣的社会影响。

造成一些行业领域、一些地方事故多发，全国安全生产形势依然严峻的原因是多方面的。

客观上看我国尚未完全走出事故易发期。工业化、城镇化的快速发展和持续推进，社会生产规模不断扩大，安全生产领域一些矛盾问题长期得不到有效缓解甚至加剧，以往的事故隐患与新出现的安全风险交织叠加，使安全生产工作面临严峻挑战。由于经济发展和增长方式转变不到位，一些地方特别是西部地区主要依靠发展资源型、劳动密集型、高风险型企业来拉动地方经济，技术装备落后、安全保障能力低下的小矿小厂数量过多。2015 年底全国 1.2 万多个煤矿当中，接近 60% 的为年产 9 万吨以下的小矿，其产能仅占全国煤矿的 12% ，事故死亡人数所占比例却高达 70% 。全国 7 万多座金属非金属矿山当中，90% 以上的属于小矿山。全国 9.6 万家危化品生产企业当中，82% 的属于小化工。小企业一方面为发展经济和扩大就业作出了巨大贡献，另一方面也成为事故的“重灾区”。社会公共安全生产基础仍然比较薄弱，预警预防、应急处置、抢险救援等方面的装备和能力不足，一些矿井爆炸和水灾、输油管线裂爆、危化品泄漏、工业粉尘燃爆、高层建筑火灾事故发生后，未能及时处置、有效救援。安全生产科学技术领域尚有大量的基础性、应用性课题亟待攻关解决。劳动用工制度改革后农民工等临时用工成为高危行业一线职工队伍主力，加之培训教育滞后，造成其文化和技术素质难以安全生产的需要。煤矿、建筑、烟花爆竹生产等行业从业人员多数为初中以下文化程度，半数以上的没有接受过严格认真的安全培训，违章指挥、违章作业、违反劳动纪律屡禁不止，由此导致的事故经常发生。

思想认识存在差距，主观努力不够，是造成一些地方和单位各类事故多发、安全状况恶化的主要原因。一些基层政府和企业的负责人没有牢固树立以人为本、生命至上理念和安全发展观，“安全生产责任意识和抓安全的积极性，从上到下呈现层层衰减、逐级弱化趋势”①。一些领导干部政绩观出现偏差，抓经济

---

① 《吴邦国强调安全生产必须常抓不懈警钟长鸣》，新华网——新闻中心。http：//news. xinhuanet. com/newscenter。

工作能够上心，抓安全生产工作则漫不经心、不在状态，对本地区、本单位的安全隐患心中无数，对“带血的煤炭”、“带血的 GDP”反应迟钝，对安全生产领域的非法违规行为姑息纵容。个别的甚至充当非法业主的保护伞，事故背后的腐败现象屡禁不绝。一些企业负责人不能自觉履行安全生产主体责任，重生产和效益、轻安全和职业健康的思想根深蒂固，麻痹大意和侥幸心理严重，安全投入不足，安全管理松弛，对非法违规行为熟视无睹。常常不出事故不知道重视安全生产，出了事故才悔恨莫及。

安全监管体制机制不完善，也是不可忽视的原因。与工商、环保、质检等相比，现行安全生产监管体制运行时间毕竟较短，在机构和队伍建设、基层基础工作、监管执法能力等方面，都存在一些差距。综合监管与行业专业监管、地方监管的关系需要进一步理顺，“管行业必须管安全，管业务必须管安全，管经营必须管安全”的要求尚待落实；在油气输送管道、城市基础设施的建设和运营等安全监管方面，也还存在着一些空当和薄弱点。所有这些，也都表明了安全生产的长期性、艰巨性和复杂性，表明“安全生产工作永远是起点，永远是加油站，永远没有终点”①。

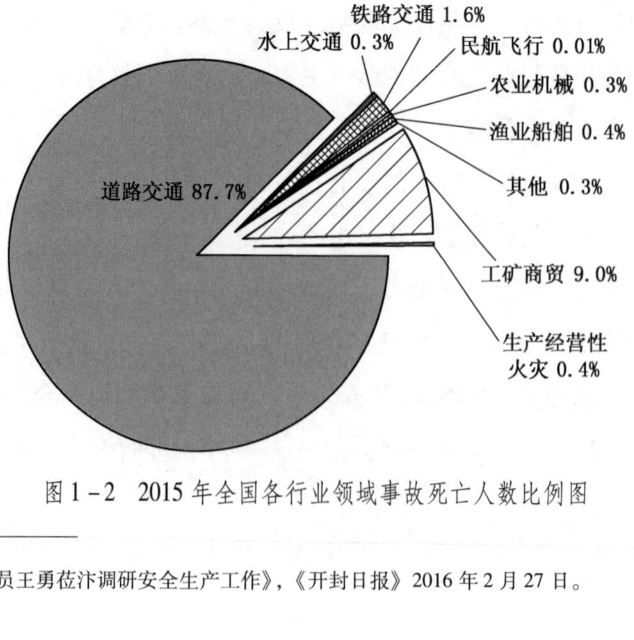

图 1-2　2015 年全国各行业领域事故死亡人数比例图

① 《国务委员王勇莅汴调研安全生产工作》，《开封日报》2016 年 2 月 27 日。

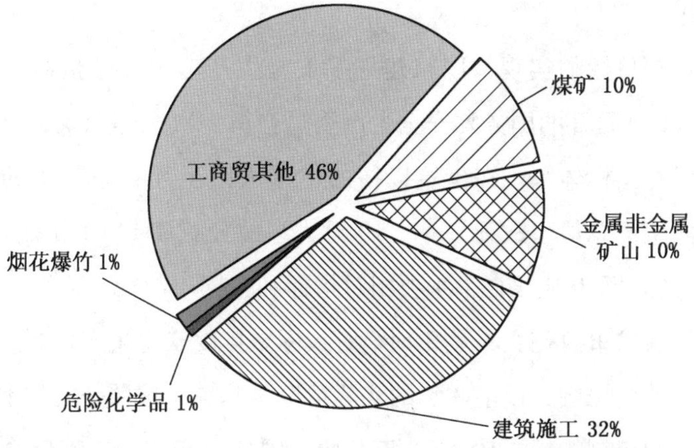

图 1-3　2015 年全国工矿商贸企业事故死亡人数比例图

第七节　与全面建成小康社会宏伟目标相配套的安全生产奋斗目标

2004 年 1 月《国务院关于进一步加强安全生产工作的决定》，提出了我国安全生产的三个阶段性目标。第一阶段：到 2007 年即当届政府的任期之内，建立起较为健全完善的安全生产监管体系，实现全国安全生产状况的稳定好转，重点行业和领域事故多发状况得到扭转，工矿企业事故死亡人数，煤矿百万吨死亡率①、道路交通万车死亡率②等指标均有一定幅度的下降。第二阶段：到 2010 年即"十一五"期末，初步形成规范完善的安全生产法治秩序，全国安全生产状况明显好转，重特大事故得到有效遏制，各类生产安全事故起数和死亡人数有较大幅度的下降。第三阶段：到 2020 年即"十三五"期末，实现全国安全生产状况的根本性好转，亿元国内生产总值事故死亡率③等指标，达到或接近世界中等

① 每生产百万吨原煤产量因事故而死亡的人数。

② 每万辆汽车一年当中发生的道路交通事故死亡人数。

③ 也称亿元 GDP 事故死亡率，指一定时期内（年、季度、月），平均创造 1 亿元 GDP 因工伤事故造成的死亡人数。

发达国家水平。

为确保奋斗目标的实现，国家建立了安全生产考核奖惩机制，强化激励约束。2003 年 11 月召开的国务院安全生产委员会第一次全体会议，研究确立了安全生产控制考核指标体系。在借鉴以往的“千人因工死亡率”等的基础上，设置了亿元国内生产总值事故死亡率、10 万人事故死亡率①、工矿企业 10 万人事故死亡率②、煤矿百万吨死亡率 4 项相对指标和全国事故死亡人数、工矿企业事故死亡人数、煤矿事故伤亡人数 3 项绝对指标。年度安全生产指标的确立，以激励、约束和实效为原则，以上一年的实际情况为基数，按照一定的下降幅度测算确定下一年度的控制指标。从 2004 年开始，国务院安委会在确定全国指标的同时，向各省（区市）政府下达年度控制指标。国家安监总局（国务院安委会办公室）对各地指标实施情况进行跟踪检查，通过新闻发布会、政府公告、工作简报等，每季度公布一次，年底进行考核和通报。2005 年增加了道路交通事故死亡人数和道路交通万车死亡率。2006 年取消了“10 万人事故死亡率”，将“工矿企业 10 万人事故死亡率”扩展为“工矿商贸从业人员 10 万人事故死亡率”，增设了特种设备万台事故死亡率③。2008 年又增设了 10 万人口火灾死亡率④、水上交通百万吨吞吐量事故死亡率⑤、铁路交通百万机车总行走公里事故死亡率⑥。随后的年度又有一些调整，但大致上维持了以事故死亡总人数、重特大事故起数为绝对指标，以亿元国内生产总值事故死亡率、工矿商贸从业人员 10 万人事故死亡率、煤矿百万吨死亡率、道路交通万车事故死亡率四项相对指标为主要内容的安全生产控制考核指标体系框架。各省（区市）又将指标逐项分解、逐级落实到地方政府相关部门和市、县、乡镇以及企业，推动了工作落

---

① 每 10 万人口一年当中因生产安全生产事故所死亡的人数。

② 每 10 万名在工矿企业的从业人员一年当中因事故死亡的人数。该项指标由“千人因工死亡率”衍生而来。

③ 每万台锅炉压力容器等特种设备一年当中所发生事故造成的死亡人数。

④ 每 10 万人口一年当中因火灾事故所死亡的人数。

⑤ 水上运输船舶每百万吨港口吞吐量所发生事故造成的死亡人数。

⑥ 铁路机车每运行百万公里所发生事故造成的死亡人数。

实。“十一五”、“十二五”期间绝大部分省（区市）都完成了国务院安委会下达的安全生产指标任务。

2011 年 12 月国务院下发的《关于坚持科学发展安全发展，促进安全生产形势持续稳定好转的意见》，在肯定一个时期来事故总量和重特大事故大幅度下降，“反映安全生产状况的各项指标显著改善，安全生产形势持续稳定好转”的同时，再次明确到 2020 年要实现全国安全生产状况的根本好转。

“十三五”时期是实现党的十八大提出的全面建成小康社会宏伟目标的决胜阶段。与全面建成小康社会的历史进程同步，推动全国安全生产状况的根本好转，使重特大事故得到有效遏制，主要指标达到中等发达国家的先进水平，使人民群众生命安全得到切实保障，是全面建成小康社会的基础和前提，也是衡量小康社会是否全面建成的一项重要标准。党的十八届五中全会《关于制定国民经济和社会发展第十三个五年规划的建议》提出，“十三五”时期要坚决遏制重特大安全事故频发势头，加强安全生产基础能力和防灾减灾能力建设，切实维护人民生命财产安全。由国务院发布实施的《安全生产“十三五”规划》，深刻分析了安全生产面临的形势、任务和挑战，明确了下一步安全生产的奋斗目标、攻坚

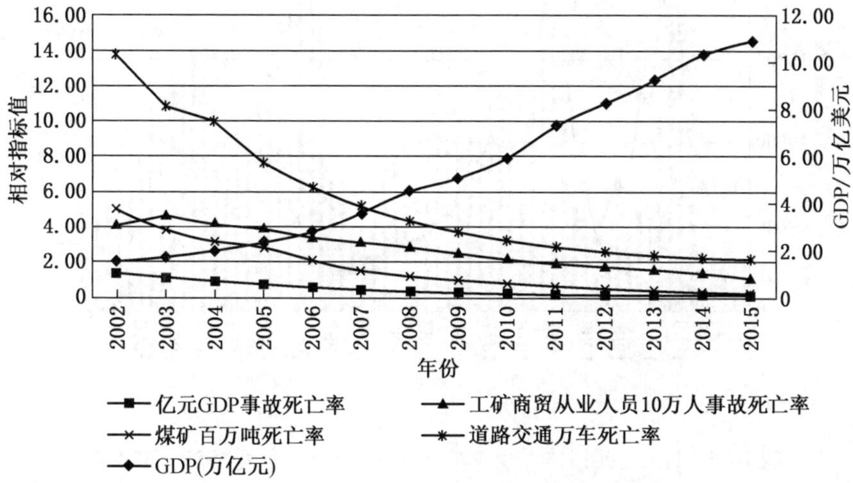

图 1－4　2002—2015 年国内生产总值及四大相对安全生产控制考核指标趋势图

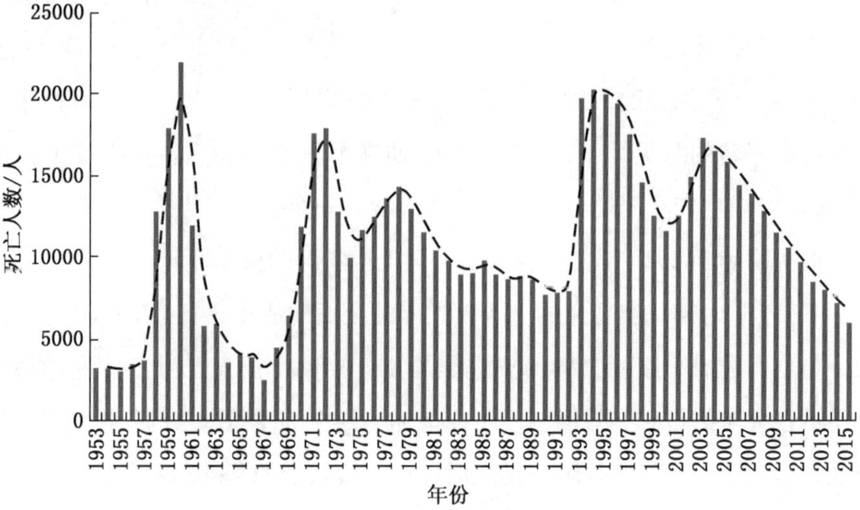

图 1-5　1953—2015 年全国工矿商贸事故死亡人数趋势图

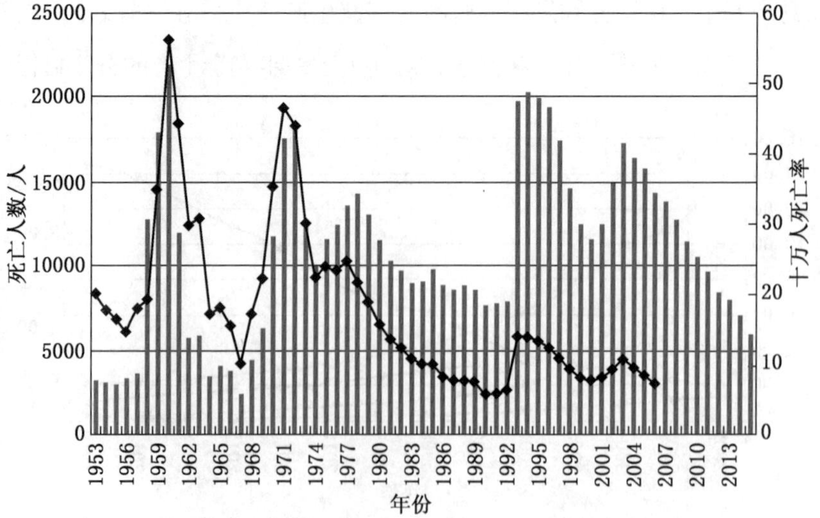

图 1-6　1953—2015 年全国工矿商贸事故死亡人数及 1953—2006 年工矿企业十万人死亡率趋势图

内容、重点工程和保障措施，展现出我国经济社会安全发展、科学发展的光明前景。

小结：安全生产事关人民群众生命财产安全，是经济社会协调健康发展的标志。重视安全生产，是中国共产党作为工人阶级政党的本质属性及其所秉持的全心全意为人民服务的根本宗旨所决定的。建党、建政以来，中央和地方各级党政为此进行了积极探索，付出了极大努力。历史上尽管出现过安全生产工作受冲击、被削弱的情况和安全生产形势阶段性、局部性恶化的情况，先后出现过大跃进时期（1958—1961）、“十年动乱”时期（1966—1976）、向市场经济体制转变和工业化快速发展初期（1993—2002）等事故高发期，但党和政府重视安全生产、坚决维护劳动者安全健康权益的信念始终没有动摇，安全生产事业发展进步的总体趋势没有改变。

安全生产受经济社会发展阶段、生产力发展水平等客观因素的制约，同时也取决于社会认知水准、执政党重视程度、政府监管力度及其方法手段、劳动者素质等主观因素的影响。从建国到2002年，随着经济总量的持续扩大，我国生产安全事故总体上呈上升态势。但也出现了“一五”时期、国民三年经济调整时期（1962—1965）、改革开放初期（1980—1992）三个安全生产形势相对平稳期。2003年在国内生产总值持续增长的背景下，出现了事故总量下降的历史性“拐点”。此后，虽然重特大事故仍然频发多发，但全国事故总的起数和伤亡人数保持了连年下降的趋势。经过集中开展整治，煤矿、非煤矿山、危险化学品、烟花爆竹、建筑施工等工矿商贸行业领域安全生产基础条件逐步改善，事故明显减少。这说明事在人为，即使在经济快速发展、安全压力持续加大的情况下，只要我们有足够的重视并且付出应有的努力，事故是可以预防的，安全生产工作是可以搞好的，经济社会的安全发展、科学发展是可以实现的。

在党和政府的坚强正确领导下，经过几代人的不懈努力，我国高危行业和社会公共安全基础薄弱、事故多发的落后面貌正在改变。现阶段我国的安全生产，突出表现稳定好转的发展态势与依然严峻的现实并存。我们要坚持两点论、两分法来看待我国的安全生产问题，既要充分肯定建国以来特别是改革开放之后安全生产取得的积极进展，认清我国经济社会安全发展、科学发展的必然趋势，增强做好安全生产工作的信心；又要看到差距和问题，认清目前依然严峻的安全生产形势，加快推进安全生产领域的改革创新，健全完善安全监管体制机制，依靠严密的责任体系、严格的法治措施、有效的体制机制、有力的基础保障和完善的系统治理，解决好安全生产领域的突出问题，继续扎实有效把安全生产工作推向前进。

西方国家在工业化过程中，其安全生产普遍经历了从事故易发多发到逐步得到遏制，然后渐趋稳定，最终实现根本性好转的发展周期。与之相比，我们不仅有后发优势，而且具有特殊的政治和制度优势。只要我们善于扬长避短、发挥优势，切实加强党委、政府对安全生产工作的领导，紧紧依靠人民群众，坚持安全发展，坚持改革创新，坚持依法监管，坚持源头防范，坚持系统治理，就一定能够大大缩短、尽快跨越事故易发期，在 2020 年全面建成小康社会之时，使全国生产安全事故总量明显减少，职业病危害防治取得积极进展，重特大事故得到有效遏制，各类企业特别是重点行业领域安全保障能力显著增强，安全生产整体水平与全面建成小康社会目标相适应。到 2030 年，实现安全生产治理体系和治理能力现代化，全民安全文明素质全面提升，为实现中华民族伟大复兴的中国梦创造良好稳定的安全生产环境。

第二章

安全生产方针、理念、原则等的提出与确立

安全生产方针、理念和原则等，是执政党宗旨理念、国家大政方针在安全生产领域的阐释和体现，是安全生产各项工作应当自觉遵循的指针和准则。

第一节　安全第一、预防为主、综合治理方针

1948 年我国东北地区先期解放，厂矿企业特别是煤矿安全问题摆在了新生的人民政权面前。“煤矿在产量方面成绩最大，但是平均出产 3 万吨煤死 1 个人，安全问题最严重”①。当年东北人民政府煤矿管理局下发了《加强保安工作的措施》，指出“要完成生产任务，必须把安保做好，故在生产中安保第一”；同时提出了“积极防御事故，胜于消极处理事故”的口号。当时煤矿普遍把安全生产称作“安保”或者“保安”，这里的“安保第一”也即安全第一。1949 年 11 月中央人民政府燃料工业部召开了第一次全国煤矿会议，会议“决议案”第二部分题为“加强保安工作”，明确提出要“在职工中开展保安教育，树立安全第

① 王首道：《关于工业生产问题》，《王首道文集》第一卷，中国大百科全书出版社 1995 年 8 月出版，第 119 页。

一的思想”。1950年5月召开的各大区煤矿管理局长及总工程师联席会议重申了“安全第一”的思想，燃料工业部部长陈郁在会上指出：这次会议的一个重要议题，就是解决当前煤矿最关键的安全生产问题，“如果我们的干部重视安全生产问题，大部分事故是可以避免的。这是今后搞好保安工作的主要因素”。会议通过的《关于煤矿保安问题的决定》，就如何做到“安全第一”提出了具体要求：实行领导干部责任制，建立煤矿安全委员会，实行劳动保护检察员制度；定期组织开展安全大检查，及时发现和纠正存在的问题；建立安全制度，在中央政府尚未颁布实行全国统一的煤矿安全法规之前，各煤矿应根据实际情况，制定本单位适用的保安规程及奖惩办法；建立及健全保安机构，成立矿山救护队；在群众中严格工作纪律要求，加强安全教育，并培养专职保安干部；改善通风设备，增加通风能力；成立技术保安监督组织。会议还通过了《关于在全国煤矿推行新采煤方法的决定》，讨论了《改善现有矿井通风的规程》。

1950年6月24日，《人民日报》发表了题为《坚决执行安全生产的方针》的评论，对煤炭行业提出和坚持的“安全第一”予以了充分肯定，首次阐述了人民政府的“安全生产方针”。短评指出：“人民工矿业的管理方针，是既重视生产，又重视工人安全。这就是中央人民政府燃料工业部去年十一月在第一次全国煤矿会议上所确定了的安全生产的方针。我们许多工矿执行了这个方针，取得了很大的成绩。”短评分析了存在的问题及其原因：不少工厂矿山发生了许多不应有的事故，其原因固然有历史的和客观的一面，“我们从日寇和国民党匪帮手中接收来的许多工厂矿山的保安设备和保安制度是不好的，有许多灾变是不能预防的”，但是更重要的原因，“是许多工厂矿山的负责人员违背了安全生产的正确方针，实际上实行了错误的方针”；他们“在思想上往往把完成生产任务、推行经济核算、厉行节约与安全生产、保护职工生命健康对立起来。他们不懂得或不完全懂得工人是国家财富的创造者，是我们国家的最宝贵的财产。他们不了解安全第一的积极意义，也不懂得劳动保护与增产节约的统一性，以致强调这一面就忽视另一面，不能正确地贯彻安全生产的方针。有些严重的官僚主义者，则根本漠视职工的生命与健康。他们不积极设法保障职工生产的安全条件，不制定或制定而不认真执行保安制度，更恶劣的竟以欺骗手段蒙蔽工人去做危险的工作”，以致于造成事故发生。评论最后呼吁：“反对只顾生产、不顾安全的方针，提倡与贯彻安全生产的方针，全国工矿工作人员和全体工人，应当为这个原则共同努力。”

1952 年 12 月中央人民政府劳动部召开的全国劳动保护工作会议，传达学习了毛泽东主席在劳动部《三年来劳动保护工作总结与今后方针任务》报告上的批示：“在实施增产节约的同时，必须注意职工的安全、健康和必不可少的福利事业；如果只注意前一方面，忘记或稍加忽视后一方面，那是错误的。”① 劳动部部长李立三遵循毛泽东的批示精神，提出“安全与生产是统一的，也必须统一”；“必须从思想上进一步明确‘生产必须安全、安全为了生产’的安全生产统一的方针”。随后《人民日报》发表社论，强调要坚决贯彻全国劳动保护工作会议确立的安全生产思想，批判和纠正“出事故是小事，完不成任务是大事”，“工厂是战场，难免有伤亡”等错误观念，坚持“生产必须安全、安全为了生产，两位一体、不能分割”的原则，并对如何贯彻安全生产方针进行了阐述：第一要把安全生产的思想贯彻到计划中去，体现在企业的生产、财务、基本建设以及日常工作的各种计划中去；第二要把安全生产的思想贯彻到制度中去，成为整个经营管理制度不可缺少的组成部分；第三要把安全生产思想贯彻到群众中去，认真地、系统地对全体工人职员（特别是新工人）进行安全教育，使安全生产思想为群众所掌握；第四要把安全生产思想贯彻到纪律中去，对安全生产工作做得好的要表扬奖励，不好的要批评，发生事故必须追究责任，予以处分。李立三把上述四点归纳为安全生产思想的“四化”，指出“使安全生产思想计划化、制度化、群众化、纪律化，便能使安全生产逐渐成为全体工人职员的自觉信条，成为生活习惯，而有实现的保证”②。之后的很长一段时间里，全国都把“安全为了生产，生产必须安全”作为安全生产的基本方针。

---

① 社论：《贯彻安全生产方针，做好劳动保护工作》，《人民日报》1953 年 1 月 30 日。

② 《中央劳动部召开全国劳动保护工作会议，总结劳动保护工作经验》，《人民日报》1953 年 1 月 30 日。

1956年6月15日，李先念副总理在代表国务院向第一届全国人民代表大会第3次会议提出关于1955年国家决算和1956年国家预算的报告时，指出“在基本建设的工作中，存在着片面地追求多、快而忽视好、省和安全的倾向。在一部分工程中发生了人身事故和重大的质量事故”；主张把安全生产方针与多快好省的要求统一起来，“在当前的生产领导工作中，必须着重全面地执行多、快、好、省和安全的方针，克服片面地强调多和快的缺点”。1956年10月刘少奇在党的第8次代表大会政治报告中，指出要在发展生产的基础上逐步地改善职工生活，其中一条就是要“切实加强对于生产的安全措施和劳动保护工作”。

1957年10月周恩来总理在国家民航局“关于中缅航线通航情况的报告”上，作出了“保证安全第一，改善服务工作，争取飞行正常”的批示。1959年6月6日周恩来总理视察河北省井陉煤矿，针对当时煤矿企业普遍存在的重生产、轻安全的错误思想，指出“在煤矿，安全是主要的，生产和安全发生矛盾时，生产要服从安全；如果因为保安全而生产任务完成差一点，不责怪你们，安全搞不好不行”；“生产不安全工人心里不踏实，这样搞生产不行，要把安全搞好，工人心情才舒畅，生产情绪才好”①。1963年5月我国第一艘万吨远洋货轮“跃进号”触礁沉没事故发生后，周恩来“立即率领我们赶到港口调查了解，亲自找干部和船员谈心，耐心细致地做思想教育工作，帮助我们认真总结教训”；并对交通部门的负责人讲，你们搞航运的，也要安全第一②。

1979年2月航空工业部在向党中央的一份报告中，提出了“预防为主”的概念。1983年5月《国务院批转劳动人事部、国家经委、全国总工会关于加强安全生产的劳动安全监察工作的报告的通知》把“预防为主”纳入安全生产的指导思想和方针，指出“在安全第一、预防为主的思想指导下搞好安全生产，是经济管理、生产管理部门和企业领导的本职工作，也是不可推卸的责任”。劳动人事部、国家经委、全国总工会的报告就如何“坚决贯彻预防为主的方针”

---

① 候富顺：《周恩来总理视察井陉煤矿》，中国网——中国视窗——人物。http://zgsc.china.com.cn。

② 王首道：《怀念周恩来同志》，《王首道文集》第二卷，中国大百科全书出版社1995年8月出版，第264页。

作出了具体阐述："三十多年的实践证明，要全面地、有效地实现安全生产，必须强调统筹规划和各方面的通力协作"，为此计划部门要将劳动保护、安全生产项目费用纳入国家计划；财政部门要将劳动安全监察经费与环保、公安消防、交通一样单独列入国家财政支出科目；基建计划部门要将新建、扩建和技术改造企业的劳动安全卫生设施，与主体工程同时设计、同时施工、同时投产使用；教育部门应将培养安全管理干部和安全工程技术人员的计划，列入全国统一教育规划，各理工科大专院校应设立安全技术课程。

1985 年 7 月全国安全生产委员会在辽宁省鞍山市召开现场会，学习推广鞍山钢铁公司贯彻实行"安全第一，预防为主"方针，建立安全生产"一把手"责任制的经验。年底全国安全生产委员会在研究部署 1986 年安全生产工作时，提出要贯彻"安全第一、预防为主"的方针。1986 年 3 月国务院办公厅批转全国安全生产委员会"关于重视安全生产，控制伤亡事故恶化的意见"时，要求"各级领导必须认真贯彻落实'安全第一、预防为主'的方针"。1987 年 4 月 27 日，劳动人事部在北京召开各省（区市）劳动人事厅局长、劳动保护处长、矿山监察处长、锅炉压力容器安全监察处长参加的劳动安全监察工作会议，提出要把"安全第一、预防为主"作为安全生产和劳动保护的方针。在 1988 年 2 月 17 日召开的首都春节团拜会上，国务院代总理李鹏指出：春节前发生的几起重大交通事故，给人民生命财产造成了重大损失，一定要查明事故原因；"各级政府、一切生产建设部门、交通运输部门和其他有关部门，都必须坚决执行安全第一、预防为主的方针，切实防止各种事故，特别是恶性事故的发生"。1989 年 11 月党的十三届五中全会通过的《中共中央关于进一步治理整顿和深化改革的决议》，第三十条明确要求"落实'安全第一、预防为主'的方针，加强安全生产"。之后颁布实施的《劳动法》和《安全生产法》，也都载明了"安全第一、预防为主"的方针。

2005 年 10 月，党的十六届五中全会通过的《中共中央关于制定国民经济和社会发展第十一个五年规划的建议》把"综合治理"充实到安全生产方针当中，要求"坚持安全第一、预防为主、综合治理，落实安全生产责任制，强化企业安全生产责任，健全安全生产监管体制，严格安全执法，加强安全生产设施建设。切实抓好煤矿等高危行业的安全生产，有效遏制重特大事故”。2014 年 9 月新修改的《安全生产法》明确规定，安全生产工作应当“坚持安全第一、预防为主、综合治理的方针”。

把“综合治理”纳入安全生产方针，反映了对安全生产规律认识的逐步深化。1979 年煤炭工业部曾提出煤矿安全生产要坚持“安全第一，预防为主，综合治理，总体推进”的方针。2005 年国家安监总局党组针对煤矿等重点行业领域安全基础薄弱、事故多发的严峻形势，提出安全生产必须坚持标本兼治、重在治本，在集中力量解决当前突出问题、防范遏制重特大事故的同时，做到多管齐下、综合施治，努力建立长效机制，实现长治久安。

贯彻安全第一、预防为主、综合治理方针，就是要把安全问题始终摆在首位，“要把安全第一作为我们的一种职业道德，作为精神文明的一个组成部分来抓”①，坚定不移地维护人民群众的生命安全权益，当安全与生产、安全与效益、安全生产与发展地方经济发生矛盾时，必须自觉服从和保证安全的需要，任何情况下都不能忽视安全，不能在缺乏安全保障的情况下盲目追求产量、效益和发展速度；必须把预防事故作为安全生产工作的主体性任务，建立预测、预报、预警等安全防范体系，重心下移、关口前移，把工作做在事故发生之前，把事故消灭在萌芽状态，做到防患于未然，治之于未乱；必须综合运用经济手段、法律手段和必要的行政手段，在抓好显性矛盾、浅层次和局部性问题的同时，重视解决那些隐藏在生产安全事故、非法违法行为背后的深层次问题，以及影响制约我国经济社会安全发展的全局性、普遍性问题，致力于建立安全生产长效机制，实现长治久安。

安全生产方针是完整的统一体。安全第一、预防为主、综合治理三者之间具有内在的严密的逻辑关系：要坚持“安全第一”，就必须把主要精力放在预防上，实施综合治理，做到标本兼治、重在治本；也只有坚持预防为主、综合治

---

① 《读〈李鹏论产业经济〉》，《人民日报》2013 年 9 月 3 日。

理，有效防范事故发生，才能把“安全第一”落到实处。

第二节　以人为本、生命至上理念和安全生产红线意识

以人为本、生命至上理念，是安全生产的思想基础，也是党的安全第一方针的依据和渊源。毛泽东主席曾经讲过：“世界一切事物中，人是第一个可宝贵的”①。邓小平理论始终贯穿着以人为本的思想和理念。坚持以人为本，把劳动者的生命摆在至高无上的位置，是工人阶级政党的生存根基和本质要求，是党的性质和宗旨的集中体现，也是我们党一贯的政治主张和执政理念。

党的十四大以来，中央领导人在这方面作出了深刻论述。江泽民总书记2000年3月12日针对江西省萍乡市一私人烟花厂发生的特别重大爆炸事故，作出批示说：“在社会主义市场经济条件下，不能允许只要有钱赚，就可以危及人民的生命安全”。6月30日又针对广东省江门市土产进出口公司烟花厂发生的特别重大爆炸事故作出批示说：“对安全问题，中央三令五申，也有条例规定，为何屡禁不止；人命关天，如何向老百姓交代？思之再三，是否在于要钱不要命。既有规定，为何有关部门置若罔闻。对责任人一定要严肃查处”②。胡锦涛总书记在2006年3月27日中央政治局“国外安全生产的制度措施和加强我国安全生产的制度建设”专题学习会上指出：“人的生命是最宝贵的。我国是社会主义国家，我们的发展不能以牺牲精神文明为代价，不能以牺牲生态环境为代价，更不能以牺牲人的生命为代价。重特大安全事故给人民群众生命财产造成了重大损害。我们一定要痛定思痛，深刻吸取血的教训”③。胡锦涛总书记强调：高度重视和切实抓好安全生产工作，是坚持立党为公、执政为民的必然要求，是贯彻落实科学发展观的必然要求，是实现好、维护好、发展好最广大人民的根本利益的

---

① 《唯心历史观的破产》，《毛泽东选集》袖珍本，《人民出版社》1967年11月，第1401页。

② 《吴邦国副总理在全国安全生产工作电视电话会议上的讲话》（2000年7月12日），《中国安全生产年鉴》（2000—2001年卷）。

③ 《胡锦涛：社会主义国家发展不能以牺牲人命为代价》，《人民日报》2006年3月29日。

必然要求，也是构建社会主义和谐社会的必然要求。各级党委和政府要牢固树立以人为本的观念，关注安全，关爱生命，坚持不懈地把安全生产工作抓细、抓实、抓好。2008年9月，山西、广东、河南、四川等地相继发生多起煤矿火灾和瓦斯突出、尾矿库溃坝、人员密集场所火灾、道路客车翻车等特别重大事故。特别是山西省临汾市襄汾县新塔矿业有限公司尾矿库“9·8”溃坝事故，造成283人死亡（失踪），是建国以来最严重的尾矿库事故。当月19日胡锦涛总书记在中央召开的“学习实践科学发展观动员会”上，深刻分析了这些重特大事故所反映出的深层次问题，指出“一些干部缺乏宗旨意识、大局意识、忧患意识、责任意识，作风飘浮、管理松弛、工作不扎实，有的甚至对群众呼声和疾苦置若罔闻，对关系群众生命安全这样的重大问题麻木不仁。我们对这些事件及其后果的严重性必须充分估计，对其中的惨痛教训必须牢牢记取”；强调“要使全党同志始终坚持以人为本，始终把人民群众安危冷暖放在心上，我们党才能更好地带领广大人民群众为夺取全面建设小康社会新胜利而奋斗”①。

习近平总书记更加明确地倡导和坚守以人为本的理念。“人民对美好生活的向往就是我们的奋斗目标”，这句朴实、简洁、真切的语言，深刻而又准确地阐述了党的全心全意为人民服务的宏大宗旨和发展为了人民幸福的终极目的。2014年4月在主持召开中央国家安全委员会第一次会议时，强调要以人民安全为宗旨，坚持以民为本、以人为本，坚持“一切为了人民、一切依靠人民，既重视国土安全，又重视国民安全，真正夯实国家安全的群众基础”②。2015年5月习近平总书记在中共中央政治局第二十三次集体学习时强调：要坚持以人为本、生命至上，全面抓好安全生产责任制和管理、防范、监督、检查、奖惩措施的落实。2015年6月在贵州调研时，强调指出“要牢记公共安全是最基本的民生的道理”，着力堵塞漏洞、消除隐患，着力抓重点、抓关键、抓薄弱环节，不断提

---

① 《胡锦涛总书记在全党深入学习实践科学发展观活动动员大会暨省部级主要领导干部专题研讨班开班式上的讲话》，《人民日报》2008年9月20日。

② 《习近平系列重要讲话读本》，学习出版社、人民出版社2016年版本，第227页。

高包括安全生产在内的公共安全水平①。

坚守“安全生产红线”，最先是国务院常务会议提出的要求。2011 年甬温线“7·23”特别重大铁路交通事故发生后，温家宝总理主持召开国务院常务会议，研究部署事故调查和安全生产有关工作。会议强调指出：“搞建设、谋发展都必须牢固树立科学、安全、可持续的理念，把安全放在第一位。要坚持走科学发展的道路，坚持以人为本，处理好速度质量效益的关系，把生命高于一切的理念落实到生产、经营、管理的全过程，坚决守住安全生产这条红线”②。在此之前，温家宝总理曾多次强调：科学发展必须坚持以人为本，把人的生命放在第一位；经济发展必须建立在安全生产的基础上，绝不能以损害人民群众利益甚至牺牲职工生命为代价；“必须树立正确的政绩观，抓经济发展是政绩，抓安全生产也是政绩，不搞好安全生产，就没有全面履行职责”③。

习近平总书记丰富和明确了安全生产红线的内涵，进一步强化了安全生产红线的重要意义及其刚性约束。2013 年 6 月 3 日，因招商引资安全把关不严，疏于监管，长春市德惠市宝源丰禽业公司发生特别重大火灾事故，造成 121 人伤亡、77 人受伤。正在出访途中的习近平总书记当即作出指示说：接连发生的重特大安全生产事故，造成重大人员伤亡和财产损失，必须引起高度重视，“人命关天，发展决不能以牺牲人的生命为代价，这必须作为一条不可逾越的红线”④。7 月 18 日，中央政治局常委会第 28 次会议专门听取了国家安监总局关于当前安全生产情况的汇报。习近平总书记在听取汇报后指出：安全生产责任重于泰山，领导干部不要幻想当太平官，要居安思危，临事而惧，有睡不着觉、半夜惊醒的压力。2013 年 11 月 22 日，位于山东省青岛市的东（营）黄（岛）输油管线发

---

① 《跟着习大大学习公共安全》，《人民日报》2015 年 8 月 21 日。

② 《温家宝主持召开国务院常务会议强调坚决守住安全生产这条红线》，《人民日报》2011 年 7 月 28 日。

③ 《温家宝在全国安全生产工作会议上的讲话》，中华人民共和国中央人民政府网站——领导活动。http：//www. gov. cn/ldhd/2006 -01/25/content_171180. htm。

④ 《国务院办公厅关于集中开展安全生产大检查的通知》，中华人民共和国中央人民政府网站——公文公报——国务院文件。http：//www. gov. cn/zwgk/2013 -06/10/content_2424078. htm。

生泄漏爆炸事故，造成63人死亡（失踪），136人受伤。习近平总书记随即赶赴事故现场指导抢险救灾并发表讲话，要求各级领导始终把人民群众生命安全放在第一位，牢固树立发展决不能以牺牲人的生命为代价的红线观念，“这个观念一定要非常明确，非常强烈，非常坚定”①。随后习近平又在有关会议上多次强调必须坚守“发展决不能以牺牲安全为代价”的红线，踩了红线，造成了严重后果，就要受到追究，就要依法承担责任。李克强总理也指出：“安全生产是人命关天的大事，是不能踩的红线”②。

以人为本、生命至上理念和安全生产红线意识具有高度的一致性。坚持以人为本、生命至上，就是要牢牢守住“发展不能以牺牲人的生命为代价”这条红线，始终把实现好、维护好、发展好人民的群众的安全权益作为安全生产全部工作的出发点和落脚点；强化安全生产红线意识，就是要坚守科学发展观以人为本的核心立场，珍视生命，在任何时候和任何情况下都不能忽视安全生产，不以损害人民群众的生命财产安全为代价来换取眼前和局部经济利益。

第三节　安全发展理念和安全发展战略

2005年10月党的十六届五中全会《中共中央关于制定国民经济和社会发展第十一个五年规划的建议》提出“要坚持节约发展、清洁发展、安全发展，实现可持续发展。”胡锦涛总书记在2006年3月27日中央政治局第30次集体学习会上指出：把安全发展作为一个重要理念纳入社会主义现代化建设的总体战略，是我们党对科学发展观认识的深化；发展应当具有持久和后续能力，既不能以破坏资源、污染环境为代价，更不能以牺牲人的生命为代价；为此必须坚持“把实现安全发展、保障人民群众生命财产安全和健康，作为关系全局的重大责任，与经济社会发展各项工作同步规划、同步部署、同步推进，促进安全生产与经济

① 中共中央文献研究室编辑：《习近平关于全面建成小康社会论述摘编》，中央文献出版社2016年6月出版，第136页。

② 《李克强总理对安全生产工作作出重要批示》，《人民日报》2013年12月6日。

社会发展相协调”①。2007 年 10 月党的十七大报告指出：“坚持安全发展，强化安全生产管理和监督，有效遏制重特大安全事故。”2011 年 11 月国务院下发了《关于坚持科学发展安全发展促进安全生产形势持续稳定好转的意见》，明确提出要“大力实施安全发展战略”，并系统地阐述了实施安全发展战略的指导思想、基本原则、重点任务和一系列政策措施。

党的十八大以来，党中央、国务院强调要树立安全发展观，推动和实施安全发展战略。2014 年 3 月在荷兰海牙召开的第三届核安全峰会上，习近平总书记强调要坚持安全与发展并重，遵循安全第一原则；“我们要秉持为发展求安全、以安全促发展的理念，让发展和安全两个目标有机融合，使各国政府和核能企业认识到，任何以牺牲安全为代价的核能发展都难以持续，都不是真正的发展。只有采取切实举措，才能真正管控风险；只有实现安全保障，核能才能持续发展”②。当年 10 月在会见全国公安机关爱民模范集体代表和爱民模范时，指出“平安是老百姓解决温饱后的第一需求，是极重要的民生，也是最基本的发展环境”。2014 年 8 月“安全发展”写入了修改后的《安全生产法》第三条。

广义上的安全发展既包括了安全生产，也包括了社会公共安全、防灾减灾、卫生防疫、食品药品安全等涵义，还可以延伸到经济安全、能源安全、国防安全、国家安全、网络信息安全、生态安全等方面。加强安全生产，切实保障人民群众的生命财产安全，始终是安全发展的核心内容和首要任务。

安全发展理念和安全发展战略的提出与实施，建立在党中央、国务院对我国安全生产规律特点、发展趋势的客观分析和科学把握的基础上，体现了党的“立党为公、执政为民”的执政理念，反映了科学发展观“以人为本”的本质特征。安全发展是科学发展观的重要组成部分，是我国经济社会发展的必然要求。树立和坚持安全发展观，就是要把人民群众生命财产安全始终作为经济社会发展

---

① 胡锦涛：“坚持以人为本，实现安全发展”，《论构建社会主义和谐社会》，中央文献出版社 2013 年 4 月出版，第 89 页。

② 《习近平在荷兰海牙核安全峰会上的讲话》，新华网——高层。http：//news. xinhuanet. com/politics/2014 - 03/25/。

的基础、前提和保障，坚持发展速度、质量、效益与安全的有机统一，把国民经济和区域经济、各个行业和领域、各类生产经营单位的发展，建立在安全保障能力不断增强、安全生产状况持续改善、劳动者生命安全和身体健康得到切实保障的基础上。实施安全发展战略，就是要把安全生产纳入经济社会发展的总体战略布局，从经济社会发展的趋势和安全生产领域的实际出发，确立安全生产的总体战略目标和阶段性战略步骤；就是要立足当前、着眼长远，紧紧围绕科学发展主题和加快转变经济发展方式主线，制定和落实安全生产战略性举措，以科技进步为支撑，标本兼治、综合治理，加快建立安全生产长效机制，促进安全生产与经济社会同步协调发展，在建设资源节约型、环境友好型社会的同时，努力建设安全保障型社会。

"十一五"时期安全发展战略开始付诸实施。2006 年 3 月公布的《国民经济和社会发展第十一个五年规划纲要》，首次设立了"提高安全生产水平"专节，系统地表述了"十一五"时期安全生产要点，包括健全安全生产监管体制，加强安全生产科研开发、监管监察和支撑体系建设，实施重大危险源普查和加强监测监控，加大安全设施投入，搞好隐患治理和安全技术改造等。第一次在国家五年规划中设置了单位国内生产总值生产安全事故死亡率、十万工矿商贸从业人员事故死亡率两个安全生产约束性指标。明确到 2010 年亿元 GDP 事故死亡率下降 35%，工矿商贸 10 万人事故死亡率下降 25% 的目标。国家统计局首次把这两个指标与煤矿百万吨死亡率、道路交通万车死亡率纳入国家统计公报。

依据国家"十一五"规划，国家安监总局研究提出了《"十一五"安全生产规划（草案）》。2006 年 8 月国务院办公厅印发了我国第一个安全生产五年规划，明确了"十一五"时期全国安全生产的指导思想、总体目标、主要任务、保障措施和重点工程，提出到"十一五"期末，要基本形成完善的安全生产法律法规体系、技术支撑体系、信息体系、培训体系、宣传教育体系和应急救援体系，各项相对指标均有一定幅度的下降，职业危害严重的局面得到有效控制，安全生产状况进一步好转。《国务院办公厅关于印发安全生产"十一五"规划的通知》同时要求各地区、各部门，要将规划相关内容纳入本地区、本行业和领域"十一五”发展规划，抓紧制定具体实施方案，做到安全生产与经济社会发展的各项工作同步规划、统一部署、协调推进；要求相关部门按照职责分工，加强规划实施工作的组织指导和协调，建立规划实施的中期评估、调整和考核等制度，强化督促检查，确保规划目标的实现。

2011 年 3 月公布的《国民经济和社会发展第十二个五年规划》，设立了“严格安全生产管理”专节，强调要落实企业安全生产责任制，深化煤矿、交通运输等领域安全专项治理，严厉打击非法违法生产经营，到 2015 年单位国内生产总值生产安全事故死亡率下降 36%，工矿商贸就业人员生产安全事故死亡率下降 26%。2011 年 10 月国务院办公厅印发了安全生产“十一五”规划，并要求各地区、各部门做到责任到位、措施到位、投资到位、监管到位。明确了“十二五”时期安全生产 9 大工程（企业安全生产标准化达标工程、煤矿安全生产水平提升工程、道路交通安全生命保障工程、非煤矿山及危险化学品等隐患治理与监控工程、职业危害防治工程、监管监察能力建设工程、应急救援体系建设工程、安全教育培训及安全社区和安全文化建设工程）和重点任务。规划得到了比较切实认真的贯彻实施，所设定的战略规划、五年奋斗目标也都如期实现。

2015 年 10 月党的十八届五中全会通过的《中共中央关于制定国民经济和社会发展第十三个五年计划的建议》，再次强调要“牢固树立安全发展观念”，坚持人民利益至上，强化预防治本，加强安全生产基础能力和防灾减灾能力建设，切实维护人民生命财产安全。

第四节　“党政同责、一岗双责、齐抓共管、失职追责”原则

责任是安全生产的灵魂。建立健全以各级领导责任制为核心的安全生产责任体系，强化责任意识，严格责任落实，厉行责任追究，是安全生产工作的基本方法和重要原则，也是确保党和国家安全生产方针政策得到贯彻执行的有效手段。

江泽民 1986 年 10 月在上海市消防工作会议上，作出了安全生产“责任重于

泰山”[1] 的论断。1997 年 10 月，国务院办公厅转发了劳动部《关于认真落实安全生产责任制的意见》，指出重特大事故接连发生，一个十分重要的原因就是安全生产责任制不落实。要求各地区、各单位按照“企业负责、行业管理、国家监察、群众监督和劳动者遵章守纪”的总要求，以及管生产必须管安全、谁主管谁负责的原则，建立健全安全生产领导责任制并实行严格的目标管理，建立健全、认真实行安全生产考核奖惩制度。对认真履行职责、做出显著成绩的，要给予表彰奖励；对履行职责不好、安全生产目标计划不能实现的，应进行批评教育或给予相应的行政、经济处罚；对因玩忽职守、失职渎职而造成重大、特大事故的，要依照法律和其他有关规定进行严肃处理，决不姑息迁就。

2013 年 11 月习近平总书记在东黄输油管线泄漏爆炸事故现场的重要讲话中要求：安全生产工作必须坚持“党政同责、一岗双责、齐抓共管”，建立健全最严格的安全生产制度，安全生产工作不仅政府要抓，党委也要抓，发展是大事，安全生产也是大事，党政“一把手”必须亲力亲为、亲自动手抓。2015 年 8 月习近平总书记针对天津港火灾爆炸等事故所暴露出的突出问题，强调要坚决落实安全生产责任制，切实做到“党政同责、一岗双责、失职追责”，坚决遏制重特大安全生产事故发生[2]。

国务院安委会办公室、国家安监总局采取典型引路、重点督促等措施，推动落实安全生产工作党政同责、一岗双责、失职追责。到 2014 年底，全国各省（区市）和新疆生产建设兵团均发文明确了党委、政府安全生产工作领导责任；都按照“一岗双责”的要求，对相关领导岗位在安全生产工作方面应当承担的职责作出规定；所有省级政府安全生产委员会主任均由省长（主席、市长）担任；都建立了安监部门定期向组织部门报送安全生产情况的制度，以对地方各级领导班子、领导干部实施安全生产绩效考核；都按照“三个必须”（管行业必须管安全，管业务必须管安全，管生产经营必须管安全）的要求，落实了政府相

---

① 江泽民：《责任重于泰山》，《人民日报》1996 年 11 月 18 日。

② 《习近平论全面建成小康社会：关键在于补齐“短板”》，中国共产党新闻网——专题报道——学习路上。http：//cpc. people. com. cn/xuexi/n/2015/1112。

关部门的安全生产工作职责。在各省党委、政府的推动下，全国绝大多数的市、县也达到了上述要求。“党政同责、一岗双责、失职追责”原则的贯彻落实，从领导制度上支持和保证了安全第一方针的贯彻落实，使安全生产工作得到切实有效的加强改进。

小结：安全生产方针、理念和原则等是一组历史的范畴，其产生于安全生产实践，且随着安全生产实践活动的不断深入而逐步深化。从“安全为了生产、生产必须安全”，到“安全第一、预防为主、综合治理”方针的健全完善；从以人为本、生命至上理念的提出，到安全生产红线意识、安全发展战略的明确与贯彻；从“责任重于泰山”的思想理念，到“党政同责、一岗双责、齐抓共管、失职追责”这样清晰严格的责任原则和责任规范。所有这些，都是安全生产工作战线长期实践、深入探索活的结果，是大量事故、无数鲜血和生命换来的，都凝聚着我们对安全生产客观规律、内在要求和基本特点的认知，都经历了一个逐步完善、不断强化的过程。

建国以来特别是国家安全生产监督管理体制改革以来，安全监管系统和全国安全生产工作战线的同志，把党中央和国务院安全生产大政方针、原则要求与各自实际紧密结合起来，创造性地开展工作，形成了诸多的好理念、好思路和好方法。如把安全生产视为“‘天字号’大事”，把安全监管作为“生命防护工程”的思想认识；以“关爱生命、关注安全”为主旨的安全文化理念；“科技强安”、“科教兴安”的科学理念和发展战略；不伤害自己，不伤害别人，不被别人伤害的“三不伤害”信念和原则；管行业必须管安全，管生产必须管安全，管经营必须管安全“三个必须”；瓦斯是煤矿安全“第一杀手”、“瓦斯超限就是事故”的深刻认知，以及煤矿瓦斯防治“十二字方针”① 和“十六字要求”②；对事故

① 瓦斯防治“十二字方针”：先抽后采、监测监控、以风定产。

② 瓦斯防治“十六字要求”：通风可靠、抽采达标、监控有效、管理到位。

和隐患“四个对待”的理念[1]；“一方出事故、多方受教育，一地有隐患、全国受警示”[2] 的警示教育理念和方式；“责任全覆盖、管理全方位、监管全过程”的安全生产综合治理体系建设准则，等等。所有这些，对于做好新形势下的安全生产工作，都有着切实的指导和促进作用。

① “四个对待”：把别人的事故当成自己的事故来对待，把过去的事故当成今天的事故来对待，把小事故当成大事故来对待，把安全隐患当成事故来对待。

② 《习近平总书记关于安全生产工作论述摘编》，《中国安全生产报》2016 年 1 月 9 日。

第三章

安全生产监督管理体制沿革

安全生产监督管理体制是指政府安全生产监督管理职责权利的配置格局、组织制度和运作方式，包括谁来代表政府对全国或本行政区域内的安全生产活动实施监督管理，以及如何界定中央政府与地方政府、综合监管部门与专业监管部门的职责权限，如何协调监管机构与相关机构、监管主体与监管对象之间的关系，监管系统内部如何运转等。建立责权明确、协调一致、高效运转的监管体制，是搞好安全生产的基础。

建国以来，随着经济体制、政府机构改革和安全生产形势的发展变化，我国安全生产监督管理体制也不断进行改革和调整，逐步趋于完善。

第一节　工业经济部门负责行业监管，劳动部门履行综合监管和行政监察职责（1949.10—1998.6）

改革开放之前我国的经济成分比较单一，工业生产活动集中在公有制企业。全民所有制企业（即国有企业）分别隶属于不同的工业经济部门，直接接受中央和地方政府相关部门的生产指令和监督管理。集体所有制企业尽管隶属于乡镇、街道等集体组织，但也要接受工业经济部门的计划约束和业务指导。与之相适应，工矿企业安全生产的监督管理，一向由工业经济部门负责实施。煤炭、冶金、石油、化工、机械、纺织等部门在安排部署生产任务的同时，也对本行业领域的安全生产提出具体要求。各部门都设立了承担安全生产监管职能的内部机构，负责研究制定本行业领域安全生产政策、法规和标准，组织开展监督检查，协调进行重特大事故抢险救援和调查处理。

计划经济时期国家安全生产综合监管和行政监察职责，由劳动管理部门负责履行。1949 年 11 月，根据中国人民政治协商会议第一次全体会议通过的《中央人民政府组织法》，劳动部正式成立。政务院批准的《中央人民政府劳动部暂行组织条例》，规定劳动部的主要职责任务："监督一切公营企业、合作社企业、私营企业及公私合营企业遵守有关劳动问题之法律法令"，"检查各种企业、工厂、矿场之安全卫生设备状况"。政务院批准的《省、市劳动局暂行组织通则》规定了省、市劳动局的主要职责任务："检查工矿安全卫生并监督劳保实施事宜"，"监督与指导公私营企业中女工、童工的保护事宜"。劳动部内设劳动保护司，地方各级劳动部门内设劳动保护处、科、股，负责对全国和区域劳动保护工作实施综合性监督管理。1954 年依照《中华人民共和国宪法》成立国务院，原中央人民政府劳动部改称中华人民共和国劳动部。国务院批准的《中华人民共和国劳动部组织简则》规定：劳动部负责"管理劳动保护工作，监督检查国民经济各部门的劳动保护、安全技术和工业卫生工作，领导劳动保护监督机构的工作，检查企业中的重大事故并且提出结论性的处理意见"。1955 年 4 月 25 日天津国棉一厂发生锅炉爆炸事故，死伤 77 人（其中 8 人死亡，重伤 17 人）。为吸取事故教训，加强锅炉安全监督管理，国务院当年 6 月批准在劳动部设立锅炉安全检查总局，随后地方各级劳动部门也相继建立了锅炉和压力容器安全监管机构。"十年动乱"期间劳动部门受到冲击，新成立的各级"革命委员会"有的内设劳动小组，有的则予以彻底取消。1970 年劳动部并入国家计划经济委员会，其安全生产综合管理职能也相应转移。1975 年 9 月国务院发布《关于调整国务院直属机构的通知》，在国家计委劳动局基础上组建国家劳动总局，内设劳动保护局。1978 年 8 月国家劳动总局向国务院提出《关于统一归口，建立、加强锅炉压力容器监督检查机构的请示》，1979 年国务院批准国家劳动总局建立锅炉压力容器安全监察局。1981年1月国家劳动总局成立矿山安全监察局，各省（区市）劳动部门设立矿山安全监察处，矿山企业比较集中的地（市）设立矿山安全监察室。随后国务院又颁布施行《矿山安全条例》和《矿山安全监察条例》，建立健全了矿山安全监察法律制度。1982年5月国家劳动总局、国家人事局、国务院科技干部局和国家编制委员会合并为劳动人事部，内设劳动保护局、矿山安全监察局、锅炉压力容器安全监察局负责相关安全生产工作。1988年3月劳动和人事两部分设，安全生产工作职能归劳动部，内设职业安全卫生监察局、矿山安全监察局和锅炉压力容器安全监察局。1993年7月国务院在撤销全国安全生产委员会的同时，规定由劳动部负责"管理全国安全生产工作，对安全生产行使国家监察职权"。劳动部据此将内设机构作出调整，成立安全生产局以承担原全国安全生产委员会办公室的工作，将职业安全卫生监察局与锅炉压力容器安全监察局合并为职业安全卫生与锅炉压力容器监察局，保留矿山安全卫生监察局。

在对安全生产实行行政监察的同时，还实行了工会监察和企业内部监察等。各级工会组织建立了安全监督工作制度和群众监督网络。安全生产工作任务较重的大中型企业普遍在其内部设立了专门机构，配备专职人员，负责监督检查所属单位的安全生产。

有的研究机构和学者综合上述情形，并依据1993年10月《国务院关于控制重大、特大恶性事故的紧急通知》中安全生产工作要实行"企业负责，行业管理，国家监察和群众监督"的表述，以及1994年3月邹家华副总理在全国安全生产工作电话会议上，就安全生产工作要坚持"企业负责、行业管理、国家监察、群众监督"的阐述，将这一时期我国安全生产工作体制总结和归纳为"国家监察、行业管理、企业负责、群众监督、劳动者遵章守纪"①。劳动部门代表国家履行安全生产综合监管和行政监察职责，维护了国家安全生产大政方针的统一性。工业经济部门对安全生产实施行业管理，有效地防止了生产、安全"两

① 罗云：《安全小康社会发展战略及目标》研究报告，2004年2月。

张皮”现象的发生。工会、共青团以及企业的女工、家属委员会等群众团体积极参与监督，使安全生产获得了较扎实的群众基础。产业工人所具有的主人翁责任感、较高的思想素质和较为严格的组织纪律观念，使安全生产各项规章制度得到比较认真的贯彻落实。除了大跃进、“十年动乱”这样的特殊时期，这种监管体制和工作格局，基本上适应了计划经济时期安全生产的需要。

第二节　国家综合经济部门及其所属机构对安全生产实施监管监察（1998.6—2003.3）

1998年6月国务院机构改革，将煤炭、冶金、化工、机械等工业经济部门改组为国家经贸委管理的国家局（副部级机构），并明确了以三年为过渡期，最终完全撤销工业经济部门，加快建立社会主义市场经济体制的改革目标。为适应工业经济部门缩编和撤销后，对各个行业领域安全生产实施统一监管的需要，国务院决定将劳动部承担的安全生产综合监管、职业卫生监察、矿山安全监察职能转移至国家经济贸易委员会。原来各个工业部门所承担的安全生产行业管理职能，也一并移交国家经贸委。在国家经贸委内成立安全生产局（内设综合处、监督一处、监督二处、政策法规处），负责综合管理全国安全生产工作，代表国家行驶安全生产监督职权。同时将原劳动部承担的职业卫生监察（包括矿山卫生监察）职能，转移至卫生部；锅炉压力容器安全监察职能，转移至国家质量技术监督局；属于劳动保护工作的女职工和未成年工特殊保护、工作时间和休息休假等，仍保留在劳动部门，由新组建的劳动和社会保障部管理。

1999年12月国务院批准在国家煤炭工业局加挂“国家煤矿安全监察局”牌子。2001年2月国家经贸委管理的9个国家局（即国家煤炭工业局、国家冶金工业局、国家石油和化学工业局、国家机械工业局、国家轻工业局、国家建筑材料工业局、国家有色金属工业局，国家纺织工业局、国家国内贸易局）全部撤销。同时以国家经贸委安全生产局和被撤销9个国家局的专业管理干部为基础，成立副部级的国家安全生产监督管理局。国家安监局与国家煤矿安监局实行

"一个机构、两块牌子"，仍由国家经贸委管理。依据国务院下达的机构、职能和人员编制的"三定"方案，国家安监局（国家煤矿安监局）这一时期的职责，概括起来就是"起草法规、综合管理、监督检查、查处事故、资格认证、指导协调"①。

在国家经贸委及其所属机构对全国安全生产实施监督管理的这段时间里，安全生产法治建设、重点行业安全专项整治、煤矿安全技术改造等重点工作取得了积极进展。出台了《安全生产法》等法律法规，初步建立了安全生产监管部门与地矿、环保、工商等部门之间的协调配合、联合执法机制，关闭整顿了一批不具备安全生产条件和破坏资源、污染环境的小矿小厂，运用国债资金对煤矿重大隐患进行了治理，并建立了中央财政对煤矿安全技术改造予以扶持的政策和制度。这些成绩的取得，与国家经贸委作为综合经济部门所具有的多种调控手段、较强协调能力是分不开的，这也正是国家综合经济部门管理安全生产这一体制的长处所在。

同时也要看到综合经济部门管理安全生产的弊端和不足。尤其是在经济建设与安全生产发生矛盾，保煤、保电、保增长等成为"压倒性任务"时，安全标准和要求难免会降低，安全生产监督检查等日常性也会有所放松。再由于综合经济部门管理面很宽，相关负责同志的精力有限，难以深入研究、集中精力抓好安全生产。这一时期全国安全生产某些方面的工作，常常失之于一般化、表面化，既缺乏针对性、可操作性较强的对策措施；也缺乏抓住不放、一抓到底的坚韧不拔、深入细致的工作作风。同时由于多了一个管理层次，决策效率受到影响，各地发生的安全生产重大问题和紧急情况，要通过国家局、经贸委才能反映到国务院。国家安监局作为"委管局"，监督管理全国安全生产的权威性和执行力显得不足。公开发表的国家经贸委关于1998、1999年全国安全生产工作的总结材料指出：原劳动部安全生产工作职能被"一分为四"（分别移交给国家经贸委、劳动和社会保障部、卫生部、国家质检总局）后，不仅造成"职能交叉、政出多

---

① 彭嘉陵：《担起安全生产监督重任》，《人民日报》经济周刊第154期，2001年2月26日。

门”，而且一些地方“安全监管队伍离散，大批富有专业经验的管理人才将流失，一些安全管理机构被削弱，安全生产监督管理工作出现断档，多年来积累的基础资料被遗弃，重点行业和部分国有企业安全管理工作出现滑坡”。二十世纪九十年代末期我国事故总量开始节节攀升，2002 年达到历史峰值。全国安全生产这一被动局面的出现和加剧，固然有工业化快速发展和事故易发期来临等客观因素，但国家和地方各级安全生产监管体制不健全、不完善，所造成的影响也不能忽视。

第三节　国务院设立专门机构履行安全生产综合监管职能（2003.3—）

2003 年 3 月第十届全国人大第一次会议批准了国务院改革方案，国家安全生产监督管理局（国家煤矿安全监察局）由国家经贸委管理，调整为国务院直属机构，代表国务院履行对全国安全生产的综合监管职能。随后又经中央编制委员会办公室批准，将原卫生部承担的作业场所职业卫生监督检查职责转移到国家安监局（国家煤矿安监局）。从此在国家层面上有了独立履行职责的安全生产综合监管机构，当年首次实现了全国事故总量下降。

2004 年 10 月到 2005 年 2 月，相继发生了河南省郑州煤炭工业公司大平煤矿瓦斯爆炸、东方航空公司云南分公司一架从包头飞往上海的飞机坠落、陕西省铜川矿务局陈家山矿瓦斯爆炸、辽宁省阜新矿业集团公司孙家湾矿瓦斯爆炸多起特别重大事故，全国安全生产形势陡然严峻。2005 年 2 月国务院下发《关于国家安全生产监督管理局（国家煤矿安全监察局）机构调整的通知》，决定将国家安监局调整为国家安全生产监督管理总局，规格为正部级；国家煤矿安全监察局单设，为国家安监总局管理的国家局。3 月国务院办公厅印发了国家安监总局和国家煤矿安监局主要职责、内设机构和人员编制的规定。明确国家安监总局是国务院主管安全生产综合监督管理的直属机构，也是国务院安全生产委员会的办事机构。随后国务院办公厅、中编办又依据实际需要，对国家安监总局的职能作出调

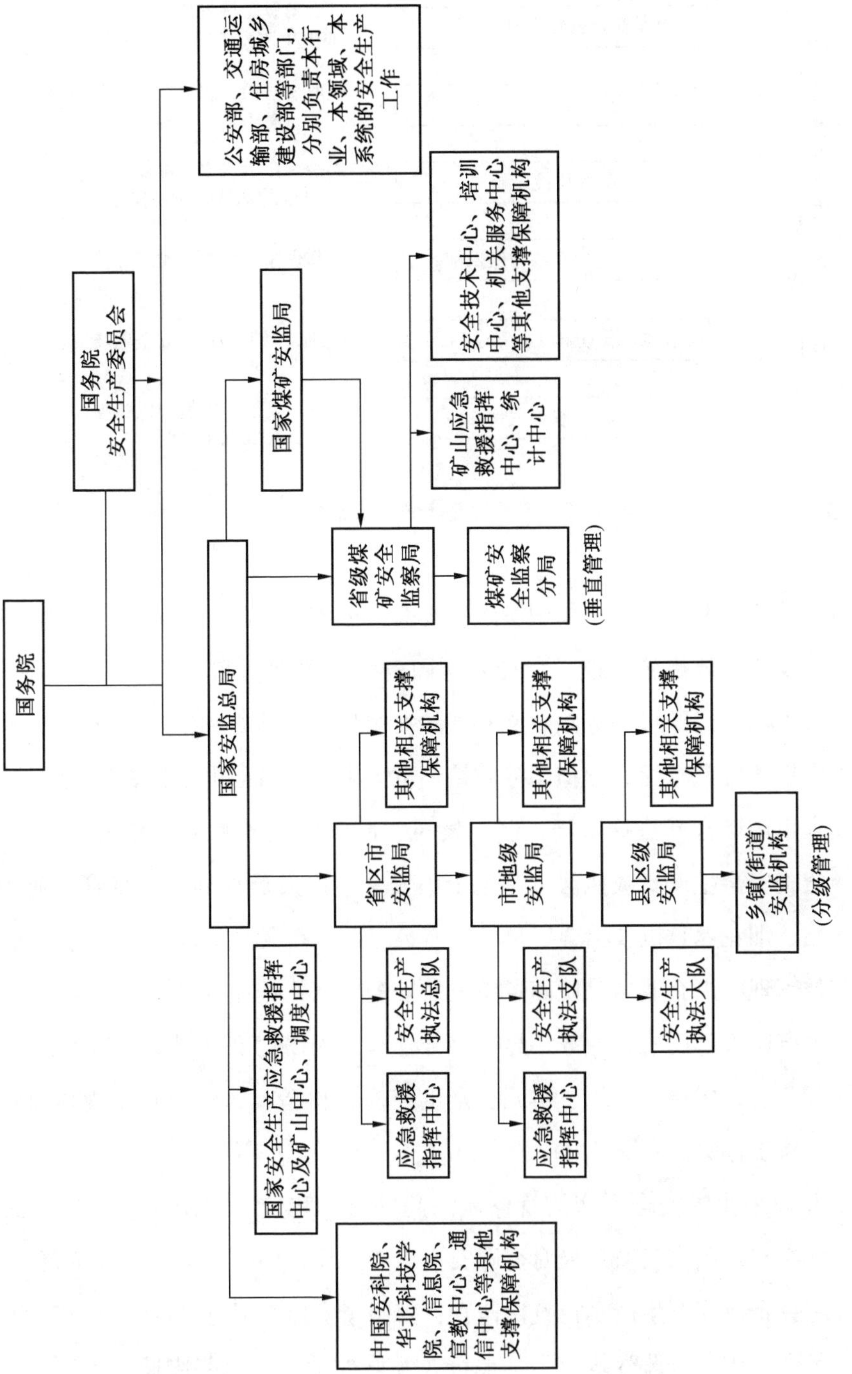

图 3－1　我国现行安全生产监管体制图

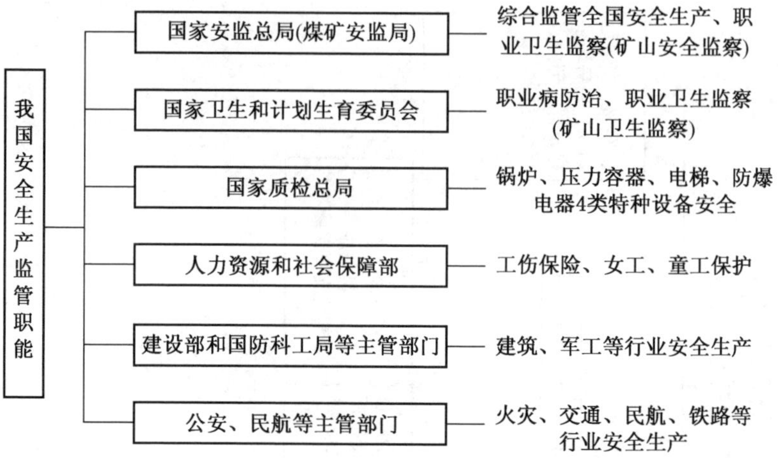

图3－2　我国安全生产监管职能图

整和规范。其主要职责是：承担国务院安委会办公室的工作，研究提出安全生产重大方针政策和主要措施建议，指导协调国务院有关部门和各省（区市）政府的安全生产工作；组织以国务院名义开展的安全生产大检查和专项检查，组织协调特别重大事故应急救援，承担国务院特别重大事故调查组的事故查处工作；组织起草安全生产综合性法律法规，制定发布工矿商贸领域和综合性安全生产规章，指导全国安全生产行政执法，制定全国安全生产发展规划；监督管理矿山、危险化学品、烟花爆竹以及冶金、机械、有色、纺织等无主管部门工业行业安全生产，监督管理中央企业中工矿商贸单位的安全生产；按照分级、属地原则，对地方安全生产监管部门进行业务指导，综合管理全国伤亡事故调度统计和安全生产行政执法分析，指导、组织、协调安全生产检测检验、宣传教育、规划科技、国际交流合作工作等。

2005年以来我国安全生产监管体制渐趋完善和稳定。按照《安全生产法》和有关文件规定，国家安监总局对全国安全生产工作实施综合监管，并负责对工矿商贸和中央企业安全生产实行直接监管；由国家安监总局管理的国家煤矿安全监察局，负责煤矿安全监察执法；其他行业领域如消防、道路交通、水上交通、

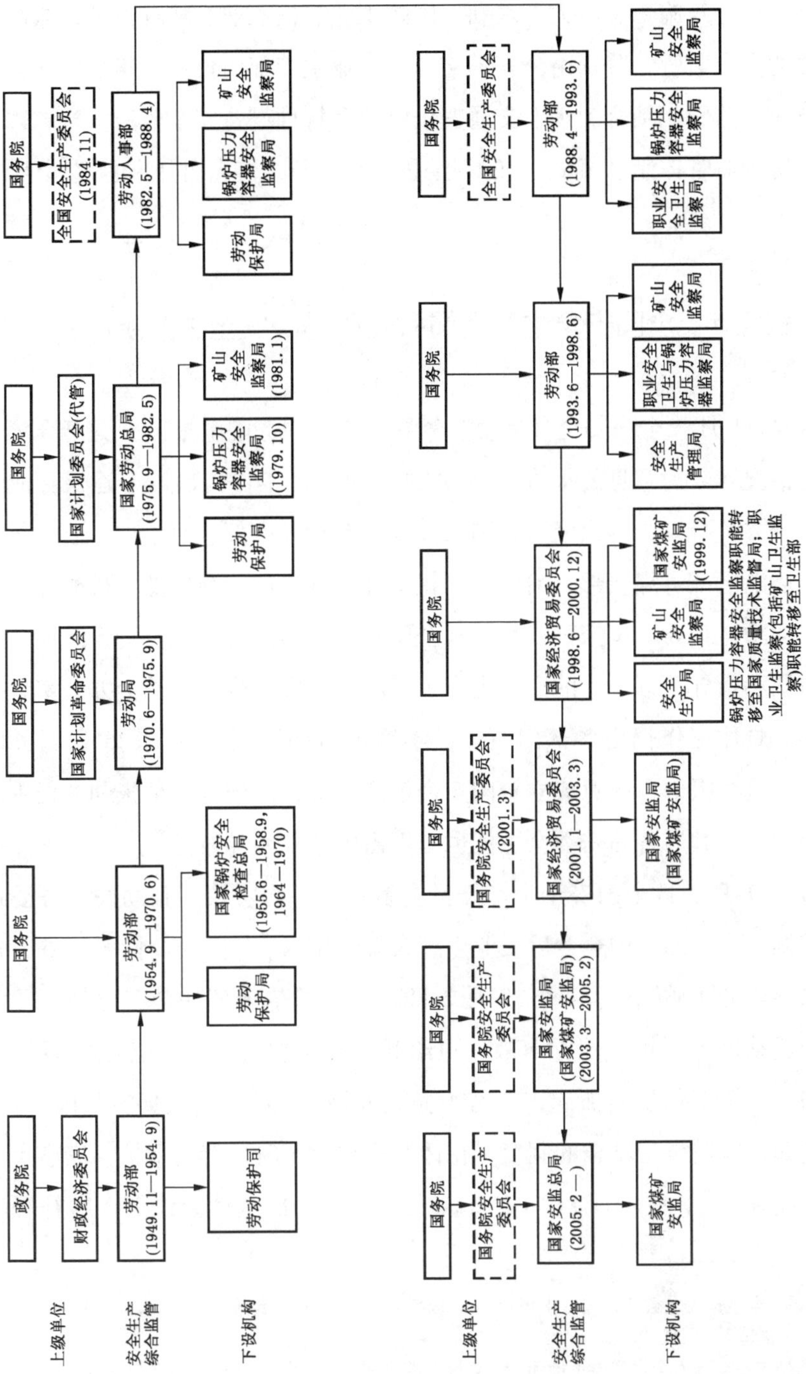

图3-3　我国安全生产监管体制沿革图

铁路、民航、建筑施工、电力、水利、国防工业、核工业、特种设备、旅游、学校等方面的安全监管，分别由公安、交通等行业主管部门负责。煤矿安全实行国家监察与地方监管相结合。水上交通安全监管和特种设备安全监察实行省以下垂直管理。这种监管体制和模式，较好地适应了市场经济条件下加强安全生产的需要。

第四节　全国安全生产委员会和国务院安全生产委员会

1984 年 11 月“全国安全月活动”领导小组向国务院上报了《关于今年安全月活动的情况和今后意见的报告》，就加强安全生产工作提出以下建议：成立全国安全生产委员会，由国家经委、国家计委、劳动人事部、卫生部、公安部、财政部、广播电视部、煤炭部、冶金部、化工部、铁道部、交通部、机械部、农牧渔业部、国防科工委、国家核安全局和全国总工会等部门有关负责人组成，主要研究、协调和指导关系全局的安全生产重大问题。安全生产委员会办公室设在劳动人事部。具体工作仍由各部门负责，不增加机构编制。11 月 26 日国务院批准、转发了这个报告，同意成立全国安全生产委员会。国务委员张劲夫任首届全国安委会主任，其后各届安委会主任也分别由国务院领导兼任①。

1985 年 1 月 3 日全国安全生产委员会召开第一次会议。张劲夫国务委员在讲话中强调：十一届三中全会后工业生产大幅度增长，“但安全情况不好，这是一个相当突出的矛盾”；1984 年 12 月 2 日印度博帕尔市郊联合碳化物公司农药厂发生的震动世界的毒气泄漏事故，也给我们敲了警钟；安委会成立后要“把劳动保护、安全工作切实抓起来，努力做到有所改善”；要认真实行国家监察、行政管理和群众监督相结合的制度，在体制机构改革时，劳动保护、安全生产工作机构不应削弱②。在 4 月 11 日召开的安委会第 2 次全体会议上，增补轻工业

① 全国安全生产委员会主任先后由张劲夫（1985.1—1988.11）、邹家华（1988.12—1991.6）、朱镕基（1991.6—1993.7）兼任。

② 《张劲夫在全国安全生产委员会第一次会议上的讲话》，《中国劳动》1985 年第 2 期。

部、核工业部、石油工业部、兵器工业部、城乡建设环境保护部、水利电力部、地质矿产部、国家建材局、民航局、有色金属工业总公司、中国人民保险公司有关负责人为成员。

从1985年1月到1993年7月，全国安全生产委员会先后召开14次全体会议，对安全生产方针政策、事故查处和责任追究等重大问题进行了研究，安排部署了全国安全生产阶段性工作任务。1985年7月在辽宁鞍山召开现场会，总结推广鞍山钢铁公司强化安全第一、预防为主，落实“一把手”安全责任，实行目标管理的经验。1986年10月在山东肥城现场会，总结推广了肥城矿务局、山西省左云县、四川荣川县搞好小煤矿安全生产的经验。1987年4月在天津现场会，总结推广道路和内河交通安全经验。组织开展了1986年3—5月的全国安全生产大检查，1987年的全国工业生产安全知识竞赛等活动。1987年7月其组成人员进行了调整，增设中国船舶工业总公司、中国石油化工总公司、中国有色金属工业总公司、中国建筑工程总公司、中国海洋石油总公司等大型企业相关负责人为全国安全生产委员会委员；1988年再次进行调整，增设能源部、中国统配煤矿总公司等单位相关负责人为委员。1989年7月召开了全国安委会主任会议，分析形势，研究确定下一阶段安全生产工作任务。1990年全国安全生产委员会4月在山西大同矿务局召开煤矿安全现场会，表彰了8个煤矿安全先进单位，对贯彻治理整顿方针、加强煤矿安全生产作了部署。1991年6月国务院办公厅通知调整全国安全生产委员会组成人员，增设人民日报、光明日报、经济日报社的相关负责人为委员。

1993年7月国务院在《关于加强安全生产工作的通知》中，明确“劳动部负责综合管理全国安全生产工作”，“安全生产重大问题由劳动部请示国务院决定”，全国安全生产委员会据此撤销。

为应对第3次事故高峰到来后日益严峻的安全生产形势，迫切需要建立全国统一的安全生产工作领导和协调机构。2001年3月17日国务院办公厅下发《关于成立国务院安全生产委员会的通知》，规定其主要职责为“定期分析全国安全生产形势，部署和组织国务院有关部门贯彻落实党中央、国务院关于安全生产的方针政策；研究、协调和解决安全生产中的重大问题；协调解放军总参谋部和武警总部迅速调集部队参加特别重大事故应急救援工作”等。当年7月23日印发的《国务院安全生产委员会工作规则》，将安委会定位为国务院的非常设机构，其主要任务是在国务院领导下，指导全国安全生产工作，研究安全生产工作的重大政策和措施，协调解决安全生产工作中的重大问题。并将安委会的主要职责规范表述为：在国务院领导下，研究、部署和指导协调全国安全生产工作；定期分析安全生产形势，研究、协调和解决安全生产工作中的重大问题；协调安委会各成员单位的安全生产工作，并对各有关部门、各地区的安全生产工作进行督促检查。之后历届政府安全生产委员会成立之后，都会在维持上述职责任务基本框架的基础上，作出一些必要的调整。陆续增加了“审定和下达年度安全生产控制考核指标”；“研究提出煤炭行业管理中涉及安全生产的法规、重大方针政策和标准，推动指导煤炭行业加强安全管理和科技进步等基础工作”等方面的内容。

首届国务院安全生产委员会由中央政治局委员、国务院副总理吴邦国为主任，成员单位有国家经贸委、公安部、监察部、国家安监局（国家煤矿安监局）、全国总工会（以上为副主任单位）和国家计委、教育部、科技部、国防科工委、财政部、劳动保障部、建设部、铁道部、交通部、卫生部、环保总局、民航总局、工商局、质量技术监督局、旅游局、中宣部、解放军总参谋部作战部、中央机构编制委员会办公室、国务院法制办和国务院新闻办。随后又有所增加。2010年新一届政府安委会成员单位增加到31个。2015年9月国务院安委会下发通知，对成员单位的工作职责作出调整和规范，强调要落实“管行业必须管安全、管业务必须管安全、管生产经营必须管安全”的要求，负有行业管理职责的部门要切实承担起责任，制定实施有利于安全生产的政策措施，推进产业结构调整升级，严格行业准入条件，提高行业安全生产水平；其他部门也要为安全生产提供支持和保障。安委会办公室设在国家安监局（总局），国家安监局（总局）局长、副局长为国务院安委办主任、副主任。其主要职责是研究提出安全生产重大方针政策和重要措施建议，监督检查、指导协调各部门和各地区的安全生产工作，组织安全生产大检查和专项督查，参与研究有关部门涉及安全生产的相关工作，研究拟订年度安全生产控制考核指标，负责组织国务院特别重大事故调查处理和办理结案工作，组织协调特别重大事故应急救援工作，承办安委会的会议和重要活动，督促、检查安委会会议决定事项的贯彻落实情况。

国务院安全生产委员会成立以来，吴邦国（2001.3—2003.11）、黄菊（2003.11—2007.6）、张德江（2008.7—2013.3）、马凯（2013.5—）先后兼任主任。国务院委员华建敏、郭声琨、王勇等曾兼任副主任。国务院安委会除了在年初、年中分别召开一次全体会议，分析全国安全生产形势、安排部署年度及半年工作之外，还根据需要不定期地召开会议，及时研究解决工作中出现的紧急情况、特殊问题；多次召开全国安全生产电视电话会议、视频会议和现场会等，部署阶段性工作和重点行业领域安全专项整治，总结推广基层创造的好经验、好做法。每年都要以国务院安委会名义，组织开展一两次全国安全生产大检查和多次专项督查。历任安委会主要负责人经常深入基层调查研究、督促指导，推动安全生产工作。

第五节　地方政府安全生产监管机构建设和大型企业安全生产分级负责、属地监管原则

2003 年 3 月国务院安委会重新成立、国家安监局调整为国务院直属机构之后，着力推进安全生产监管机构和体系建设。当年 6 月国务院办公厅在关于进一步加强煤矿安全生产工作的通知中要求“县级以上地方人民政府要依照《中华人民共和国安全生产法》的规定，建立健全安全生产监管机构，充实必要的人员，加强安全生产监管队伍建设，提高安全生产监管工作的权威，切实履行安全生产综合监督管理职能”。当年 10 月党的十六届三中全会通过的《中共中央关于完善社会主义市场经济体制若干问题的决定》明确要求“完善安全生产监管体系”。2004 年 1 月国务院《关于进一步加强安全生产工作的决定》和随后下发了的会议纪要等文件，对建立健全地方政府安全生产监管机构、做好地方政府安委会的工作等提出了具体要求。

到2005年底绝大部分省（区市）和新疆生产建设兵团建立了专门的安全生产监管机构。先前撤销了政府安全生产委员会及其办公室的地方，也都逐步予以恢复；其职责权限规定与国务院安委会及其办公室不一致的，也都进行了必要的修改完善。到2010年底，省、市、县、乡镇（街道）都成立了安全生产委员会，负责协调指导本地区安全生产工作；所有省（区市）、市（地）和95%的县级政府都设立了独立履行职责的安全生产监管机构（不再由地方经贸委等综合经济部门代管）。那些厂矿企业较多、监督管理任务较重的乡镇（街道）也建立了安全生产监管站。形成了较为健全的安全生产监管体系和覆盖全国的监管网络。

为强化地方政府安全监管职责，切实加强对各类企业的安全监管，2010年7月国务院下发的《关于进一步加强企业安全生产工作的通知》明确了对企业安全生产实行分级、属地管理的原则。要求地方安全生产监管部门和行业管理部门要按职责分工，“对当地企业包括中央、省属企业实行严格的安全生产监督检查和管理”。2011年5月国家安监总局和国资委下发了《关于进一步加强中央企业安全生产分级属地监管的指导意见》，要求地方各级政府“要按照分级负责、属地监管的原则，明确相关行业或领域主管部门对本行政区域内中央企业所属各级企业安全生产的监管权限和责任”。之后所有企业包括中央企业在各地的子公司、分公司的安全生产，都依照分级分类，开始接受所在地人民政府的监管。

小结：建国以来安全生产监督管理体制经历了一系列变迁。现行体制可以概括为国务院安委会统一领导下的综合监管、行业管理、属地监管“三位一体”的安全生产监督管理体制。即国务院安委会按照党中央、国务院的要求作出决策部署，国家安监总局实施综合监督管理，行业主管部门负责专业监管，地方各级政府对管辖范围内各类企业的安全生产实施分级属地监管。现行体制既体现了全国安全生产工作“一盘棋”，维护了国家安全生产政策法令的统一性；也强化了相关部门和地方各级政府的安全生产工作职责。

安全生产监管体制改革和国家安监局（总局）建立以来，我国安全生产工作取得了举世瞩目的成绩。全国各类事故总量由 2001 年的 1000629 起、130491 人（死亡，下同），下降到 2015 年的 281567 起、66182 人，14 年累计分别下降 71. 9% 和 49. 3% 。其中较大事故由 2278 起、8948 人，下降到 1016 起、3820 人，分别下降 55. 4% 和 57. 3% ；重特大事故由 140 起、2556 人，下降到 38 起、768 人，分别下降 72. 9% 和 70% 。充分证明党和国家关于改革安全生产监管体制、加强安全生产工作的一系列决策部署是正确的，是切实可行的。

有必要搞清楚安全生产监督管理体制与“安全生产工作格局”的关系。工作格局是指安全生产工作的总体布局。监管体制是工作格局的组成部分，对于工作格局的形成有着决定性作用。事实上也正是在国家安全生产监管体制基本确立、国家安监局和国家煤矿安监局组建之后，《国务院关于进一步加强安全生产工作的决定》才提出要构建“政府统一领导、部门依法监管、企业全面负责、群众参与监督、全社会广泛支持”的安全生产工作格局；《国务院办公厅关于完善煤矿安全监察体制的意见》才构建出“国家监察、地方监管、企业负责”的煤矿安全工作格局。此外在消防安全、道路交通安全等方面，也都提出和建立了相应的工作格局。安全生产工作格局的建立健全，不仅使安全监管职责更加清晰，而且明确了被监管对象以及相关各方在安全生产工作上应当承担的责任，有助于调动各方面积极性，形成齐抓共管的合力。

第四章

煤矿安全生产及其监管监察体制改革发展

我国煤矿数量、煤炭产量和煤矿职工人数都居世界首位。煤矿安全历来是全国安全生产的重中之重。

旧时代统治阶级视矿工为下贱，矿主及行政当局把出煤、赚钱看作最紧要的事情，把财产得失看得远远大于人的生命价值，甚至不惜以牺牲矿工生命来换取煤炭。1932 年 12 月 11 日印刷发行的《矿业周刊》披露，河南省密县超化镇某煤矿的井下发生透水事故，现场的工人按约定的紧急呼救办法，将工帽系在绞车绳上，连续 3 次向井上发出呼救信号。矿主张某“恐误出煤工作，竟之不救”，导致 44 名矿工被淹致死[①]。外国资本以及帝国主义在华势力、日本侵略者开办的煤矿，纯粹以榨取剩余价值、掠夺煤炭资源、服务侵略战争为目标，更加不顾工人的死活。1917 年 1 月 11 日，抚顺大山矿发生煤尘爆炸，日本矿主“为遏制火势蔓延，保护矿产，悍然将洞口封闭”，堵死井下上千名矿工的出路[②]。1920 年《新青年》登载的一篇调查说：开滦煤矿“每月因（工）伤死于矿内者平均 4 人，多的时候十几人、几十人不等（病死者不计），大半因不通风致闷死和中

---

① 《矿业周报》第 219 号第 2 页，总第 809 页，民国 21 年 12 月 21 日印行。

② 吉林社会科学院解学诗主编：《煤铁篇》，《满铁史资料》第四卷，中华书局 1987 年 8 月，第 342、344 页。

毒死。伤的人比死的人多两倍"[①]。1920 年 10 月 14 日开滦唐山矿发生了一起死亡 433 人的瓦斯爆炸事故，当时曾有 30 多名矿工逃入井底罐笼向上呼救，然而外国煤师却以"载煤的罐笼不能载人"为由，勒令绞车司机不得提升，造成这些矿工全部遇难。矿工们因此把开滦煤矿称为"地狱"和"阎王殿"[②]。1922 年 10 月"开滦工人同盟"发表的罢工宣言称："开滦矿局对矿工的态度，甚于奴隶，我等生命不及骡马，在工作时，往往发生事故，洋人对于骡马之死伤，必问几匹，唯工人死伤多少，则绝不介意"；"此等痛苦，千言万语，不能尽述，真可谓人间之地狱也"[③]。1935 年 5 月 13 日，名为中日合办、实由日资操控的山东淄川鲁大公司矿井内突发水灾，600 多名工人淹死在井下，"家属环井呼号，哭声震天"[④]。1940 年 3 月 22 日，被日军占领的井陉煤矿新井北大巷发生瓦斯煤尘爆炸事故，当局派出日本兵荷枪实弹把守井口，用刺刀逼迫工人封闭巷道和井口，"把没有死的矿工都堵在了里面，活活被火烧死"[⑤]，计有 357 名矿工在爆炸事故和随后日军的封井中蒙难。1942 年 4 月 6 日，日本占据下的辽宁省本溪湖煤矿发生瓦斯煤尘爆炸事故，日籍采炭所长和保安课长悍然下令停止向井下送风，这次事故共造成 1662 名矿工死亡，是世界采矿史上死亡人数最多的矿难事故。同年 10 月 11 日，日本占据的吉林省辽源市西安煤矿发生瓦斯煤尘爆炸，日本人下令封闭井口，井下 621 人全部死亡。大同、井陉、抚顺、本溪、北票、阜新等地煤矿"万人坑"遗址，留下了旧时代煤矿安全状况极端恶劣、矿工生命惨遭戕害的铁证。

建国之前由于生产力发展水平低下，加上执政当局和矿方不珍视矿工生命，

---

① 刘明达：《1912—1921 年中国工人阶级状况》，《中共党史参考资料》第一册，中国人民解放军政治学院党史教研室编，1979 年 4 月，第 110 页。

② 耿子详、王国桢：《开滦煤矿的"包工大柜"》，《文史资料选辑》第 63 辑，中国文史出版社 2002 年合订本，第 204 页。

③ 人民网——重大事件："开滦煤矿工人大罢工"。http：//cpc. people. com. cn/GB/33837/25337。

④ 中国人民解放军政治学院党史教研室编：《死亡线上的中国煤矿工人》，《中共党史参考资料》第二册，1979 年 4 月，第 312 页。

⑤ 《井陉煤矿工人斗争史》第 43 页，中共石家庄市委党史征编室 1987 年 2 月，冀出内字第 1231 号。

造成煤矿事故多发，死亡率极高。山东中兴煤矿（位于驿县枣庄镇境内，枣庄矿务局的前身）1912—1914 年计有 853 名矿工死于井下事故。辽宁抚顺煤矿 1916 年产煤 217.58 万吨，发生瓦斯、顶板、提升运输等事故 3809 次，死亡 1124 人，受伤 4155 人，百万吨死亡率高达 516.6。湖南省 1915 年共有矿工 12184 人，当年因事故死亡 726 人，受伤 1551 人；全省年度矿工死亡率约为 6%，伤亡率高达 19%。那些土法开采的煤矿，“崩塌倾圯，随处皆是。水火之灾，时有所闻。矿工殒命，不知几凡”，“可谓极人世之惨也”[①]。即便是一些“官办”的新式大型煤矿，事故死亡率也高得惊人。如国民政府经济部资源委员会和军政部兵工署联合开发建设、拥有 3000 余名员工的四川南桐煤矿，1941 年产煤 89765 吨，事故死亡 73 人，百万吨死亡率 811[②]。

第一节　建国以来党和政府为保护矿工生命安全付出了巨大努力，但煤矿安全领域的矛盾和问题一直很突出

解放后工人阶级当家执政，煤矿安全问题受到党和国家领导人的高度重视，摆上各级政府重要日程。1958 年 9 月 1 日刘少奇委员长、周恩来总理到开滦矿务局唐家庄矿井下水力采煤工作面，现场考察生产和安全情况。1982 年 3 月邓小平同志会见美国西方石油公司董事长哈默博士，商定合作开发山西朔州安太堡露天煤矿，创造了建设安全高效煤矿、依靠科技进步改变煤矿事故多发落后面貌的范例。1990 年 1 月 19 日，江泽民总书记到山西大同矿务局云冈矿井下，向正在工作的矿工们拜年，一再嘱咐大家要注意安全生产。数年后又写信给山西煤炭厅党组书记王纪仁（当年的云冈矿矿长）：希望“继续努力，把生产和安全工作搞得更好”[③]。1991 年 6 月 28 日朱镕基在能源部的一份简报上批示：“我很赞成

---

① 马韵珂著：《中国矿业史略》第 114 页，开明书店出版，民国二十一年六月。

② 张励夫：《解放前南桐煤矿工人的血泪史》，《文史资料存稿选编》第 21 卷第 1039 页，中国文史出版社 2002 年 8 月出版。

③ 《总书记牵挂煤矿工人》，《人民日报》1998 年 3 月 18 日。

简报中提出的：坚持‘谁办矿、谁受益、谁负责安全’的原则，明确地方政府就是地方煤矿的安全责任者，特别要明确乡、镇长是安全第一责任者”①。2008年1月31日胡锦涛总书记到山西省大同煤矿集团公司塔山矿井下考察安全生产，慰问一线工人。2009年7月5日温家宝总理也到塔山矿，并深入井下了解安全生产情况，表示“要到井下看看矿工心里才踏实”②。

建国以来我国经济社会快速发展，煤炭生产与煤矿安全的矛盾突出，而且长时期得不到缓解。一方面国家大规模经济建设迫切需要煤炭，必须采取多种办矿方式扩大煤炭生产规模，提高煤炭产量，增加一次能源供应；另一方面我国煤炭资源赋存和开采条件很差，主要依靠井工开采，发生瓦斯、煤尘、水、火、顶板、地压等事故的概率很高。党和政府为此采取了一系列政策措施，在提高煤炭产量、保证煤炭供应的同时，努力提升煤矿安全保障能力。1949年11月，刚刚成立的中央人民政府燃料工业部召开了全国第一次煤矿工作会议，强调在全面恢复煤矿生产时必须重视做好保安工作，切实保护矿工生命安全。国民经济三年恢复和“一五”、“二五”计划时期，燃料工业部、煤炭工业部等部门相继发布了《关于煤矿保安问题的决定》、《关于在全国煤矿推行新采煤方法的决定》、《煤矿保安规程》、《小煤矿安全规程》、《救护队试行规程》、《矿井自然发火预防和处理试行规程》等，初步建立起煤矿安全生产法规制度体系。国民经济三年调整时期，煤炭系统积极贯彻落实“调整、巩固、充实、提高”八字方针，狠刹滥采乱掘，推行采掘生产、机电、运输等质量标准化，组织开展以消除水、火、瓦斯、煤尘、顶板“五大灾害”以及机电运输事故为重点的安全生产攻坚战。“十年动乱”结束后煤炭行业大搞安全技措工程，补还安全欠账，狠抓安全教育培训。在国家财政比较困难的情况下，“六五”时期投入11.5亿元进行煤矿安全技术改造，“七五”时期仅向国有重点煤矿

① 《地方政府是地方煤矿的安全责任者》，《朱镕基讲话实录》第一卷，人民出版社2011年9月出版，第36页。

② 《温家宝在山西考察时强调任何时候安全生产都是第一位的》，《中国安全生产报》2007年7月7日。

拨付的“一通三防”（通风和防尘、防火、防瓦斯）国家补贴资金就达3.17亿元。中央财政还投资1.7亿元，依托重点煤矿建立了38所安全技术培训中心，年均培训煤矿区队长、班组长、瓦斯检查员特殊工种2万多人。“八五”、“九五”时期全面开展了安全高效现代化矿井建设，采掘机械化程度和安全保障能力大幅提高。2000年全国煤矿百万吨死亡率降到5.71，与1949年的22.54相比，下降约75%。

建国后煤矿安全生产虽然发生了翻天覆地的变化，但我国煤矿自然灾害严重的状况难以从根本上改变。世界主要产煤国家多以露天开采为主。上世纪末露天产量所占比重，美国为66%，澳大利亚为69.6%，加拿大为88%，德国为78%，印度为73.8%。我国煤矿则以井工开采为主，2001年仅有25处大中型露天煤矿，其产量仅占全国煤炭总产量的3.78%。约1/3的大中型煤矿、1/5的小型煤矿，属于“地质构造复杂或极复杂”之类。全国矿井深度年均加深约10米。1999年底大中型井工煤矿平均开采深度已达411米，超过600米的矿井117处。井工开采本来就深受瓦斯、煤尘、冲击地压、顶板冒落、水患等事故灾害的威胁。随着开采深度增加，这些自然灾害愈发严重。加之受传统的粗放型经济增长方式的影响，煤炭行业大小矿结构、产业结构等失衡，小煤矿发展过快、数量过多；以及在向社会主义市场经济体制转变过程中，国有煤矿负担过重，机制僵化，安全投入不足，安全管理滑坡等客观和主观因素的影响，造成我国煤矿安全风险高、伤亡事故多的落后面貌，迟迟未能从根本上扭转。从建国到2000年全国共发生35起一次死亡百人以上事故，其中煤矿事故15起，约占3/7。煤矿安全生产成为社会公众长期以来高度关注的热点、难点问题。

第二节　煤炭工业管理体制变更和煤矿安全监察系统的建立

我国煤矿一向由煤炭管理部门负责监督管理。1949年10月成立的中央人民政府燃料工业部设立了煤炭管理总局。1955年7月第一届全国人民代表大会第2次会议决定撤销燃料部，以煤炭管理总局为基础成立了煤炭工业部。此后又经过了两次撤销、两次恢复①。1998年3月第九届全国人民代表大会第一次会议批准国务院机构改革方案，决定将煤炭部改组为国家经济贸易委员会管理的国家煤炭工业局；并转变政府职能，不再直接管理煤炭企业。到当年8月底，原隶属煤炭部直管的94户国有重点煤矿，以及之前随煤矿上收的174个企事业单位，包括2397亿元资产、320万职工和133万离退休人员，全部下发给地方管理。国家煤炭局作为过渡性机构，主要负责行业管理，指导推动国有煤炭企业建立现代企业制度，促进企业兼并破产、扭亏增盈等工作。煤矿安全生产监管职能交由国家经贸委，由国家经贸委内设的安全生产局、矿山安全监察局负责。

煤炭部撤销后安全监管职能相对削弱、煤矿事故多发的现状，引起中央领导人、相关部门和社会各界的关注。1998年12月，朱镕基总理针对频频发生的煤矿重特大事故作出指示，要求各地引起警觉，提出整顿煤炭行业刻不容缓。1999年2月，朱镕基总理、吴邦国副总理对中办信访局《群众反映》所登载的美籍华裔采矿专家姜汉信“关于改革煤矿安全保障体制的建议”一文作出批示，要求有关部门对我国煤矿自然灾害严重、伤亡事故多发的情况予以高度重视，借鉴美国等先进国家经验，研究提出改革煤矿安全保障体制的具体办法，将煤矿事故大大降下来。

随后国家经贸委、国家煤炭工业局会同中央机构编制委员会办公室在深入调查研究、广泛征求各方面意见的基础上，提出了煤矿安全监察管理体制改革的初步方案。1999年12月30日，朱镕基总理签发了《国务院办公厅关于印发煤矿安全监察管理体制改革实施方案的通知》。决定在国家煤炭工业局加挂国家煤矿安全监察局牌子，其内部增设煤矿安全监察司、安全技术装备保障司、应急管理办公室等职能部门，在继续负责煤炭行业管理的同时，履行煤矿安全监察职责。并将原煤炭部直属的河北、山西、内蒙古、辽宁、吉林、黑龙江、山东、江西、河南、湖南、重庆、四川、贵州、云南、陕西15个煤炭工业管理局，以及安徽

---

① 1970年1月国家撤销煤炭部成立燃料化学工业部；1975年1月撤销燃料化学工业部重组煤炭工业部；1988年4月再次撤销煤炭工业部，成立能源部，并组建中国统配煤矿总公司；1993年3月撤销能源部和中国统配煤矿总公司，再次组建煤炭工业部。

省、甘肃省、宁夏回族自治区3个省（区）属煤炭工业管理部门，改组为省级煤矿安全监察局，作为国家煤矿安监局的直属机构，接受国家煤矿安监局和所在省（区市）政府的双重领导。并在大型煤炭矿区设立了68个煤矿安全监察办事处，作为省级煤矿安全监察局的派出机构。之后为适应加强煤矿安全生产的需要，又增设了北京、江苏、福建、湖北、青海、新疆等省级监察局，将矿区办事处改称为“地区煤矿安全监察分局”。2015年底全国共有26个省级煤矿安全监察局、76个区域煤矿安全监察分局，省级监察局、区域监察分局共有煤矿安全监察人员2800人。

2001年2月，国家煤矿安监局与新成立的国家安全生产监督管理局实行“一个机构、两块牌子”。当年7月中编办通知要求省级煤矿安全监察机构与当地煤炭工业管理机构分离，完全脱离地方政府管理序列，接受国家煤矿安监局的直接领导，独立履行职责职能。煤矿安全监察系统实行全国统一垂直管理，其安全监察业务工作以及行政编制、干部任免、人员经费等一概由国家煤矿安监局和中央有关部门统一管理、统筹解决。建国以来政府机构实行全国统一垂直管理的，只有海关和煤矿安全监察两个系统。足见党和政府对煤矿安全生产问题的高度重视。

2005年3月国家安监局升格为总局之后，国家煤矿安监局成为总局管理的行使国家煤矿安全监察职能的副部级机构，内设综合司（科技装备司）、安全监察司、事故调查司；随后又将科技装备司单设，增设了行业安全基础管理指导司。

2006年7月下发《国务院办公厅关于加强煤炭行业管理有关问题的意见》，将煤炭行业标准制定、矿长资格证颁发管理、重大煤炭建设项目安全核准等与安全生产密切相关的煤炭行业管理职能，由国家发展改革委转移到国家安监总局和国家煤矿安监局。2011年5月国家安监总局、国资委《关于进一步加强中央企业安全生产分级属地监管的指导意见》，规定国家煤矿安监局依法监督检查中央管理的煤炭企业和为煤矿服务的（煤矿矿井建设施工、煤炭洗选等）企业的安全生产工作。这使国家煤矿安监局不仅要履行监察职能，同时还要履行煤矿安全监管方面的部分职能。

第三节　煤矿安全监察法律制度的建立健全

我国煤矿安全监察工作由来已久。建国之初成立的中央人民政府燃料工业部就设置有技术安全监察处，受部长直接领导，负责监督监察各地煤矿安全生产（保安）工作。1953 年建立了煤炭工业三级技术安全监察机构：在燃料部设立技术安全监察局；在济南、哈尔滨等重点产煤省区建立了地区技术安全监察局，受省区煤矿管理局和燃料工业部技术安全监察局在双重领导；在开滦、阳泉、抚顺等地建立矿区技术安全监察局，受地区技术安全监察局领导。各级技术安全监察局代表国家和地方政府，对煤矿行使安全生产监督监察权，重点监督监察矿井瓦斯、煤尘、防火、防水等情况，研究分析事故原因，提出防止事故的措施。到 1955 年底，全国共有 10 个重点产煤省区、27 个重点矿区建立了技术安全监察机构，各个煤矿也都设立了技术安全监察站。1957 年 4 月煤炭部发布《煤矿技术安全监察机构工作暂行条例》，对领导和管理体制、监督监察工作内容、监察人员的职责权限等作出了明确规定。“十年动乱”期间煤矿安全监察系统撤销。1980 年 9 月煤炭部下发《建立健全安全监察机构，强化安全监察工作》的指令，恢复煤矿安全监察制度。1981 年 1 月国家劳动总局成立矿山安全监察局，对矿山安全实行国家监察。1982 年国务院颁布《矿山安全条例》和《矿山安全监察条例》。为适应矿山安全监察体制变化，煤炭部 1983 年 1 月发布《煤矿安全监察条例》（部门规章，1995 年 4 月修订为《煤炭工业安全监察暂行规定），在全国煤炭系统实行安全生产监管与监察“双轨制”，即矿务局不仅内设安全检查处，同时设立具有煤炭部派驻名义的安全监察局；矿不仅内设安全生产检查科，同时设立具有矿务局派驻名义的安全监察处。

2000 年 11 月 7 日朱镕基总理签署国务院令第 296 号，颁布了《煤矿安全监察条例》，自 2000 年 12 月 1 日起施行。这标志着国家煤矿安全监察法律制度的建立。条例构建了煤矿安全监察 7 项基本制度：煤矿安全生产监督检查制度，规定煤矿安全监察机构依法履行监督检查责任，煤矿及其有关人员必须接受并配合监督检查；煤矿安全监察行政处罚制度，规定煤矿安全监察人员在检查中发现影响安全的行为，有权当场予以纠正或者要求限期改正，情节严重的应当依法予以行政处罚；煤矿事故报告和调查处理制度，规定煤矿发生伤亡事故的，由煤矿安全监察机构负责组织调查处理；煤矿建设工程安全设施设计审查与竣工验收制度，规定煤矿建设工程竣工后或者投产前，应当经煤矿安全监察机构对其安全设施和条件进行验收，未经验收或者验收不合格的不得投入生产；煤矿安全监察执法监督制度，规定监察人员必须忠实履行职责，如果滥用职权、玩忽职守、徇私舞弊，对安全隐患和非法行为该发现而没有发现，或者处理、报告不及时，要依法追究责任；煤矿安全监察信息与档案管理制度，规定煤矿安全监察机构要对每个煤矿建立监察档案，每次安全检查的内容、发现的问题及其处理情况等，都应当详细记录，签名归档；煤矿安全监察员管理制度，规定煤矿安全监察员应当公道、正派，熟悉煤矿安全法律、法规和规章，具有相应的专业知识和相关的工作经验，要经考试录用。

2004 年 11 月国务院办公厅下发《关于完善煤矿安全监察体制的意见》，按照权责一致原则和“国家监察、地方监管、企业负责”的要求，对国家和地方政府应当承担的煤矿安全生产工作职责，分别作出了规范。在国家监察方面，明确了重点监察、专项监察和定期监察“三项监察职能”以及国家煤矿安全监管机构对煤矿违法违规行为依法作出现场处理或实施行政处罚；对地方煤矿安全监管工作进行检查指导；负责煤矿安全生产许可证的颁发管理工作和矿长安全资格，特种作业人员的培训发证工作；负责煤矿建设工程安全设施的设计审查和竣工验收；组织煤矿事故的调查处理“五项工作任务”。在地方监管方面，明确了当地政府对本地区煤矿安全进行日常性的监督检查；对煤矿违法违规行为依法作出现场处理或实施行政处罚；监督煤矿企业事故隐患的整改并组织复查；依法组织关闭不具备安全生产条件的矿井；负责组织煤矿安全专项整治；参与煤矿事故调查处理；对煤矿职工培训进行监督检查“七项职责”和重点工作任务。同时着手建立煤矿安全监察、监管协调工作机制，要求设在地方的煤矿安全监察机构和当地政府及相关部门要加强联系，建立工作通报和信息交流制度，建立联席会议制度，及时协商解决安全监察、监管工作中的重大问题，提高执法效率。为贯彻落实国务院办公厅《意见》，2007 年 5 月国家安监总局、国家煤矿安监局启动了《煤矿安全监察条例》修订工作。2013 年 7 月国务院发布《关于废止和修改部分行政法规的决定》，废止了煤炭生产行政许可制度，将《煤矿安全监察条例》的相关条款作了相应修改。

《煤矿安全监察条例》颁布实施后，国家安监局（总局）、国家煤矿安监局围绕着如何依法履行煤矿安全监察职责，进行了深入调研，相继制定出台了《煤矿安全监察程序暂行规定》（2001 年 5 月施行，2003 年 7 月《安全生产违法行为行政处罚办法》施行后废止）、《煤矿安全行政处罚暂行办法》（2001 年 1 月施行，2003 年 8 月《煤矿安全行政处罚办法》施行后废止）、《煤矿建设工程安全设施设计审查与竣工验收暂行办法》（2001 年 2 月施行，2003 年 8 月《煤矿项目安全设施监察暂行规定》施行后废止）、《煤矿安全监察罚款管理暂行办法》（2001 年 6 月施行，2003 年 8 月《煤矿安全监察罚款管理办法》施行后废止）、《煤矿安全监察行政复议暂行规定》（2001 年 3 月施行，2003 年 8 月《煤矿安全监察行政复议规定》施行后废止）、《煤矿安全监察员管理暂行办法》（2001 年 1 月施行，2003 年 8 月《煤矿安全监察员管理办法》施行后废止）、《煤矿安全培训监督检查办法（试行）》（2005 年 10 月施行），《煤矿隐患排查和整顿关闭实施办法（试行）》（2005 年 9 月施行）、《安全生产行政复议规定》（2007 年 11 月施行，《煤矿安全监察行政复议规定》同时废止）等部门规章。国家煤矿安监局制定、印发了 22 种煤矿安全检查执法文书样式。煤矿安全监察工作逐步纳入制度化、规范化轨道。

第四节　瓦 斯 治 理

瓦斯被称为煤矿安全“第一杀手”。我国煤矿瓦斯灾害严重，全国约 46% 的矿井为高瓦斯矿井。在原国有重点煤矿 576 处矿井中，有 277 处为高瓦斯、煤与瓦斯突出矿井。几乎所有矿井都存在着煤尘爆炸的可能性。随着煤炭生产规模扩大和矿井开采深度延伸，煤层瓦斯涌出量增加，发生瓦斯事故（包括突出、爆炸、中毒窒息等）的危险性也越来越大。1976 年我国煤矿顶板事故、瓦斯事故死亡人数所占比例各为 38.7% 和 20.2%，到了 2000 年则各为 26.2% 和 54%。2000 年全国煤矿发生重特大瓦斯事故 69 起，死亡 1326 人，分别占当年煤矿重特大事故总起数和死亡总人数的 92% 和 94.4%。从建国到 2015 年全国共发生一次死亡百人以上事故 50 起，其中煤矿瓦斯事故 22 起，占 44%。

防治瓦斯灾害一向为煤矿安全生产头等大事。东北煤矿管理局 1945 年编印的《矿山灾变》，把瓦斯事故作为煤矿首要的灾变，指出近年来“因为使用火药和电器机械器具的增加，于是电器火花所生的（瓦斯）灾变，也就显著地增加了”①。燃料工业部 1951 年颁布的《煤矿技术保安试行规程》，之后颁布的《煤矿保安规程》、《煤矿安全规程》等，都把治理瓦斯灾害、防范瓦斯事故作为最重要内容作出了详尽、具体的规定。1975 年煤炭部重建，到 1988 年再次撤销，其间相继制定发布了《防治瓦斯突出措施》(1976.1)、《矿井抽放瓦斯工作暂行规定》(1978.12)、《关于加强矿井通风和瓦斯、煤尘管理的紧急通知》(1981.3)、《关于加强掘进通风管理、严防瓦斯煤尘爆炸事故发生的紧急通知》(1984.5)、《关于防止瓦斯煤尘事故的若干规定》(1986.6)、《防治煤与瓦斯突出细则》(1988.4) 等多个部门规章和文件。1993 年 3 月煤炭部再次组建后，努力创新和完善瓦斯防治工作思路，当年 6 月颁布了《关于国有煤矿防治重大瓦斯煤尘事故的规定》，提出高瓦斯掘进工作面须采取“三专两闭锁”（即专用变压器、专用电缆、专用开关，风、电闭锁和瓦斯、电闭锁）措施，具有煤与瓦斯突出危险的采掘工作面要实行“四位一体”（即将突出危险性预测、防治突出措施、防突措施的效果检验、安全防护措施四个方面统一起来）综合防突措施，并提出了“多钻孔、严封闭、综合抽”的瓦斯抽放“九字方针”。1994 年 9 月，煤炭部重申了防治煤矿重大瓦斯事故的“三个十条”。1996 年 6 月煤炭部在山西

① 东北行政委员会工业部煤矿管理局资料室编：《矿山灾变》第 7 面，东北书店印行 1945 年 5 月。

省阳泉市召开现场会，推广阳泉矿务局“安全第一、瓦斯为天”，“只认瓦斯不认人”等安全理念，以及坚持先抽后采、以风定产，建立矿井通风、抽放、监控三大系统的经验。

国家煤矿安监局建立后把瓦斯防治作为煤矿安全生产的关键环节来抓，在2001年9月新修订《煤矿安全规程》时，把“三专两闭锁”、“四位一体”等行之有效技术措施、管理经验等吸收其中，上升为安全生产规章；在辽宁省铁法集团公司召开全国煤矿瓦斯治理现场会，提出了“先抽后采、监测监控、以风定产”瓦斯治理十二字方针；对历史上曾经发生过重特大瓦斯爆炸事故、安全欠账较多、隐患严重的煤炭企业，实施重点监控、跟踪监管；从煤炭科研机构和院校、地方煤炭行业管理部门、国有大中型煤矿聘请1000名安全监督员，对重点矿井瓦斯防治措施落实情况进行监督检查。

2005年1月1日，温家宝总理在前往陕西省铜川矿务局，看望“11·28”特别重大瓦斯爆炸事故遇难矿工的家属之后，主持召开了煤矿安全生产座谈会，认真听取了与会专家、煤矿管理人员的意见建议，强调要加快瓦斯防治和瓦斯利用的科研攻关，有效防范和控制煤矿瓦斯灾害。2005年2月23日，温家宝总理主持国务院常务会议专题研究煤矿安全生产特别是瓦斯治理问题。此前全国相继发生了河南省郑州煤炭工业公司大平煤矿“10·20”瓦斯爆炸、陕西省铜川矿务局陈家山煤矿“11·28”瓦斯爆炸、辽宁省阜新矿业集团海州立井“2·14”瓦斯爆炸3起一次死亡百人以上瓦斯爆炸事故。特别是阜新事故，死亡人数多达214人，生命财产损失惨重，社会影响恶劣。在深刻吸取教训的基础上，国务院常务会决定采取七项措施治理煤矿瓦斯灾害：对瓦斯灾害严重的45户重点煤矿派驻安全督导组，进行跟踪监察；组织专家对瓦斯灾害严重和存在重大隐患的煤矿进行安全评估，帮助制定防范措施；严格执行“以风定产”，凡超通风能力生产的矿井，必须把产量降到通风能力许可的范围内；历史上有过瓦斯动力现象，但未按突出矿井管理的，一律按突出矿井管理；推广数字化瓦斯远程监控系统，高瓦斯和高突出矿井没有建立瓦斯抽放和监测系统的，一律限期整改；加快煤与瓦斯突出机理及预测预报科研攻关，尽快取得突破；成立国家煤层气工程中心，推进煤层气综合开发利用，变害为利。国务院常务会还就建立地方政府领导干部联系重点煤矿的制度、煤矿干部下井带班，以及建立国家、地方和企业共同保障的煤矿安全投入机制等，提出了一系列明确和具体的要求。

2005 年 4 月国家发展改革委、国家安监总局、国家煤矿安监局和科技部联合在安徽省淮南市召开了全国煤矿瓦斯防治工作现场会。黄菊副总理出席会议并发表讲话，强调要集中各方面力量，统筹部署，科学规划，加大投入，加强监管，综合治理煤矿瓦斯灾害。会议总结推广了淮南煤矿在瓦斯治理方面“可保尽保、应抽尽抽”，“先抽后采、煤气共采”的经验和做法。

各部门认真贯彻落实国务院常务会提出的瓦斯防治七项措施和淮南现场会精神。成立了由国家发展改革委（国家能源局）牵头、国家安监总局、国家煤矿安监局、科技部等部门参加的煤矿瓦斯防治部际协调领导小组，建立了煤矿瓦斯事故控制指标和煤层气抽采利用目标考核体系，研究和编制了全国煤层气（煤矿瓦斯）开发利用五年规划，制定出台了鼓励抽采利用的政策措施。从煤炭科研设计单位、高等院校、社团机构和煤炭企业抽调 84 名专家，组成 11 个组，历时两个多月，对 45 户重点煤矿的所有矿井进行了全面、认真的安全技术“会诊”，查出了 4989 项重大隐患，并提出了治理和防范具体建议。对全国大中小煤矿进行了通风能力核定，并按照批准的核定能力定员、定岗、定编，合理配置井下作业人员。对 44 处曾经发生过瓦斯动力现象的矿井进行了鉴定，列入突出矿井名单，申请国家专项资金进行安全技术改造。组织开展了防治煤与瓦斯突出专项监察，严肃查处突出矿井违反安全规定的现象和行为。强制推行矿井监测监控和区域联网，到 2006 年底全国所有高瓦斯矿井都安装了监测监控系统，低瓦斯矿井安装率达到 74%，147 个重点产煤县所属的乡镇煤矿实现了瓦斯监控县域联网。强制推行“先抽后采”，到 2006 年底国有重点煤矿有 264 处高瓦斯和突出矿井建立了抽采系统，当年全国瓦斯（煤层气）抽采量约 26 亿立方米，有 10 个矿区年抽采超过 1 亿立方米。加快瓦斯防治技术进步，在国家“863 计划”、科技支撑计划中安排了多项煤矿瓦斯防治、煤层气勘探开发等技术装备科研攻关和推广应用项目。从 2008 年到 2015 年，中国煤炭城市发展联合促进会、中国煤炭工业劳动保护科学技术学会等团体机构相继举办了8届“中国国际煤矿瓦斯(煤层气)利用及发电设备展览会”。国家煤矿安监局会同科技部，筛选出了一批具有示范意义、条件比较成熟的示范工程项目：在淮南、沈阳矿区开展高瓦斯、高地温、高地压条件下煤层气开采的瓦斯综合治理与利用示范工程建设；在松藻、郑州、抚顺、焦作矿区开展严重突出矿井的瓦斯综合治理与利用示范工程建设；在淮北、阳泉矿区开展自然发火严重高瓦斯矿井瓦斯综合治理与利用示范工程建设；在晋城、鹤岗矿区开展先抽采煤层气、后开采煤炭，煤炭与煤层气共采示范工程建设。经过努力，上述项目均取得了实质性进展。

为落实煤矿干部下井带班，国务院办公厅牵头，国家发展改革委、国家安监总局等部门参加，组成三个调研组，分赴12个省区，对煤矿干部下井带班进行了专题调研。2005年10月国务院办公厅转发了《发展改革委、国家安监总局关于煤矿负责人和生产经营管理人员下井带班指导意见》，明确要求所有煤矿必须建立和执行干部下井带班制度，矿长、副矿长等负责人要与工人同下同上，切实掌握当班井下的安全生产状况，加强现场管理，及时采取紧急处置措施，确保安全生产。

从2005年到2011年，国家每年召开一次煤矿瓦斯治理现场会或电视电话会议，均有国务院领导同志出席会议并发表讲话。2006年6月在山西省晋城市召开的现场会，总结推广了晋城市政府、晋城煤业集团公司、江西国家煤矿安监局和松藻、淮南、抚顺、平顶山等煤炭企业瓦斯治理利用的经验和做法。国务委员兼国务院秘书长华建敏在讲话中指出，瓦斯既是煤矿安全生产的最大危害，也是宝贵能源，要增强煤矿瓦斯可防、可控、可治的信心，综合运用科技、经济、法律等手段，深化煤矿瓦斯综合治理与开发利用。在2008年7月于辽宁省沈阳市召开的全国煤矿瓦斯治理现场会上，国务院副总理张德江提出要建立“通风可靠、抽采达标、监控有效、管理到位”的瓦斯治理工作体系，集中力量打好瓦斯治理攻坚战。在2009年9月于江西省南昌市召开的全国煤矿瓦斯防治工作会议，张德江要求抓紧落实和完善国家瓦斯抽采利用的政策措施，确保完成“十一五”期间瓦斯抽采利用的目标任务，努力化害为利、变废为宝。当年年底，张德江还在《求是》杂志发表题为“大力推进煤矿瓦斯抽采利用”的文章，指出加快煤矿瓦斯抽采利用，是贯彻落实科学发展观，推进煤矿安全发展、清洁发展、节约发展的必然要求，是一项大有可为的事业；为此必须进一步加强领导，科学规划，抓紧理顺体制机制，加大投入和技术研发推广力度，落实完善支持煤矿瓦斯抽采利用的各项政策，尽快把煤矿瓦斯抽采利用提高到新的水平。在 2011 年 11 月于安徽省合肥市召开的全国煤矿瓦斯防治现场会上，张德江指出“十一五”时期煤矿瓦斯防治工作取得了显著成就，瓦斯抽采量、利用量和环境效益大幅度提高，煤矿瓦斯事故大幅度减少；要求“十二五”时期要制定更优惠的政策、采取更有力的措施、实施更严格的管理，加强安全监管与加快抽采利用相结合，调整煤炭产业结构与整合关闭相配套，提升技术装备水平和加强现场管理相协调，全面推进煤矿瓦斯防治和抽采利用工作。

2011 年 5 月国务院办公厅转发了国家发展改革委、国家安监总局《关于进一步加强煤矿瓦斯防治工作若干意见的通知》，从落实防治责任、提高准入门槛、强化基础管理、加大政策支持、加强安全监管监察 5 个方面，提出了 20 条具体要求。要求重点产煤地区政府、煤矿要签订煤矿瓦斯防治目标责任书，没有完成目标任务的要逐级追责；严格控制高瓦斯和煤与瓦斯突出矿井建设，“十二五”期间停止核准新建年产规模 30 万吨以下的高瓦斯矿井、45 万吨以下的煤与瓦斯突出矿井；强力推进煤矿瓦斯抽采系统建设，做到先抽后采、抽采达标；落实煤矿瓦斯综合利用政策，电网企业要全部收购瓦斯发电的富裕电量；实行瓦斯防治重大隐患逐级挂牌督办，从严查处超能力生产行为，依法从重处理煤矿瓦斯死亡事故。

2012 年之后，相关部门以“煤矿瓦斯抽采利用与通风安全技术”、“建立煤矿瓦斯‘零超限’目标管理制度”等为主题，组织召开了一些现场会、经验交流会等。2015 年 7 月国家安监总局颁布了《强化煤矿瓦斯防治十条规定》，对瓦斯超限实行零目标管理、瓦斯防治责任制、矿井瓦斯等级鉴定、瓦斯防治中长期规划和年度计划、专业化瓦斯防治队伍、通风瓦斯分析制度、抽采抽放、安全监控、矿井通风、爆炸源管理等重要环节，提出了一系列比较简洁明白、便于学习掌握和贯彻执行的规定。国家煤矿安监局组织开展了瓦斯专项监察，核减了那些存在煤与瓦斯突出、冲击地压隐患矿井的产能。山西省推行“三区联动立体式”抽采方法，构建“采煤采气一体化”、“煤与瓦斯共采”的瓦斯抽采模式，实施瓦斯抽采全覆盖工程。河北省冀中能源集团建立高科技水准的瓦斯监测预警系统。辽宁省抚顺矿业集团老虎台矿制定预测预报、解危措施、效果检验、安全防护“四位一体”的综合防冲击地压措施，优化生产布局，实施保护层开采。

经过持续努力，煤矿瓦斯治理取得明显成效。2015 年全国煤矿瓦斯抽采量 180 亿立方米（为 2006 年的 6.9 倍），利用量 85 亿立方米。推广瓦斯区域治理技术的 100 多处高突矿井，80% 以上实现了瓦斯零超限。当年全国煤矿发生瓦斯事故 45 起、死亡 171 人，比 2005 年减少 369 起、2000 人，分别下降 89% 和 92%；其中一次死亡 10 人以上事故 3 起，比 2005 年减少 38 起。2013 年 3 月份之后（到本书成稿的 2016 年 10 月），全国煤矿没有发生一次死亡 30 人以上特别重大瓦斯事故。

第五节　小煤矿整顿关闭

小煤矿是指农村乡镇集体和个体开办的煤矿，或产量规模相对较小的煤矿。计划经济时期我国煤矿分为国有重点、地方国有和乡镇煤矿三大类，习惯上也把乡镇煤矿称作“小煤矿”。乡镇煤矿的前身“社队煤矿”，为农村人民公社、生产队集体所有，所产煤炭主要用于当地生产和生活所需，不纳入国家煤炭统购统销计划。实行承包责任制后，绝大部分的社队煤矿通过承包、租赁出售、股份制改造等途径演变为个体民营煤矿。随着社会主义市场经济体制的建立和企业所有制身份的淡化，产量规模成为划分大、中、小煤矿的标准。2002 年 4 月国家煤矿安监局颁布的《小煤矿安全生产基本条件》等文件，将年产能力 30 万吨以下（含 30 万吨）的煤矿定义为“小煤矿”。在煤炭资源相对匮乏、办矿规模普遍较小的云、贵、川、渝、湘等地区，对小煤矿的认定标准实际上要低一些。有的地方把年产规模超过 20 万吨的矿井视为大中型煤矿。

我国小煤矿屡经兴衰。1950 年 12 月燃料工业部相继颁布了《公私营煤矿暂行管理办法》、《土采煤窑暂行处理办法》和《公私营煤矿安全生产管理要点》等文件，要求各地对小煤窑进行整顿和改造。1952 年全国煤炭产量 6649 万吨，其中国营矿占 80.7%，公私合营矿占 3.5%，合作社经营的煤矿占 0.13%，私营（两个以上股东）矿占 11.2%，个体办矿仅占 4.5%。1957 年 4 月国务院在《关于发展小煤窑的指示》当中，强调要重视小煤窑的安全问题，规定每处小煤窑必须有两个出口，在生产过程中尽可能地采取必要的安全措施，并加强对工人的安全教育工作；凡季节性生产的小煤窑在停产时要做好井口密闭，恢复生产时要采取防止窒息事故的措施。由此可以看出，国民经济三年恢复和“一五”计划时期，国家在发展小煤矿方面的政策是审慎的，并且设置了必要的安全门槛。

之后我国的小煤矿迎来了若干个较大规模、超越常规的发展阶段：1958 年大跃进期间各地组织动员数百万人民公社社员上山挖煤，全国小煤矿一度超过 10 万处，随后大部分小矿因过于简陋、不具备基本的开采和安全条件而被关闭淘汰。1975 年前后，由于包括国有煤矿在内的国营企业普遍管理混乱、完不成产量计划，国家倡导发展社队企业，一些有煤炭资源的地方纷纷办矿。从 1974 年到 1979 年，全国乡镇煤矿产量年均递增 1000 万吨，1979 年首次突破 1 亿吨大关，约占当年全国总产量的 17%。1983 年为加快煤炭资源开发利用，国家在煤炭资源管理、开办煤矿上实行放开政策。当年 11 月煤炭部下发《关于积极支持群众办矿的通知》，倡导“大中小煤矿一起上”，鼓励各行各业、广大群众采用多种方式投资办矿。这一时期全国小煤矿最多达到 8 万多处。1986 年乡镇煤矿产量 29874 万吨，事故死亡 4005 人。其产量占全国总产量的 33%；事故死亡则占全国的 60%，百万吨死亡率约为全国的 2 倍，为国有重点煤矿的 4.5 倍。

小煤矿蜂拥而上所导致的伤亡事故多发、资源浪费严重诸多乱象，促使国家对相关政策做出调整。在 1986 年 10 月于山东肥城矿务局召开的全国安全生产现场会上，国务院领导提出：要把“有水快流”与安全生产统一起来，达不到安全条件的不能生产，做到“有水快流而不滥，加强管理而不死”①。当年 12 月，国务院发出《关于乡镇煤矿实行行业管理的意见》，指出乡镇煤矿“在发展中出现了争抢资源、乱采滥掘和生产不顾安全等问题”，为此要对乡镇煤矿实施行业管理，即由煤炭工业部统一负责乡镇煤矿的统筹规划、检查监督等，地方各级煤炭管理部门在规划、技术和安全等方面对乡镇煤矿进行指导，组织事故的预防和抢救工作。1991 年 7 月国务院下发《关于清理整顿个体采煤的通知》，要求凡违背《矿产资源法》、未取得采矿许可证和营业执照的小煤矿，一律停止开采。1993 年 1 月国务院批转了劳动部、煤炭部等《关于制止小煤矿乱采滥挖确保煤矿安全生产的意见》，要求对小煤矿进行清理整顿。按照国家的要求，各地也进行了一些整治。但“往往虎头蛇尾，由于没有采取强有力的措施堵住后路，小煤矿也如打游击一般，今天关掉了，明天再重新开起来”②。到 1998 年第三季度，全国仍有小煤矿 6.4 万处，其中约 1 万多处没有采矿许可证，约 4 万多处没有煤炭生产许可证，非法生产和无序竞争、伤亡严重的情况亟待改变。当年 12 月国务院发出通知，决定对煤炭行业实施“关井压产”（关闭非法和布局不合理煤矿，压减煤炭产量），依法取缔证照不全、伤亡事故多发的小煤矿。成立了由国家经贸委有关负责人牵头的煤炭行业关井压产领导小组，规划到 2000 年关井 2.58 万处，压减煤炭产量 2.5 亿吨。经过努力，加之这一时期煤炭市场严重供大于求，上述规划目标得以实现。

2000 年初国家煤矿安监局成立之时，全国有小煤矿 33977 处，平均每处矿井的年产能力不足 2.5 万吨。屡经关闭整顿保留下来的这些小煤矿，大多数的仍然不具备安全生产条件。不少小煤矿为没有形成循环通风系统、只有一个出入口的“独眼井”，井下靠自然通风或微风维持生产；一些小煤矿设施和装备简陋，有的机械化程度接近为零，靠炮崩镐刨落煤、骡马拖筐运煤；多数小煤矿吃肥丢瘦，资源浪费严重，全国小煤矿回采率平均只有 10% ~15% 。2000 年小煤矿产

---

① 《认真搞好乡镇煤矿安全生产——张劲夫在全国煤矿安全生产现场会上的讲话》，《劳动保护》1985 年第 11 期。

② 《关闭非法开采小煤矿》，《人民日报》1998 年 8 月 23 日。

量不足全国煤炭产量的27%，事故死亡人数占全国煤矿的69%。依法对这部分煤矿实施整顿关闭，是加强煤矿安全生产的重要治本之策，也是煤矿安全监管监察工作的一项重要任务。

2001年6月、9月，国务院办公厅相继下发了《关于关闭国有煤矿矿办小井和乡镇煤矿停产整顿的紧急通知》和《关于进一步做好关闭整顿小煤矿和煤矿安全生产工作的通知》，要求关闭国有煤矿所开办的小井，国有煤矿矿区范围（即国有煤矿采矿登记确认范围）内的小煤矿，不具备基本安全生产条件的各类小煤矿，“四证”（即采矿许可证、煤炭生产许可证、营业执照和矿长资格证书）不全以及生产高灰高硫煤炭（灰分超过40%、含硫超过3%）的小煤矿。9月19日，国务院在河南郑州召开全国关闭整顿小煤矿和煤矿安全生产工作现场会，吴邦国副总理在会上要求凡属上述四种情况的矿井，必须一律关闭。他指出关闭整顿小煤矿“责任在地方，关键在县乡”①，要求基层政府和有关部门要向群众讲清政策，摆明道理，取得群众的充分理解和支持。

经过各产煤地区政府的努力，到2004年底全国小煤矿减少到23388处。其中仍有逾期而没有提出安全生产许可申请的小煤矿5290处，提出申请但经审查不具备颁证条件、被责令停产整顿的小煤矿2000多处。这部分小煤矿安全法律意识淡漠，安全保障能力低下，不少的“已成为滋生事故、吞噬矿工生命的陷阱”②。

2005年8月国务院办公厅下发通知，部署开展小煤矿整顿关闭攻坚战。认定下述七类矿井为“不具备安全生产条件和非法煤矿”：逾期没有提出办理煤矿安全生产许可证申请，煤矿安全监管监察机构责令停产整顿的矿井；已提交申请，但经审查认定不具备安全生产条件，责令限期整顿的矿井；证照不全矿井；超能力生产矿井；没有按规定建立瓦斯监测和瓦斯抽放系统的矿井；没有采取防突措施的矿井；没有经过安全生产“三同时”竣工验收而投产的基建和改扩建矿井。要求这些矿井必须立即停产整顿，经停产整顿仍然达不到安全要求的要依

---

① 吴邦国在全国关闭整顿小煤矿和煤矿安全生产现场会上强调坚决关闭整顿小煤矿确保煤矿安全生产，《人民日报》2001年9月21日。

② 李毅中在安全生产视频会议上讲话。http://www.chinasafety.gov.cn/zhengwuxinxi/2005-09/05/。

法关闭。凡关闭取缔的矿井，相关部门要吊销所有证照，地方政府要发布公告，停止供电和火工品，拆除设施，毁闭井筒，填平场地，遣散人员，杜绝死灰复燃的可能。为推动小煤矿整顿关闭工作，国务院批准建立了由国家安监总局牵头的煤矿整顿关闭工作部际联席会议制度，负责协调解决整顿关闭攻坚战中出现的问题。

从 2005 年下半年到 2006 年 4 月底，国家和省级安监、煤监机构先后在《人民日报》以及地方主要媒体上公告了 4 批、5931 处关闭矿井名单，同时取缔无证非法采煤矿点 1 万多处。2006 年 9 月国务院办公厅转发了国家安监总局、国家发展改革委等部门《关于进一步做好煤矿整顿关闭工作意见》，把关闭对象从非法和不具备安全生产条件的小煤矿，进一步扩展到不符合煤炭产业政策、布局不合理、破坏资源、污染环境的煤矿，以及达不到安全生产标准的新建、改扩建煤矿。随后国家和各地都制定了 2006—2008 年关闭规划。到 2008 年底，全国累计关闭不具备安全生产条件和破坏资源环境、不符合产业政策的小煤矿 12155 处，淘汰落后煤炭产能约 3 亿吨。

2007 年 4 月国家安监总局、国家煤矿安监局会同国家发展改革委、监察部、劳动社会保障部、国土资源部、全国总工会联合发出《关于加强小煤矿安全基础管理的指导意见》。7 月 10 日国家安监总局、国家煤矿安监局在郑州召开全国小煤矿安全基础管理工作现场会，要求所有保留下来的小煤矿，都要建立矿井安全质量标准化管理制度，建立健全各环节、各岗位的安全质量工作标准，实现小煤矿井下系统及地面设备设施的安全质量标准化；所有矿井都要装备安全监控系统，做好县域联网；全部淘汰非正规开采方法，强制推行壁式开采，在 2008 年底前淘汰采煤工作面木支护，推广井巷锚喷支护。这次会议的召开，"标志着国家确定的整顿关闭、整合技改、管理强矿的小煤矿安全生产三步走战略，进入管理强矿的阶段"①。

---

① 《赵铁锤：全国小煤矿治理全面进入"管理强矿"阶段》，中央人民政府网站——要闻。http：//www.gov.cn/jrzg/2007-07/15/。

2013 年 10 月，鉴于我国小煤矿数量仍然过多、安全基础仍然薄弱的实际情况，国务院办公厅在《关于进一步加强煤矿安全生产工作的意见》中，要求各地继续抓好落后小煤矿的关闭退出。重点关闭年产 9 万吨及以下不具备安全生产条件、煤与瓦斯突出等灾害严重的煤矿，坚决关闭发生较大及以上责任事故的小煤矿，关闭超层越界拒不退回和资源枯竭的煤矿，关闭拒不执行停产整顿指令仍然组织生产的煤矿。不能实现正规开采的煤矿，一律停产整顿；逾期仍未实现正规开采的，依法实施关闭。没有达到安全质量标准化要求的煤矿要限期停产整顿；逾期仍不达标的，依法实施关闭。

从 2005 年到 2015 年，全国累计关闭取缔（包括兼并重组）不具备安全生产条件、破坏资源、污染环境、不符合国家产业政策的小型煤矿约 16400 处，小煤矿由 2004 年的 23388 处减少到 2015 年底的 7000 余处，整体提升了我国煤矿安全素质和安全保障能力。

第六节　对国家机关工作人员和国有企业负责人投资入股煤矿问题进行清理纠正

进入市场经济后我国煤矿安全问题突出，其原因除了产业结构不合理、经济增长方式转变不到位、行业管理弱化、安全培训教育滞后等，还存在着比较严重的腐败问题。

国家安监总局 2005 年初组织的一次调查表明，一些基层政府工作人员直接参与办煤矿，官商不分、官商勾结，是煤矿安全领域腐败的主要形式。2003 年 3 月 22 日发生特别重大瓦斯爆炸事故、造成 72 人死亡的山西省吕梁地区孝义市孟南庄煤矿，矿主孟某曾任乡长、孝义市煤炭局局长和吕梁地区能源公司经理。由于超层越界、隐患严重，事故发生前的 3 月 11 日、12 日和 18 日，地方煤矿安全生产监督部门三次下达停产指令，并给运煤绞车套上链子，上了锁，贴上封条。矿方竟然撕掉封条，砸了链锁继续生产。在对新疆自治区阜康市神龙煤矿 2005 年“7·11”特大瓦斯爆炸事故（83 人死亡）的调查中发现，当地政府一名副市长和国有哈密煤业集团的有关负责人投资入股，有的地方干部还从中拿“干股”分红利。2005 年 3 月 14 日发生瓦斯爆炸事故、造成 18 人死亡的黑龙江七台河市新富煤矿，矿主彭某为该市桃山区安监局副局长。2005 年 8 月 7 日发生特别重大透水事故、造成 121 人死亡的广东省梅州市大径里公司大兴煤矿，公司董事长、副董事长等人都有着国家公职人员身份。

针对这方面的问题，中央纪委明确表示要予以清理整顿，坚决整治“官煤勾结”和事故背后的腐败问题。国务院 2005 年 8 月颁布的《关于预防煤矿生产安全事故的特别规定》第二十条规定：“国家机关工作人员和国有企业负责人不得违反国家规定投资入股煤矿（依法取得上市公司股票的除外），不得对煤矿的违法行为予以纵容、包庇。”当月下发的《国务院办公厅关于坚决整顿关闭不具备安全生产条件和非法煤矿的紧急通知》规定，凡投资入股煤矿的国家机关工作人员、国有企业负责人，必须在一个月内撤出投资。中央纪委、监察部、国资委和国家安监总局 2005 年 8 月、12 月两次发出通知，明确了清理纠正的范围和政策，要求各地在地方党委、政府统一领导下，成立由纪检监察机关牵头，国有资产监督管理部门、安全生产监督管理部门、煤矿安全监管部门、煤矿安全监察机构组成的清理纠正工作小组；要求加强社会监督和舆论监督；对逾期没有如实登记撤出投资或者隐瞒事实真相、采取其他手段继续投资入股办矿的人员，一经查出，一律就地免职，然后依照有关规定严肃处理。

在 2006 年初召开的国务院第四次廉政工作会议上，温家宝总理强调要继续清理和纠正国家机关工作人员和国有企业负责人投资入股煤矿问题，并要求“监察、工商、安全监管等部门要对前一阶段清理纠正工作进行彻查，对行动迟缓的地方要加强督办”。5 月中旬国务院又批准建立了清理纠正工作部际联席会议制度，组成联合督查组对山西、河南、黑龙江、内蒙古、湖南等重点产煤省的“清纠”工作进行了两轮督查。到 2006 年 8 月底，全国共申报登记 5357 人（其中国家机关工作人员 4023 人，国有企业负责人 1334 人），申报登记投资入股金额 7. 55 亿元。除因涉嫌违法违纪被调查尚未结案、所投资入股煤矿债权债务纠纷诉讼审理尚未终结等原因暂时不能撤资退股，或因所投资入股煤矿倒闭、被关闭等原因无法撤资退股外，其余人员已全部从煤矿撤资退股。共撤资退股 7.09 亿元，占应撤资退股金额的 93.9%。各级清理纠正工作机构共受理举报 1022 件，给予党纪政纪处分 148 人，给予组织处理 122 人，移送司法机关 45 人。9 月 22 日中央纪委、监察部、国资委、工商总局、国家安监总局、国家煤矿安监局联合召开新闻发布会，通报了一些未按规定申报、撤资，以及弄虚作假的典型案件及其处理结果。至此，国家机关工作人员和国有企业负责人投资入股煤矿问题基本得到解决。

第七节　煤矿安全质量标准化、班组安全建设和治本攻坚行动

煤矿安全质量标准化是在煤炭行业质量标准化工作实践基础上创新发展而形成的一套安全质量管理体系和方法。1964 年煤炭部部长张霖之提出了“煤矿质量标准化”的概念，强调“质量是煤矿的命根子”，倡导“严把毫米关”，并深入到开滦矿务局林西矿、平顶山矿务局四矿蹲点，指导建成了新中国第一座标准化样板矿井——平顶山四矿。但由于受政治运动和“左”的思潮干扰，质量标准化活动没能坚持下去。1986 年煤炭部党组作出关于在全国煤矿开展“质量标准化、安全创水平”活动的决定，并在肥城矿务局召开了第一次全国煤矿质量标准化现场会。1992 年能源部在大雁矿务局召开质量标准化现场会，把质量标准化的内涵拓展到矿井生产生活各个方面，并实行动态达标和质量否决，促进了煤矿安全生产、文明生产。1993 年煤炭部把质量标准化工作提升到“生命工程”、“形象工程”的高度，制定了质量标准化工作规划，提出了“九五”期间进度目标。到 1997 年底全国共建成 31 个质量标准化矿务局，872 个质量标准化矿井。

2003 年 10 月，国家安监局、国家煤矿安监局和煤炭工业协会在黑龙江省七台河市联合召开现场会，将“煤矿质量标准化”的概念调整完善为“煤矿安全质量标准化”，意在突出安全生产的重要地位，强调安全与质量的高度统一性，促进煤矿安全和质量管理的规范化、标准化。会议总结推广了七台河精煤公司等

单位开展矿井质量标准化建设的经验，对下一步工作进行了部署。2004 年 2 月国家煤矿安监局对原煤炭部颁发的煤矿标准进行了修订，下发了《关于印发〈煤矿安全质量标准化标准及考核评级办法（试行）〉的通知》（2009 年、2013 年又两次修订），随后又颁发了《煤矿安全质量标准化基本要求及评分方法（试行）》。2004 年 10 月国家煤矿安监局、中国煤炭工业协会下发《关于在全国煤矿深入开展安全质量标准化活动的指导意见》。2009 年 9 月国家安监总局、国家煤矿安监局又下发《关于深入持久开展煤矿安全质量标准化工作的指导意见》。标准设定为三级，其中一级由国家煤矿安监局负责考核评审，二、三级由省级煤管机构和地方相关部门考核评审。实行动态达标，每年考核评价一次。2015 年底全国共有安全质量标准化煤矿（矿井）个，其中由国家煤矿安监局考核评审的一级安全质量标准化煤矿（矿井）676 个。

班组是安全生产的基础。国家煤矿安监局成立后继承了煤炭行业重视班组建设的传统。2003 年 8 月国家煤矿安监局、中国煤炭工业协会联合召开大会，表彰了全国煤矿 100 名模范班组长和 428 名优秀班组长。2009 年 3 月，国家煤矿安监局、全国总工会联合下发了《关于加强煤矿班组安全生产建设的指导意见》，提出要把班组建设作为加强煤矿安全生产基础管理的重要工作来抓。5 月启动了全国煤矿“万名班组长安全培训工程”。8 月新华社《国内动态清样》登载了河南省中平能化集团七星公司开拓四队班长白国周在班组管理中，坚持做到“三勤”、“三细”、“三到位”、“三不少”、“三必谈”、“三提高”[①]，确保安全生产的经验和做法。国务院领导同志和全国总工会负责人作出批示，要求在煤炭系统推广“白国周班组管理法”，把煤矿安全生产落实到班组。当年 11 月国家安监总局、国家煤矿安监局和全国总工会在河南省郑州市联合召开了“全国煤矿学习推广‘白国周班组管理法’推进班组安全基础建设工作会议”。会议要求把班

---

① 白国周班组管理法：“三勤”，即勤动脑、勤汇报、勤沟通；“三细”，即心细、安排工作细、抓工程质量细；“三到位”，即布置工作、检查工作、处理隐患到位；“三不少”，即班前检查、班中排查和班后复查不能少；“三必谈”，即对情绪不正常的工友、受到批评的工友必须谈心，每月召开一次谈心会；“三提高”，即提高安全意识、岗位技能和团队凝聚力。

组建设作为煤矿安全生产基层基础工作的一件大事，下决心抓紧抓好，努力“建立一套能够有效推动班组建设的工作机制，培养造就一支高素质的班组长队伍，夯实煤矿安全生产基础”①。2010 年 12 月全国总工会和国家安监总局、国家煤矿安监局在北京人民大会堂联合召开全国煤矿班组安全建设推进会。全国总工会主席王兆国会前接见了优秀班组长代表并合影。张德江副总理出席会议并发表讲话，要求加强对煤矿班组安全建设工作的支持和指导，把煤矿安全生产工作的重心下移至现场，关口前移至班组，安全责任到班组，安全管理措施落实到班组，安全防范技能提高到班组，把党和政府对煤矿工人的关怀体现到班组，通过班组人人平安，实现企业个个安全。会议表彰了获得“全国工人先锋号”、“全国五一劳动奖章”和煤矿班组建设“十佳”、“优秀”等荣誉称号的班组和群众安全监督员。2011 年 4—7 月，国家安监总局、国家煤矿安监局和全国总工会联合组织了煤矿班组安全建设先进事迹巡回演讲活动，由白国周等 16 名来自煤矿生产一线班组长所组成的演讲团，赴山西、安徽、河南等地的重点煤矿企业，先后组织了 24 场报告会。2012 年 6 月，国家安监总局、国家煤矿安监局、全国总工会联合颁发了《煤矿班组安全建设规定（试行）》，对班组组织建设、班组长管理、现场管理、班组安全培训、班组安全文化建设，以及表彰奖励等作出了规范。

为进一步解决煤矿安全领域长期存在的问题，巩固发展煤矿安全状况渐趋稳定的良好态势，从 2013 年开始，国家采取一系列举措推动煤矿安全治本攻坚。2013 年 1 月国家安监总局颁布实施《煤矿矿长保护矿工生命安全七条规定》，将导致煤矿重特大事故发生的主要原因进行了归纳提炼，对持证生产、严禁超层越界、矿井通风、瓦斯抽采监控、探放水、机电设备完好、领导下井带班等，作出了简洁明确的规定。中共中央政治局常委、全国人大常委会委员长张德江作出批示，认为制定实施七条规定十分必要，要认真抓好落实。从 2 月下旬至 5 月底，

① 骆琳在全国煤矿学习推广“白国周班组管理法”推进班组安全基础建设工作会议上的讲话，国家安监总局政府网站——热点专题。http：//www.chinasafety.gov.cn/newpage/2009/11/04/。

在全国煤矿组织开展了以“保护矿工生命、矿长守规尽责”为主题的宣教活动。国家安监总局、国家煤矿安监局领导班子成员分赴重点产煤地区宣讲七条规定，组织矿长进行考试，并当场签订承诺书，承诺一定要把各项要求落到实处，为保护矿工生命安全履职尽责。随后又组织开展多次检查督查，表彰先进，批评后进，努力做到“铁七条、刚执行、全覆盖、真落实、见实效”。

2013 年 10 月国务院办公厅印发了《关于进一步加强煤矿安全生产工作的意见》，提出了煤矿安全治本的七项举措：加快落后小煤矿关闭退出；严格煤矿安全准入，严格煤矿建设项目核准和生产能力核定，严格煤矿生产工艺和技术设备准入，严格煤矿企业和管理人员准入，建立煤炭安全生产信用报告制度，健全安全生产准入和退出信用评价机制；深化煤矿瓦斯综合治理，认真落实国家关于促进煤层气（煤矿瓦斯）抽采利用的各项政策，严格执行先抽后采、不抽不采、抽采达标，完善煤矿企业瓦斯防治能力评估制度；全面普查煤矿隐蔽致灾因素，强制查明隐蔽致灾因素，建立隐蔽致灾因素普查治理机制，小煤矿集中的矿区由地方人民政府组织进行区域性水害普查治理；大力推进小煤矿机械化和煤矿安全质量标准化、自动化、信息化建设，国家鼓励和扶持小煤矿机械化改造，新建、改扩建煤矿不采用机械化开采的一律不得核准；强化煤矿矿长责任和劳动用工管理；提升煤矿安全监管和应急救援科学化水平，按照管行业必须管安全、管业务必须管安全、谁主管谁负责的原则，进一步明确各部门监管职责，落实地方政府分级属地监管责任，加强煤矿应急救援能力建设。

2013 年底，国家安监总局、国家煤矿安监局通过对 2008 年至 2012 年全国 772 个产煤区县的煤矿事故情况进行统计分析，确定贵州省六盘水市的盘县等 50 个县（区）为全国煤矿安全重点县。50 个重点县共有煤矿 2798 个，2012 年煤炭产量约占全国的 1/10，事故死亡人数约占全国的 1/4，重特大事故约占 1/3。召开了重点县书记、县长座谈会，认真听取其意见建议；实施跟踪监管，对各个重点县的煤矿安全情况一周一调度，一月一分析，发现问题及时解决。2015 年 3 月，又确定了第二批 50 个煤矿安全重点县（区）名单，并制定实施了重点县（区）遏制煤矿重特大事故攻坚战工作方案。到 2015 年底，首批重点县煤矿死亡人数比前5年（2008—2012年）平均死亡人数下降50%以上；第二批重点县有41个县完成攻坚目标，煤矿事故死亡人数同比下降幅度超过全国煤矿平均降幅。

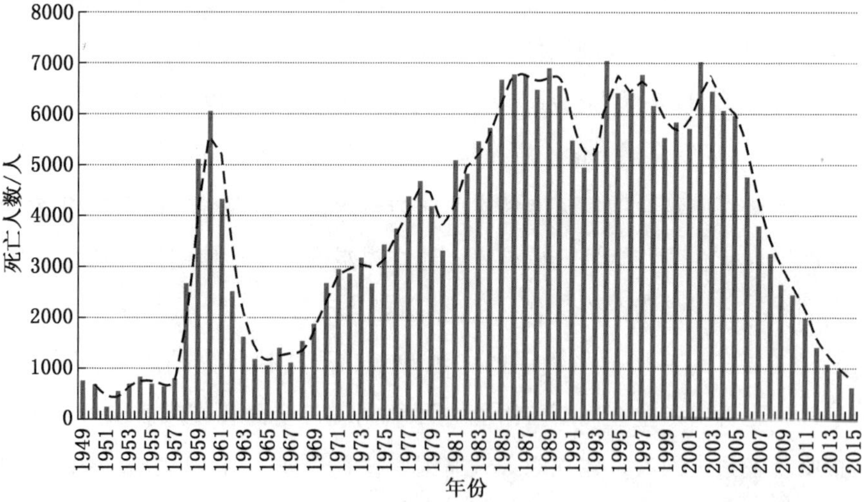

图4-1　1949—2015年全国煤矿事故死亡人数趋势图

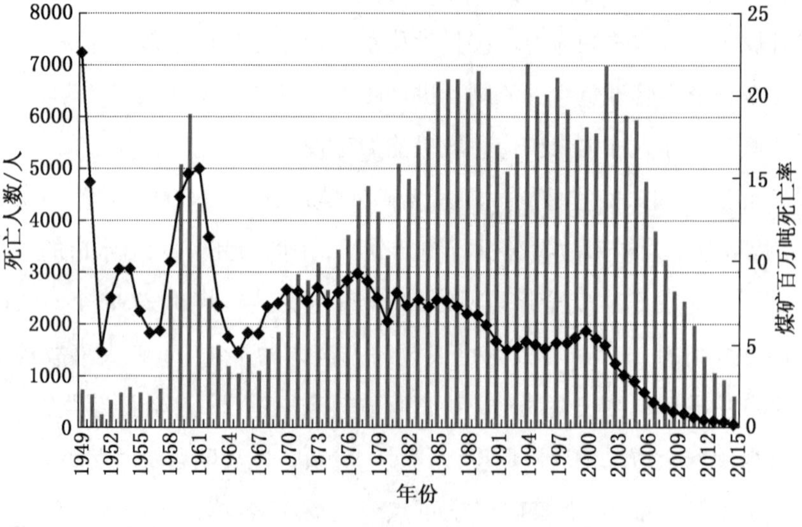

图4-2　1949—2015年全国煤矿事故死亡人数及煤矿百万吨死亡率趋势图

与此同时，国家安监总局、国家煤矿安监局加大执法力度，对没能严格实行煤矿安全准入制度、安全隐患严重的两处国有大矿（国投哈密能源公司大南湖七号煤矿、中煤新疆天山公司 106 煤矿），依法作出了停建停产决定。组织各级安监、煤监人员，会同产煤地区市县政府相关负责人，与全国 15676 名矿长（董事长、总经理）进行了谈心对话，面对面听取意见、提出要求，共同探索搞好煤矿安全生产的办法措施。抽调专业人员组成检查组，一矿一组、分期分批，对全国所有煤矿进行深入细致的隐患排查，发现和消除了大批安全隐患。所有这些，都有力促进了煤矿安全生产。

小结：煤炭是我国的主体性、基础性能源，目前占一次能源消费结构的比重仍高达 64%。我国煤炭资源赋存丰富但开采条件较差，自然灾害严重。建国以来经济建设规模逐步扩大，一次能源需求长期紧张，导致煤炭生产与安全的矛盾突出。在煤矿安全状况相对改善、百万吨死亡率等指标持续下降的同时，总的事故起数和死亡人数呈现上升趋势。尤其二十世纪八九十年代，随着经济快速发展和煤炭需求的大幅上升，煤矿事故多发。全国煤矿死亡人数连续多年在六七千人的高位徘徊，约占全国工矿商贸企业事故伤亡人数的 60%；年发生一次死亡 10 人以上重特大事故 70 来起，大约每五天发生一起。煤矿事故多发不仅不利于煤炭工业的持续健康发展，同时也严重影响制约着全国安全生产形势的稳定好转。

党和政府以维护矿工生命安全为职责，把煤矿安全摆在重中之重的位置上，为此付出了持续不懈的努力。2000 年煤矿安全监管监察体制改革以来，在我国经济持续快速发展、一次能源需求大量增加的情况下，煤矿安全状况逐年好转。从 2000 年到 2015 年，全国煤炭产量由 13 亿吨提高到 36.8 亿吨，增长约 2.8 倍；煤矿事故死亡人数由 5978 人减少到 598 人，下降约 90%。一次死亡 10 人以上煤矿重特大事故起数，由 2000 年的 75 起减少到 2015 年的 5 起，下降约 93%。百万吨死亡率 2015 年为 0.162，比 2000 年的 5.71 下降约 97%，比 1949 年的 22.54 下降了 99%。我国煤矿百万吨死亡率与世界先进产煤国家的差距，从

2000年的约190倍缩小到2015年的5.4倍，与俄罗斯、波兰等中等发达产煤国家大致相当。内蒙古、山西等重点产煤省区和神华集团、兖矿集团等重点煤炭企业的百万吨死亡率等指标，已与美国、澳大利亚等国家不相上下。截至2015年12月，全国煤矿连续33个月没有发生一次死亡30人以上的特别重大事故，创出历史最长间隔。

对以煤矿为主的矿山企业安全实行国家和政府监察，是工业化国家的通例。1981年国家在劳动部门建立矿山安全监察机构，在代表各级政府监督监察矿山企业安全生产方面进行了探索。2000年改革煤矿安全监管监察制度，建立了国家煤矿安监局和煤矿安全监察各项法律制度，形成了“国家监察、地方监管、企业负责”的煤矿安全生产工作格局，使煤矿安全生产得到了切实有效的加强和改进。

回顾建国以来特别是安全监管监察体制改革以来煤矿安全生产历程，我们对我国煤炭工业的安全发展、可持续健康发展充满了信心。按照目前已经明确的思路、方法和措施，持续不懈地抓下去，相信用不了太久，煤矿瓦斯、煤尘、水患等灾害终将根治根除，我国煤矿安全生产的落后状况必将彻底改变。

第五章

安全生产法治建设历程

法治是指经济生活和社会成员完全处于依法治理下的某种政治架构和社会生活状态。安全生产法治则是依据国家法律法规管理安全生产活动，规范安全生产行为，治理安全生产领域非法违法现象，把安全生产全面纳入依法进行的轨道。安全生产法治包括了安全生产立法、执法、守法、依法治理等方面的内容，是构成安全生产的要素之一，是政府履行安全生产监管职能的基本手段和有效途径。

第一节　新中国第一部矿业法规的颁布实施和建国初期安全生产建章立制小高潮

我国安全生产法治建设的源头可以追溯到建党、建政之初。中国共产党建立之后关于安全生产和劳动保护方面的一些主张，不仅体现在党的纲领、宣言、历次重要会议通过的决议案等之中，还在1922年8月中国劳动组合书记部拟定的《劳动法案大纲》得到了比较全面系统的阐述。土地革命时期各根据地革命政权，以及抗日战争、解放战争时期各根据地和解放区民主政权，也相继制定颁布了《劳动保护法》、《劳工保护暂行条例》、《保护工厂劳动暂行条例》等法规。但客观地看，建党初期党在安全生产、劳动保护立法方面的一些呼吁和活动，更多的是为团结和代表广大劳动群众，向统治阶级开展斗争的手段和方式。各个根据地、解放区革命民主政权所颁布的一些安全生产和劳动保护法令，则缺乏系统和统一，存在照搬照抄、不切实际、难以贯彻实施等问题。况且战争时期生存环境严酷，牺牲精神远远高于、大于人身安全理念，安全生产只能服从于对敌斗争，相关法令的权威性、适用性和实效性都大打折扣。

建国之后，我国逐步迈入安全生产法治时代。1949 年中国人民政治协商会议通过的《共同纲领》，在劳动保护和安全生产方面作出了明确规定："实行工矿检查制度，以改进工矿的安全和卫生设备"；同时规定，"公私企业目前一般应实行八小时至十小时的工作制，特殊情况得斟酌办理。人民政府应按照各地各业情况规定最低工资。逐步实行劳动保险制度。保护青工女工的特殊利益。"1954 年 9 月第一届全国人民代表大会第一次会议通过的中华人民共和国宪法，明确规定要改善劳动条件，保证公民劳动权利。《共同纲领》和首部宪法的相关规定，为建国初期安全生产、劳动保护立法提供了根本依据。

为尽快扭转旧中国遗留下来的矿山企业劳动卫生条件恶劣、安全保障能力低下的状况，1950 年 12 月 22 日政务院第 64 次政务会议通过了《中华人民共和国矿业暂行条例》，1951 年 4 月 18 日周恩来总理签署中央人民政府政务院命令予以颁布实施。暂行条例五章三十四条。在第一章"总则"中明确了矿业的主管部门，规定"煤矿、石油矿、油页岩矿、天然气矿，由中央人民政府燃料工业部主管，其他各矿由中央人民政府重工业部主管"。对小煤矿等"土法开采之零星小矿"的安全及管理作出了原则性规定，矿量不大、自产自销以及安全状况尚可，"无水、火及土石崩塌之危险者"，"对于公共财产，无妨害及破坏性者"，可以由地方政府来管理，并另外拟定简单管理办法，报请大行政区主管矿业机关核转中央主管矿业机关核定施行。在第二章"整理旧矿区"中，规定"申请继续采矿人"要提供"矿场安全及矿工卫生设施办法五份"，以使主管部门进行审查批准和备案。在第四章"探矿及采矿人之责任"中专门设置了第二十八条，对探矿及采矿人应当履行的安全卫生责任作出了规定，要求其"应依照有关矿场安全、矿工卫生等各项规定，妥为预防各种灾害、病疫、危险及责任事故之发生，并注意组织与训练救护队，设置医疗与卫生机构，备置与检查救济设备，遇有事故发生，并应妥善处理善后事宜，其详细办法另定之”。同时明确了罚则，规定探矿或采矿人如有违背本条例第二十八条等和其他有关条款规定情事时，“中央主管矿业机关得视其情节之轻重，分别予以警告或罚款或收回其矿区之处分”。

《矿业暂行条例》是建国后中央人民政府颁布实施的首个规范矿业生产和安全的行政法规，所建立的矿业安全生产行业管理和部门职责分工制度，关于矿山企业安全责任的有关规定，对小型矿山安全生产的基本要求，关于组建矿山救护队和医疗卫生机构、做好事故救援和善后处置的规定，以及“责任事故”的提法等，在之后的矿业及安全生产立法中都得到了继承。重工业部（冶金工业部）、化学工业部也制定了地下和露天矿山安全规程。

依据《矿业暂行条例》，1951 年 9 月燃料工业部制定发布了我国第一部煤矿安全生产规程——《煤矿技术保安试行规程（草案）》。规程（草案）共 1246 条，对煤矿采掘生产以及通风、排水、运输等各个环节的安全都作出了详细的规定。以此为基础、随后制定颁布的《煤矿和油母页岩矿保安规程》，对煤矿顶板管理、瓦斯防治、防排水、放炮、机电运输等环节的工作提出了规范性要求，是第二部煤矿安全规程。

为填补新中国在安全生产、劳动保护领域法律法规空白，劳动部门和相关行业主管部门以极大热情投入了安全生产、劳动保护立法工作，很快研究制定、颁布实施了一批法规和规章。从 1950 年 5 月到 1952 年 12 月，劳动部先后制定公布了《工厂卫生暂行条例（草案）》、《工厂安全卫生暂行条例》和《工厂安全卫生条例》，为之后《工厂安全卫生规程》的正式颁布实施打下了基础；先后发布实施了《限制工厂矿场加班加点实行办法》、《保护女工暂行条例》、《工时休假条例》等。燃料工业部发布了《公私营煤矿暂行管理办法》、《土采煤窑暂行处理办法》等。铁道部相继发布了《实施安全负责制暂行办法》（1950. 4）、《行车安全监察室暂行组织规程》（1950. 11）、《铁路工厂技术安全暂行规程（草案）》（1951. 4）、《铁路装卸作业安全规则》（1951. 12）、《采石场采石工作技术安全暂行规则》（1952. 9）、《车务工作人员技术安全细则》（1952. 9）等。第一机械工业部公布实行了《安全技术劳动保护工作组织及其职责暂行规定》(1952.10)。邮电部无线电总局公布试行了《无线电机线工作安全守则草案》(1951.6)。"一五"时期(1953~1957年),由行业主管部门和各省级人民政府制定颁布的安全生产部门规章和地方性法规规章就多达300余种。

矿业暂行条例和大批部门规章、地方性法规规章的制定实施,使我国安全生产法律从无到有,使矿山和各个行业安全生产工作开始有法可依,为改变旧中国遗留下来的不珍视劳动者生命、不重视安全生产的陈规陋习,在社会主义制度建立之后切实维护劳动者的安全与健康权益,提供了法律依据。

第二节 我国安全生产法律制度的重要基石——"三大规程"与"五项规定"

1956年5月国务院制定颁布了《工厂安全卫生规程》、《建筑安装工程安全技术规程》和《工人职员伤亡事故报告规程》。国务院关于发布"三大规程"的决议,在肯定建国以来劳动保护工作取得成绩的同时,指出"某些企业和企业主管部门对贯彻安全生产的方针仍然重视不够,同时国家还缺乏统一的劳动保护法规和完整的监察制度,因此劳动保护工作还远不能赶上生产建设发展的需要"。表现为有的企业还没有认真地建立安全生产的责任制度,在检查和布置生产工作的时候,常常忽视检查和布置安全工作;有的企业非但不去积极解决安全卫生的设备问题,甚至错误地将安全技术措施经费移作他用;有的企业只片面强调完成生产任务,不注意工人的安全和健康,滥行加班加点;有的企业把"打破常规"错误地理解为可以不要操作规程,个别基层领导人员甚至带头违反规程,冒险作业;有的企业在发生伤亡事故以后,缺乏认真分析、严肃处理和采取必要的改进措施。这是对于工人群众利益漠不关心的官僚主义态度,是根本违反社会主义企业的管理原则的。决议强调"改善劳动条件,保护劳动者在生产中的安全和健康,是我们国家的一项重要政策,也是社会主义企业管理的基本原则之一"。决议要求各级劳动部门加强监督检查,及时总结和交流经验,努力贯彻实施这些规程；要求各级工会组织广泛开展宣传教育，使职工群众关心和监督规程的实施。

《工厂安全卫生规程》立法目的是“为了改善工厂的劳动条件，保护工人职员的安全和健康，保证劳动生产率的提高”，对企业安全卫生设施与管理方面的一些共同性的问题作出了规定，适用于各类工业企业，计有总则、厂院、工作场所、机械设备、电气设备、锅炉和气瓶、气体、粉尘和危险品、供水、生产辅助设施、个人防护用品、附则 11 章 89 条。《建筑安装工程安全技术规程》立法目的是“为了适应国家基本建设需要，保护建筑安装工人职员的安全和健康”，适用于除矿井建设以外的工业建设和民用建设的施工单位，计有总则、施工的一般安全要求、施工现场、脚手架、土石方工程、机电设备和安装、拆除工程、防护用品、附则 9 章 112 条。《工人职员伤亡事故报告规程》立法目的是“为了及时了解和研究工人职员的伤亡事故，以便采取消除伤亡事故的措施，保证安全生产”，计有总则、事故报告、事故调查、事故处理、附则 5 章 26 条。

在讨论安全生产“三大规程”的国务院第 29 次全体会议上，周恩来总理介绍了制定这些安全规程的必要性，说他在鞍钢的轧钢车间视察时看到，通红的钢条像飞龙一样窜出来，工人们在现场手拿钳子进行操作，很不安全；因此要制定一些规定，使工人在生产时有安全保证。周恩来总理带着大家，对“三大规程”草案逐条逐款进行了斟酌和修改。“三大规程”的颁布实施，标志着国家统一的安全生产法规和安全生产监管制度的初步建立，对我国安全生产及其法治建设有着深远影响。

1963 年 3 月，为扭转大跃进中严重违背经济建设和安全生产客观规律，企业冒险蛮干成风、伤亡事故多发的状况，国务院制定颁布了《关于加强企业生产中安全工作的几项规定》，对建立企业安全生产责任制等五个方面的工作提出了规范性要求。之后劳动保护、安全生产监管系统也把这个文件简称为“五项规定”。这部行政法规的颁布实施，不仅行之有效地制止了 1958 年大跃进以来全国各地普遍出现的忽视安全、冒险蛮干行为；而且在总结和吸取前一时期安全生产经验教训的基础上，初步建立了企业安全生产责任制度、安全技术措施制度、安全教育培训制度、安全生产监督检查制度、事故调查处理制度，确立了安全生产工作的一些重要规范和原则，把安全生产法治建设向前推进了一大步。

在企业安全生产责任制方面，“五项规定”确立了管生产必须管安全和“一岗双责”的原则，并对企业内部劳动保护（安全生产）机构和班组安全员队伍建设、职工自我保安等提出了要求。明确规定“企业各级领导人员在管理生产的同时，必须负责管理安全工作，“在计划、布置、检查、总结、评比生产的时候，同时计划、布置、检查、总结、评比安全工作”。企业中的生产、技术、设计、供销、运输、财务等各有关专职机构，都应该在各自业务范围内，对安全生产负责。所有企业都应该根据实际情况设立专门的机构或配备专职人员负责这方面的工作。生产班组都应该有不脱产的安全员。职工应该自觉地遵守安全生产规章制度，不违章作业，并且要随时制止他人违章作业。

在安全技术措施方面，“五项规定”提出企业必须保证必要的安全投入，加快进行安全技术改造；并确定了要对企业安全技术改造所需资金采取国家拨款、从成本中列支等扶持政策，并做到专款专用。明确规定企业“在编制生产、技术、财务计划的同时，必须编制安全技术措施计划”；所有的安全技术措施都要确定完成期限和负责人。所需经费属于增加固定资产的由国家拨款，属于其他零星支出的摊入生产成本。安全技术措施计划要以防止伤亡事故、预防职业病和职业中毒为目的，不要与生产、基建和福利等混淆。

在安全教育培训方面，“五项规定”要求实行全员培训，特殊工种进行专门教育、持证上岗；把安全教育与企业文化建设结合起来，开展企业安全日等活动。明确规定企业“必须认真地对新工人进行安全生产的入厂教育、车间教育和现场教育，并且经过考试合格后，才能准许其进入操作岗位”；电气、起重、锅炉、受压容器、焊接、车辆驾驶、爆破、瓦斯检验等特殊工种，必须进行专门的安全操作技术训练，经过考试合格后才能上岗操作；企业要建立安全活动日和在班前班后会上检查安全生产情况等制度，对职工进行经常的安全教育；并且注意结合职工文化生活，进行各种安全生产的宣传活动。

在安全生产监督检查方面，“五项规定”提出了经常性检查与定期开展大检查，普遍检查、专业检查和季节性检查等相结合的安全生产检查方法；强调安全检查要发动和依靠群众；坚持边查边改，暂时难以整改的要制定整改计划，落实整改措施。明确规定企业“除进行经常的检查外，每年还应该定期地进行二至四次群众性的检查，这种检查包括普遍检查、专业检查和季节性检查，这几种检查可以结合进行”；“安全生产检查应该始终贯彻领导与群众相结合的原则，依靠群众，边检查，边改进，并且及时地总结和推广先进经验”；有些限于物质技术条件当时不能解决的问题，也应该订出计划，按期解决，务须做到条条有着落，件件有交代。

在事故查处方面，“五项规定”在重申必须认真贯彻执行《工人职员伤亡事故报告规程》的同时，要求企业应当注重从技术和管理等层面查找事故发生的原因，掌握事故发生的规律，举一反三，改进安全措施；注重建立激励约束机制，既要严肃处理事故责任人，又要表彰鼓励先进。明确规定事故发生以后，“企业领导人应该立即负责组织职工进行调查和分析，认真地从生产、技术、设备、管理制度等方面找出事故发生的原因，查明责任，确定改进措施，并且指定专人，限期贯彻执行”；要定期开展事故分析，“找出事故发生的规律，订出防范办法，认真贯彻执行，以减少和防止事故”。规定在严肃追究事故责任，处分那些思想麻痹、玩忽职守者的同时，“对于在防范事故上表现好的职工，给以适当的表扬或物质鼓励”。

上述安全生产的规范、原则和提法等，在随后的安全生产立法中得到继承和发展，多数的沿用至今。“五项规定”颁布后，煤炭、重工业、化工、建设、机械、纺织等产业主管部门都结合行业实际，制定和发布的本行业贯彻实施细则。全国所有企业也都依据“五项规定”精神和主管部门的实施细则，建立健全了本企业安全生产规章制度。大跃进在安全生产领域带来的混乱现象得到整治，全国安全生产重新纳入依法进行的轨道。

第三节 “十年动乱”后安全生产法治的恢复和立法步伐的加快

“十年动乱”时期安全生产法治建设遭受严重破坏，立法活动基本停滞，执法体系及其机构、人员受到冲击，安全生产各项法律规定形同虚设。“十年动乱”结束后，党的十一届三中全会决定把全党工作重点转移到社会主义现代化建设上来，对国民经济实行“调整、改革、整顿、提高”的方针。安全生产法治建设也随之进入了一个恢复和发展时期。

为贯彻落实党中央依法治国方略，尽快把安全生产纳入法治轨道，国家加大立法力度，制定和出台了一批安全生产或与安全生产密切相关的法律法规。

——**《劳动法》**：1978年12月13日邓小平同志在中央工作会议闭幕时的讲话中，把《劳动法》列为当前“应该集中力量制定”的法律。国家劳动总局和全国总工会于1979年初成立了“劳动法起草小组”，再次开始了《劳动法》的起草工作①。1994年7月5日第八届全国人大常委会第8次会议通过并于当日公布，自1995年1月1日起施行。这是建国以来第一部旨在调整劳动关系、保障劳动者合法权益的法律。第六章“劳动安全与卫生”，要求用人单位必须建立健全劳动卫生制度，严格执行国家劳动安全卫生规程和标准，对劳动者进行劳动安全卫生教育，防止劳动过程中的事故，减少职业危害。同时要求劳动者严格遵守安全操作规程，对违章指挥、强令冒险作业，有权拒绝执行；对危害生命安全和身体健康的行为，有权提出批评、检举和控告。

——**《海上交通安全法》**：1983年9月2日第六届全国人大常委会第2次会议通过并公布，自1984年1月1日起施行。这是我国第一部规范某个行业领域安全生产工作的法律，计12章53条，就船舶检验登记、人员资质、航行停泊和作业，以及海上交通安全保障、危险货物运输、海难救助、打捞清除和海上交通事故的调查处理等，建立了一系列法律制度。

---

① 1956年劳动部门曾组织起草劳动法草案，但由于历史原因而搁置。

——《矿产资源法》：1986 年 3 月 19 日第六届全国人大常委会第 15 次会议通过并公布，自 1986 年 10 月 1 日起施行。规定开采矿产资源，必须遵守国家劳动安全卫生规定，具备安全生产条件。该法的发布施行，有助于规范矿产资源开发，依法治理打击非法采矿行为，提高煤矿等矿山企业安全保障能力。

——《矿山安全法》：1992 年 11 月 7 日第七届全国人大常委会第 28 次会议通过并公布，1993 年 5 月 1 日起施行。该法就矿山建设、开采过程中的安全保障，矿山企业的安全管理，政府对矿山安全生产的监督管理，以及矿山事故的调查处理等作出了规定。对于保障矿山安全，防止矿山事故，保护矿山职工人身安全，促进采矿业的发展有着重要意义。1996 年 10 月劳动部发布《矿山安全法实施条例》，作为其配套法规。

——《煤炭法》：1996 年 8 月 29 日第八届全国人大会常委会第 21 次会议通过并发布，1996 年 12 月 1 日起施行。该法在对煤炭开发规划与煤矿建设、生产、经营等做出全面规范的同时，首次从法律上对煤矿安全做出了系统的明确的规定，如规定煤矿安全生产实行矿务局局长、矿长负责制；要求煤矿对职工进行安全生产教育培训，未经教育培训的不得上岗作业；要求加强煤矿现场管理，出现危及安全且无法排除的紧急情况时要立即组织职工撤离危险现场。

——《消防法》：1998 年 4 月 29 日第九届全国人大会常委会第 2 次会议通过并发布，1998 年 9 月 1 日起施行。在火灾预防、消防组织、灭火救援、监督检查等方面，建立了一整套的制度规范。

这一时期公布施行的与安全生产相关的国家法律，还有《电力法》、《防洪法》、《防震减灾法》、《民用航空法》和《工会法》等。国务院还颁布实施了《民用爆炸物品管理条例》（1984 年 1 月 6 日颁布），就严格民爆物品管理，预防爆炸事故发生，做出了规定；《民用核设施安全监督管理条例》（1986 年 10 月 29 日颁布），明确了民用核设施安全的监督管理职责，建立了核设施建造、运行许可制度；《内河交通安全管理条例》（1986 年 12 月 16 日颁布），建立了内河交通资质管理、监督检查等制度；《化学危险物品安全管理条例》（1987 年 2 月 27

日颁布），对危险化学品的生产、使用、储存、经营、运输装卸等各方面的安全要求做了规范；《铁路运输安全保护条例》（1989 年 8 月 15 日颁布），明确铁路运输要坚持安全第一。预防为主方针，建立健全严格执行安全生产规章制度；《水库大坝安全管理条例》（1991 年 3 月 22 日颁布），对大坝建设、管理、险坝处理等做出了规范；《乡镇煤矿管理条例》（1994 年 12 月 20 日颁布），规定了乡镇煤矿安全生产基本条件；《航空安全保卫条例》（1996 年 7 月 6 日颁布），对防止民用航空活动受到非法干扰，维护民用航空秩序，保障民用航空安全，有着重要的意义。特别是 1982 年 2 月，国务院相继颁布实施的《锅炉压力容器安全监察暂行条例》、《矿山安全条例》和《矿山安全监察条例》3 部行政法规，建立了矿山安全、锅炉压力容器安全国家监察制度，结束了这两个领域安全监察工作长期以来无法可依的局面。

与此同时，地方安全生产立法也有较大发展。全国 28 个省、自治区、直辖市人大或人民政府，颁布实行了地方性法规或规章，对安全生产、劳动保护相关工作做出规范。

第四节 《安全生产法》的起草制定、公布施行和修改

我国安全生产立法经历了漫长而曲折的过程，法律名称也几经变更。1981 年 3 月国务院批准由国家劳动总局牵头起草《劳动保护法（草案）》。1987 年 5 月劳动部将拟出的法律草案上报国务院。在随后的征求意见和修改过程中，改名为《劳动安全卫生条例（草案）》。1994 年劳动部在劳动立法工作任务完成之后，建议对安全生产进行立法，并组织力量开始起草《安全生产法（草案）》。1996 年 4 月劳动部与国务院法制局协商决定，将正在起草过程中的安全生产法、劳动安全卫生条例、和职业病防治条例三个法律、法规草案，合并为《劳动安全卫生法（草案）》。1998 年国务院机构改革后，承担了安全生产综合管理职能的国家经贸委在原劳动部制定的《劳动卫生法（草案）》基础上，起草了《职业安全法（草案）》并报国务院法制办审查。2000 年 12 月，国务院法制办将法律

名称修改为《安全生产法》，列入国务院2001年度立法计划，并明确由国家经贸委管理下的国家安监局为法律草案的起草单位。国家安监局成立了起草小组，夜以继日开展工作。2001年11月，《安全生产法（草案）》经国家经贸委主任办公会审议后报国务院第48次常务会议审议通过，并呈报全国人大常委会。此后召开的第九届全国人民代表大会常务委员会第25次、27次、28次会议，对《安全生产法（草案）》进行了三次审议并予以通过。2002年6月29日江泽民签发中华人民共和国主席令第七十号予以公布，自2002年11月1日起施行。

《安全生产法》的公布施行具有重要的里程碑意义，标志我国安全生产法律体系已经确立。作为安全生产的专门法律，《安全生产法》构建了下述基本法律制度。**政府安全生产监督管理制度：**对国家安全生产监管体制，各级人民政府及其安全生产监管部门、相关部门在安全生产工作方面的职责，安全监管人员履行职责的行为规范，社会基层组织、新闻媒体监督安全生产的权利和义务等作出了规定。**生产经营单位（企业）安全生产保障制度：**确立了企业的安全生产主体地位，明确了企业主要负责人应当具备的安全生产资质和必须承担的安全生产职责，对企业安全投入、内部安全管理机构及其人员配置、安全培训教育、安全论证和评价、建设工程安全设施“三同时”、安全技术装备管理、生产经营场所安全管理等提出了明确要求。**从业人员安全生产权利义务制度：**明确要求把安全生产的内容纳入劳动合同，企业员工依法享有工伤社会保险和企业支付事故赔偿的权利，赋予了从业人员对作业场所危险因素的了解权、安全生产建议权、紧急情况下停止作业和及时撤离权等权利，同时就工会组织参与和监督安全生产作出了规定。**安全生产综合治理制度：**包括加强安全生产法律法规和安全生产知识的宣传教育；鼓励和支持安全生产科学技术研究和新技术的推广应用，对严重危及生产安全的工艺、设备实行淘汰制度；举报和查处事故隐患及违法行为，落实整改措施等。**事故应急救援和调查处理制度：**对应急救援体系建设、应急预案制定作出了规定，明确了事故报告和应急处置程序，以及事故调查处理应当遵循的原则和方法步骤。**安全生产中介服务制度：**规定了从事安全评价、评估、检测、检验、咨询等技术服务中介机构的法律地位和主要任务，要求中介机构必须为其作出的安全评价、认证、检测、检验结果负责。**安全生产责任追究制度：**规定政府安全生产监管部门、各类生产经营单位和从事安全技术服务的中介机构，如发生失职渎职、非法违法等行为，都要承担相应的法律责任。学术界依据上述基本法律制度，概括出安全生产法的基本原则："安全第一、保护人权，预防为主、综合治理，加强救援、减少损害，政府主导、单位负责，属地监管、分级负责、分部门监管，教育为主、奖罚赔并重，全面建设、整体提高"①。上述基本法律制度和法律原则，是多年实践经验教训的总结，是"血铸的条文"②。《安全生产法》的颁布实施，标准化我国安全生产开始走上比较健全的法治道路。

《安全生产法》公布施行后，在增强社会公众安全法治意识，依法开展政府安全监管工作，规范企业安全生产活动等方面收到了显著成效。但在法律的贯彻执行过程中，也反映和暴露出一些问题，主要是对企业主体责任的法律约束较弱，对企业长期存在的重大隐患、严重非法违法行为的处罚力度不够；政府监管还存在不少薄弱环节，监管范围未能实现全覆盖；执法监督机制不完善，一些监管人员不能履职尽责。2011 年甬温线"7·23"特别重大铁路交通事故发生后，温家宝总理针对存在的问题，提出要对《安全生产法》进行修订，进一步完善安全生产法律制度。在广泛征求各方面意见、反复调研论证的基础上，国家安监总局会同国务院法制办提出了《安全生产法（修正案草案)》。2014 年 1 月 15 日李克强总理主持国务院常务会议审议通过了草案。3 月 25 日，全国人大法律委员会、财政经济委员会和法制工作委员会召开座谈会，听取交通部、住建部、环保部、工信部、公安部、人社部、财政部、国务院法制办、国家质检总局、国家铁路局、中国民航局和中央编制办公室、全国总工会对《安全生产法（修正案草案)》的意见。8 月 31 日第十二届全国人大常委会第 10 次会议通过了关于修改《中华人民共和国安全生产法》的决定，习近平签署第十三号中华人民共和国主席令予以公布，自 2014 年 12 月 1 日起施行。

---

① 詹瑜璞著：《安全生产法的实践和理论》第 430 页，知识产权出版社 2011 年 9 月。

② 李铁映副委员长关于检查《中华人民共和国安全生产法》实施情况的报告。国务院新闻办——中国网——访谈直播。http：//www. china. com. cn/zhibo/2005 -08/25/。

《安全生产法》修正案计有 52 项具体修改内容，涉及原法律 97 条中的 63 条，占了 65% 。修改后的《安全生产法》保持了原有的七章结构和已确立的各项基本法律制度，将法条增加到 114 条。主要修改之处：**落实企业主体责任，加大经济处罚和责任追究力度，完善生产经营单位安全生产保障制度**。规定企业必须健全安全生产责任制，明确各岗位的责任人员、责任范围和考核标准等内容；要加强对安全生产责任制监督考核，保证责任制的落实。加强安全生产诚信体系建设，建立安全生产违法行为不良记录、失信惩戒制度（俗称“黑名单”）。大幅提高对事故责任单位的罚款额度，一般事故罚款 20 万元至 50 万元，较大事故 50 万元至 100 万元，重大事故 100 万元至 500 万元，特别重大事故 500 万元至 1000 万元（情节特别严重的罚款 1000 万元至 2000 万元）。增加了对企业负责人的罚款规定，对未履行安全管理职责导致事故发生的，按照事故等级分别处上一年年收入的 30% 、40% 、60% 、80% 罚款；如果有瞒报、谎报、不立即组织抢救或在事故调查处理期间擅离职守或逃匿的，最高可处上一年年收入的 100% 罚款。企业主要负责人对重大、特别重大事故负有责任的，除给予党政纪处分、追究刑事责任外，终身不得担任本行业生产经营单位的主要负责人。**强化监管职责，健全监管体系，完善政府安全监督管理制度**。按照安全生产管行业必须管安全的要求，明确国务院有关部门对本行业领域的安全生产工作实施监督管理。将安全生产监督管理工作向基层延伸，规定乡镇政府以及街道办事处、开发区管理机构应当协助上级政府有关部门依法履行安全生产监督管理职责。要求各级政府建立健全安全生产工作协调机制，及时协调解决安全生产重大问题。赋予安全生产监管部门行使查封、扣押、停止供电供应民用爆炸物品、强制停产停业、加重处罚等必要强制性措施的权力。**加强民主监督和社会监督，完善从业人员安全生产权利义务制度**。提出要建立企业负责、职工参与、政府监管、行业自律和社会监督的机制。规定“生产经营单位的工会依法组织职工参加本单位安全生产工作的民主管理和民主监督，维护职工在安全生产方面的合法权益。生产经营单位制定或者修改有关安全生产的规章制度，应当听取工会的意见”。增加了对存在严重违法行为的生产经营单位向社会公告的规定，维护人民群众安全生产知情权和监督权。**加大源头治本力度，完善安全生产综合治理制度**：从发展规划着手抓好安全生产，要求“根据国民经济和社会发展规划制定安全生产规划并组织实施”，强调安全生产规划与城乡规划相衔接；要求建立重大事故隐患排查治理和挂牌督办制度；要求推进安全生产标准化建设，提高安全生产水平；从法律上确立了注册安全工程师制度，推动安全生产管理专业化。把商业保险机制引入安全生产领域，作出了“国家鼓励生产经营单位投保安全生产责任保险”的规定。

此外在安全生产中介服务制度、责任追究制度方面，修正案也都有所修改、补充和完善。修订后的《安全生产法》总则中“安全生产工作应当以人为本，坚持安全发展，坚持安全第一、预防为主、综合治理的方针”的表述，更体现了党的十六大以来安全生产理念、方针上的创新发展，增强了这部法律的指导意义。

第五节 安全生产法律体系的逐步建立健全

我国安全生产法律体系围绕着《安全生产法》这个核心和主体来构建，以全国人大常委会审议通过、国家主席签署主席令公布施行的安全生产相关法律为枝干，以国务院颁布实施的安全生产行政法规为分支，以国家安监总局和相关部门发布实行的安全生产部门规章、安全标准，以及地方政府及立法机构通过的地方性安全生产法规规章为补充，以企业和基层单位安全生产规章制度为终端和“毛细”。

经过几十年特别是改革开放以来的持续努力，我国安全生产法律体系从无到有，逐步趋于健全完备。

——**安全生产法律**。在《安全生产法》主体法律之外，还有《矿山安全法》、《消防法》、《道路交通安全法》、《海上交通安全法》、《突发事件应对法》、《职业病防治法》6 部专门用于规范相关行业领域安全生产的法律；有《煤炭法》、《矿产资源法》、《铁路法》、《公路法》、《航空法》、《电力法》、《建筑法》、《港口法》7 部对本行业领域安全生产做出了规定的法律；还有《劳动法》、《工会法》两部与安全生产关系密切的法律。

——**安全生产行政法规**。我国安全生产法规建设起步较早。《安全生产法》公布施行之前，国家关于安全生产的政策、指令和规范性要求，大多数是以国务院（政务院）条例、规程、规定、决定、办法等形式颁布并贯彻实施的。政务院1951年4月颁布的《中华人民共和国矿业暂行条例》，是我国最早的安全生产行政法规。国务院1956年5月颁布的安全生产“三大规程”，1963年3月颁布的企业安全生产“五项规定”等，都具有行政法规的基本特征和法律效力。改革开放初期和向社会主义市场经济转变阶段颁布实施的《矿山安全条例》、《矿山安全监察条例》、《特种设备安全监察条例》、《民用爆炸物品管理条例》、《民用航空安全保卫条例》、《煤矿安全监察条例》、《石油天然气管道保护条例》、《危险化学品安全管理条例》，以及《国务院关于特大安全事故行政和责任追究的规定》（国务院令302号）等，都是在《安全生产法》及相关法律尚未出台的情况下，对某一行业领域、某一方面安全生产具有最高约束力的法律规范。

《安全生产法》颁布后国务院又陆续制定颁布了一系列法规。属于与《安全生产法》相配套的主要是：《安全生产许可证条例》，2004年1月颁布，规定在矿山企业、建筑施工企业和危险化学品、烟花爆竹、民用爆破器材生产企业实行安全生产行政许可制度，规定了取得许可证的条件和许可证管理办法；《生产安全事故报告和调查处理条例》，2007年4月颁布，对生产安全事故的报告和救援处置等程序，事故调查权限和调查组人员组成、工作职责，事故调查报告的内容以及呈报、批复，违背条例规定应当承担的法律责任，都作出了明确的规定。此外还颁布实施了《建设工程安全生产管理条例》（2003.11）、《道路交通安全法实施条例》（2004.4）、《铁路运输安全保护条例》（2004.12）、《易制毒化学品管理条例》（2005.8）、《国务院关于预防煤矿生产安全事故的特别规定》（2005.9）、《烟花爆竹安全管理条例》（2006.1）、《民用爆炸物品安全管理条例》（2006.5）、《铁路交通事故应急救援和调查处理条例》（2007.7）、《民用核安全设备监督管理条例》（2007.7）、《大型群众性活动安全管理条例》

(2007.9)、《电力安全事故应急处置和调查处理条例》(2011.7)、《校车安全管理条例》(2012.4)等。这些法规，大体上都可以视为某一行业领域贯彻实施《安全生产法》及相关法律的具体规则。

——安全生产部门规章。我国安全生产综合监管职责曾经由不同部门履行，专业监管职责由诸多部门分别承担，由此产生了数量众多的安全生产部门规章。政务院财经委员会1951年10月发布的《工业、交通、建筑企业职工伤亡事故报告办法》，1954年8月政务院财政经济委员会批准、劳动部下发的《关于进一步加强安全技术教育的决定》，劳动部1995年8月发布的《重大事故隐患管理规定》，国家经贸委2000年4月发布的《石油天然气管道安全监督与管理暂行办法》等。这些由安全生产综合监管部门发布的规章，都具有较强的针对性和可操作性，也得到了较为切实认真的贯彻执行。

国家安全生产监管体制改革以后，国家安监局（总局）围绕着行政执法、实行安全生产许可证制度、相关行业领域安全监管、安全教育培训、事故处罚和查处、技术管理服务（中介）机构监管等方面的工作，相继发布一系列部门规章。**在行政执法方面**：制定发布了《安全生产违法行为行政处罚办法》(2003.5)、《安全生产行政复议规定》(2007.10)、《安全生产事故隐患排查治理暂行规定》(2007.12)、《生产安全事故应急预案管理办法》(2009.5)、《安全生产监管监察职责和行政执法责任追究的暂行规定》(2009.7)、《企业安全生产风险公告六条规定》(2014.2)等规章。**在实行安全生产许可证制度方面**：分别制定和发布了煤矿、非煤矿山、危险化学品、烟花爆竹生产企业安全生产许可证实施办法，以及危险化学品建设项目安全许可实施办法、烟花爆竹经营许可实施办法、非药品类易制毒化学品生产经营许可办法等。发布了《建设项目安全设施“三同时”监督管理暂行办法》(2010.12)。**在相关行业领域安全监管方面**：制定发布了《小型露天采石场安全管理与监督检查规定》(2004.12)、《海洋石油安全生产规定》(2006.2)、《尾矿库安全监督管理规定》(2006.4)、《工贸企业有限空间作业安全管理与监督暂行规定》(2013.5)、《化工（危险化学品）企业保障生产安全十条规定》(2013.9)、《食品生产企业安全生产监督管理暂行规定》（2014.2）、《劳动密集型加工企业安全生产八条规定》（2015.2）、《企业安全生产应急管理八条规定》（2015.2）等部门规章。**在安全培训教育方面**：制定发布了《特种作业人员安全技术培训考核管理规定》（2010.5），《生产经营单位安全培训规定》（2006.1）、《注册安全工程师管理规定》（2007.1）、《安全生产培训管理办法》（2012.1）。**在事故查处和处罚方面**：2007 年 7 月国家安监总局制定发布了《〈生产安全事故报告和调查处理条例〉罚款处罚暂行规定》，2015 年 4 月修订为《生产安全事故罚款处罚规定（试行）》。2010 年 9 月国务院安全生产委员会下发了《重大事故查处挂牌督办办法》。**在技术管理服务（中介）机构监管方面**：制定发布了《安全评价机构管理规定》（2004.10）、《安全生产检验检测机构管理规定》（2007.1）、《职业卫生技术服务机构监督管理暂行办法》（2012.4）。上述规章在实行一段时间后，多数的需要针对实行过程中反映出的问题进行修订。2013 年 8 月，为贯彻落实《国务院关于取消和下放一批行政审批项目等事项的决定》中取消安全培训机构资质认可的规定，国家安监总局决定对《生产经营单位安全培训规定》等 11 部规章的相关条款作出了修改。2015 年 5 月，国家安监总局再次对涉及劳动防护用品、矿山救护队资质、安全培训、工贸企业有限空间作业、食品生产企业、中介服务组织注册资本最低限额等方面的部门规章进行了清理，决定废止《石油天然气管道安全监督与管理暂行规定》（2000 年 4 月发布）、《非煤矿山建设项目安全设施设计审查与竣工验收办法》（2004 年 12 月发布）、《劳动防护用品监督管理规定》（2005 年 7 月发布）、《矿山救护队资质认定管理规定》（2005 年 8 月发布）；并对《特种作业人员安全技术培训考核管理规定》等 31 部规章的部分条款予以修改。

建国以来相关部门制定发布的安全生产规章，比较重要的如：铁道部《关于消灭事故保证行车安全的命令》（1950.2）和《实施安全负责制暂行办法》（1950.4）；中央财政经济委员会批准，燃料工业部发布的《公私营煤矿安全生产管理要点》（1950.10）；第一机械工业部《安全技术劳动保护工作组织及其职责暂行规定》（1952.10）；国务院全体会议批准，交通部、水产部联合发布的《中华人民共和国非机动船舶海上安全航行暂行规则》（1958.3）；农业部、化学工业部等《关于爆炸物品管理规则的补充规定（草案）》（1959.9）；交通部等《关于加强运输船、渡口船、渔船安全管理的规定（试行草案）》（1959.9）；经国务院批准，交通部发布的《公路交通规则》（1960.7）；煤炭部《煤矿安全规程》（1980.2）；民航总局《飞行安全监察工作规则》（1985.1）；建设部、公安部等联合发布的《城市燃气安全管理规定》（1991.3）、《建设工程消防监督审核管理规定》（1996.10）；国家质量监督检验检疫总局《特种设备质量监督与安全监察规定》（2000.6）、《气瓶安全监察规定》（2003.4）；公安部《交通事故处理程序规定》（2004.4）、《消防监督检查规定》（2004.6）；国家国防科工局《国防科研生产安全事故报告和调查处理办法》（2011.6）；国务院国有资产监督管理委员会《中央企业安全生产考核实施细则（2014.8）；工业和信息化部《通信建设工程安全生产管理规定》（2015.11）。

——安全标准。安全标准是安全生产法律体系的组成部分。安全法律学术界一些同志依据法律调整规范对象为安全生产领域社会关系的定理，而认为安全标准不属于安全生产法律体系的论点，虽有一定道理，但忽视了安全标准所具有的强制性、规范性作用，以及违反安全生产标准必须承担相应法律责任的特征。事实上包括技术政策、技术规范在内的安全生产标准，一向是先进工业化国家安全生产法律法规的基本内容之一。

1988年12月公布施行的《标准化法》，规定对工业产品和建筑工程必须统一制定安全卫生技术标准。1979年7月国务院颁布的《国家标准化管理条例》指出："标准一经发布，就是技术法规，对因违反标准造成的不良后果以致重大事故者，要分别给予批评、经济制裁，直至追究法律责任。"建国初期，政务院财政经济委员会技术管理局内设有标准规划处，负责全国工业生产和工程建设的标准制定等工作，随后发布了《工业企业设计卫生标准》、《国营企业职工防护用品发放标准（试行）》等多项与安全生产相关的标准。1982年2月国家劳动总局在湖南长沙召开第一次劳动保护标准化工作会议，之后安全生产标准建设全面起步，《生产设备安全卫生设计总则》、《生产过程安全卫生要求总则》、《特种作业人员安全技术考核管理规则》、《企业职工伤亡事故调查分析规则》，以及煤矿、金属与非金属矿山、化工、特种设备等行业安全规程集中发布实施。国家安全生产监管体制改革之前，经由国家标准委员会发布的安全生产标准达400多个。此外在我国已经批准的25项国际劳工公约中，涉及安全生产的3个公约，即1990年《作业场所安全适用化学品公约（第170号公约）》、1988年《建筑业安全和卫生公约（第167号公约）》、1981年《职业安全和卫生及工作环境公约（第155号公约）》，也是必须严格遵循、认真执行的安全生产标准。

2006年6月国家安监总局成立了安全生产标准化技术委员会，主要负责全国性安全标准的制修订；下设煤矿、非煤矿山、化学品、烟花爆竹、粉尘防爆、涂装作业、防尘防毒等分会，负责行业安全标准制修订。安全生产标准化技术委员会成立后对建国以来发布的涉及安全生产的1154个标准进行了清理，区分轻重缓急，制修订了一批迫切需要的安全标准。从2007年到2015年底累计发布实行1534项安全生产国家标准和行业标准，其中强制执行标准735项，推荐执行标准799项。

为使安全标准在各类企业得到切实认真的贯彻实行，组织开展了企业安全生产标准化“达标”创建活动。2010年4月国家安监总局发布了《企业安全生产标准化基本规范（AQ/T 9006—2010）》。2011年5月国务院安委会下发通知，要求推进企业安全生产标准化建设，实现企业安全管理标准化、作业现场标准化和操作过程标准化，进一步规范安全生产主体行为，强化安全基础管理。2014年6月国家安监总局发布《企业安全生产标准化评审工作管理办法（试行）》，将企业安全生产标准化达标等级分为一级、二级和三级。其中一级企业为最高，由国家安监总局确定和公告；二级企业的公告及其证书牌匾发放，由省级安全监管部门负责；三级企业由地市级安全监管部门确定，经省级安全监管部门同意，也可以授权县级安全监管部门确定。为适应政府职能转变、减少各类行政审批的要求，安全生产标准化建设实行企业自主创建、自我评价、自愿申请评审。

——地方性安全生产法规和企业安全生产规章制度。建国以来各地人民政府及地方立法机构，都结合本地区实际，制定和发布了一些在本行政区域范围内具有法律效力的安全生产法规规章。较早的如《察哈尔省煤窑保安暂行规定》（1950）、《广州市低压蒸汽锅炉安全使用的规定》（1958）、《上海市化学危险物品安全管理暂行办法》（1962）、《江苏省焰花炮竹安全生产管理细则（试行）》（1980）、《四川省厂矿企业劳动安全条例》和《四川省厂矿企业劳动安全监察和违章处罚条例》（1981）、《北京市关于建筑安装施工工程中预防高处坠落和物体打击事故的规定》（1981）、《天津市安全生产责任制实施办法》（1987）。《安全生产法》公布施行后，全国所有省（区市）都制定了《安全生产条例》或《安全生产监督管理条例》。近年来具有一定影响的地方性安全法规如《广东省注册安全主任管理规定》，在全国率先建立了安全生产工程师技术服务制度。《北京市轨道交通运营安全条例》，针对城市轨道交通安全工作的特点作出了一系列规定。《天津市危险化学品企业安全治理规定》，深刻吸取事故教训，强化危化品生产经营企业安全主体责任。《河南省强化煤矿安全生产暂行规定》，针对事故暴露的薄弱环节，从矿井重大灾害论证、限制采深、减压防突等方面对煤矿安全生产提出了具体要求。

规章制度建设是企业安全生产基础工作。我国各类企业尤其是煤矿、金属与非金属矿山、化工、建筑施工等安全风险较大的企业，都有着比较健全完善的安全生产规章制度。存在的问题主要是有规不依、有章不循，一些企业安全生产规章制度流于形式，管理人员和员工当中坏习惯、老毛病和侥幸心理严重，违章指挥、违规作业和违反劳动纪律的现象屡禁不止，导致事故发生。

中国人民解放军铁道兵团 1950 年 3 月发布的《劳动安全条例草案》，是我国安全生产法律法规当中的一个特例。该条例由铁道兵团卫生处起草，经兵团工作会议通过并发布实行。其立法目的在于合理使用劳动力，避免工作中意外损失，保障铁道兵团指战员的健康。根据劳动程度不同，将现场和工厂所有工作划分为：轻工作、一般工作和重工作三种；明确规定：轻工作每天纯工作时间不得超过十小时；一般工作不得超过九小时；重工作不得超过八小时。将战士体格划分为不同等级，对各自所能够担当的劳动量作出了规定。明确规定了生产、加班等情况下的安全与劳动保护规则，规定对违反规则的当事人要依据其情节轻重，予以处分甚至法律制裁。

第六节 安全生产执法检查和行政执法工作

《安全生产法》发布施行之后，全国人大常委会以及地方各级人大常委会组织力量，对这部法律的贯彻执行情况进行了检查。2005 年 4—8 月全国人大常委会组成 5 个执法检查组，分别由司马义·艾买提、成思危、许嘉璐、韩启德和李铁映副委员长带队，对贵州、山东、河北、黑龙江、河南、安徽、山西、陕西、辽宁、内蒙古 10 个省区贯彻落实《安全生产法》的情况进行了检查。全国人大常委会执法检查组累计召开了 60 多次座谈会，实地考察了 70 多家企业，下井检查了 30 多处煤矿，举办了 5 场普法报告会。同时委托北京、吉林、江苏、江西、湖南、重庆、四川、云南、甘肃、宁夏、新疆 11 个省、自治区、直辖市的人大常委会，对本省（区市）贯彻实施《安全生产法》的情况进行了检查。在 8 月 25 日召开的十届全国人大常委会第 17 次会议上，李铁映副委员长作了关于安全生产法执法检查的专题报告。报告在肯定成绩的同时指出了存在的问题，分析了《安全生产法》贯彻执行不力、全国安全生产形势严峻的原因：主要是安全生产法治观念不强，“不安全生产不认为是违法，不依法监管不认为是违法，对违法者惩处不力也不认为是违法”；一些地方领导重生产轻安全，一些企业负责人没有把维护职工生命安全放在第一位，“贯彻实施《安全生产法》严格不起来、落实不下去”；一些地方政府及有关部门监管不到位，执法不力，存在“气不壮、不适应”的问题，不能有效制止违法行为；不少职工也缺乏安全生产知识和自我保护意识，不能运用法律手段保障自己的合法权益。报告提出了严格贯彻落实《安全生产法》、依法加强安全生产监管，治理煤矿瓦斯灾害，对小煤矿进行全面整治，加快煤炭行业的改革和发展，将安全生产目标纳入“十一五”规划等建议[①]。国务院对此十分重视，指导督促各部门、各地政府针对存在的问题认真

---

① 《全国人大常委会听取安全生产法执法检查报告》，新华网——新闻中心。http：//news. xinhuanet. com/newscenter/2005 －08/25/。

进行了整改，并就整改情况向全国人大常委会作出了汇报。2005 年之后，一些省、市、县的人大常委会也建立了《安全生产法》执法检查制度，对企业和基层单位贯彻执行安全生产各项法律规定的情况定期进行监督检查。

狭义上的严格意义上的安全生产执法即行政执法，是指各级政府安全生产监管机构依照法律所赋予的职责权限和法定程序，对生产经营单位的安全生产依法行使的监督管理活动，包括了行政许可、行政检查、行政处罚、行政强制执行、行政确认、行政裁决等方面的内容。《安全生产法》、《安全生产许可证条例》等法律法规的发布实施，赋予了政府安全生产监管部门行政许可、行政检查等执法权。2003 年 5 月，在地方各级安监机构陆续组建、行政执法工作迫切需要有所依据的情况下，国家安监局、国家煤矿安监局根据《安全生产法》和《行政处罚法》相关规定，借鉴相关部门行政处罚立法经验，制定发布了《安全生产违法行为行政处罚办法》，对安全生产行政处罚的种类与管辖、行政处罚的适用对象和时效条件、自由裁量权的行使、行政处罚的程序、执行和备案等作出了规定。2006 年 12 月，国家安监总局发布了除煤矿安全监察和海洋石油天然气安全监管以外的安全生产行政执法文书（式样），其中包括立案审批表、询问通知书、询问笔录、勘验笔录、抽样取证凭证等 36 种。2007 年 11 月，针对安全生产行政执法过程中出现的总局规章与相关法律法规的衔接不够紧密，违法行为多样化、隐蔽化致使执法难度加大，一些监管机构和人员重结果、轻程序，造成行政处罚事实不清、证据不足等问题，国家安监总局对《安全生产违法行为行政处罚办法》进行了修订。2009 年 7 月国家安监总局发布《安全生产监管监察职责和行政执法责任追究的暂行规定》，建立了安全生产行政执法监督和责任追究制度，规定对于没有履行执法职责的安全监管部门及其执法人员，要实施责任追究，给予责任单位责令限期改正、通报批评、取消当年评优评先资格等处分；给予责任人批评教育、离岗培训、取消当年评优评先资格、暂扣行政执法证件、调离执法岗位等处分，直至依法追究刑事责任。2010 年 7 月，国家安监总局制定发布了《安全生产行政处罚自由裁量适用规则（试行）》和《安全生产行政处罚自由裁量标准》，并对《安全生产行政执法文书（式样）》作出了修改。新修改的《安全生产法》公布施行后，为强化企业安全生产主体责任，加大对安全生产违法行为的处罚力度，国家安监总局再次对《安全生产违法行为行政处罚办法》进行了修订。

安全生产执法机构和队伍从无到有、逐步壮大。随着《安全生产法》的正式施行，各地政府从2003年开始，陆续建立安全生产监督管理机构负责日常监管和行政执法工作。随着国家安监局调整为国务院直属机构、升格为正部级的总局，各地也将其安监机构从“委管局”、“局管局”调整为政府直属部门。为推动安全生产执法队伍建设，2003年国家安监局把建设一支高素质的过硬的安全监管执法队伍，列为必须突出抓好的“三件大事”之一，制定了执法队伍建设规划；2009年国家安监总局提出要加强安全生产法制、体制机制、执法队伍“三项建设”，总结推广了山东省安全生产执法“三级机构、四级网络”（即省市县三级设立执法机构，在省市县和乡镇建立安全生产监管和执法工作网络）经验。到2014年底，基本建成了较为健全完善的安全生产监管体制和行政执法体系，所有省（区市）市（地）和大多数的县（区）都建立了安全生产监管和执法机构，全国专职安全监管和执法人员共计8.46万人。2014年全国安监系统组织执法检查组32.8万个，检查生产经营单位177.1万家（次），打击整治非法违法、违规违章行为87.9万起，停产整顿生产经营单位7100余家，依法关闭取缔4300余家。

探索和实行乡镇街道安全生产委托执法，是把安全生产法律法规落实到基层的重要一环。《安全生产法》赋予了县级以上人民政府安全生产监管机构的安全生产行政执法权。但企业生产经营活动以及生产安全事故大量发生在乡镇和街道，安全生产监督管理许多具体工作需要乡镇政府、街道办事处来做。为此一些地方政府探索实行了委托执法。2004年以来广东、四川、湖北等省相继制定下发了关于委托乡镇（街道）安全生产行政执法的暂行规定、办法等，将安全生产检查权、违法行为责令整改权、重特大事故隐患紧急处置权、简易程序范围内的安全生产行政处罚权等，依法委托给乡镇政府（街道办事处）成立的安全生产工作机构。委托执法解决了安全生产执法力量不足问题，也有助于调动最基层安全生产工作机构和工作人员的积极性。国家安监总局2009年的年度工作要点中，明确要推广和完善委托执法经验，支持各地通过设立机构、委托执法等方法，落实乡镇等基层政府安全监管责任。

2015 年 4 月国务院办公厅下发了《关于加强安全生产监管执法的通知》，针对安全生产行政执法工作中存在的问题，提出了加强和改进执法的具体要求：健全完善安全生产法律法规和标准体系，加快制修订相关法律法规，制定完善安全生产标准；依法落实安全生产责任，加快建立生产经营单位负责、职工参与、政府监管、行业自律和社会监督的安全生产工作机制；创新安全生产监管执法机制，加强重点监管执法；严格规范安全生产监管执法行为，加强执法监督；加强安全生产监管执法能力建设，通过探索实行派驻执法、跨区域执法、委托执法和政府购买服务等方式，加强和规范乡镇（街道）及各类经济开发区安全生产监管执法工作。通知要求各级领导干部要做尊法学法守法用法的模范，带头厉行法治、依法办事，运用法治思维和法治方式解决安全生产问题。

第七节　依法治理和重点行业领域安全专项整治

依法治理是贯彻落实安全生产法律法规的有效途径，也是开展安全生产工作的一项基本方法。改革开放以来特别是国家安全生产监管体制改革之后，针对安全生产领域存在的突出问题，组织开展了一系列的依法治理和专项整治工作。

1980 年工业锅炉生产企业整顿。7 月国家经委、国家机械委批转了国家劳动总局、一机部《关于整顿工业锅炉生产企业的报告》，确定建立工业锅炉生产许可制度，经组织力量对全国锅炉生产企业进行摸底排查，初步确定 202 家企业具有申请领证资格。1982 年 2 月一机部、国家劳动总局联合发出《关于整顿工业锅炉生产企业、颁发生产许可证的几点意见》。1984 年 2 月劳动人事部、机械工业部联合发出《关于工业锅炉生产企业整顿情况的通知》，公布了符合或基本符合条件的 150 家企业名单和限期整顿的 52 家企业名单。

1981 年劳保用品整顿。4 月国务院批转了商业部、财政部、国家劳动总局、全国总工会关于整顿劳动保护用品经营和发放管理的报告，要求整顿劳保用品管理混乱现象，恢复健全领发制度，统一经营渠道，提高劳动防护用品质量，做到既保证安全，又节约开支。

1983 年社队煤矿安全整顿。11 月 21 日国务院办公厅就湖南省怀化市社队煤矿从 10 月 5 日到 25 日，接连发生 3 起重大伤亡事故发出通报，提出发展社队煤矿要贯彻实行“扶持、整顿、改造、联合”方针，统一规划，合理布局，制止盲目发展、乱采滥挖的倾向；要求社队煤矿必须认真贯彻执行《矿山安全条例》和《小煤矿安全规程》，具备安全生产条件方可发给开采证；矿长、安全人员、电工和各种司机，不经培训考核合格发证的不准上岗。并要求各地对社队煤矿进行全面整顿，凡是不具备安全生产条件的一律关闭，不准开采。

1987 年压力容器整顿治理。9 月劳动人事部与国家经委联合下发《关于开展在用压力容器整顿和治理工作的通知》，提出要对全国约 94 万台在用压力容器进行普查摸底、检验登记和整顿管理。1992 年 4 月国务院办公厅转发了劳动部《关于压力容器整顿治理情况和进一步加强安全工作报告》，指出整顿治理取得了较好成效，基本掌握了压力容器的数量和技术状况，通过对有缺陷压力容器进行修理、降压和报废处理，消除了隐患，事故明显减少。

1995 年乡镇企业安全生产综合治理、施工多发性伤亡事故专项治理。2 月农业部、劳动部联合制定下发了《乡镇企业安全生产综合治理活动方案》，决定从 1995 年起，连续三年开展乡镇企业安全生产综合治理活动。治理工作迅速见到成效：1996 年全国乡镇企业共发生事故 2451 起，死亡 2744 人，重伤 650 人；比治理前的 1994 年分别下降了 16%、31%、34%。1997 年 2 月两部门联合下发《乡镇企业安全生产综合治理活动考核验收办法》。1998 年 11 月两部门联合召开的总结表彰会指出：经过为期 3 年的综合治理整顿，全国乡镇企业伤亡事故明显下降，全员安全普法教育和厂（矿）长安全技术知识培训任务完成较好，群众性反“三违”活动取得成效，科学安全管理方法逐步推广应用，安全状况有所改善。

9 月建设部发出通知，部署对高处坠落、坍塌、触电和中毒等多发性事故开展有针对性的专项治理，要求通过治理，到 1996 年所有施工现场都达到安全技术标准的要求，实现标准化管理。

1997 年“三合一”厂房专项治理。11 月公安部、劳动部、农业部、国家工商行政管理局、中华全国总工会联合发出通知，要求对车间、宿舍、仓库为一体（简称“三合一”）厂房进行专项治理。

2000 年烟花爆竹生产经营清理整顿。3 月国务院办公厅发出《关于加强烟花爆竹生产经营安全监督管理和清理整顿的紧急通知》，要求深刻吸取江西省萍乡市上栗县东源乡“3·11”特别重大烟花爆竹爆炸事故（33 人死亡）教训，集中两三个月的时间，对有烟花爆竹生产经营活动的县、乡（镇）、村逐个进行清理整顿。重点查封非法生产经营点，收缴销毁其生产加工设备和成品、半成品及原材料，从严查处涉案人员。持证企业存在隐患的要及时整改，整改后仍达不到要求的要依法吊销生产（销售）许可证和营业执照。

2001 年安全生产“五项整治”。4 月 19 日召开的国务院安全生产委员会第一次全体会议，决定在全国开展民用爆破器材和烟花爆竹安全、道路和水上交通运输安全、危险化学品储运安全、公众聚集场所消防安全、煤矿安全“五项整治”。4 月 28 日召开全国安全生产电视电话会议进行了动员部署。2001 年在民用爆破器材和烟花爆竹安全整治方面：全国共检查涉爆单位 29.5 万个，督促整改隐患 6.5 万处，取缔爆炸物品生产和经销厂点 23.7 万个；对 1466 家民用爆破器材生产经营企业进行了排查，责令停产停业整顿 160 家，依法关闭 54 家；责令停产停业和依法取缔烟花爆竹生产经营单位 19309 家。公安机关全年依法查处涉爆和烟花爆竹违法案件 511 件，逮捕 3142 人，刑事拘留 3142 人，移送起诉 1245 人。在道路和水上交通运输安全整治方面：全国拆除非法改装车 3 万多辆，查处无牌无证机动车 50.7 万辆；对“四客一危”① 和“四区一线”② 水上交通

---

① “四客一危”：客渡船、客滚船、高速客船、旅游船和危险品运输船。

② “四区一线”：渤海湾水域、舟山群岛海域、琼州海峡水域、西南山区内河水域和长江水上交通运输干线。

运输存在的非法违法现象进行了治理，查处船舶违法违规 1.48 万项。在危险化学品储运安全整治方面：对全国危化品经销运输资质进行了清理，取消和暂停 20043 户不符合资质条件的经营业户，取消、停运 27241 辆不符合标准的运输车辆，个体户全部退出危险化学品运输市场。在公众聚集场所消防安全整治方面：依法责令停业 1.4 万余个娱乐场所，取缔非法经营单位 1.1 万多个，督促整改火灾隐患 152 万多处。在煤矿安全整治方面：国家煤矿安监局年内组织进行了 6 次重点督查，全年停产整顿国有煤矿 757 处，限期整改 897 处，分别占当年国有煤矿总数的 27% 和 32%；当年关闭小煤矿 12269 处（占整治前全国 33977 处小煤矿的 32.5%），其中关闭国有矿办小井 1208 处。除上述“五项整治”外，国家安监局还对全国非煤矿山进行了调查，摸清了底数（当期全国非煤矿山为 12.27 万户，其中无证开采生产的 1.76 万户，小型矿山占 98.6%），初步开展了非煤矿山安全整治工作。

2002 年非煤矿山安全整治，危化品安全管理专项整治，有毒有害化学品生产、销售和使用专项整治。为贯彻落实朱镕基总理关于“对容易发生重特大安全生产事故的企业要严加整顿，对产品质量低劣、浪费资源、污染环境、不具备基本安全生产条件的小厂小矿，要依法坚决关闭”的指示精神，4 月国家安监局会同国土资源部等发出《关于加强非煤矿山安全整治工作的意见》，决定以小金矿以及小采石场、小型稀有金属矿山为重点，深入开展非煤矿山安全整治。当年全国关闭取缔非法和不具备安全生产条件的矿山 38309 处。

5 月国家经贸委、国家安监局等部门联合下发了《关于开展危险化学品安全管理专项整治工作的通知》，要求以新修订的《危险化学品安全管理条例》为依据，对危化品生产、运输、仓储、销售、使用和废弃物处置等环节进行整治，实行“五整顿、两关闭”[①]。四季度国家经贸委、国家安监局等 10 个部委局组成联

---

① “五整顿、两关闭”：对生产工艺和设备、储存方式和设备不符合国家规定标准的；压力容器未按期检验或者经检测检验不合格的；企业主要负责人、特种作业人员关键岗位人员未经正规安全培训，没有取得任职和上岗资格的；经安全评价、评估，确认没有达到安全生产条件的；今年以来发生重特大事故的企业进行整顿。对非法从事危险化学品生产、经营、储存、运输等活动，以及经停产整顿后仍然不具备安全生产条件的企业实施关闭。

合督查组，对6个省区的整治情况进行了检查。在集中整治中，对全国289670家危化品从业单位进行了全面排查，对2300个单位采取了停产整顿措施，依法关闭取缔了2500户非法和不具备安全生产条件的小化工、“土炼油”等。加强了危化品运输企业、运输工具质资和从业人员资格管理。选择部分公路客运和危化品运输单位，进行了安装行车自动记录设备的试点。

5月卫生部、国家经贸委、国家安监局发出《关于开展有毒有害化学品生产、销售和使用专项整治工作的通知》，要求深刻吸取河北省高碑店市和北京市丰台区发生的外地农民工苯中毒事件教训，在全国范围内开展有毒有害化学品生产、销售和使用专项整治。6月6日国务院召开全国职业卫生工作电视电话会议，李岚清副总理在会上对专项整治提出要求。截至11月底，据27个省市的不完全统计，各地共检查了48868家企业，因违反职业病防治法律法规被给予行政警告的4357家、责令限期整改的2563家、处以罚款的98家（共计罚款246万元）、责令停业整顿的4333家、取缔或责令关闭的981家，一批大案要案得到了查处，职业中毒危害严重的不利趋势得到了一定程度的遏制。

2003年配合整顿和规范社会主义市场经济秩序全面开展安全生产领域各项整治，职业病危害专项整治。6月国务院办公厅下发了《关于深化安全生产专项整治工作的通知》，提出要把安全生产专项整治作为贯穿于整顿和规范社会主义市场经济秩序全过程的一项长期而艰巨的重要任务来抓，深入开展以煤矿为重点的矿山安全整治，道路和水上交通运输安全整治，危险化学品安全整治，民用爆破器材和烟花爆竹安全整治，人员密集场所消防安全整治和建筑施工、城市轨道交通、城市燃气、特种设备等行业领域的安全专项整治。

6月上旬，温家宝总理就新华社记者反映的贵州赴福建打工农民患矽肺病生活困难、福建仙游县东湖村石英厂矽尘危害严重问题作出批示，责成卫生部牵头，会同劳动和社会保障部、农业部、公安部、工商总局、税务总局、国家环境保护总局、国家安监局和全国总工会，在全国开展一次针对乡镇企业、农村个体工商户职业病危害的专项整治行动。全国接受检查的乡镇企业、农村个体工商户从业人员1088万人，接触职业病危害的约293万人。大多数的乡镇企业和用人单位存在着没有申报职业病危害项目、卫生管理制度不健全、没有定期开展健康检查、没有按规定配备个人防护用品、作业场所没有警示标识等问题。在专项整治中都依法作出了处理。

2004 年道路和水上交通安全整治。年初国务院安委会部署以“五整顿、三加强”[①] 和治理公路超载、超限为重点，深入开展道路交通安全整治活动。4 月 30 日公安部、国家发展改革委、交通部、农业部、国家安监局联合下发《预防道路交通事故“五整顿”“三加强”实施意见》。全年共排查违规车型 631 种，强制报废机动车 110 万辆，查处超载超限车辆 329 万辆。

2004 年交通部门还部署开展了以治理“长三角”水域运输超载问题为重点的水上交通安全整治，当年对超载船舶实施卸载 38800 艘次，同时对沿海近万艘小型船舶进行了全面检查，查出缺陷 5 万多条，初步遏制了沿海小型船舶事故多发的势头。

2005 年道路运输危险化学品安全专项整治、低质量船舶专项治理、渡口渡船专项整治和矿产资源开发秩序整顿规范行动。4 月 24 日召开的全国道路交通安全工作部际联席会议，讨论通过了《道路运输危险化学品安全专项整治方案》，决定自 5 月 10 日至 9 月 30 日在全国开展道路运输危险化学品安全专项整治工作。经过集中整治，各地建立了对液氯、液化石油气、液氨、剧毒溶剂等重点化工产品道路运输安全监控制度，化学品道路运输车辆泄漏、燃烧爆炸和污染事故有所减少。

4 月交通部、国防科工委、农业部和国家安监总局联合发文，部署开展低质量船舶专项治理。主要治理非法违规造船，重点是滩涂造船厂点以及未持有有效检验证书作业的渔船。交通部、国家安监总局等部门联合对广东、安徽、山东、辽宁等省低质量船舶专项治理工作进行了现场督查。当年 11 月召开的全国低质量船舶治理领导小组会议确认，专项治理以来共关闭和处理存在严重问题的造船

---

① 道路交通“五整顿、三加强”：整顿驾驶员、路面行车秩序、交通运输企业、机动车生产改装企业、危险路段，加强责任制、宣传教育、执法检查。

厂点98家，8000多艘船舶被取消资质。

7月22日交通部、国家安监总局下发通知，要求用两年时间，以落实县乡政府安全管理责任制、消除事故隐患、严肃查处渔船和农用船非法载客行为等为重点，在全国范围内开展渡口、渡船专项治理整顿工作。随后交通部、国家安监总局联合制定了《渡口渡船安全管理专项整治实施方案》，召开了全国渡口渡船安全管理专项整治电视电话动员会议。通过两年的专项治理，全国渡口、渡船安全管理达标率达到90%以上，初步建立了渡口、渡船安全管理长效机制。

9月23日国务院发出《关于全面整顿和规范矿产资源开发秩序的通知》，要求各地以煤炭开发为重点，以打击无证勘查和开采、越界开采等违法行为，关闭破坏环境、污染严重、不具备安全生产条件的矿山为主要内容，开展矿产资源开发秩序整顿和规范行动。

2006年烟花爆竹安全整治和预防特大道路交通事故、道路运输超载超限专项整治。2006年春节期间，在某些重点城市的示范带动下，全国取消烟花爆竹燃放禁令或实行“禁改限”的大中城市新增加126个，烟花爆竹市场需求旺盛，非法生产经营现象回潮，重特大事故频繁发生。7月国家安监总局、质检总局联合下发《关于开展禁止违规使用氯酸钾生产烟花爆竹专项治理工作的通知》。通知指出，全国被抽查的138种烟花爆竹产品当中，21%的产品违规使用氯酸钾这种安全效能不好的药料，导致事故易发。为此决定于2006年下半年，开展禁止违规使用氯酸钾生产烟花爆竹专项治理工作。9月国务院安委会下发《关于进一步严厉打击非法生产经营烟花爆竹行为的通知》。要求各地认真贯彻《烟花爆竹安全管理条例》，深入开展烟花爆竹安全专项整治，组织公安、安监、质检、工商等相关部门开展联合执法检查，取缔非法作坊，推行工厂化、标准化生产。当年全国关闭取缔非法和不具备安全生产条件烟花爆竹生产单位784家，保留下来的6329家企业安全状况明显改善，事故呈下降趋势。

当年公安、交通部门还组织开展了预防特大道路交通事故、查处超载超限专项整治，共治理危险路段8万公里；查处超载超限1450万辆（次），淘汰4300多辆存在严重隐患的客货车，查处不合格校车6223辆；吊销了234家运输企业的经营许可证。

2007 年地下矿山机械通风专项整治，道路交通“五整顿”、“三加强”和重点行业领域隐患排查治理专项行动。2 月国家安监总局发出通知说，为遏制一个时期以来金属非金属地下矿山因机械通风不良造成中毒窒息重大事故多发的势头，决定立即开展金属非金属地下矿山机械通风专项治理工作。到 5 月底，全国 11799 座金属非金属地下矿山中，已有 6826 座建立了机械通风系统，占 57.9%；尚未建立机械通风系统的 4973 座，占 42.1%。河北、山西、辽宁、福建、广东、海南、青海、新疆等省（区）地下矿山已全部建立了机械通风系统。1—4 月份全国金属非金属地下矿山一次死亡 3 人以上中毒窒息事故起数同比减少 80%，初步显现出治理效果。

5 月国务院办公厅转发了全国道路交通安全工作部际联席会议《关于进一步落实“五整顿、三加强”工作措施的意见》，要求地方各级政府把交通安全工作纳入重要议事日程，建立健全政府统一领导、部门各司其职、齐抓共管、综合治理、标本兼治的道路交通安全工作格局，建立和实行年度交通安全考核指标体系、评价制度和责任追究制度，切实做好机动车驾驶人培训考试、道路交通秩序管理、运输企业安全监管、机动车生产和使用监管、危险路段排查整治等工作，实现事故起数、死亡人数、万车死亡率“三下降”。

5 月国务院办公厅发出《关于在重点行业和领域开展安全生产隐患排查治理专项行动的通知》，部署在工矿商贸企业和交通运输、渔业、农机、水利等 20 个行业领域和人员密集场所，全面开展隐患排查治理专项行动。国务院安委会办公室随后就相关行业领域隐患排查治理工作，分别下发了指导意见。国家安监总局先后下发了《安全生产事故隐患排查治理暂行规定》、《煤矿重大安全生产隐患认定办法》，为深入开展隐患排查治理工作提供了指导和规范。8 月，安委会对各省（区市）和部分中央企业开展专项行动的情况进行了督查。9 月，国务院办公厅发出《关于开展重大基础设施安全隐患排查工作的通知》，要求各地对公路交通设施、铁路交通设施、水运交通设施、民航交通设施、大型水利设施、大型煤矿、重要电力设施、石油天然气设施、城市基础设施存在的安全隐患进行全面彻底的排查。12 月，安委办对 14 个省市的排查治理工作进行了“回头看”督查。当年全国共有 308.1 万多户企业和单位开展排查治理，查出各类隐患 506.7 万项，其中重大隐患 83626 项，认真进行了整改治理。湖南省组织了百、千、万人规模的省市县三级督查。甘肃省在地方主流媒体公告了 176 项重大隐患，实行政府挂牌督办。江苏省建立了隐患治理分级督办、隐患公开和整改公示、隐患举报奖励等制度。云南省出台了《关于建立隐患排查治理长效机制的决定》。

2008 年百日安全督查专项行动、矿山安全特别是尾矿库安全整治，打击非法违法行为专项行动。2 月国务院办公厅发出《关于进一步开展安全生产隐患排查治理工作的通知》，要求在 2007 年开展隐患排查治理专项行动的基础上，深入排查治理各地区、各行业领域事故隐患，狠抓隐患整改。4 月国务院办公厅下发《关于开展安全生产百日督查专项行动的通知》，部署从 4 月下旬至 7 月底在全国范围内组织开展安全生产百日督查专项行动。

9 月 16 日国务院办公厅发出《关于进一步加强矿山安全生产工作的紧急通知》，要求深刻吸取山西省临汾市襄汾县新塔矿业有限公司尾矿库“9·8”特别重大溃坝事故教训，进一步深化矿山安全专项整治，尤其要强化尾矿库安全监督管理。国家安监总局会同国土资源部、环境保护部等对全国尾矿库进行了彻底排查，搞清了全国 12655 座病、险、危库的现状，并指导督促各地制定和落实整改措施，当年关闭消除病、险、危库 7745 座。

9 月，为扭转北京奥运会后一些地方非法违法“回潮”、因非法违法造成的事故增多的态势，国务院安委办下发《关于集中力量深入开展打击安全生产非法违法行为专项行动的通知》，明确了五类重点打击对象①。到年底，全国打击无证无照或证照不全非法生产经营 186470 起，取缔已关闭小煤矿等死灰复燃 5821 处，查处超层越界开采等严重违法 640 起，查处瞒报事故行为 168 起，打击抗拒安全监管监察执法行为 3051 起。

---

① 五类重点打击对象：无证无照和证照不全的，依法关闭取缔之后又死灰复燃的，存在超层越界、违规排放等严重违法行为的；瞒报事故的；拒不执行安全监管监察指令、抗拒安全执法的。

2009年公众聚集场所易燃可燃装修材料消防安全专项整治，安全生产执法、治理和宣教“三项行动”。2月公安部、文化部、国家工商总局、国家安监总局联合下发了《开展公众聚集场所易燃可燃装修材料消防安全专项整治工作方案》，要求各地深刻吸取福建省长乐市拉丁酒吧“1·31”重大火灾教训，从当年2月20日至4月20日，对包括影剧院、录像厅、礼堂、舞厅、夜总会、酒吧、咖啡厅等公众聚集场所的室内装修装饰材料是否符合消防安全要求，以及消防设施是否正常运行、消防安全制度是否落实等，进行全面检查和认真整改。对违规使用聚氨酯类泡沫塑料等易燃可燃材料进行装修装饰的，责令限期改正，逾期不改正的，要依法责令停产停业，吊销娱乐经营许可证和营业执照。

3月国务院办公厅下发了《关于进一步推进安全生产“三项行动”的通知》，要求深入开展安全生产执法行动、治理行动和宣传教育行动。并明确了开展执法行动重点查处和打击的9种非法违法行为，开展治理行动重点整治的10种隐患和问题，开展宣教行动的8项重点任务。随后安委会办公室又作出了具体安排。在当年的安全生产执法行动中，全国共查处各类非法违法行为849万多起，依法关闭取缔各类非法生产、经营、建设、运输等单位2.26万余个；在治理行动中，建成瓦斯治理示范矿井287个、示范县30个，关闭和消除危、险、病尾矿库2810座，排查治理危化品安全隐患3074项，国务院安委会对全国187项严重隐患和重大问题实行了跟踪督办；在宣教行动中，启动了为期4年的全国市、县、乡政府分管负责人安全培训计划，在约10万个企业和城乡社区开展了安全诚信企业和安全社区创建试点工作。

2010年打击非法违法专项行动以及其他方面的整治。7月国务院安委会发出《关于集中开展严厉打击非法违法生产经营建设行为专项行动的通知》。通知指出一些行业和领域非法违法问题突出，是导致事故发生的主要原因；要求针对事故暴露出的非法违法问题，以煤矿、非煤矿山、交通运输、建筑施工、危险化学品、烟花爆竹、民用爆炸物品、冶金等行业领域为重点，集中3个月的时间实施严厉打击。9月下旬国务院安委办组织16个组对各地开展“打非”专项行动的情况进行了调研督导。2010 年全国查处各类非法违法行为共计 442.6 万余起，依法关闭取缔各类非法生产、经营、建设、运输等单位和项目 1.08 万余个。因非法违法所造成的重特大事故起数占全部重特大事故的比例，由上半年的 80% 以上降到四季度的 54% 。

当年国家安监总局和相关部门还组织开展了防止海洋石油井喷泄漏专项整治，冶金煤气、有限空间和工业粉尘隐患专项整治，建筑施工领域打击违法转包分包专项行动等。

2011 年道路客运安全隐患整治专项行动，严厉打击京沪高铁沿线危害铁路运输安全行为专项行动，煤矿井下重点矿用安标产品专项治理，高速铁路及其在建项目安全大检查等。3 月 24 日国家安监总局会同交通部、公安部联合召开电视电话会议，部署以卧铺客车隐患、车辆超限超载为重点，开展为期半年的道路客运隐患整治专项行动。整治期间全国道路交通重大事故起数和死亡人数同比分别下降 70.6% 和 60% ，2011 年全国客运车辆事故起数下降 12.7% 。

5 月国务院安委会办公室下发通知，决定由京沪高铁沿线地方各级人民政府安委会牵头，组织地方政府公安、交通等部门联合执法，用大致两个月的时间，集中排查和整治京沪高铁沿线环境安全隐患，严厉打击危害高速铁路运输安全的非法违法行为。沿途各省市（北京、天津、河北、上海、江苏、安徽、山东）都制定了具体的工作方案，严肃查处了一批严重危害高铁安全的案件，对累计排查出的 7 大类 162 项安全隐患进行了整改治理。

5 月国家安监总局、国家煤矿安监局下发通知，组织开展了煤矿井下部分重要安标设备专项检查。通过检查和治理，撤销了 2 家生产企业 5 个空气压缩机产品的安全标志，暂停 6 家生产企业 34 个空气压缩机产品的安全标志；撤销了 4 家企业 15 个矿用电缆产品的安全标志，暂停了 57 家企业 520 个矿用电缆产品的安全标志。

8 月 15 日国务院召开高速铁路及其在建项目安全大检查动员部署会议。会议指出，“7·23”甬温线特别重大铁路交通事故再一次警示我们，必须坚持把安全作为发展高速铁路的首要前提和根本保证，全面加强高速铁路安全工作；会议要求认真贯彻落实国务院常务会议关于开展高速铁路及其在建项目安全大检查的决策部署，全面系统排查和彻底整治高速铁路安全隐患，有效防范和坚决遏制重特大铁路交通事故发生。此外，住房和城乡建设部会同相关部门对全国在建的52 条城市轨道交通工程安全隐患进行了排查治理。

2012 年安全生产“打非治违”专项行动、铝镁制品机加工企业安全生产专项治理、金属非金属矿山整顿和校车安全专项治理。4 月国务院办公厅下发《关于集中开展安全生产领域“打非治违”专项行动的通知》，要求以无证或证照过期、关闭取缔后死灰复燃、瞒报事故等 13 种共性非法违法行为为重点，结合煤矿、非煤矿山等重点行业领域非法违法实际情形，从 2012 年 4 月中旬到 9 月底，集中进行打击和整治。2012 年全国打击治理非法违法行为364 万余起，责令停产整顿企业 9. 5 万多家，依法关闭非法违法单位 3. 8 万多家。因非法违法所造成的较大以上事故所占比例，由 2011 年的 72% 下降到 2012 年的 50% 。

8 月国务院安委会办公室下发《关于深入开展铝镁制品机加工企业安全生产专项治理的通知》指出：铝镁制品机加工企业在抛光等作业中产生的铝、镁粉尘，极易发生爆炸；铝镁制品机加工企业不少的为家庭作坊式生产，条件简陋，工艺落后，爆炸事故时有发生。为此要对所有在从事铝、镁材加工过程中采用压铸、抛光、打磨工艺并产生铝镁粉尘，容易发生粉尘爆炸事故的企业、单位和场所，进行全面排查和治理，依法取缔淘汰一批非法违法生产经营单位，停产整顿一批违规违章单位，改造提升一批安全管理落后的单位。

11 月国务院办公厅转发了国家安监总局、发展改革委、工信部、公安部、财政部、国土资源部、工商总局、电监会等部门《关于依法做好金属非金属矿山整顿工作意见的通知》，提出要用三年多些的时间，取缔关闭 2 万座非法违法、不符合国家和地方产业政策、安全保障能力低下的小矿山，基本解决金属非金属矿山事故多发问题。国家安监总局召开现场会，总结推广了北京密云等地小矿山整顿关闭工作经验。到 2015 年底，关闭小矿山的目标基本完成，无证开采等非法违法行为基本上得到制止，我国金属非金属矿山重特大事故多发的势头有所遏制。

7月5日全国校车安全管理部际联席会议召开第一次会议，对校车安全专项治理等工作进行了研究。8月6日教育部、公安部、中共中央宣传部、国家发展改革委、工信部、司法部、财政部、住建部、交通部、税务总局、质检总局、广电总局、国家安监总局、国务院法制办、新闻办、保监会、全国总工会、共青团中央、全国妇联、全国关心下一代工作委员会20个部门和单位，联合发出关于贯彻落实《校车安全管理条例》、进一步加强校车安全管理工作的通知，要求在当年秋季开学后，在全国范围内普遍开展校车安全专项治理，严肃查处使用非法拼装车辆作为校车、没有校车驾驶资质和校车超速超员等违法行为，严肃查处其他机动车辆不避让停靠上下学生校车的行为。校车安全管理部际联席会议成员单位于2012年秋季，联合组织开展了专项督查。

2013年地下矿山防中毒专项治理、预防坍塌事故专项整治、水泥制造和石材加工企业粉尘危害治理、液氨使用专项治理、油气输送管线隐患专项排查整治。3月国家安监总局下发通知指出，2006年以来地下矿山较大以上事故中，因火灾和炮烟引起的中毒窒息事故所占比例超过40%，为此决定从当年4月到12月，在全国开展地下矿山防中毒窒息专项整治。

5月国务院安委会下发通知，要求在工程建设领域继续深入开展以预防施工起重机械和脚手架等坍塌事故为内容的专项整治，以解决建筑施工坍塌事故多发问题。

9月国务院安委会下发通知指出，为吸取上海翁牌冷藏实业有限公司“8·31”重大氨泄漏事故教训，决定从9月至12月在全国开展涉氨制冷企业液氨使用专项治理。随后国家安监总局又发文，要求加大治理力度，重点解决作业场所采用氨直接蒸发制冷空调系统、快速冻结装置没有设置在单独作业时间里两大隐患。到当年年底，北京等18个省（区市）完成了上述两大隐患的整改任务。

11月国家安监总局发出《关于加强水泥制造和石材加工企业粉尘危害治理工作的通知》，要求从当年11月份开始，用一年左右时间开展治理。治理期间全国共检查水泥生产企业 3140 家，责令停产整顿 82 家，提请关闭 181 家；检查石材加工企业 12544 家，责令停产整顿 442 家，提请关闭 665 家。

12 月国务院安委会关于开展油气输送管线等安全专项排查整治的紧急通知，要求深刻吸取青岛经济开发区中石化东黄输油管道发生的特别重大泄漏爆炸事故教训，对全国范围内石油天然气（包含煤气）、危险化学品等各种易燃易爆品输送管线进行一次大排查大整治。到翌年 3 月底全国共排查出隐患 29436 处，其中管道占压 11972 处，安全距离不足 9171 处，各类不满足安全要求的交叉穿越 8293 处。

2014 年化学品罐区安全专项整治，“六打六治”打非治违行动和粉尘防爆专项治理，油气输送管道隐患治理攻坚战，劳动密集型企业消防安全专项治理。7 月国家安监总局发出通知，要求各地深刻吸取一个时期来化学品罐区发生的事故教训，集中开展为期半年的化学品罐区安全专项整治。

8 月国务院安委会下发《关于集中开展“六打六治”打非治违专项行动的通知》，要求以矿山企业无证开采和图纸造假、油气输送管道遭受破坏损害和周边乱挖乱钻乱建、危险化学品非法运输和无证经营、建筑无资质施工和层层转包违法分包、客车客船非法营运和挂靠经营、人员密集场所违法生产经营和违规住人等典型非法违法行为为重点，依法进行打击和治理。

8 月 12 日国家安监总局召开视频会议，在部署“六打六治”专项行动各项工作的同时，要求各地认真吸取江苏昆山中荣公司“8・2”特别重大爆炸事故教训，开展粉尘防爆专项治理。

10 月国务院安委会下发《关于深入开展油气输送管道隐患整治攻坚战的通知》，提出要用 3 年左右时间整改治理已查明的 29436 处隐患，建立油气输送管道保护和安全运行长效机制。11 月 14 日国务院油气输送管道安全隐患整改工作领导小组召开第一次全体会议，11 月 24 日召开全国视频会议进行动员部署。2014 年 9—12 月集中开展了油气输送管道行业领域“打非治违”专项行动。到 2015 年底，已有 27257 处隐患得到整改，整改率 92.6%。预计到 2017 年 6 月可以完成全部隐患的整改工作。

12月国务院安委会发出《关于开展劳动密集型企业消防安全专项治理工作的通知》，要求各地针对劳动密集型企业普遍存在的消防安全管理混乱、违规使用易燃可燃材料、违章用火用电、消防设施缺失、疏散通道不畅、消防安全培训和应急演练不到位等突出问题，认真整顿治理，坚决遏制其火灾等事故高发频发的势头。2015年9月国家安监总局、公安部采用暗查暗访、全程摄像方式，抽查了16家已曝光的重大火灾隐患企业，随机检查16家劳动密集型企业，根据新发现了的隐患和问题，提出了深化治理的要求。

2015年烟花爆竹经营安全专项治理，危险化学品和易燃易爆物品安全专项整治。4月国家安监总局下发《关于开展烟花爆竹经营安全专项治理的通知》要求对烟花爆竹零售点实行“两关闭”、“三严禁”[①]。2015年全国关闭烟花爆竹零售点82144个。

8月国务院安全生产委员会发出关于深入开展危险化学品和易燃易爆物品安全专项整治的紧急通知，指出天津港区瑞海国际物流有限公司危险品仓库特别重大火灾爆炸事故，暴露出在危险化学品和易燃易爆物品安全管理方面存在的严重问题，要求各地立即组织对辖区内所有危险化学品和易燃易爆物品生产、经营、仓储、运输企业进行一次全面彻底排查，发现重大隐患要立即整改。

小结：“法令者，民之命也，为治之本也。”法律是安全生产的遵循和保障，是维护人民生命财产安全的可靠屏障和有力武器。安全法治是治理安全生产领域各种无序现象、加快建立长效机制、实现我国安全生产长治久安的正确方略、有效手段和清晰路径。建国后安全生产、劳动保护法律法规从无到有，安全法治建设从零起步，很快形成了一套制度规范，较好地维护了劳动者的安全健康权益。大跃进和“十年动乱”期间安全法治受到干扰和践踏。改革开放以来安

---

① “两关闭”、“三严禁”即关闭与居民居住场所在同一建筑物内的零售点（如“下店上宅”、“前店后宅”之类），关闭与人员密集场所和重点建筑物安全距离不足、集中连片经营、在超市内销售、未按规定专店销售的零售点；严禁销售超标、违禁、专业燃放类产品或非法产品，严禁在许可证载明的经营场所外存放烟花爆竹，严禁超许可证载明限量存放烟花爆竹。

全生产法治建设取得长足进展。《安全生产法》的颁布施行和修改，标志着具有中国特色安全生产法律体系的基本建立健全和各项法律制度的日臻齐备完善。现阶段我国安全生产各方面工作，大致上都可以做到有法可依、有章可循。目前的问题主要是法律法规的贯彻执行不到位，有法不依、执法不严的情况大量存在，由于非法违规所导致的事故甚至重特大事故不断发生。如何进一步强化安全生产法治观念，深化依法治理，推动政府及其监管部门、生产经营单位和社会公众依法履行安全生产职责，建立良好的安全生产法治秩序，是我国安全生产工作必须面对的一项重大课题和重要任务。

集中开展安全生产专项整治，依法治理各类非法违法、违规违章行为，是我国安全生产工作的一个鲜明特点、有效途径和特殊优势。通过开展集中整治，可以广泛发动群众，形成强大舆论声势；可以凸显安全生产的特殊重要性，推动地方及企业各级领导走上一线，亲自动手抓安全生产工作；可以调动各部门、各方面积极性，形成齐抓共管和联合执法的合力。改革开放以来特别是国家安全生产监管体制改革之后组织开展的屡次安全生产专项整治，都取得了程度不同的成效。起码是在整治期间及其之后的一段时间里，相关的非法违法、违规违章行为受到打击并有所收敛，相同情况所导致的事故有所减少。我们要善于运用这一优势，针对事故暴露出的薄弱环节和突出问题搞好专项整治，一段时间里集中解决一两个严重影响和制约安全生产的问题；同时要把集中整治与日常性依法监管结合起来，经常保持安全生产的高压态势，形成依法治理的长效机制。

党的十八届四中全会《关于全面推进依法治国若干重大问题的决定》明确了依法治国的总目标和总要求，同时也为加强安全生产法治建设，提升安全生产法治化水平指明了方向。在全面依法治国和持续加强安全生产、加快实施安全发展战略的新形势下，必须更加重视和加强安全生产法治建设，自觉运用法治思维和法治方式解决安全生产领域的矛盾和问题。必须继续做好《安全生产法》配套法律法规、规章标准等的制修订工作，进一步健全完善包括立法、执法、监督、保障等在内的安全生产法治体系。必须在法律的贯彻实施上付出更加切实的努力，加大执法力度，厉行监督检查，严格按照法律来规范政府安全生产监管和企业安全生产主体责任行为，依法整治安全生产领域各类非法违规现象，切实做到有法可依、有法必依、执法必严、违法必究，在法治轨道上推进安全生产工作。

第六章

安全文化建设的逐步加强

安全文化是安全生产的要素之一，旨在解决人们对安全生产的思想认识、工作态度、业务素质、操作技能等问题，为安全生产创造有利的舆论氛围，提供必要的精神动力和智力支持。包括了宣传、教育、培训等在内的安全文化建设，是安全生产重要的基础性工作。

第一节　安全文化的起源与发展

安全文化是安全生产问题在意识形态领域和人们思想观念上的综合反映，包括了一定社会的安全价值观、安全行为准则和安全法治思想、安全管理模式，以及社会成员的安全理念、安全意识、安全心理、安全判断标准、安全行为方式等。也可以把安全文化理解为企业文化、社会文化的一个组成部分和分支，是企业文化、社会文化在安全生产问题上的体现和反映。安全文化建设则是以贯彻落实正确的安全生产方针理念，增强和提高人的安全意识、安全素质为目的，面向企业员工和社会公众而组织开展的宣传、教育等一系列具有宣教疏导、寓教于乐、潜移默化作用活动的总称。我国的安全文化建设与企业文化、社会文化建设关系密切，通常以创建符合安全规范的企业、社区等为载体。

1986 年苏联切尔诺贝利核电站事故[①]发生后，国际原子能机构（IAEA）在分析和接受事故教训的基础上，提出了“核安全文化”（Nuclear safety culture）的概念。1991 年国际核安全咨询组（INSAG）对安全文化作出比较清晰的定义，认为“安全文化是存在于单位和个人中的种种素质与态度的总和”。英国保健委员会核设施安全咨询委员会（HSCACSNI）随后对该定义作出补充和完善，认为一个单位的安全文化，是个人和集体的价值观、态度、想法、能力和行为方式的综合产物，它决定了职业安全健康管理上的承诺。具有良好安全文化的单位有如下特征：相互信任基础上的信息交流，共享安全的重要思路，对预防措施效能的信任等。1998 年国际原子能机构把安全文化的发展划分为意识淡漠、初具意识和意识明确三个阶段：在第一阶段，大家只是简单地按规则办事，安全被视为外部要求和一般意义上的技术问题，讲安全通常会被看作是一件令人讨厌的事情或者行为；第二阶段，当局虽然重视安全绩效，但常常忽视人的行为对安全的重要作用；到了第三阶段，则能够清楚认识到行为问题对安全的影响，因此积极采取行动、改进方法，力求调动起每个人的积极性为安全作出贡献。2003 年第 91 届国际劳工大会通过的《职业安全卫生全球战略》提出了国家层面上的安全文化问题，“预防性国家安全卫生文化是人们享有安全与健康工作环境的权利在各级都受到尊重的文化”。国际劳工组织将其所倡导的首个世界安全卫生日（2003 年 4 月 28 日）的主题，确定为“促进安全文化”。

我国安全文化概念的提出以及安全文化事业的发展，与安全生产工作密切相关、同步进行。1950 年 7 月 29 日《人民日报》发表文章强调要开展安全教育，从思想上解决问题。文章提到：自从当年 3 月份国家相关部门组织的卫生安全检查组检查了天津中纺各厂的劳动保护设施以来，各地国营纺织厂的劳动保护工作

---

① 1986 年 4 月 26 日，位于苏联加盟共和国乌克兰首都基辅以北约 130 公里的切尔诺贝利核电站，由于操作人员无视安全要求、违反操作规程，造成其 4 号机组反应堆爆炸。逾 8 吨强辐射物质泄漏，约 6 万多平方公里的土地被直接污染，约 1700 万人暴露在核辐射之下，其中 320 多万人不同程度地受害。核泄漏导致的死亡人数（包括数年后死于辐射引发的癌症者）约 12.5 万人。是人类和平利用核能历史上最严重的事故。

有了很大改进，但仍然存在着差距和问题，比如青岛华新纱厂调用不熟练的工人看车，致使工人被染布机绞死。事实说明只看到机器设施而看不到人，并不能保障安全生产，因此一定要加强教育，克服忽视安全生产、劳动保护的错误思想。1963 年 3 月国务院颁布的《关于加强企业生产中安全工作的几项规定》，首次把安全生产宣传教育与文化建设联系起来，要求结合企业职工文化生活，进行多种形式的安全生产宣传活动，对职工进行经常性的安全教育，增强职工安全意识。这些也可以看作是我国安全文化建设的先声。

上世纪九十年代之后，我国安全生产、劳动保护领域一些专家学者开始从文化的角度来探讨安全生产问题，分析研究人的安全价值观念、安全意识、安全思维、安全行为模式对安全生产的影响。各种形式的安全文化研讨会、报告会、交流会纷纷举行。1994 年 3 月国家核事故应急办公室编印了《安全文化研讨会文集》，介绍了国内外关于安全文化的一些观点。1994 年 12 月徐德蜀在《中国安全文化——研究与探索》一书中对我国安全文化的特质和安全文化建设的方法途径进行了探索。1995 年 4 月中国劳动保护科学技术学会、广州铁路集团等单位联合在北京召开了首届安全文化高级研讨会，参加会议的 120 多位专家学者联名发出《中国安全文化发展建议书》。1997 年 6 月成立的中国安全文化研究会筹委会专家组，研究提出了《关于制定“21 世纪国家安全文化建设纲要”的建议》，受到劳动部领导的重视和肯定。

国家安监局成立后把安全文化建设摆上重要日程。2001 年 3 月 20 日国家安监局（国家煤矿安监局）下发全国安全生产宣传教育工作要点，要求以强化全民安全意识为基本任务，面向社会公众，开辟多元化的宣传教育途径。4 月 17 日中共中央宣传部、国家安监局联合下发的《关于加强安全生产宣传教育工作的通知》，提出要把安全生产宣传教育作为全党全社会的一项重要任务，动员各方面力量抓紧抓好，努力营造关注安全、关爱生命的舆论氛围，促进安全生产形势的稳定好转。通知要求各级党委宣传部门要把安全生产宣传教育纳入工作议程，指导和协调各方面的宣传力量，采取群众喜闻乐见的方式，开展生动的宣传教育活动。随后国家安监局召开了第一次全国安全生产宣传教育工作会议，强调要贯彻“两手抓、两手都要硬”的方针，坚持一手抓安全监管行政执法，一手抓安全生产宣传教育工作和安全文化建设。2001 年 10 月国家安监局在山东青岛召开首次安全文化研讨会，探讨了我国安全文化的内涵及其在安全生产工作中的地位、作用。2002 年 6 月，国家安监局在北京再次召开安全文化研讨会。国际劳工局北京局负责人庄古（D. Ndjonkou）到会并致辞，英国华社公司、日本太平洋兴发公司等派代表参加会议并发表论文。会议交流了安全文化建设经验，探讨了安全文化建设的一些深层次问题。2004 年 1 月《国务院关于进一步加强安全生产工作的决定》，要求重视抓好宣传教育和舆论引导工作，把安全生产宣传教育纳入宣传思想工作的总体布局，坚持正确的舆论导向。2005 年初国家安监总局提出安全生产“五要素”，其为首的要素就是安全文化。当年 12 月国务院 116 次常务会研究提出安全生产系列治本之策，其中之一就要“倡导安全文化、加强社会监督”。2006 年 5 月 8 日国家安监总局主要负责人在部署全国第五个“安全生产月”活动的视频会上，明确提出了安全文化工作应当抓好的主要任务：弘扬以人为本、安全发展的科学理念，树立“安全第一、预防为主、综合治理”的方针；普及安全法律，宣传安全知识，增强全体社会成员的安全法制观念和安全意识；开展强制性安全教育培训，从业人员要接受安全技能培训，特殊职业要接受专业性训练，社会公众要提高安全素质；加强社会监督，发挥媒体的舆论导向作用和监督作用，发挥工会等群众组织的监督作用，维护职工群众和社会公众安全生产知情权、参与权和监督权；组织开展各具特色的企业、校园、乡村、城市社区等安全文化创建活动。

从“十一五”开始，国务院办公厅印发的安全生产五年规划都把安全文化建设列为重点工程，明确目标、任务和措施。2006 年 5 月国家安监总局印发了《“十一五”安全文化建设纲要》，提出“十一五”时期要实施全民安全素质工程，推进安全知识进企业、进社区、进校园、进乡村；培养一批本质安全型企业、安全社区和安全乡镇，树立起具有示范效应的不同类型的安全典型。2011 年 11 月国家安监总局印发《安全文化建设“十二五”规划》，提出“十二五”期间要加快推进安全文化建设示范工程，加快建成一批国家级安全文化建设示范企业、国家级安全社区和安全发展示范城市；扶持发展安全文化产业，繁荣安全文化创作，打造一批具有社会影响力的安全文化精品。2012 年 7 月国务院安委会办公室下发《关于大力推进安全生产文化建设的指导意见》，强调要以宣传和树立“以人为本、关爱生命”理念和安全发展观念为核心，以提高全民安全意识、促进企业落实安全生产主体责任为重点，不断提升安全文化建设水平，切实发挥安全文化对安全生产工作的引领和推动作用；通过加强安全文化建设，使安全发展理念深入人心，坚持科学发展、安全发展的主动性明显提高；安全生产法治意识不断强化，依法依规从事生产经营建设行为的自觉性明显增强；安全生产知识得到广泛普及，全民安全素质和防灾避险能力明显提升；反映安全生产的精品力作不断涌现，安全文化产业发展更加充满活力。2015 年底国家安监总局组织研究起草的“十三五”安全文化建设草案，提出要把安全文化建设摆在更加重要的位置上，采取措施继续推动安全文化示范企业创建活动，努力塑造安全文化新风貌，开创安全文化建设新局面。

依据《“十一五”安全文化建设纲要》，从 2006 年起国家安监总局在全国选择了一批安全生产工作基础比较扎实的企业和社区，开展了创建安全文化示范企业和安全社区活动。国家安监总局以安全标准形式发布了《企业安全文化建设导则》（AQ/T 9004—2008）、《企业安全文化建设评价准则》（AQ/T 9005—2008）和《安全社区建设基本要求》（AQ/T 9001—2006）。到 2015 年，已授予安徽江南化工股份有效公司等 396 家企业“全国安全文化建设示范企业”称号。以工业园区、经济技术开发区、企业主导型社区为重点，启动建设安全社区 2680 个，覆盖人口约 1.5 亿人。到 2015 年底，全国已建成、命名安全社区 575 个。有关机构对 2012 年和 2013 年命名的 411 个社区进行了调查统计：2013 年与 2011 年相比，这些社区的生产事故、交通事故、火灾事故和社会治安死亡人数分别下降 44%、51%、67% 和 28%。上海市张江镇等 17 个社区以其“安全、健康、和谐”的先进理念，健全完善的安全社区创建机制和工作绩效，获得了国际安全社区认证；北京市朝阳区望京街道等 91 个社区，经评审认定为国际安全社区网络的成员（约占全球安全社区总数的 23%）。

2013年3月国务院安委会办公室下发了关于安全发展示范城市创建工作的指导意见，选择北京市朝阳区、顺义区，吉林省长春市，黑龙江省大庆市，浙江省杭州市，福建省厦门市、泉州市，山东省东营市，广东省广州市、珠海市和河北省张家口市、辽宁省大连市、湖北省襄阳市（后3个城市为2014年增补）进行了创建试点工作；并要求首批安全发展示范城市到2015年底，要基本形成健全的城市安全生产责任体系和制度保障体系，在全国率先实现安全生产形势的根本好转，具备安全保障型社会的雏形。在总结试点城市经验的基础上，国务院安委会办公室2015年底颁布了《国家安全发展示范城市建设基本规范》、《国家安全发展示范城市考核指标体系》和《国家安全发展示范城市考评办法》。

第二节　集中开展安全生产宣传工作的重要平台——全国“安全生产月”活动

“安全生产月”这类活动，源于煤炭、冶金等行业。1953年3月23日的《河南日报》以“焦作煤矿的安全生产月”为题进行了报道，指出焦作煤矿在组织开展安全生产月活动中，“较集中地、系统地进行了安保规定的全面大检查”；认为焦作煤矿的做法“在安全生产工作上给我们提供了一些经验，希望各厂矿认真学习仿行”。1954年2月召开的第4次全国煤矿会议，要求全国煤矿于当年的5、6月份组织开展“安全检阅月”活动。燃料工业部部长陈郁在工作报告中对“安全检阅月”活动作出部署，要求集中学习贯彻《煤矿保安规程》、技术操作规程等重点规程，“通过教育，通过业务保安，达到消灭事故的目的”。鞍山钢铁公司炼钢厂等单位从1954年起，把每周一作为“安全活动日”。在这一天，职工们要对上一周的安全生产情况进行回顾总结，厂长、各工段长和苏联专家要到现场进行安全检查。1963年3月国务院下发的关于企业安全生产的“五项规定”当中，明确要求企业单位“都必须建立安全活动日”制度。五十年代后期和六十年代初，所有国营煤矿和多数冶金、石油化工、机械制造、纺织、建筑施工等企业，都建立了安全生产日制度，组织开展了安全生产周、安全生产月之类的活动。

“十年动乱”中“安全生产日”等活动被批判、否定和终止。改革开放后为引起全社会对安全生产的重视，形成有利于加强安全生产的舆论氛围，1980 年 4 月国务院批准建立“安全月”制度。决定从当年开始，每年五月为“全国安全月”。1980 年 4 月 29 日国家经委、国家劳动总局、全国总工会、国家建委、国防工办、国务院财贸小组、国家农委、公安部、卫生部、中央广播事业局在人民大会堂联合召开了全国首个“安全月”广播电视大会。康世恩副总理出席会议并讲话，强调了开展“安全月”活动的重要意义，对如何搞好安全月期间和之后的安全生产工作提出了要求。各地组织厂矿企业干部职工收听收看了大会实况转播。首个在全国范围内开展的安全月活动引起强烈反响。煤矿工人反映说：“安全生产会议进了人民大会堂，这是历史上第一次，充分体现了党和政府对我们的关怀”；“过去红五月历来抓高产，今年五月抓安全，这体现了安全第一精神”①。

1981 年“全国安全月”期间，对全国安全生产、文明生产先进单位和先进个人进行了表彰；各地区、各企业组织开展了丰富多彩的安全生产宣传教育活动；中国人民邮政以基建安全、矿山安全、交通安全、农林安全为题材，发行了一套四枚的“全国安全月”纪念邮票。1982 年“全国安全月”以“消除隐患、遵章守纪，为实现安全生产、文明生产而奋斗”为口号，各行业领域、各地区、各企业组织开展了深入细致的安全生产大检查，排查治理了一大批隐患和问题。1983 年以“反违章、除隐患，实现安全生产、文明生产”为“全国安全月”口号，以国务院名义在中南海怀仁堂召开了动员大会。国务委员、国家经委主任张劲夫讲话指出：“要把安全生产作为企业全面整顿的一项重要内容，坚决改变那种对安全生产无章可循、有章不循、无人负责的状况，坚决制止违章指挥、违章作业”②。1984 年“全国安全月”期间，张劲夫作了题为“狠抓安全生产，提高

---

① 《走上振兴之路——高扬文论中国煤炭工业》，煤炭工业出版社 1991 年 11 月，第 56 页。

② 《国务院召开全国安全月活动动员大会》，《劳动保护》1983 年第五期。

经济效益”的广播电视讲话，提出要“以月促年”，把安全月活动与经常性的安全生产工作紧密结合起来，促进安全生产经常化、制度化。《人民日报》发表了《搞好安全生产是一项重大措施》的评论员文章；全国安全月领导小组表彰了121个安全生产、文明生产单位。

在连续五年开展“全国安全月”活动之后，1985年4月全国安全生产委员会通知停止开展此项活动；同时要求在这一全国性活动停止之后，各地区、各部门要从各自实际出发，在本地区、本行业领域组织开展形式多样、富有成效的安全生产宣传教育和群众性活动。

从1991年开始，全国安全生产委员会决定组织开展“安全生产周”活动。当年4月安委会下发通知，要求各地区、各部门在6月17日至23日的一周时间内，以“安全就是效益”和提高职工安全意识为主要内容，组织开展全国第一个“安全生产周”活动。按照全国安委会的统一安排，之后每年五月份都开展这一活动。为体现出不同阶段安全生产的不同特点、不同要求，1992年安委会要求组织开展以“国营大中型企业创造良好安全生产环境和提高全社会的安全生产意识”为目的的“安全生产周”活动；1993年要求组织开展以“遵章守纪、杜绝‘三违’”为主题，以控制事故为目的的“安全生产周”活动。1994年第四个全国“安全生产周”首次提出了活动的主题，要求各地组织开展以“勿忘安全、珍惜生命”为主题，以控制事故为目的，以“不伤害他人，不被他人伤害”为内容的“安全生产周”活动。1995年的“安全生产周”活动，以“治理隐患、保障安全”为主题，以“坚持预防为主，加强隐患治理，积极贯彻《劳动法》、《矿山安全法》等有关法律法规，倡导安全文化，提高全民安全意识”为主要内容。1996年之后的安全生产周活动突出了主题，不再更多地强调其他方面的内容和要求。当年以“遵章守纪、保障安全”为活动主题。1997年活动主题为“加强管理、保障安全”。1998年活动主题为“落实责任、保障安全”。1999年活动主题为“安全、生命、稳定、发展”。2000年活动主题为“掌握安全知识、迎接新的世纪”。2001年的活动主题为“落实安全生产规章制度，强化安全防范措施”。

国家安全生产监管体制改革后，为加大宣传力度，经中共中央宣传部、国家安全生产监督管理局、中华全国总工会、共青团中央共同研究决定，将以往开展的全国“安全生产周”活动改为全国“安全生产月”，在每年的6月份进行。2002年2月5日中宣部、国家安监局等联合发出通知，要求各地以“安全责任重于泰山”为主题，筹备和搞好2002年度的全国“安全生产月”活动；规定当月的第二个周日为安全生产“宣传咨询日”，“安全生产月”期间要组织新闻单位开展“安全生产万里行”集中采访报道活动，“努力形成全国上下一体的宣传态势，取得更广泛的社会影响和良好的效果”。按照统一部署，6月9日，北京以及全国所有地级以上城市都开展了“安全生产咨询日”活动，当地政府主要领导、安监机构负责人到咨询现场，面向群众开展安全生产宣传教育。6月11日，在北京世纪坛举行了“安全生产万里行”新闻采访启动仪式。由人民日报社、新华社、中央电视台、经济日报社、工人日报社、中国安全生产报社等单位记者组成的采访团，由此出发赴天津、山东、安徽、江苏和上海等省市，深入工矿企业和基层政府，调查了解、采访报道安全生产工作情况。中央和地方媒体开设了安全生产专题节目，宣传了一批安全生产工作先进事例，揭露和批评了一些疏于管理、监管不到位并导致事故发生的反面典型，播发了大量安全生产公益广告。首个全国“安全生产月”期间，中央电视台也举办了“祝你平安”安全生产专场文艺晚会，共青团中央、全国总工会和国家安监局共同命名表彰了100个全国“青年安全生产示范岗”，国家安监局召开了安全文化国际研讨会，举办了安全生产书法展览，组织了矿业安全知识大奖赛等系列活动。

此后“安全生产月”活动的组织领导、主题与内容、形式等不断丰富完善。**2003年**成立了由中宣部、国家安监局、国家广电总局、全国总工会、共青团中央联合组成全国“安全生产月”活动指导委员会（后改称全国“安全生产月”活动组织委员会），其办公室设在国家安监局宣传教育中心。为配合《安全生产法》的宣传贯彻和正式施行，当年6月开展的第二个全国“安全生产月”活动主题，定为“实施安全生产法，人人事事保安全”。**2004年**结合宣传贯彻《国务院关于进一步加强安全生产工作的决定》，强化以人为本的安全理念，引导和启发全社会重视人的生命价值，将“安全生产月”的主题确定为“以人为本、安全第一”。**2005 年**“安全生产月”主题开始定为“关注安全、平安是福”；后为配合当年5—6月份全国人大常委会组织开展的《安全生产法》执法检查，治理和纠正安全生产领域存在的非法违法、违规违章现象，组委会决定将当年全国“安全生产月”主题调整为“遵章守法、关爱生命”。**2006 年**为广泛宣传党的十六届五中全会《建议》所确立的安全发展理念，在全社会喊响安全发展，组委会确定全国“安全生产月”的主题为“安全发展，国泰民安”。期间还举办了《安全生产法》知识竞赛、劳动安全防护知识竞赛、“生命之歌”巡回演出、“安全在我心中”巡回演讲等活动。**2007 年**公安部成为全国“安全生产月”活动组委会成员单位。为宣传贯彻国务院常务会确定的安全生产十二项治本之策，当年“安全生产月”的主题定为“综合治理，保障平安”。**2008 年**初国务院办公厅下发了《关于进一步开展安全生产隐患排查治理工作的通知》，国家安监总局确定开展“隐患治理年”活动。为配合这一中心任务，组委会把“治理隐患、防范事故”作为当年“安全生产月”的主题。**2009 年**全国“安全生产月”的主题为“关爱生命、安全发展”。从当年开始，每年6月份的第三个星期为应急预案演练周，各厂矿企业和基层政府都须按照已制定的预案进行一次应急演练。**2010 年**中华全国妇女联合会成为全国“安全生产月”活动组委会成员单位，当年的活动主题为“安全发展、预防为主”。**2011 年**为了深入宣传贯彻《国务院关于进一步加强企业安全生产工作的通知》，强化和落实企业安全生产主体责任，组委会将“安全生产月”活动的主题确定为“安全责任，重在落实”。“安全生产月”期间还以“科技领先、安全发展”为主题召开了国际矿山安全技术与装备会议，国内外大型矿山集团、矿用设备制造企业的负责人，有关科研机构和高等院校的专家学者300多人参加了会议。**2012 年**为宣传贯彻《国务院关于坚持科学发展安全发展促进安全生产形势持续稳定好转的意见》，“安全生产月”的主题定为“科学发展、安全发展”。在“安全生产月”活动框架内开展了安全文化周（6月11日至17日）、事故警示教育周（6月4日至10日）活动。在安全文化周活动中，组委会办公室推出“生命之歌”评选获奖歌曲，在全国组织开展

“生命之歌大家唱”学唱、传唱活动。各地区、各单位组织开展了安全文艺演出、安全书法展览、安全挂图等形式多样、丰富多彩的群众性安全文化活动。在警示教育周里，各地区、各单位通过举办事故案例展览，召开重特大事故、典型事故纪念反思大会，组织职工观看《人命关天》和其他事故警示教育片，举行安全宣誓等，对干部群众进行安全生产宣传教育。**2013 年**以“强化安全基础、推动安全发展”为“安全生产月”活动的主题。《中共中央宣传部国家安监总局等七部门关于开展2013年“安全生产月”活动的通知》要求更加贴近实际、贴近生活、贴近群众，面向基层、面向企业、面向职工，注重实效，集中开展一系列安全生产宣传教育活动。在“安全生产月”内分别设立了事故警示教育周（6月3日至9日）、安全生产宣传咨询日（6月9日）、安全文化周（6月10日至16日）、应急预案演练周（6月17日至23日），以及煤矿安全专题教育、“安全生产万里行”新闻采访、“以人为本聚焦安全”摄影和书画作品展览等活动，发行了安全生产题材微电影《家》。

从2014年开始，国务院安全生产委员会决定这项活动改由安委会办公室负责组织。不再由相关部门联合下发通知、共同组织指导，也不再搞由多家新闻单位共同参加、范围和声势较大的集中报道活动，而要求更加注重实效，注重发挥新闻媒体的批评监督作用，做到揭露问题经常化、常态化。根据年初召开的国务院安委会全体会议的总体部署，安委会办公室确定以“强化红线意识、促进安全发展”为主题，组织开展当年的“安全生产月”活动。期间国家安监总局和地方各级安监部门组织约500人的宣讲队伍，深入企业和基层宣传安全生产方针政策和法律法规；推出《生命刻度》等安全生产题材的影视作品在各地电视台和企业持续播放，强化事故警示；选取一些油气管道、煤矿、金属非金属矿山、危险化学品等安全隐患严重的地方和单位，进行暗查暗访并在媒体上曝光。在京举办了“放歌安全生产”暨安全生产月活动汇演。2015年5月国务院安委会办公室下发通知，要求以“加强安全法治、保障安全生产”为主题，以落实安全责任、传播法治文化、普及安全知识、曝光非法违法生产经营建设行为为重点，组织开展2015年全国“安全生产月”活动。期间国家安监总局组织指导地方各级安监部门，开展了“万名安监干部进万家企业”活动；开展了营运大客车司机“安全宣誓”活动，从6月份开始所有运输企业大客车司机在发车之前必须郑重向乘客作出“五不一确保”宣誓[①]；组成若干报道小组，采取随机查访、暗查暗访、现场全程不关机的方法，开展了“打非治违”专题行、“安全责任”专题行等采访活动，发现和曝光了一批隐患问题。

除了“安全生产月”活动之外，我国还组织开展过“安全年”、“安全生产年”活动。2009年3月温家宝总理在《政府工作报告》中，强调要全面提高产品质量和安全生产水平，部署在全国开展整顿和规范市场秩序专项行动以及“质量和安全年”活动。4月2日国务院办公厅下发通知，要求按照国务院关于全国“质量和安全年”活动的总体部署，以搞好安全生产执法、治理和宣传教育“三项行动”为重点，组织开展“安全生产年”活动。2010年2月国务院办公厅下发了《关于继续深入开展“安全生产年”活动的通知》，对年度安全生产工作做了安排部署。在国务院领导同志2000、2011、2012年度国务院安委会全体会议、全国安全生产电视电话会议的讲话中，也都有关于开展“安全生产年”活动的一些提法和要求。

“安全生产年”活动与“安全生产月”、“安全生产周”、“安全生产日”活动之间，虽然在称谓上、说法上极为相似，但在活动的实质意义以及方式方法等方面，都存在着明显的差异。前者是国务院对年度安全生产工作目标任务的总体部署和概括性要求，重点在于要求该年度必须切实抓好安全生产，企业和基层单位要力求做到一年之内安全生产无事故，行业领域要力求一年之内有效防范遏制重特大事故，全国要创出年度安全生产新水平；后者则是由宣传部门和安监机构牵头组织指导、集中开展的安全生产宣传教育活动，重点在于利用“安全生产月”等活动所提供的平台和契机，营造声势、凝聚共识，创造有利的舆论环境和社会氛围，推动隐患治理、事故防范和安全生产各项工作。一些同志包括一些

---

① 即在驾驶过程中不超速、不超员、不疲劳驾驶、不接打手机、不关闭动态监控系统，确保乘客生命安全。

行业主管部门的负责同志，由于没有认真领会二者的差别，或者错误地认为后者只是要求一个月、一周甚至一天之内无事故，因而对“安全生产月”等持有异议，甚至在一些场合公开表示不赞同开展此类活动。他们说：“我们单位（行业）天天、周周、月月、年年都要讲安全，搞什么安全月呀?”这是对“安全生产月”活动本质特征和重要作用认识不清的表现，是需要纠正的。

我国还设立有职业病防治法宣传周（每年4月份的最后一周）、交通安全日(12月2日)、全国中小学安全教育日（每年3月份最后一周的星期一)、消防宣传日（11月9日）等。组织开展过“矿山安全法宣传月”（1993年4月、1996年5月，劳动部牵头组织)，“百日安全无事故”（1999年9月13日至12月21日，国家经贸委、全国总工会联合组织）等活动。一些地方和企业还把国家关于安全生产的要求与提高产品质量、服务质量等结合起来，组织开展了“质量安全月”、“质量安全周”活动。

此外，国际劳工组织2001年将每年的4月28日定为“世界安全生产与健康日”，并作为联合国官方纪念日在全球推行。我国政府积极响应，每年的“世界安全生产与健康日”前后，都要结合我国的实际情况，组织开展一系列宣传教育和纪念活动。以2006年为例：当年这一活动的全球主题为“体面的工作，安全的工作”，我国活动的主题为“体面的工作、安全的工作——推进石油和化学工业安全发展”。4与28日国家安监总局召开了石油化工安全专题研讨会，国家安监总局领导与国际劳工组织中国、蒙古局负责人专程到北京燕山石化公司，参加了“送安全文化到基层”活动。联合国大会2005年通过的《关于加强全球道路安全的第A/60/5项决议》，倡导开展“道路安全周”活动。2007年4月23日，第一届“联合国全球道路安全周”中国系列活动揭幕仪式在北京举行。公安部交管局受各主办单位委托，在揭幕式上向全国交通参与者发出倡议，希望大家自觉遵守交通法规，并在使用安全带、佩戴安全头盔等方面采取积极行动，共同维护良好的道路交通秩序。安全周期间组织进行了“和谐交通·中国行—道路交通安全状况大型车队考察与宣传活动”。

第三节　安全生产新闻宣传和阵地建设

我国各类媒体特别是中央和地方主要新闻单位，有着重视宣传安全生产的良好传统。仅在国民经济恢复时期的3年里，《人民日报》就发表了45篇安全生产方面的文章。除了登载发布中央人民政府安全生产和劳动保护的政策法令，宣传报道燃料（煤炭）工业、重工业、建筑业、纺织工业、铁路交通等行业领域安全生产和劳动保护工作进展情况之外，还及时报道了河南宜洛煤矿瓦斯爆炸、北京辅华合记矿药制造厂爆炸等重特大事故、典型事故的抢险救援、处置善后和调查处理情况；报道和表扬了东北一些企业重视职工安全福利、改进工厂保安工作，山西晋生纺织厂积极着手解决生产管理和劳动保护问题，沈阳麻袋厂改善职工福利和劳动保护工作等先进典型；以群众来信或记者采访报导的形式，揭露和批评了京西矿务局房山东矿、郑州铁路局、中国煤业建筑器材公司唐山市公司、江西九江火车站、山东矿产管理局南墅石墨矿、中国煤建公司绥远省分公司、山西大同小峪煤矿、石家庄铁路分局石家庄机务段、济南铁路工厂、张家口植物油厂、河南省建筑公司、河南汝南县油脂支公司、东北邮电管理部门、太原铁路管理局桥梁二大队、铁道部第四工程局等单位负责人存在官僚主义作风，严重忽视安全生产，导致该单位安全生产和劳动保护状况恶劣、伤亡事故发生的落后典型；还针对时弊，发表登载了一些关于安全生产的社论、短评、杂感、群众来信等，为做好国民经济恢复时期的安全生产工作提供了正确指导和舆论支持。

地方媒体也积极参与和监督安全生产。“一五”、“二五”期间，《天津日报》先后揭露了天津铁路分局南仓站、公私合营众城工业社和国营天津第三棉纺织厂等单位漠视生产安全，以致连续发生事故的事实，发表社论要求企业领导人员对安全生产引起重视，搞好安全检查以防范事故。《辽宁日报》在题为《切实保证安全生产》的社论中，指出某些企业发生事故，是因为企业领导人以领导突击运动的方式来领导生产，把“打破常规”理解为否定一切，不加认真鉴定就盲目地支持一些违反正确规程制度的做法。《北京工人日报》先后登载了国营上海冶炼厂王九伯炼铜小组等基层单位重视安全生产、长时期不出事故的好做法；成都胶合板厂建立“安全值日制度”的经验；苏家屯车站老工人杨春禄搞好安全运行、多年没有发生事故的先进事迹。

改革开放后各新闻媒体参与安全生产工作的积极性高涨。《人民日报》及时跟进“渤海二号”钻井平台翻沉事故（1979 年 11 月 25 日）、大兴安岭森林火灾（1987 年 5 月 6 日—6 月 2 日）、哈尔滨亚麻厂爆炸事故（1987 年 3 月 15 日）、昆沪线第 80 次特快列车颠覆事故（1988 年 1 月 24 日）、山东烟大轮船轮渡公司大舜号海难（1999 年 11 月 24 日）等重特大事故的应急救援和调查处理。紧密结合安全生产形势任务和工作中出现的新情况新问题，通过发表评论、点评、跟踪报道等，宣传阐述党和国家安全生产方针政策，引导各级领导干部和广大群众提高思想认识，增强做好安全生产工作的自觉性、主动性。如 1980 年 10 月 19 日《人民日报》题为《尊重科学，尊重群众，搞好安全生产》的社论指出：“渤海 2 号”钻井船翻沉事故以及煤炭、铁路、基本建设、冶金等系统存在的安全生产问题说明，经济工作中长期存在的忽视安全生产、主观蛮干的思想作风和极左思潮的影响，已经到了非认真解决不可的时候了，必须继续努力肃清极左思潮影响，“提倡尊重科学，按客观规律办事，反对主观主义、盲目蛮干，把思想路线搞端正，才能从根本上转变安全生产面貌。”2003 年 3 月 17 日《人民日报》发表的《从严管理　安全生产》的评论员文章指出：近日江西萍乡上栗县个体鞭炮作坊发生特大爆炸事故令人痛心，安全生产不是没有规章制度，企业不是不知道安全第一，为什么事故却不断发生？就是一些地方、企业思想麻痹，放松了安全生产，管理不严，制度流于形式。更有一些企业片面追求经济效益，生产条件恶劣，安全保障缺乏，拼设备，拼人力，只顾赚钱，不讲安全，这样的企业怎能不发生严重事故！”2004 年 1 月 19 日《人民日报》社论指出：安全生产重在落实，必须发扬求真务实的精神，切实转变工作作风，深入安全生产工作第一线，把安全生产工作抓实、抓细、抓出成效，真正做到“为之于未有，治之于未乱，防患于未然”。2013 年 6 月，针对一些地方接连发生重特大事故，《人民日报》以“发展决不能以牺牲人的生命为代价”、“坚守不可逾越的红线”、“始终把人民生命安全放在首位”为题，连续发表3篇评论员文章，指出“世间万物，生命最宝贵，百业兴旺，安全最重要”，在发展过程中必须坚持“以人为本”，把“生命高于一切”的理念落实到生产、经营、管理的全过程，处理好速度质量效益的关系，切不可片面追求发展。

新华社针对各个阶段里全国安全生产工作中存在的一些突出问题，相继发表了《安全生产不能挂在口头上》(2003年12月29日)、《安全生产来不得半点马虎》(2004年7月17日)、《确保安全生产才是合格的企业管理者》(2004年10月24日)、《安全的根基是制度的落实》(2005年12月7日)、《落实安全生产措施不能遗漏任何环节》(2006年12月31日)、《安全生产责任要追根溯源》(2007年4月25日)、《安全生产不能再欠“要命账”》(2009年03月09日)、《“安全责任重于泰山”不能总用生命证明》(2010年6月30日)、《必须时刻绷紧安全这根弦》(2011年12月19日)、《安全护航才有快乐假期》(2012年1月2日)、《安全生产拒绝“走过场式”检查》(2013年11月27日)、《以“三严三实”筑牢安全生产防线》(2015年8月13日)等评论文章。

中央电视台通过新闻联播、焦点访谈等栏目，在宣传报道安全生产工作进展情况的同时，及时反映安全生产领域的热点、难点问题，揭露失职渎职、违法违规行为，为政府安全监管执法提供了支持与配合。2001年广西南丹“7·17”特别重大透水事故发生后，事故企业负责人买通、勾结当地政府某些人员，隐瞒事故真相。围绕着这起事故调查处理，中央电视台连续播发了三期“焦点访谈”节目，产生强烈社会反响。2006年5月18日山西省大同市左云县新井煤矿发生透水事故，造成56人死亡。事故发生后矿主蓄意隐瞒。中央电视台记者在深入矿区采访报道过程中发现端倪，并及时向国家安监总局做出反映，推动了这次特别重大事故的依法查处。一些地方和单位存在的重大隐患，也是在被中央电视台等媒体曝光之后，才引起各方面应有的关注，促成了问题的解决。仅2014年中央电视台就播发安全生产新闻、访谈、专题报道等255条，有力地促进了安全生产工作。

《工人日报》相继发表了《维护劳动安全，工会可以有更大作为》、《关注职工安全权益》、《群众监督不可或缺》等评论和通讯报道等文章，及时揭露那些违法违规、损害工人群众安全健康合法权益的行为，反映了基层工会组织、职工群众在安全生产方面的呼声和要求。

安全生产监管体制改革之前，国家和地方劳动管理部门主管或主办的《劳动保护》、《劳动保护科学技术》、《劳动安全与健康》、《安全生产报》（中国劳动报社主办，周刊）、《警钟长鸣报》、《安全为天报》等报刊杂志，承担和发挥了安全生产宣传阵地、安全文化传导媒介的作用。国家安监局成立后，以《中国煤炭报》为基础，创立了第一份全国安全生产综合性、专业性报纸——《中国安全生产报》。2001 年 5 月 1 日该报（试刊号）面世，当年 10 月 11 日正式出版发行。初为周一刊，对开八版。2002 年 7 月改为周三刊，发行量约 3 万份。2006 年在哈尔滨建立第一家分印点，此后又在福州、成都、西安、长沙、太原、济南、青岛、南昌设立了分印点。2014 年扩为周六刊，8 个版面，发行量接近 40 万份。2013 年、2015 年连续两届被评为全国百强报纸，被国家网信办列入可供网站转载的新闻单位名单。《中国安全生产报》的官网与电子版——“中国安全生产网”，于 2008 年 3 月 1 日上线运行，入选“2015—2016 年度全国行业新闻网站传播力十强”。报社在各省（区市）和计划单列市设立有记者站。《中国安全生产报》作为国家安监局（总局）主管的报纸，着力宣传党和国家安全生产重大决策部署，综合反映全国安全生产情况，及时报道各地区、各行业领域安全生产工作动态和先进经验，传播国内外安全生产前沿信息和科技新闻，追踪报道重特大事故、典型事故案例。开设有安全法治、安全科学技术、企业安全工作、安全人物、基层呼声、安全画刊等专刊专栏和专题，在解读安全生产政策法规，传播安全知识，弘扬安全文化，以及对安全生产进行舆论监督，反映和维护群众安全权益等方面，发挥着重要作用。

目前在国内外有一定影响力的安全生产类报刊还有：

《劳动保护》和《现代职业安全》：《劳动保护》创刊于 1953 年 8 月，是我国安全生产领域创办时间最长的杂志。其最初名称为《劳动保护通讯》，为全国总工会、劳动部联合办刊。主要登载各地安全卫生大检查的经验、安全规章制度的介绍、工会基层劳动保护和安全生产工作经验、安全技术合理化建议等。1986 年由全国安全生产委员会办公室主办。1998 年改由国家经贸委主管，安全科学技术研究中心主办。2001 年 2 月以后由国家安监局（总局）主管，中国安全生产科学研究院主办。从 2014 年起成为中国职业安全健康协会会刊。曾两次获得“国家期刊奖”和新闻出版广电部门颁发的“百强科技期刊”称号。《劳动保护》1980 年第九期刊登的《本来不该发生的悲剧—“渤海”2 号翻没记》，率先揭露了“渤海”2 号翻沉不是天灾而是重大责任事故的真相；1995 年第二期刊登的《克拉玛依大火纪实》，详细披露了火灾的起因、过程和惨痛后果，引起强烈的社会反响。《现代职业安全》是劳动保护杂志社管理的职业安全健康综合类专业期刊，从 2013 年起成为中国安全生产协会会刊。

《中国安全生产科学技术》：1981 年创刊，中国安全生产科学研究院主办，为刊载安全生产科学技术与管理成果的综合性学术期刊。设有安全生产学术论著、现代职业安全卫生管理与技术、信息与动态等栏目。入选北大中文核心期刊、中国科技核心期刊、RCCSE 中国核心学术期刊（A）、中国科学引文数据库（CSCD）、中国学术期刊文摘数据库核心板（CSAD - C），并被国际著名检索机构——美国化学文摘数据库收录，在国内外具有广泛影响力。

《中国安全科学学报》：1991 年创刊，为中国劳动保护科学技术学会（中国职业安全健康协会）会刊。是我国安全生产科学技术领域高层次学术性刊物，主要介绍国内外安全生产和劳动保护先进技术，传播安全生产最新科研成果，探讨安全风险评估监控、防灾减灾、安全生产行为科学、职业安全健康体系标准化建设等工作的规律特点，具有理论性、创新性、应用性较强的特点。多次入选中国科学引文数据库（SSCD 核心期刊）。在《中国学术期刊影响因子年报（自然科学与工程技术）2015 版》中，该刊物的技术研究类影响因子在安全类期刊中排名第一。

《中国个体防护装备》：1993 年创刊，目前为国家安监总局主管，全国个体防护装备标准化技术委员会和解放军总后勤部军需装备研究所主办，主要介绍我国个体防护装备的研制、生产和监督管理情况，报道国内外个体防护新产品、新工艺、新技术、新材料等，以推动个体防护装备的技术进步和产业升级。

《中国安全生产》：2006年1月创刊，是由国家安监总局主管、信息研究院主办的安全生产时政类综合月刊。主要内容包括安全生产方针政策和法律法规解读，安全生产热点问题追踪，基层安全生产真实情况，安全生产理论探讨，国内外安全生产监管经验介绍，安全生产先进典型和新技术、新装备、新方法推广应用等，是一本面向政府、企业和社会各界，具有指导、交流和监督作用的安全生产刊物。

此外在全国具有一定影响的安全类刊物还有：《中国职业安全管理体系认证》、《化工安全与环境》、《新安全》等。与《中国安全生产报》为同一报社，由国家煤矿安监局主管的《中国煤炭报》，也是安全生产新闻宣传工作的一处重要阵地。

第四节　安全生产信息、新闻发布和政务公开

建国之后我国把生产安全事故及其伤亡数据列入保密范围。无论某地某次事故的伤亡人数，还是全国在某段时间里的事故伤亡统计数据，都不对外公布。尤其是在1957年之后，安全生产舆论环境趋于不宽容，包括事故在内的"负面"新闻几乎绝迹。一些重大事故发生后，地方政府常常封锁消息、讳莫如深；媒体一般不予报道，即便报道也多为三言两句、语焉不详。早在"十年动乱"的后期，就有一些中央领导人对此提出异议，认为安全生产工作成效不彰与此有关，"不揭露一些事实，不足以教育人民，首先是教育领导"①。随着改革开放的持续深入，事故保密制度越来越不能适应需要。为此劳动部1988年8月向国务院作出请示，要求定期公布伤亡事故和职业病的有关情况。李鹏总理作出批示说"可考虑公布伤亡人数，但不能推算，一定要正确数字"②。

---

① 《余秋里副总理在全国安全生产会议上的讲话》，1975年2月23日，油印稿。

② 《国务院决定定期公布企业职工伤亡人数》，《劳动保护》1992年第十二期。

1992 年 10 月 5 日，经国务院领导批准，劳动部首次公布了事故伤亡数据——《1991 年全国企业职工伤亡情况通报》；并决定从 1993 年第一季度开始，根据统计资料，按季度向社会公布全国企业事故伤亡人数。国务院的这一决策，是扩大安全生产政务公开、推进安全生产改革开放的重要一步。之后的实践表明，公开事故伤亡数据，符合国际惯例，有利于消除外界的一些不必要的猜测和误解，促进安全生产领域的国际交流与合作；符合人民的期望和要求，有利于提高全社会对安全生产的重视程度，把安全生产建立在人民群众共同关心、积极支持和有效监督的基础之上。

安全生产新闻发布从无到有，逐步形成制度。1977 年 7 月 7 日，国家劳动总局在北京举办了国内首次以安全生产为内容的记者招待会。主持人介绍了全国安全生产形势，以及大庆油田、吉林省太信煤矿、“毛泽东号”机车组等单位安全生产先进经验；并请各报社、电台、电视台加大安全生产宣传力度，以期引起社会各界及广大职工对安全生产的重视。1980 年 1 月 15 日，国家劳动总局举行了首次记者座谈会，向首都新闻界介绍安全生产、劳动保护工作中存在的一些问题，吁请各新闻单位加强安全生产宣传报导，尤其要揭露那些无视工人生命安全，违章指挥、造成事故的官僚主义者。2001 年 3 月国家安监局发布《安全生产新闻工作管理暂行规定》，建立了新闻发言人和新闻发布会制度，规定新闻发言人由政策法规司分管负责人担任（首任新闻发言人为政法司副司长黄毅，曾被人民网评选为最受欢迎的十大嘉宾之一），局内各司（室）也都要指定一名司级干部负责与本司（室）相关的新闻宣传工作。根据实际需要，不定期召开安全生产新闻发布会，向新闻界发布重要消息。规定重特大事故发生后，一般由有关省（区市）政府依照国家有关规定如实发布事故消息；对于那些社会影响较大、各方关注强烈的事故，则由国家安监局公开对外发布。2002 年 10 月 29 日，国家安监局和国务院新闻办联合举办了我国首场安全生产新闻发布会。国家安监局负责人介绍了 2002 年以来煤矿安全整治、隐患治理、监督检查、事故查处与责任追究等方面的情况，以及《安全生产法》施行前的普法宣传、执法培训等准备工作情况，并就如何做到有法必依、执法必严、违法必究，把安全生产纳入依法进行的轨道，回答了记者的提问。随后国家安监局（总局）与新华社、中央电视台等媒体签订了建立重特大事故快速报道机制的协议，规定重特大事故发生后国家安监机构将及时介绍情况，媒体要客观如实进行报道；建立了每季度由国务院新闻办公室主持召开一次安全生产新闻发布会的制度，定期发声，回应社会关切。截至2010年底，全国所有省份和市（地）安监部门都设立了新闻发言人，国家以及各地多次召开新闻发布会，按照公开透明、有序开放、正确引导的原则，通报安全生产形势任务和重点工作，公布重特大事故抢险救援进展情况和调查处理结果，较好地维护了人民群众安全生产知情权与监督权。

“政府网站是信息化条件下政府密切联系人民群众的重要桥梁，也是网络时代政府履行职责的重要平台”①。2000 年 1 月国家煤矿安监局挂牌运行之后，即建立了政府网站，设有煤矿安全法律法规、行业指导、技术装备、瓦斯治理、基础管理、事故调查等专栏。2001 年 3 月 1 日国家安全生产监督管理局（国家煤矿安全监察局）政府网站（http：//www. chinasafety. gov. cn）正式运行。设有政府公告、安全法规、政务信息、事故快报、各地安全动态、伤亡事故统计、事故案例分析、危险化学品安全监督管理、安全知识科普等栏目。之后又多次进行调整和完善，形成了以国家安监总局政府网站为门户链接，以国家煤矿安监局、应急指挥中心为子站，以地方安监、煤监机构的政府网站为成员的网站群，设有国务院安委会工作和国家安监总局要闻、工作动态、公告公文、事故查处挂牌督办等50多个栏目。开设了举报信箱、安全论坛等互动式窗口。成为向社会和公众发布安全生产信息、宣传安全文化、体现政务公开、提供公共服务，加大公众参与安全生产监管和煤矿安全监察的平台，同时成为链接国内安全生产机构、提供安全生产信息服务的门户。2002 年之后地方各级安监部门的政府网站陆续建立健全。均设有政务公开专栏，以及时公布安全监管重点工作进展情况和重要政务信息；设有“曝光台”，以揭露批评发生事故的单位、存在的严重隐患和非法违规行为；设有“办事大厅”，以对安全生产行政审批许可事项进行网上申报、初

---

① 见《国务院办公厅关于加强政府网站信息内容建设的意见》（国办发〔2014〕57 号）。

审和公示。

2009 年 5 月印发的《国家安全生产监督管理总局政府信息公开暂行办法》，规定总局的机构与职能、法规政策和标准、规划与科技、工作动态、行政执法、应急管理、统计信息、办事指南等，都将通过总局政府网站政府信息公开栏目、政府公告、新闻发布会、新闻媒体等方式途径向社会公开。2013 年底国家安监总局政务微信微博陆续在腾讯、新浪、搜狐等落户，双微“粉丝”量达到数百万人，逐渐成为国家安全生产监督管理信息发布的重要平台。2015 年仅通过总局政府网站，就发布安全生产信息 17522 条，公文公告信息 453 条、政务新闻 884 条、事故信息 668 条、安全分析 157 条、各地安全信息 11307 条，制作热点专题 20 期。《中国政府透明度指数报告》显示,国家安监总局政府信息公开工作在国务院 54 个部门中的排序,2012 年为第四,2013 年为第三,2015 年为第十。

第五节　安全教育培训

建国之初由于产业工人文化水平普遍低下，加之教育和培训不够，造成厂矿企业事故多发。根据专业机构对某冶炼厂和矿山企业 1952 至 1955 年发生的人身伤亡事故的调查表明，因工人安全知识不够、技术不熟练、违反操作规程三项原因所造成的事故，约占 47% ~52% 。如果再加上企业管理人员的原因，约 80% 的事故是由于人为因素所导致。1952 年 9 月中央人民政府政务院人民监察委员会“关于处理某些国营、地方国营厂矿企业忽视安全生产致发生重大伤亡事故的通报”指出，一些企业的领导人员存在官僚主义作风，“忽视对工人的安全教育，致职工漠视规章”，造成伤亡事故的发生；通报要求“在职工中进行一次广泛的安全生产教育”，纠正忽视安全教育的现象。1952 年劳动部总结推广了大连化工厂职工安全生产“三级教育”[①] 的经验。1954 年 8 月经政务院财政经济委员

① 安全生产“三级教育”：企业招收的新工人，必须进行以安全生产为重要内容的入厂教育，以熟悉工作环境和作业技能为目的的车间教育，以以老带新为主要形式的班组教育。

会批准，劳动部下发了《关于进一步加强安全技术教育的决定》，指出国家目前已进入计划经济和大规模建设时期，新建、扩建的厂矿将陆续投入生产，新工人也将继续大量增加。“为了保证生产和建设任务的完成，避免或减少伤亡事故，贯彻安全生产方针”，必须搞好对干部和工人，特别对新入厂工人的安全技术教育。决定要求**建立安全教育工作领导负责制**，各厂矿须在主要领导干部中指定一人负责，并制定切实的安全教育计划，明确各有关方面在安全教育工作中的职责，确保这项工作的正常进行；**把安全操作规程作为厂矿安全教育的主要内容**，各厂矿须根据生产性质和技术装备，结合群众经验，分工种、工序制定切合实际的安全操作规程，对工人进行本岗位安全操作规程和其他有关的安全规程的教育；**抓好新工人、新岗位和新操作方法等情况下的安全教育**，要求对新工人进行入厂教育、车间教育、班组教育。班组教育要采取以老带新、包教包学的方法进行，经考试合格方准独立作业；厂矿采用新的生产方法，增添新的设备，制造新产品，或者调换作业岗位时，都要进行新岗位、新操作方法的教育；**建立危险岗位特殊培训制度**，对从事爆破、电气等危险性工作者，除了要进行一般性的安全教育之外，还要在进行特殊的安全教育和训练后才准操作；**加强对企业领导和管理人员的安全教育**，主要进行安全生产政策、法令、安全技术知识和安全生产工作经验教训的教育；**建立安全教育考核制度**，定期进行考试和测验。当年 11 月劳动部在关于厂矿企业编制安全技术劳动保护措施计划的通知中，又对企业安全教育经费支出作出了规定。《关于进一步加强安全技术教育的决定》及相关文件所提出的一些原则性要求，及其所建立的一些工作制度，对我国安全教育培训工作有着深远影响。

建国初期企业安全生产教育培训，方式方法比较简单。一般是将发生工伤事故的简要情况和安全生产好人好事等，抄写登载在厂矿的黑板报、墙报上，以引起大家的重视。1959 年 6 月周恩来总理视察河北省井陉煤矿时，也要求企业的黑板板、墙报要多宣传安全生产方面的好人好事。除此之外，一些企业还通过油印小报、工作简报等，把上级安全生产指示精神和本单位安全生产方面的具体要求，发给车间和班组，作为班前、班后会的学习资料；一些企业通过有线广播站，广播一些安全生产方面的重要事项，提醒大家注意。如吉林省吉林市丰满水电站，就经常运用广播、板报等形式宣传安全生产方针政策和安全常识，教育职工克服麻痹大意思想，随时随地发现和解决生产中出现的不安全因素。东北地区各煤矿还普遍利用班前会、井口广播等形式开展安全教育，一些煤矿还组织受了工伤的工友到各单位现身说法，以增强教育的形象性和针对性。在苏联专家的建议下，东北军工局所属各厂都布置了一间安全教室，里面挂着一些标明了本厂事故危险的画图。新工人进厂都要先到这个教室中来看一看，使他们对可能发生的事故有一个深刻的印象，以增强安全防范意识；再就是新工人进厂，头十天不安排上晚班，大大减少了因新工人安全知识缺乏、环境不熟悉和心情紧张而引发的事故。

随着安全生产教育培训工作的深入开展，一些企业和一些地方的劳动管理部门、基层工会组织开始举办安全培训、安全讲座、安全知识竞赛等活动，出现了正规印刷、统一发行的安全生产教育培训书籍。较早的如杨宝华、高岚绘画编写，东北医学图书出版社 1953 年 3 月出版发行的《工厂卫生暂行条例图解》；余申翰、孟庆荣编写，中华全国科学技术普及协会 1953 年 10 月出版发行的《煤矿安全》。之后出现的如劳动部劳动保护局编写，工人出版社出版发行的《安全生产讲话》，主要介绍煤矿、炼钢炼铁、化学工业、起重机械等行业领域安全生产一般要求，以及防范触电等事故的常识；北京市劳动局编写发行的《必须安全生产》，介绍安全生产工作经验和教训；苗培时编写，煤炭工业出版社出版发行的《煤矿安全生产七字歌》，以七言诗歌的形式叙述了煤矿地质勘探、开拓掘进、采煤、运输、瓦斯治理等基本要求，便于背诵和传唱；安徽省煤炭工业厅技术安全监察局编写，安徽人民出版社出版发行的《煤炭安全生产快板》等。这些教材和读物的出现，使安全教育培训水平得到了提高。

大跃进和“十年动乱”期间安全教育培训工作基本停滞，企业里普遍开展的“革命大批判”活动和大量的政治学习、政治斗争等，代替了学文化、学技术、学业务。1968 年河南省焦作煤矿各级革命委员会通过发动职工群众“张贴千万张革命大字报，召开千百次革命大批判会”，与“阶级敌人妄图破坏煤矿生产和颠覆新生的革命委员会的罪恶阴谋”进行斗争①。但由于广大职工文化素质和安全技术能力低下，引发了大量事故。在1975年2月召开的全国安全生产会议上，王震副总理深有感触地讲到：现在的事故发生得这样多，这样严重，值得我们警惕。造成事故严重的重要原因之一，就是缺乏教育，无知鲁莽，“没有科学技术知识，对科学技术采取了愚昧无知的粗野的态度”。他指出：从事现代化的工业、交通运输等，要有相应的科学文化、科学技术和熟练的技巧，“要强调红，也要强调专的方面，要讲点化学、力学、物理学等等”②。1979年5月国家劳动总局就建立企业劳动保护教育室一事下发通知说：“加强劳动保护宣传教育和安全技术训练，是目前实际工作中迫切需要解决的问题之一。十多年来，各产业、各地区的伤亡事故十之七八是由于违章作业或违章指挥造成的，而青年工人发生的事故，约占全部事故的1/3。要解决这个问题，除了从技术上设备上采取措施之外，还必须加强经常性的安全教育”；指出企业劳动保护教育室是“企业对职工采用各种各样生动活泼的形式，开展安全生产宣传教育，进行安全技术训练的场所”，主要是对新工人进行入厂安全教育，举办特殊工种的安全技术训练，对调换岗位、改变工种的工人进行安全教育，组织干部和老工人进行安全训练，举办安全卫生展览等。1980年国家拨款近200万元，支持北京耐火材料厂、上海钢管厂、黑龙江东北轻合金厂、天津电缆厂、四川化工厂等33个企业建成了第一批劳动保护教育室。随后为适应普遍开展的安全培训的需要，又在沈阳、长春、哈尔滨、上海、天津等地建设了首批36个劳动保护宣传教育中心。到1983年全国建成约3000个企业教育室，79个区域宣传教育中心，初步形成了覆盖全国各地和各重点行业的安全生产教育培训网络。

1983年8月、1988年10月劳动人事部（劳动部）两次召开专题会议对教育培训工作进行总结和部署。1985年劳动人事部制定、经国家标准局批准发布了《特种作业人员安全技术考核管理规则》，对企业里的电工作业、起重机械作业、

---

① 《阶级斗争一抓就灵，煤炭生产持续上升——焦作煤矿革命委员会带领革命职工向阶级敌人发起猛攻》，《人民日报》1968年6月25日。

② 《王震副总理在全国安全生产会议上的讲话》，1975年3月23日，油印件。

爆破作业、锅炉司机、压力容器作业、金属焊接作业、煤矿瓦斯检查、厂内机动车驾驶、轮机作业、建筑登高架设10类特种作业人员的培训、考核、持证上岗和资格复审等作出了明确规定。1987年6月举办了有500多万职工参加的全国工业生产安全知识竞赛。1998年举办了全国化学品安全知识竞赛，1999年举办了“中国安全网”知识竞赛。

随着教育培训工作的深入开展，安全生产各类教材、通俗读物大量涌现。其中的不少作品深受企业和工人群众的欢迎。如上海市劳动局编写，上海人民出版社出版发行的连环画册《工厂企业安全生产丛书》（1977年之后陆续发行，包括矿山井下安全生产、钢铁冶炼轧制安全生产、建筑工程安全生产、起重输送机械安全生产、工业锅炉安全运行、工厂企业防尘防毒、工厂企业防火防爆、工厂企业安全用电等）；大连红旗造船厂安全科编印，红旗造船出版社出版发行的《造船工业安全生产常识》（1977年）；北京钢铁学院采矿教研组编写，冶金工业出版社出版发行的《冶金矿山安全生产知识》（1978年）；徐滔、吴永清编写，劳动部锅炉压力容器安全杂志社出版发行的《熔解乙炔气安全生产与使用》（1982年）；化学工业部编写发行的《安全生产禁令普及教材》（1985年）；农业部乡镇企业局编写，劳动人事出版社出版发行的《花炮安全生产技术》（1989年）；劳动部矿山安全监察局编写，劳动人事出版社出版发行《乡镇煤炭安全生产技术》（1990年）；劳动人事出版社编写发行的《安全生产知识问答》（1990年）；郑德成编写，轻工业出版社出版发行的《塑料加工安全生产问答》（1990年）；陈积民主编，中国电力出版社出版发行的《电力安全生产》（1999年）；秦春芳主编，中国科学环境出版社出版发行的《安全生产技术与管理》（1992年）；郑德成编写，轻工业出版社出版发行的《塑料加工安全生产问答》（1994年）；张祥林编写，四川科技出版社出版发行的《企业安全生产常识600问》（1995年）；李志宪等主编，劳动社会保障出版社出版发行的《非煤露天矿山安全生产指南》（1996年）；劳动社会保障出版社编写发行的《安全生产教育18讲》（1997年）；古松主编，气象出版社出版发行的《厂长经理安全生产教育读本》（1998年）；中华全国总工会经济工作部编著发行的《全国职工安全生产知识电视培训教材——职工安全生产知识》（1999 年）。此外，铁道部铁路基建总局 1976 年编印的《铁路工程安全生产教育挂图（10 幅）》，水电部劳动司 1977 年编印的安全生产漫画集《警钟》，国家地质总局 1977 年编印的《地质勘探安全生产图册》，北京市农机局 1978 年编印的《农业机械安全生产挂图（6 幅）》，国家劳动总局 1981 年编印的《建筑施工安全生产挂图（20 幅）》，安徽省蚌埠市总工会 1984 年编印的《劳动保护安全生产漫画集》，图文并茂、通俗易懂，也都是很好的安全生产教育培训教材。值得一提的是我国著名漫画家华君武、方成等人，八十年代初期也曾经创作了（安全与生产）“双桨好走、独桨难行”、“我们厂的安全生产——从 100% 到 0% ”等安全题材漫画，形象生动地宣传了安全生产方针理念。

2002 年初，新组建的国家安监局（国家煤矿安监局）把建立安全生产宣传教育体系和安全培训体系，纳入安全生产“六个支撑体系”建设①的总体布局，制定了实施方案，提出了加快安全培训基地、教材、教师队伍“三项建设”的思路和措施，成立了国家安监局安全培训指导委员会及专家组。经过持续努力，到“十二五”期末基本建成了由国家和省、市、县四级安全培训机构组成的安全生产教育培训体系。针对不同对象，建成了 3 个安全培训网络学院。由国家安监部门认定的一、二级安全培训机构 69 家。国家安监总局培训中心、中国安全生产科学研究院、中国煤矿安全技术培训中心（华北科技学院）、中国矿业大学（北京）等一级培训机构，主要承担了国家安全监管专业培训、高端安全管理人才培训等任务；依托地方高等院校、重点企业建成的二级培训机构，主要承担企业安全生产管理人员、特种作业人员和班组长的培训。成立了全国安全生产教育培训教材编审委员会，编写了近百种安全培训教材。建立了安全培训考试题库，实行了教考分离。

为提高地方政府负责人对于安全生产的思想认识、业务素质和领导能力，2003 年 9 月国家安监局首次在国家行政学院举办了全国部分市、县领导干部安

---

① 即安全生产法律法规体系、科技装备体系、通讯信息体系、宣传教育体系、安全培训体系、矿山应急救援体系。

全生产专题研讨班。此后形成制度，每年都要举办一两期这样的研讨班，每期约60人，时间为一周，集中学习领会党中央、国务院安全生产文件精神，学习安全生产方针政策和重要法律法规，了解掌握市县级安全生产工作组织领导、安全监管体制运作和部门协同、事故应急处置程序等基础知识，“十二五”和“十三五”期间约3300名市县领导干部参加了研讨班。

为加强对企业重要岗位的安全培训，2005年12月国家安监总局发布了《生产经营单位安全培训规定》，对企业“三项岗位”人员①等安全培训的主要内容、考核发证、持证上岗等作出了明确规定，当年共培训上述人员394.2万人，其中煤矿65.62万人（矿长31200人，安全管理人员58000人，特殊工种567000人）。

2006年10月国家安监总局与教育部、劳动保障部、建设部、农业部、全国总工会联合下发《关于加强农民工安全培训工作的意见》，召开专题视频会议，总结推广了浙江省开展农民工安全教育培训工程，河北省开滦集团建立煤矿、输入地、农民工三方协调和培训机制的经验。安全培训的覆盖面不断扩大，参加培训的人数逐年增多。2011年全国共培训“三项岗位”人员561.6万人，农民工1322.2万人次（培训率90.5%），班组长178万人（培训率82.9%）。

第六节　安全学科、专业人才队伍建设和安全生产理论研究

1992年国家技术监督局颁布的国家标准《学科分类与代码》，把“安全科学技术”（代码620）列为一级学科，其中包括安全科学技术基础、安全学、安全工程、职业卫生工程、安全管理工程5个二级学科，以及灾害物理学、灾害化学、灾害学、灾害毒理学（以上属于安全科学技术基础学科），安全系统学、安全心理学、安全模拟与安全仿真学、安全人机学、安全法学、安全经济学、安全管理学、安全教育学（以上属于安全学学科），消防工程、爆炸安全工程、安全

① “三项岗位”人员：企业的主要负责人、安全管理人员和特种作业人员。

设备工程、安全电气工程、部门安全工程（以上属于安全工程学科），防尘工程、防毒工程、通风与空调工程、生产噪声与振动控制、辐射防护技术、个体防护（以上属于职业卫生工程学科），安全信息工程、风险评价与失效分析、工业灾害控制、安全检测与监控技术（以上属于安全管理工程）27 个三级学科。1995 年安全工程上升为一级学科，成立了安全工程教学指导委员会。2006 年在安全工程教学指导委员会内设立了学科建设、教学评估、教材开发、学术交流 4 个分委员会。2011 年 5 月召开的国务院学位委员会第 28 次全体会议，决定将安全学科列为工学门类下一级学科，称“安全科学与工程”。并成立了“安全科学与工程”教学指导委员会，主任由国家安监总局分管领导兼任。到“十二五”期末，全国已有 171 所高等院校开设安全科学与工程专业，形成包括本科、硕士、博士三个层次的安全工程教育体系。中南大学、北京科技大学、中国矿业大学、西安科技大学的安全技术与工程学科被评为国家重点学科；安徽理工大学的“通风安全学”、中南大学的“大学生安全文化”被教育部评为精品课程。目前已培养约 30 多万名本科以上安全科学与工程专业人才，其中硕士约 1 万名、博士生约 2000 名。

1997 年 11 月人事部和劳动部联合下发《安全工程专业中、高级技术资格评审条件（试行）》。规定劳动安全工程、劳动卫生规程、特种设备安全工程、安全检测检验技术、安全系统工程 5 类人员，在具备一定资格和经过必要评审等程序后，可以获得工程师、高级工程师中高级专业技术职务。从而突破了长期以来安全生产工程技术人员在职称问题上的困境，对稳定安全生产专业人才队伍有着积极的意义和作用。

2002 年 9 月人事部、国家安监局颁布了《注册安全工程师执业资格制度暂行规定》，建立了注册安全工程师制度。同年，国家安监总局委托中国安全生产科学研究院成立安全工程师注册管理中心以负责这方面的一些具体工作。2003 年 4 月国家安监局、人事部公示了首批“全国注册安全工程师执业资格认证名单”，标志着注册安全工程师已成为市场经济条件下专门从事安全管理工作的独立执业群体。2004 年 5 月国家安监局、国家煤矿安监局颁布《注册安全工程师注册管理办法》，当年进行了首次全国统一考试。全国报名8.2万余人，及格0.9万余人，考试通过率14.8%。2005年国家安监总局负责人要求降低门槛，让更多有志于安全生产的专业人才进入注册安全工程师队伍。当年全国报名参加考试8.9万余人，及格1.1万余人，考试通过率提高到15.8%。2006年12月国家安监总局颁布《注册安全工程师管理规定》，要求“从业人员300人以上的煤矿、非煤矿山、建筑施工单位和危险物品生产、经营单位，应当按照不少于安全生产管理人员15%的比例配备注册安全工程师；安全生产管理人员在7人以下的，至少配备一名”；“安全生产中介机构应当按照不少于安全生产专业服务人员30%的比例配备注册安全工程师”。2007年9月人事部、国家安监总局发布《注册安全工程师职业资格制度暂行规定补充规定》，确定增设助理级资格，名称为“注册助理安全工程师”，其考试由省级人事行政部门与安全生产监管部门共同负责实施。2014年新修改的《安全生产法》进一步确立了注册安全工程师执业资格法律制度，规定危险物品的生产、储存单位以及矿山、金属冶炼单位，应当有注册安全工程师从事安全生产管理工作；鼓励其他生产经营单位聘用注册安全工程师从事安全生产管理工作。到2015年底全国共有27.2万人取得注册安全工程师执业资格。

一个时期里，安全生产专业人才不足，特别是煤矿专业技术人员严重短缺问题，严重影响和制约安全生产。煤炭工业管理体制改革之后，原煤炭系统的各个高等院校除了中国矿业大学之外，纷纷改换名称，变更专业方向，大幅度减少地矿类专业招生。又由于煤矿环境艰苦，一些毕业生也不愿意到煤矿工作。2003年中国煤炭教育协会《关于煤炭行业人才需求状况及对策的研究报告》披露：从1999年到2002年，中国矿业大学、辽宁工程技术大学等9所原煤炭高校共有毕业生37931人，其中地矿类专业1454人，到煤炭行业就业的仅768人，平均每年不足200人。除了事业单位、地面工厂和企业机关之外，真正能分配到矿井生产一线的，每年不到100人，平均每个大型煤矿企业不足1人。

为解决煤矿安全专业人才紧缺问题，2006年6月教育部、国家安监总局、国家发展改革委、财政部联合下发《关于加强煤矿专业人才培养工作的意见》，要求原煤炭行业本科院校适度扩大煤矿主体专业（采矿、通风、机电、水文地质等）的招生规模，职业院校扩大煤矿开采技术、矿山机电和矿井通风与安全等专业的人才培养规模；选择办学实力强、与煤炭企业联系紧密的院校和专业，通过重点支持，将其建成“国家煤矿专业人才培养基地”。对煤矿开采技术、矿山机电和矿井通风与安全等专业，实施“煤炭行业技能型紧缺人才培养培训工程”，加快培养煤矿急需的技能型人才。完善“对口单招”和“订单式”培养方式，对报考“国家煤矿专业人才培养基地”和“煤炭行业技能型紧缺人才培养培训工程”院校相关专业的考生，实行提前批次录取。鼓励学校与煤炭企业开展校企合作办学，按照工学结合的模式定向招生，实行“订单式”培养。中国矿业大学（徐州）等 12 所原煤炭高校当年招收煤矿专业学生 17461 人，招生人数比上一年度增加 42.3%。随后逐年有所增加。

为培养高素质化工安全人才，2014 年 8 月国家安监总局、教育部联合下发《关于加强化工安全人才培养工作的指导意见》，提出要优化化工安全专业和人才结构，完善化工安全人才标准，深化化工安全人才培养机制改革，实施化工企业安全人才招收计划，加强化工安全从业人员在职培训，加大对化工安全人才培养的政策支持。2015 年举办了首届化学工程领域安全复合型人才高级研修班。

在青少年安全教育方面，2006 年 6 月教育部与相关部门联合制定下发《中小学幼儿园安全管理办法》，要求中小学将安全教育纳入教学内容，对学生开展安全教育，培养安全意识，提高自我防护能力。随后在中国教育学会下成立了中小学安全教育与安全管理专业委员会，主要负责进行中小学安全教育、安全管理的学术研究与相关实践活动。2007 年 7 月，国务院办公厅转发了教育部制定的《中小学公共安全教育指导纲要》，要求在中小学教育的各个环节全面开展公共安全教育，主要内容包括预防和应对社会安全、公共卫生、意外伤害、网络、信息安全、自然灾害以及影响学生安全的其他事故或事件 6 个模块，帮助和引导中小学生了解基本的安全知识和法律法规，树立“珍爱生命，安全第一，遵纪守法，和谐共处”意识，具备起码的安全知识和自救自护自卫能力。2015 年 8 月，中国安全生产协会成立了中小学安全教育工作委员会并召开了第一次会员代表大会。目前全国所有中小学都开设了安全教育课，教材主要是教育部基础教育司主编的中小学安全教育指导丛书（包括《家居安全》、《交通安全》、《校外活动安全》、《校内活动安全》、《自然灾害防范》、《卫生防疫饮食安全》、《消防安全》）。

改革开放以来，安全生产科研教学机构、专家学者和安全生产工作一线的一些同志，以推动我国安全生产事业的改革发展为使命，深入调研、潜心思考，相继推出了一批有着理论创新价值和实践指导作用的研究成果。如《**安全生产与心理学**》（陈昌祺著，重庆出版社 1985 年出版），从心理学的角度研究生产安全问题，研究提出安全生产心理动力理论。《**二十一世纪安全生产宏观战略研究**》（刘铁民著，中国社会出版社 2000 年出版），探讨提出了我国安全生产工作的总体思路和发展方向，就如何迎接中国加入 WTO 后安全生产面临的挑战，提出了政策建议。《**安全生产系统战略**》（罗云著，化学工业出版社 2004 年出版），论述了安全生产系统战略的基本概念、理论、方法和应用。《**安全原理**》（隋鹏程、陈宝智、隋旭编著，化学工业出版社安全科学与工程出版中心 2005 年 4 月出版）。阐述了安全领域的一些基础性概念，分析了事故的一般规律及特征，介绍了事故致因理论各种学说以及安全人机学、安全心理学。《**安全生产黄金法则**》（雨平、凤鸣编著，中国电力出版社 2005 年出版），归纳了预防事故、保障安全的一系列重要法则：如事前预防、有备无患，令行禁止、重奖重罚，技术本领高、安全有保障，分析预控、严密防范等。《**安全生产与经济社会发展报告**》（王显政主编，煤炭工业出版社 2006 年出版），分析了世界不同类型国家在各个经济社会发展阶段的安全生产状况及其变化趋势，归纳出影响安全生产的主要经济社会因素，揭示出事故“易发期”规律。在此基础上，对我国安全生产发展趋势及其主要影响因素进行了深入的研究，提出了缩短事故“易发期”，加快实现安全生产状况根本好转的政策措施建议。《**安全与发展：中国安全生产理论与实践创新**》（周慧主编，北京大学出版社 2006 出版），本书为中央党校安全生产监管体制研究课题组的研究成果，回答了安全发展的基本内涵及其实现途径，提出了健全完善我国安全监管体制、机制和法制的政策建议。《**安全生产管理严细**

实概论》（刘劲松主编，白山出版社2007年出版），选择了电力企业安全生产一些普遍存在的问题，采取问答的方式，进行了陈述和评论。《**HSE 管理体系**》（曹晓林编，石油出版社2009年出版），论述了HSE管理体系（即健康、安全与环境管理体系）的基本内涵，以及海因里希的因果连锁论、轨迹交叉论、能量转移论、事故法则等事故因果论点和相关理论知识，介绍我国石油企业推行HSE管理体系取得的进展与成果。《**第一管理：企业安全生产的无上法则**》（祁有红、祁有金著，北京出版社2009年出版），提出安全是企业生存的底线，倡导对员工进行安全责任教育、情感安全管理、安全自助训练，发扬主动安全精神，快乐工作、享受安全。《**中国工业化进程与安全生产**》（黄群慧、郭朝先、刘湘丽著，中国财政经济出版社2009年出版），论述了工业化与安全生产的关系，从产业结构、市场结构、管理体制、企业管理、法律法规等方面分析了我国工业化进程的安全生产问题，并提出了相应的政策建议。《**系统安全评价与预测**》（陈宝智著，冶金工业出版社2011年出版），阐述了系统安全评价与预测的基本理论、基本方法和应用技术。《**最高职责**》（杨元元翻译，Chesley B. Sullenbergr著，北方联合出版传媒万卷出版公司2011年出版），讲述了作者在客机驾驶安全方面惊心动魄的经历、刻骨铭心的体会和丰富深刻的感悟，对民航飞行安全有着启发、借鉴作用，《**非线性安全生产系统学导论**》（林书成、李后强主编，四川科学技术出版社2011年出版），从非线性系统观念出发，以安全生产系统为研究对象，把安全生产全过程视为一个非线性复杂系统，应用非线性理论，来研究安全生产系统的性质、演化特征及其演变规律。《**安全生产法的实践和理论**》（詹瑜璞著，知识产权出版社2011年出版），论述了安全生产法实践上、理论上一些亟待回答和解决的问题，如现代安全生产监管模式所要求的管理权与监察权分离问题，科学界定安全生产许可的适用范围、实行分级分类发证问题，安全生产法调整对象安全关系的构成、安全法的物质基础、安全工程的相对独立性等问题。《**安全生产风险管理**》（孙华山编著，化学工业出版社2012年出版），系统论述了安全生产风险管理的基本概念，危险有害因素分析在风险管理中的作用，风险评价方法及其适应条件，危机预警与风险干预的过程和内容，以及应急管理规范和程序等。《安全科学导论》（罗云主编，中国质检出版社、中国标准出版社2013年出版），阐述了安全科学的基本概念、学科建设理论、学科发展、学科体系等，论述了安全哲学、安全原理、安全定量科学、安全基本理论等，综合反映了安全科学的基础与基本、宏观与微观、原理与理论、定量与定性的知识体系。《生产安全事故"四性"规律特点及对策》，为国家安监总局研究中心2015年承担的重点研究课题。课题组对"十一五"、"十二五"期间矿山、化工、交通等行业领域发生的重特大事故进行了深入剖析，论证了事故所具有的隐蔽性、反复性、突发性和规律性特点，提出了对策措施。

涌现出了一些观点新颖、见地独到的研究成果。如杨占科的《事故为什么一定会发生的"杨氏定理"》（《现代职业安全》2014年第十期），在分析海因里希法则①和墨非定律②的基础上，提出事故 = 隐患叠加 ≠ 零概率，深化了对事故发生规律的认识。再如简新的《安全生产定律论》、《安全生产"三力"论》、《安全生产本质论》和《中国特色安全生产论》（气象出版社2012年之后陆续出版），也颇具创新意义：《安全生产定律论》论述了当今社会生产机器化、机械化、自动化、连续化、大型化、精密化、复杂化、电气化、化学化、现代化、风险化、高危化"十二化"的特点，由此产生同生共存、脆弱平衡、投入产出、递进扩散的安全生产定律。指出只有遵循客观规律，才能在安全生产方面掌握主动。《安全生产"三力"论》论述了安全生产的三大基本功能——安全是生命力、安全是生产力、安全是生存力，指出加强安全生产，维护安全"三力"，是企业履行社会责任和经济社会持续发展的需要。《安全生产本质论》提出安全生产的本质就是通过物质、技术、教育、管理等方式方法和手段，消除安全风险隐患，改善生产作业条件，保障生产正常进行，保障人员安全健康，保障财富持续

① 海因里希法则：美国工程师海因里希1941年提出每一件人身伤亡事故背后，都有29起轻微伤害事故，300起未遂事故或隐患，因此也被称为"1：29：300法则"。

② 墨非定律：美国工程师墨非1949年发现，如果做某项工作有多种方法，而其中有一种方法将导致错误，那么就一定会有人偏偏采用这种错误方法。换言之：只要存在管理缺陷和隐患，最糟糕的情形以及事故，就一定会发生。

增加，保障社会全面进步；从机器化和工厂化入手，深刻剖析了现代生产所面临的风险和隐患，指出只有正确认识和深刻把握安全生产的本质，才能做好安全生产工作。《中国特色安全生产论》论述了在全面建设小康社会的时代背景下，安全生产工作的形势、功能、定位、本质、投入、效益、规律和以人为本原则，既是对中国特色安全发展道路的理论探索，也是实施安全发展战略规划的意见建议。

第七节　安全生产电影电视和安全文化产业

改革开放之前我国安全生产影视类作品极其少见。一些厂矿企业为了对职工进行形象生动的安全教育，往往在俱乐部放映电影、召开职工大会之前，加映一些本单位制作的安全生产幻灯片。“十年动乱”期间西安电影制片厂摄制了《农村安全用电》等科教片，在普及安全知识方面发挥了作用；也摄制了《开山的人》之类带有极左倾向、蔑视安全生产客观规律、有意侮辱工程技术和安全管理人员的影片。

改革开放后安全生产影视发展很快。1980 年国家劳动总局和第三机械工业部联合摄制我国首部安全生产故事片《祸不单行》，大意为某工厂车间主任，虽然工作积极，但对安全生产重视不够。车间安全隐患日渐突出，事故不断发生，工人的生命安全得不到保障，生产也大受影响。面对深刻教训，车间主任的思想有了很大转变，开始认识到安全生产的重要性，从而把安全生产作为头等大事来抓。随着安全生产的加强，车间再度呈现出蒸蒸日上、团结一致干“四化”的大好形势。1982 年国家劳动总局、上海市劳动局委托上海电影制片厂摄制的故事片《真相大白》，描写了某化纤厂发生一起严重的爆炸事故，全厂被迫停工。根据现场遗留的蛛丝马迹，经过一番周密的调查，终于揭开了由于隐患没有及时治理、导致事故发生的真相，使工厂领导和职工群众受到了一次深刻的安全生产教育。

有关部门重视做好安全生产影视发展的政策引导工作。1980 年和 1981 年，国家劳动总局、文化部、全国总工会、中国科协联合主办了“全国劳动保护优秀影片奖”评选活动。上海市公安局消防处定制，上海科教电影制片厂拍摄的安全生产科教片《119与911》；国家劳动总局和上海市劳动局定制，上海科教电影制片厂拍摄的科教片《安全帽的故事》等影片获奖。在1980年9月南斯拉夫“国际劳动保护电影节”上，国家劳动总局定制、峨眉电影制片厂拍摄的彩色科教片《噪声》，获得“技术与艺术奖”二等奖和“群众奖”一等奖。国家劳动总局在1981年1月召开的劳动保护工作座谈会上，还观看、审查了9部劳动保护科技影片和事故影片。1984年10月劳动人事部、文化部、全国总工会和部分电影制片单位在江苏省南通市召开了劳动保护电影工作座谈会。会议总结交流了经验，明确改革开放新形势下劳动保护电影的基本任务就是要宣传安全生产方针、法制和普及科技知识。会议提出劳动保护电影要以科学教育片为主、以故事片为辅，多拍短片和科普片。

向社会主义市场经济体制的历史性转变，使安全生产影视事业面临新的发展机遇。1994年2月，劳动部、广播电影电视部联合发出通知，要求调动各方积极性，充分利用广播、电影、电视等，宣传安全生产方针理念，推动安全生产工作。在国家政策引导和市场经济对文化资源配置的基础性作用下，安全生产影视业繁荣发展，产生了一大批群众喜闻乐见、市场效益与社会效益相一致的安全生产影视作品。如中国劳动出版社摄制的《新工人入厂安全教育》电视片（1998年）；国家电影电视总局电影卫星频道节目制作中心出品，以消防安全为题材的8集电视剧《烈火男儿》（1999年）；中国电力音像电子出版社摄制，以电业安全为题材的故事片《错兮祸兮》（2000年）；珠江电影制片厂摄制，以消防安全为题材的故事片《人命关天》（2001年）；北京水晶经典文化传播有限公司等单位联合制作，获得第27届电视剧飞天奖二等奖，以老百姓日常生活中的安全为内容的52集室内情景剧《平安是福》（2002年）；河南影视集团出品，获得广电总局科技创新奖一等奖的电影科教片《煤矿瓦斯爆炸事故的防治》（2006年）；辽宁劳动安全电影摄制中心制作的以烟花爆竹安全为题材的故事片《死亡启示录》（2007年），以钢铁厂安全生产为题材的故事片《悔恨》（2007年），以安全帽佩戴为内容的电视短剧《呼唤》(2008 年)；山西电影制片厂与河南纪元影视文化公司等联合摄制的，以交通安全为题材的故事片《生命斑马线》(2008 年)；中央广播电视大学音像出版社摄制的安全教育片《保命的安全帽》(2008 年)；山西飞天影视传媒有限公司摄制，根据全国安全生产先进典型白国周及其班组管理法的事迹创作的故事片《金牌班长》(2010 年)；以山西临汾王家岭煤矿透水事故及其抢险救援为素材，由山西电影制片厂摄制的故事片《八天八夜》(2010 年)；以河南煤矿安监局豫东分局党总支书记、局长丁安的先进事迹为素材，由河南影视集团等联合拍摄的故事片《生命监管》(2011 年)；以贵州黔西南州晴隆县中营镇新桥煤矿透水事故发生后，三名矿工在井下受困 25 天之后被成功救援一事为素材，由长春电影制片厂等联合摄制的故事片《幸存日》(2011 年)；以“安全中国·好矿哥好矿嫂”评选活动入选人物为素材，由山西作家影视艺术制作有限公司制作、银桥世纪影视公司出品的 28 集煤矿安全电视剧《矿哥矿嫂的平凡生活》(2011 年)；在中央电视台第八套播出的煤矿安全 26 集电视连续剧《矿山人家》(2011 年)；以河南省漯河市源汇区安监局局长王茂俊的先进事迹为素材，由国家安监总局宣教中心与北京九州同映数字电影院线等联合摄制的故事片《安监局长》(2012 年) 等。

国家安全生产监管体制改革后，通过机构重组、加挂牌子等办法，建立了一批安全文化工作机构和团体，使安全生产影视产品制作发行和安全文化产业发展有所依托。主要有：

国家安全生产监督管理总局宣传教育中心。2002 年 12 月以原煤炭工业展览中心为基础组建，内设宣传教育部、展览开发部、安全文化研究所等机构，负责指导和组织协调安全生产影视、音像、广告、图片、画册、书刊等宣传品的制作发行和安全文化产业开发等工作。各省（区市）随之也陆续成立了安全生产宣传教育中心。2002 年以来国家安监总局和各地安全生产宣教中心，相继指导制作和发行了安全生产记录片《人命关天——探寻安全事故背后的隐痛与良知》,《泪的呼唤——讲述我们身边真实的安全故事》；安全生产普法教育片《依法治安的法律重器——聚焦安全生产法》；事故警示片《生命不可重来》,

《黑色瞬间—安全事故警示教育剖析》，《伤逝》，《盲洞迷途》，《生产安全事故典型案例盘点》，《血的代价——重大事故案例剖析》（包括“安全为天”、“法威如山”、“真知如船”分集）；3D 动画视频《煤矿安全警示录》（36 集，借助事故案例，介绍了煤矿通风和瓦斯防治、水灾、顶板、爆破、运输、机电等方面的安全常识）等；安全生产培训视频《非煤矿山典型事故警示录》、《危险化学品事故警示录》；安全生产公益广告片《基石》、《传承》、《典故》、《多米诺》和《保护矿工生命、矿长守规尽责》等。组织编写发行了《烟花爆竹安全普及读本》、《交通安全三字经》、《消防安全知识进课堂》等大众安全读物。指导生产了一批安全生产挂图、宣传手册、展板等安全文化产品。2011 年以来，宣教中心承办了历届全国安全生产书画展活动。

国家安全生产监督管理总局信息研究院。2004 年 6 月在“煤炭信息研究院”加挂牌子，主要负责为全国安全生产和煤炭行业发展提供信息支撑、决策咨询和技术研发服务，办有《中国安全生产》、《中国煤炭》、《当代矿工》、《中国煤层气》、《安全生产法制建设》等刊物，其所属煤炭工业出版社（煤炭工业音像出版社）每年出版安全生产类图书 500 余种、音像制品 30 余种。

中国安全生产艺术团。2005 年 3 月在“中国煤矿文工团”加挂牌子以来，认真履行宣传安全生产、服务安全生产的职责，创作和演出了以王家岭煤矿透水事故为背景的话剧《关爱生命》，以及一批安全生产题材的快板、相声、小品等说唱节目，到各地巡回演出上百场；在北京以及各地举办了“拥抱平安”、“放歌安全生产”、“新春话安全”等安全生产专场演出。

安全生产类报刊杂志社、安全生产科研教学等机构也积极参与了影视、图书等安全文化产品的生产活动。随着安全文化市场需求增加，北京及各地出现了一批民营安全文化企业。这些企业面向企业和社会公众，生产了一大批安全生产影视、图书等安全文化产品，在增强公众安全意识，传播安全知识，促进安全生产工作方面，发挥了重要的作用。2015 年浙江爱乐园安全科技有限公司在金华市婺城新区，创建了全国首个以安全为主题的文化产业园，内设安全主题乐园、安全科技馆、水上安全演练中心、安全实训中心、安全产品卖场、安全公益中心等场所。

第八节　工会安全生产工作和“安康杯”竞赛、青年安全监督岗活动等

参与和监督安全生产，维护职工安全健康合法权益，既是党和人民赋予各级工会组织的使命，也是工会组织必须自觉履行的职责。全国人大副委员长邓颖超曾就工会的工作任务指出：“有一条非常重要，就是怎样预防和减少工伤事故，保障安全生产，保障工人的健康、安全，生命的安全”①。《工会法》赋予了各级工会组织监督安全生产、维护职工人身财产安全权益的权利。如第二十二条规定，企业事业单位违反劳动法律、法规规定，侵犯职工劳动权益，如不提供劳动安全卫生条件，随意延长劳动时间等，工会应当代表职工与企业、事业单位交涉，要求他们采取措施予以改正；企业事业单位予以研究处理，并向工会作出答复；企业事业单位拒不改正的，工会可以请求当地人民政府依法作出处理。第二十三条规定，工会对新建、扩建企业和技术改造工程中的劳动条件和安全卫生设施与主体工程同时设计、同时施工、同时投产使用进行监督。第二十四条规定，工会发现企业违章指挥、强令工人冒险作业等行为，有权提出解决的建议等。第二十六条规定，工会有权参加职工因公伤亡事故和其他严重危害职工健康问题的调查处理。

建国之后，中华全国总工会积极推动产业工会建设，通过产业工会监督和促进行业安全生产、劳动保护工作。建国初期除了煤炭行业事故较多之外，纺织行业的安全生产与劳动保护状况也很糟糕。全国总工会的所进行的一项调查表明，私营纺织企业大多安全设施不足，管理方式落后，造成伤亡事故不断。上海 18 个私营棉纺织厂自 1949 年 8 月到 1950 年 8 月，工伤达 2299 人之多，相继发生了工人被染布机绞死、被地轴缠死、被吊梯压死、触电身亡等严重事故。上海申

---

① 《邓颖超同志谈安全生产》，《劳动保护》1980 年第三期。

新九厂布场仅纺织机飞梭伤人一项，平均每天就有 6 人受伤。“这个惊人的数目字正是私营纺织工厂忽视安全装置，对职工缺乏安全教育的严重恶果”①。即使一些国营厂，也由于不重视安全而导致事故发生。上海国营棉纺织厂机械一厂在连续发生 3 次捅烟囱工人跌落事故后，仍指派一位进厂刚 15 天的新工人去捅烟囱，致使其从 24 米高处跌下，重伤而死。1950 年 12 月 16 日，全国纺织工会召开会议并做出决议，明确纺织行业各级工会组织现阶段的主要任务，就是要监督工厂行政或资方，认真执行共同纲领“实行工矿检查制度以改进工矿的安全和卫生设备”的规定，建立安全责任制，执行工厂卫生暂行条例，改善劳动保护和安全设施。决议指出，对在安全生产、劳动保护方面取得显著成绩的企业，工会要及时表扬并呈请政府予以奖励；对一切违反政府法令、忽视职工安全与健康的非法行为，工会必须进行批评以至提出抗议。如果行政方面或资方拒不接受，并因而酿成事故时，工会则必须向法院起诉，使之受到国家法律的制裁。决议同时严肃告诫各级工会干部：“任何无原则的迁就，都必然会使职工群众和生产遭到不应有的损失。对于这样因无原则的迁就而产生的不幸事件，工会组织不仅应受到组织处分，而且也同样担负着法律责任”。②

国民经济恢复时期，全国总工会和各产业工会、地方各级工会把发展生产与安全工作结合起来，组织开展群众性安全生产竞赛运动，涌现了一批先进模范人物。吉林省西安煤矿富国矿采煤组长施玉海，带领工友创造出一套以安全思想树得牢、人人学技术钻业务、严格执行安全制度、团结互助合理用人、加强纪律民主管理为主要内容的“保安生产法”，从 1947 年到 1950 年全组没有发生伤亡事故。1950 年全国总工会号召全国职工向施玉海学习，开展安全生产小组竞赛活动。1953 年 3 月施玉海代表本采煤小组向全国煤矿工人发起开展安全友谊竞赛的倡议，全国有 21 个矿区的 3030 个生产小组迎战。全国总工会发文要求各产业和各地工会深入发动群众，将“爱国主义安全生产施玉海模范小组运动”更加

① 中华全国总工会执行委员汤桂芬：《目前劳动保护存在的问题》，《人民日报》1951 年 3 月 16 日。
② 《中国纺织工会决议加强劳动保护工作》，《人民日报》1951 年 1 月 23 日。

广泛深入经常地开展起来。

在随后的各个时期里，全国总工会和各产业、各级工会在积极开展安全生产调查研究，反映和维护职工安全健康合法权益，主动参与党和政府安全生产重大决策，及时参加安全生产各项重点工作的安排部署、监督检查和评先表彰、总结推广先进经验、重特大事故调查处理等方面，做了大量的富有成效的工作。

工会在参与和监督安全生产的过程中，重视机构、队伍建设和规章制度建设，努力推动工会安全生产工作的制度化、规范化。1948 年 8 月中国劳动协会与全国解放区职工联合会在哈尔滨召开了第 6 次全国劳动大会。会议通过了《中华全国总工会章程》，选举产生了新一届全国总工会机构，内设劳动保护部，负责“管理并指导劳动保险事宜，审查劳动契约及各工会之福利工作，并协助政府进行工厂内卫生及安全设备之检查”①。1953 年全国总工会将劳动保险分离出来，分别设立了劳动保护部和劳动保险部。1955 年 3 月召开的第一次全国工会系统劳动保护工作会议，着重研究解决各级工会组织劳动保护机构设置问题，并起草和讨论了《工会群众安全检查员暂行条例》。会后各级工会内部普遍设立了劳动保护工作机构，配备了专职或兼职工作人员。大跃进期间工会劳动保护机构撤销。1959 年 12 月全国总工会恢复了劳动保护部。1979 年重新颁布了《基层工会和车间工会劳动保护工作委员会工作条例》和《工会小组劳动保护检查员工作条例》。1985 年 1 月全国总工会书记处通过了《工会劳动保护监督检查员暂行条例》、《基层（车间）工会劳动保护监督检查委员会工作条例》和《工会小组劳动保护检查员工作条例》，进一步健全完善了工会系统劳动保护群众监督检查制度；当年国务院为“充实和健全省属市以上各级工会的劳动保护工作机构”，特批工会系统增加 800 名劳动保护专业干部编制。1989 年全国总工会颁布了《关于生产建设工程项目职业安全卫生设施实行工会监督的暂行办法》，明确了工会在“三同时”（即职业安全卫生设施与建设工程项目同时设计、同时施工、同时投入生产和使用）审查验收工作中的职责。1991 年全国总工会颁布了

① 《中国历次全国劳动大会文献》，工人出版社 1957 年 12 月，第 423 页。

《工会劳动保护检查员暂行管理办法》，对检查员的组织管理、监督检查、培训教育、考核与奖惩各个方面作出明确规定。1997 年全国总工会又将《工会劳动保护监督检查员暂行条例》等进行了修改完善。

组织开展“安康杯”竞赛活动，是工会组织参与安全生产的方式方法、工作运行机制上的一个创新。“安康杯”是具有“安全生产”与“职业健康”双重含义的荣誉奖励形式。“安康杯”竞赛活动，则是动员和组织职工群众积极参与、共同搞好安全生产的得力措施和有效途径，是社会主义劳动竞赛在安全生产工作领域中的具体应用。这一群众性安全生产活动，是 20 世纪 80 年代中期由包头市总工会首创，经实践逐步完善，然后在内蒙古自治区全区推广开来的。1998 年全国总工会会同国家经贸委安全生产局对内蒙古自治区开展“安康杯”竞赛活动的经验进行了调研、总结。1999 年 3 月 25 日，全国总工会和国家经贸委联合发出通知，要求以“消灭隐患、确保安全，保障稳定、促进发展”为主题，在全国国营企业普遍开展“安康杯”竞赛活动。煤炭、石油化工、建筑、军工等行业的 4593 家国有大中型企业参加了首次“安康杯”竞赛活动。翌年 2 月 29 日，全国总工会和国家经贸委召开电视电话会议，表彰了 1999 年度“安康杯”竞赛先进单位，授予北京建工集团总公司等 317 家企业为优胜企业，授予上海市“安康杯”竞赛领导小组等 63 个单位以优秀组织奖。

之后“安康杯”竞赛及评比表彰每年组织一次。2001 年 3 月全国总工会首次与国家安监局联合发文，部署开展“安康杯”竞赛活动。当年竞赛主题为“人人讲安全、事事讲安全、时时讲安全”，并将竞赛范围拓展到 25 个行业的 3.8 万多家企业（其中非公有制企业 8642 家），约 2900 万职工参加。2002 年全国总工会与国家安监局联合召开研讨会，探讨如何深化竞赛活动，使竞赛切实起到调动职工安全生产积极性、促进企业安全生产的作用。2005 年全国总工会提出要通过“安康杯”等活动，力争用 5 年时间，使全国 8000 万名以上的职工接受安全生产基本知识普及教育，使职工队伍安全生产素质有一个大的提高。当年“安康杯”竞赛活动的主题为“全面树立以人为本思想，切实加强安全生产教育”，先后举办了全国职工安全卫生消防知识电视大赛、全国职工安全卫生消防知识百题答题竞赛等活动。2006 年“安康杯”组委会组织开展了“安全在我心中”演讲比赛，开展了“关爱农民工生命安全与健康”特别行动。2007 年、2008 年突出在奥运工程建设企业中开展“安康杯”竞赛活动，保证工程建设的安全高效。2008 年企业开展了“一封安全家书”活动，动员职工将自己对安全生产的认识，以及发生在自己身边的安全生产生动事例，以“一封安全家书”的形式记录下来，讲给自己的亲属和工友听，以增强安全教育的感染力和说服力。2010 年的“安康杯”竞赛活动以“强化班组安全建设，强化一线教育管理”为主题，通过竞赛活动，在煤炭、建筑施工、冶金等行业领域培育和选树了一批安全生产工作踏实有效的班组。2011 年 11 月 7 日，“安康杯”竞赛组委会举办了首次全国班组安全建设与管理优秀成果发布会。荣获特等奖的山西潞安矿业集团五阳煤矿综采队生产一班、北京市燃气集团高压管网分公司运行三所运行一班、中铁十五局集团第六工程有限公司京沪高铁铺架项目部等单位在会上进行了成果发布。全国人大常委会副委员长华建敏等出席发布会并向获奖班组发奖。2013 年全国总工会分别在北京市大兴区医药产业基地、浙江省宁波市匡堰镇、江苏省江阴市、福建省石狮市、安徽省黄山市进行试点，探索把“安康杯”竞赛活动从企业推向城市工业园区和城乡社区。2014 年全国总工会决定，授予连续五年以上获得全国“安康杯”竞赛优胜单位荣誉称号的神华天津煤炭码头有限责任公司等 12 个单位全国“五一劳动奖状”，授予北京万兴建筑集团有限公司吕海生青年突击队队长吕海生等 3 人全国“五一劳动奖章”，授予获得全国“安康杯”竞赛优胜班组称号的北京凯捷风公交客运有限责任公司周口店客运站等 10 个班组全国“工人先锋号”荣誉称号。2015 年的全国“安康杯”竞赛活动，以“扩面提质强基础、文化引领增素质”为主题，参赛企业达 50 万余家，参赛职工计约 1 亿多人。北京市朝阳区环境卫生服务中心等 1212 家企事业单位、北京市前门化工原料有限公司仓储运输部等 1403 个班组、北京市昌平一建建筑有限公司王会明等 355 人，分别获得全国“安康杯”竞赛优胜集体、优胜班组、优秀个人称号。

开展“青年安全监督岗”、“青年安全生产示范岗”活动，是共青团开展安全生产工作的重要方式和抓手。1954 年北京矿务局团委在房山煤矿一个掘进队组织进行了“青年安全监督岗”试点，随后在全局推广。1982 年 3 月共青团山西省委和山西煤管局在给团中央和煤炭部的报告中介绍说：1981 年 1—11 月份山西煤炭系统的“青年安全监督岗”，一共“制止违章作业 8324 次，制止违章指挥 1845 次，发现和消除各种事故隐患 762 起，提出合理化建议 4366 条”。当年 5 月共青团中央与煤炭工业部联合发出通知，要求在煤炭系统广泛深入地开展“青年安全监督岗”活动。在总结、吸取煤炭系统的做法和经验的基础上，2001 年 4 月共青团中央和国家安监局联合发出《关于在全国企业开展创建“青年安全生产示范岗”活动的通知》，将这一活动推广到各个行业领域，并作为“当前和今后一个时期企业共青团工作的一项重要内容”。“青年安全生产示范岗”分为国家、省、市、企业若干级别，采取“自下而上、逐级创建”方式，只有获得本级示范岗称号一年以上的集体，方可参与上一级创建评选。在团中央青工部设立了全国创建“青年安全生产示范岗”组委会办公室，建立了创建、申报、考核、命名、表彰和经验推广等工作运行机制。2002 年以来每年进行一次命名和表彰。到 2015 年全国共创建各级“青年安全生产示范岗”近 10 万个，其中国家级示范岗 1365 个。

第九节 安全生产领域的对外开放和中国国际安全生产论坛

我国安全生产领域的对外开放，始于与国际劳工组织的合作交流。该组织成立于第一次世界大战结束后的 1919 年，以改善劳动条件，促进劳动者的职业安全与卫生，建立和维护社会正义等为宗旨。我国是国际劳工组织的创始成员国，也是该组织的常任理事国。1971 年我国恢复了在该组织的合法席位。1983 年 6 月，国务院批准并派出由劳动人事部部长率领的“三方”（政府、工人、雇主）代表团，出席了在日内瓦召开的第 69 届国际劳工大会并在会议上发言。1984 年 9 月，我国首次正式派团参加国际劳工组织召开的第 21 届国际职业卫生大会。之后我国每年都派代表团出席国际劳工组织所组织召开的各种会议。1985 年 1

月国际劳工组织设立北京局作为其在中国的办事机构，负责与我有关政府机关、工会组织、企业团体、学术单位等的联系，以及执行对我国的技术援助和合作项目。全国人大常委会于1994年10月、2001年10月和2006年10月，分别审议批准了《作业场所安全适用化学品公约（170号公约）》、《建筑业安全和卫生公约（第167号公约）》、《职业安全和卫生及工作环境公约（第155号公约）》3个国际劳工公约。2015年国家安监总局和相关部门启动了《促进职业安全与卫生框架公约（第187号公约）》、《预防重大工业事故公约（第174号公约）》的调研和报批工作。与此同时，国家安监总局和国家相关部门还先后加入了国际社会保障协会、国际劳动监察协会、亚太地区职业安全健康组织、国际矿山救援组织等国际组织与机构，积极参与全球范围内的安全生产与职业健康立法、学术交流、技术合作等活动，不断扩大了我国在安全生产、保护劳工权益领域的话语权和影响力。

我国举办的首次以安全生产为主题的国际展会，是1991年12月5—10日在北京国际展览中心联合举行的“国际工业安全防护及预警技术”展览会。这次展会由劳动部、中国国际贸易促进委员会联合举办。邹家华副总理等为展会题词。来自法国、日本等国家（地区）及国内的200多家厂商，展出了各类安全检测检验仪器设备、安全防护装置，防止工业生产过程中火灾爆炸等事故的新技术、新设备、新工艺、新材料，建筑、交通运输安全防护设施等。第二届展览会于1994年11月举行，130家公司参展。1997年11月24—27日举办的第三届展会，名称改为“国际工业安全防护及锅炉压力容器展览会”，国内外160家厂商提供和展出了各类职业安全卫生检测、特种安全防护、锅炉压力容器安全防护及检测检验、各种新型特种劳动防护用品、安全管理与事故预防等数千种技术及设备。

1999年4月26日，由国家经贸委安全生产局和美国利宝互助保险集团（Liberty Mutual Insurance Group）共同举办的首届中国安全生产论坛年会在重庆举行，国家经贸委、劳动和社会保障部、卫生部及北京、上海、大连、南昌市等地劳动部门的有关人员参加会议，并就安全生产形势、任务等进行了研讨。第二届中国安全生产论坛于2000年6月上旬在北京举行，来自世界各地和我国的100多位政府官员、专家学者和企业经营管理人员出席了论坛开幕式。

为进一步拓宽安全生产改革开放、对外交流途径，2002年初国家安监局与国际劳工组织沟通协商，决定共同举办“中国国际安全生产论坛暨职业安全健康技术与设备展览会”。首届论坛以“21世纪安全生产与职业健康”为主题，于2002年10月10日在北京举办。国际劳工局局长胡安·索马维亚发来贺信，预祝论坛取得成功。国际劳工组织北京局局长、论坛组委会副主席庄古在会前接受专题采访并在会上发言。来自国内和美国、英国、法国、俄罗斯等20多个国家的400多位代表出席了论坛。国家安监局（国家煤矿安监局）负责人在开幕式致辞中讲道：中国加入WTO和全球经济一体化大背景，使安全生产面临严峻挑战；经济结构调整、重组和优化为安全生产提供了难得机遇，“面对新形势新任务，我们需要学习借鉴国外先进的管理经验，探索和寻找适合中国国情的安全监管模式，努力促进中国安全生产形势的稳定好转”①。首届展览会以“关心21世纪安全生产，保护劳动健康”为主题，包括杜邦、华瑞等知名厂商在内的国内外140多家企业参加了展览，展出内容涉及安全生产、职业健康领域的各类技术设备、个体防护用品等。

此后中国国际安全生产论坛暨展览会每两年举办一届，逐步成为在全球范围内具有一定影响的安全生产方针政策研讨和安全技术产品展示平台。第二届论坛和展览会以“安全、健康与发展”为主题，于2004年9月2日在人民大会堂开幕。国务委员、国务院秘书长华建敏出席论坛开幕式并发表致辞指出：“搞好安全生产，维护劳动者的生命安全和身心健康，是社会文明进步的标志，也是中国政府始终坚持的一项基本政策”；在本届论坛上，与会代表将围绕“安全、健康与发展”这一主题进行广泛的交流探讨，共同展示安全生产与职业健康领域的最新技术成果，共同寻求在这一领域里的交流合作；“这对促进中国的安全生产

① 《王显政在2002中国国际安全生产论坛暨中国国际安全生产及职业健康展览会开幕式上的讲话》，《中国安全生产年鉴（2002）》，煤炭工业出版社，第42页。

和职业健康工作，将产生积极影响，同时，对推进世界各国职业安全健康事业的发展，也有着重要的意义”。① 2006 年 9 月举办的第三届论坛和展览会以“安全发展与和谐社会”为主题，重点讨论工业化进程中安全生产的规律特点、经验教训，世界 500 强企业的安全理念以及安全文化模式，安全生产与经济社会的可持续发展，安全生产的战略与规划等重大课题。华建敏国务委员出席论坛开幕式并发表讲话，阐述了我国政府安全生产方针政策，展望了我国经济社会安全发展的广阔前景，明确了努力方向和重点任务。2008 年 11 月举办的第四届论坛和展览会以“安全发展、关系民生”为主题。国务院副总理张德江发表了主题演讲，指出要深入贯彻落实科学发展观，牢固树立安全发展理念，以对人民群众生命财产安全高度负责的态度，以更加严明的纪律、更加有力的举措，扎实推进安全生产，促进安全生产与经济社会的同步协调发展。开幕式前，张德江会见了出席本届论坛的美国劳工部部长赵小兰、芬兰社会事务和卫生部部长莉萨·许塞莱、澳大利亚驻华大使芮捷锐以及国际劳工组织的代表等。2010 年 8 月举办的第五届论坛和展览会以“安全发展、预防为主”为主题。张德江副总理出席并发表讲话，论述了中国政府坚持安全发展，保障广大劳动者的生命安全和身心健康的方针政策。除了主论坛外，还设置了安全生产经济政策、职业健康工作实践与发展、矿山企业风险评估及隐患排查治理、煤矿灾害防治与事故查处、建筑施工坍塌事故预防、安全生产责任落实与教育培训、危险化学品（化工）生产过程安全管理、中小企业安全标准化建设、监察执法实践与经验 9 个分论坛。来自我国国内和美国、英国、德国、法国、捷克、日本、韩国、澳大利亚、加拿大等国家的 200 家科研机构和企业参加了展览。2012 年 9 月举办的第六届论坛和展览会以“以人为本、安全发展”为主题。国务委员、国务院秘书长马凯出席论坛开幕式并讲话，强调把保障人民群众生命财产安全放在首位，大力实施安全发展战略，认真落实各项安全生产措施，促进安全生产形势持续稳定好转。

2014 年 9 月举办的第七届论坛和展览会以“强化安全基础建设、提高安全

---

① 《第二届中国国际安全生产论坛今天在北京举行》，2004 年 9 月 2 日，新华网——国内新闻。

保障能力”为主题。国务委员王勇出席论坛开幕式并致辞，指出“促进安全发展，保护劳动者的生命健康安全是国际社会的共同责任。中国愿与世界各国政府、国际组织和科技界、企业界、学术界，进行范围更加广泛、内容更加丰富、形式更加多样的国际合作，相互学习和借鉴，分享知识和经验，共同促进世界安全生产发展进步，共同促进人类社会的安全发展、科学发展和可持续发展”。来自国内外的500多名政府官员、专家学者、企业界人士和国际组织代表参加了论坛；国内和美国、英国、德国、法国、捷克、日本、韩国、澳大利亚、加拿大等国家和地区的207家科研机构和企业参加了安全生产技术设备展览。

国家安监局（总局）单独或与相关部门、相关机构合作，还举办了**国际职业安全与健康监察机制研讨会**（2006年4月，与国际劳动监察协会联合），围绕着“创新监察机制，促进安全发展”这一主题进行了探讨与交流。**中国国际安全生产应急管理论坛暨应急救援技术与装备展览会**，首届为2007年9月，之后每两年举行一届。**中国煤矿安全国际交流研讨会**（2007年4月），探讨我国煤矿安全监管监察机构和煤矿企业，与国际劳工组织、国际采矿和金属理事会等机构合作的领域和方法途径。**中国国际煤矿瓦斯治理与利用大会**（2005年10月），来自国内外政府机构、科研院所和重点煤炭企业的近600名代表出席会议，围绕会议主题“瓦斯防治——煤矿安全的保障”，就瓦斯防治政策法规、瓦斯煤尘爆炸防治技术、煤与瓦斯突出防治技术、煤矿安全及高产高效、煤矿安全管理、教育与培训、煤层气开发与瓦斯利用、瓦斯抽采与瓦斯监测监控技术等专题，进行了交流和讨论。**煤矿瓦斯防治技术国际研讨会**（2008年10月，安徽淮南），研讨会的主题为“依靠技术创新，强化瓦斯治理”。来自10多个国家的政府机构、组织和企业的代表参加了研讨会。交流了国内外瓦斯治理的新技术、新工艺、新设备和新方法。**中国国际职业健康专题交流会**（2009年8月），国际劳工组织的官员和专家介绍了世界职业安全健康现状、职业安全健康国际公约和标准，以及发达国家的经验和做法，与会人员就完善中国政府职业安全健康监管体制、政策进行了交流。**大型石油储罐火灾安全国际研讨会**（2013年7月），来自13个国家的200余名代表就大型储罐安全新技术进行了深入探讨。**中国国际化工过程安**

全研讨会，第一届研讨会2013年9月在山东青岛召开，美国、英国、韩国的专家学者，国内化工企业、科研机构、安全服务咨询机构500多人参加了会议；第二届2015年9月在浙江宁波召开，国内外700余位代表参加了会议，围绕着“推进化工过程安全管理，强化企业安全基础建设”进行了讨论。举办了多届海峡两岸及香港澳门地区职业安全健康学术研讨会和粤港澳安全知识竞赛等。

为提高我国中小危化品企业安全管理水平，2006年国家安监总局国际交流合作中心与美国陶氏化学公司签订了为期3年的危险化学品安全管理示范项目协议书，陶氏化学公司为项目实施提供管理经验和所需资金。还与英国劳氏船级社合作开展了研究制定石油开采法规、标准项目，与南非IGH国际风险管理咨询集团开展了金属非金属矿山安全标准化规范合作项目等。

通过上述国际性论坛、会议等途径，不断扩大了安全生产领域的国际合作与交流。2015年底，我国与世界上50多个国家和地区开展了安全生产交流，建立了直接、固定的合作关系。建立了与国际劳工组织和外国政府安全生产沟通协商机制，组织开展了中美、中国欧盟、中俄、中加政府间安全生产对话活动。组织实施了中美矿山安全合作项目、中澳煤矿安全示范项目（示范煤矿为冀中能源股份有限公司张矿集团）、中国欧盟高危行业职业安全与健康合作项目、中美职业健康合作项目、中日加强职业卫生能力建设合作项目、中日安全生产科技能力建设项目、中日煤矿安全技术培训项目等。继续实施了中德新疆煤田灭火合作项目。采取请进来、走出去的办法，加强安全培训领域的国际合作与交流。2011—2015年，先后邀请国际劳工组织和美国、欧盟、澳大利亚、英国、日本等国家安全生产专家学者480人次，来华为安全生产监管监察人员、企业安全管理人员和班组长、安全培训机构人员授课；先后组织和派出多个团组，前往国际劳工组织设在意大利都灵市的培训基地、德国鲁尔矿区等地，进行安全生产监督管理专业培训。

小结：安全文化内涵丰富、外延开阔。以人为本、生命至上理念，是中国特色安全文化的主旨和精髓。面向企业和基层，面向社会公众开展广泛深入的宣传教育，努力营造关爱生命、关注安全的社会舆论氛围，切实维护人民群众的生命安全和健康，推动经济社会的安全发展和科学发展，是我国安全文化建设的基本任务和最终目标。

建国以来特别是国家安全生产监管体制改革以来，安监系统和安全生产工作战线在安全文化建设方面，进行了积极的探索，取得了丰硕的成果。选择某个时段，在全国或特定的区域和单位，组织开展安全生产月、安全生产周、安全生产日等活动，集中宣传党和国家安全生产方针政策与法律法规，普及安全知识，发动群众排查隐患、防范事故，是我国安全生产工作的一个创造和一项优势，而且被实践证明是切实管用、富有成效的。2002 年以来开展的全国“安全生产月”及其“安全生产万里行”活动，已经发展成为我国安全文化建设、安全生产宣传教育的“品牌”工程。组织开展安全文化示范企业、安全社区、安全发展城市等创建活动，推动安全理念、安全法律知识等进工厂矿山、进城乡社区、进中小学校，有助于增强公众安全意识，把事故防范和全国安全生产形势的持续稳定好转，建立在全社会高度重视、共同参与的可靠基础上。中央和地方主流媒体以宣传安全生产方针政策、揭露非法违法行为和事故隐患等为己任，紧紧扣住安全生产重点工作和热点、难点问题进行宣传报道，发挥了巨大的“正能量”和正确的舆论导向作用。《中国安全生产报》、《中国煤炭报》、《中国安全生产》等报刊杂志是安全生产宣传教育的重要阵地，更加注重从专业、行业角度来反映安全生产领域的矛盾问题和安全生产工作的进展状况，提出加强安全监管、改进安全防范的政策措施。安全生产理论创新和学术研究方面取得的一系列成果，建立在安全生产工作实践的基础上，同时又在推动着实践活动的进一步深入。安全文化产业的兴起，以及安全大众读物、安全书法美术作品、安全影视产品、安全文学艺术作品的逐步繁荣发展，迎合和满足了人们在安全方面的精神需求，在潜移默化中宣传灌输了“以人为本、生命至上”和“安全第一、预防为主、综合治理”的理念与方针。

安全生产教育培训是安全文化建设的重要组成部分。1954 年政务院财政经济委员会批准下发的《关于进一步加强安全技术教育的决定》，奠定了安全教育培训工作的一些基础性制度规范。经过多年的努力，特别是经过国家安监总局加强培训基地、教材和教师队伍“三项建设”，狠抓企业主要负责人、安全管理人员和特种作业人员“三项岗位”培训，使安全教育培训日趋制度化和规范化，从业人员、企业经营管理者的素质和技能得到提高。安全技术与工程学科从无到有，专业人才队伍不断发展壮大。国家通过实行扩大招生规模，以及定向招生、“订单式”培养等途径，缓解了煤矿、化工等行业安全人才紧缺问题。注册安全工程师制度的建立健全，以及注册安全工程师这一独立执业群体的出现，标志着安全管理的专业化、职业化程度的进一步提高。

职工“安康杯”竞赛以及“青年安全监督岗”、“青年安全生产示范岗”等活动的开展，使工会、共青团组织有了开展安全生产工作的得力抓手和有效途径。“中国国际安全生产论坛”暨技术与设备展览会等的举办，扩大了安全生产领域的对外开放和国际合作交流。总之，安全生产的持续加强，安全发展战略的深入贯彻实施，促成了安全文化事业的发展进步；而安全文化建设的繁荣发展，也对安全生产工作产生了重要的推动作用。

第七章

安全生产经济政策的制定与实施

安全生产经济政策即狭义上的安全生产政策，是指政府为调节安全生产领域各方面经济关系，确保安全生产目标实现，而采取的具有引导扶持、激励约束等作用的经济策略、经济手段和经济措施，包括了国家和地方政府为鼓励企业加强安全生产而采取的资金扶持、税收优惠政策；为解决安全投入不足而采取的维持简单再生产费用、更新改造资金、安全费用政策，而设立的安全生产专项资金和基金政策；为促使企业履行抢险救灾和事故善后责任而采取的安全风险抵押政策；为保障从业人员权益、分散企业事故风险而采取的伤亡赔偿抚恤，劳动保险、工伤社会保险和商业保险政策；以及为加强和改善宏观调控、推动安全生产综合治理而采取的矿产资源有偿使用、支持鼓励煤层气（煤矿瓦斯）开发利用政策等。

广义的安全生产政策既包涵了经济政策，也包涵了与安全生产相关的各项政策、策略和措施，涵盖了党和国家安全生产的大政方针、指导原则和基本要求，以及党中央、国务院和地方各级党委政府关于加强安全生产的重大决策部署等。广义上讲，“安全第一、预防为主、综合治理”的方针和安全发展战略，以及实行安全生产“党政同责、一岗双责、失职追责”，整顿关闭不符合安全生产条件的小矿小厂、严厉打击安全生产领域非法违法行为等，也都属于政策的范畴。广义的安全生产政策具有很强的方向性、原则性和指导性。狭义的安全生产政策由于涉及各方面经济关系和经济利益问题，因而更加注重现实针对性、客观公平性和具体操作性。在开展工作时一定要注意二者的区分。尤其在研究制定安全生产经济政策时，一定要求真务实、细致入微，便于操作和实行，防止笼统要求、大而化之。

第一节　早期涉及安全生产的一些经济政策和措施

工伤补偿和抚恤政策。建国之前人命不值钱，对事故伤亡的补偿和抚恤水准极其低下。据1934年2月6日杭州《民国日报》披露，浙江长兴矿区的矿工"万一在矿内给煤气井水等等灾患害死了，工人的家属就可向矿方领取180元的恤金（约为该矿工半年的薪水），这就是一条命的价值"；如果不是死在矿井之内，则分文不给，"谁也不会有一点怜恤"。其他地区则更低一些。河南焦作煤矿当时流传的歌谣："成神不成神，一天两登云；死了一百块，活着千三文。"也即工人下井后如果因事故而死亡，可以得到100元的抚恤金；假如不死，升井后可以得到当日1300文（大约一元）的工资[①]。河北井陉煤矿1922年9月发生一起死亡300多人的瓦斯爆炸事故，"矿方对死难的工人每名付100元了事"[②]。开滦1922年前后，"工人因公致死者恤金20元（大洋），但死马一匹须损失60元，所以该矿有'人命一条不如一马'之诮"[③]。一些土豪、恶霸等开办的厂矿，对事故死亡着的家属毫不怜恤，对受伤者一脚踢开的情况，也比比皆是。

建国之后党和政府对因公伤亡人员及其家属，采取了在当时条件下相对优渥的资金补偿和抚恤政策。1950年11月中央人民政府内务部颁布了《民兵民工伤亡抚恤暂行条例》，规定凡配合部队作战，在前线抬担架、搞运输等而负伤者，

---

① 中国人民解放军政治学院党史教研室编：《死亡线上的中国煤矿工人》，《中共党史参考资料》第二册，1979年4月出版，第301页。

② 王文广：《记井陉煤矿》，《文史资料存稿选编》第21卷，中国文史出版社2002年8月出版，第914页。

③ 《1912—1921年中国工人阶级的状况》，《中共党史参考资料》第一册，1979年4月出版，第113页。

应由县市政府送公立医院治疗或就地请医治疗，致残者视其情况每年发放400~1000斤的粮食；牺牲者授予烈士称号，一次性发给其家属抚恤粮500斤并享受烈士家属待遇。1951年2月政务院发布《中华人民共和国劳动保险条例》，2月26日，政务院发布《中华人民共和国劳动保险条例》，标志着新中国劳动保险制度的初步建立。该条例实施范围为职工人数在100人以上的国营、公私合营、私营及合作社经营单位等，规定工人与职员“因工死亡”（由于发生事故而死亡），按照本单位平均月工资两倍的标准，发给其家属丧葬费；并按照死者月工资25%至50%的标准，按月向其供养的直系亲属发放抚恤金。1956年6月内务部、劳动部发布《关于经济建设工程民工伤亡抚恤问题的暂行规定》，规定民工因工死亡，应由工程单位发给50万至80万元（旧币，下同）棺葬费，并给予其家属一次性抚恤金120万元。其家庭生活困难又缺乏劳动力者，可按其需要供养之直系亲属人数给予一次性补助。民工因工负伤，应在工程单位所属医疗机构或特约医院治疗，其诊疗费、医药费、住院费、就医路费均由工程单位负责。医疗期间工资照发。负伤致残者视其情况给予一次性抚恤金50万至700万元。1996年8月劳动部下发的《企业职工工伤保险试行办法》，将一次性工亡补助标准确定为死亡者所在省（区市）上年度职工48个月至60个月的平均工资。随着经济发展和社会生活水平提高，之后相关标准虽然不断提高，但各地在实际执行中仍普遍感到不足，许多地方在执行国家政策标准的同时，还采取了额外发给一次性补偿、补助金的地方性政策。

企业维简费和“更改”资金政策。建国初期，国营企业生产经营的利润和提取的折旧费全部上交国家，企业所需的设备更新、技术改造等大宗费用也由国家拨款解决。由于绝大部分国营企业为解放后新建或改扩建而成，而设备更新周期一般在10年以上，因此企业安全技术改造等方面的资金需求问题并不突出。到六十年代，一些企业特别是采掘企业由于设备磨损严重，且要进行开拓延深以保持采掘正常接替，靠国家财政拨款难以满足需要。因此采取国家支持一部分，企业在生产成本中列支、提取一部分的做法。从1965年开始，国家规定采掘企业停止按固定资产原值计算、提取和上交基本折旧基金（折旧费），改为按企业产量提取“维持简单再生产费用”（简称“维简费”），并列入生产成本，专门用于设备更新、安全技术改造等。1967 年 1 月国家计划委员会、财政部将“维简费”与企业技术组织措施费、零星固定资产购置费和劳动保护费等费用合并，统称固定资产更新和技术改造资金（简称“更改资金”），规定煤炭、林业、冶金等采掘采伐企业的更改资金、开拓延伸费用按产量提取并摊入成本。1973 年 10 月国家计划经济委员会下发文件，要求企业每年在“更改资金”中安排 10% ~20% 的资金，专项用于劳动保护措施，不得挪用；文件规定矿山、化工、金属冶炼企业提取比例应大于 20% 。1977 年 8 月国家计委、财政部、国家物资总局、国家劳动总局发出《关于加强有计划改善劳动条件工作的联合通知》，要求凡是劳动条件差、安全健康问题严重企业，在安排使用“更改资金”时，应优先保证安全生产、劳动保护措施的需要。

1980 年煤炭系统率先恢复“维简费”的提法。当年 10 月煤炭部、财政部联合发文，将矿井开拓延深、技术改造、安全措施和环节改造工程所需资金，统称为煤矿“维持简单再生产资金”，要求从 1981 年起各矿务局在“专用基金”科目下设“维持简单再生产资金”明细科目。文件称“经煤炭部与财政部协商，并经国务院领导批准”，统配煤矿“维简费”提取标准由以往的吨煤 2.5 元调整为吨煤 4 元，原来实行的“煤矿企业从成本中提 2 元，财政部拨给煤炭部的 5 角照拨”，增加的 1.5 元由煤矿和中央财政分摊，“财政部拨给煤炭部 7 角 5 分，企业从成本中增提 7 角 5 分”①。1983 年煤炭部又实行了按吨煤 2 元标准向用户加收煤矿“维简费”的政策。1985 年国家对统配煤矿实行“投入产出”总承包，取消了吨煤 1.25 元的“维简费”财政补贴，恢复计提固定资产基本折旧基金和井巷工程基金，将维简资金的标准提高到吨煤 7 元（其中折旧基金 3.5 元，井巷工程基金 1.5 元，收取用户 2 元）。1989 年 7 月财政部发文将井巷工程基金调整为吨煤 2.5 元，维简费提高到吨煤 8 元。从 1994 年开始，煤炭部设立了“部长

① 安全生产经济政策（煤矿安全费用）研究课题组编：《煤炭生产安全费用 - 煤矿维简费实务指南》，煤炭工业出版社 2004 年 12 月出版，第 136 页。

备用基金”，按照吨煤1元的标准从煤矿“维简费”中提取，集中用于全国煤矿事故抢险救灾和支持科研、教育等煤炭公益事业的发展。1998年煤炭部撤销、统配煤矿下放地方管理后，停止提取和上交部长基金，煤矿提取的“维简费”全部留在企业，自行支配和使用。

安全生产奖励政策。1952年燃料工业部首次提出煤矿要建立“无事故奖励制度”，规定奖励基金在企业成本内列支。江西萍乡煤矿1950年10月制定了“生产小组无伤亡事故奖励办法”，按工种和具体职责来确定奖金系数和奖金额，一月一评比；1952年10月制定出台了《萍乡矿务局保安奖惩办法》，对安全生产取得成绩的单位和个人予以加薪晋级、发给奖金等多种形式的激励，对事故责任者则视情节轻重予以处罚。五六十年代，许多地方和企业通过行政拨款、成本列支、罚没提成等途径，建立了安全生产奖励基金，用以奖励对安全生产有贡献的单位和个人。改革开放之后，企业普遍以管理层为重点，建立和实行了安全生产抵押金制度，在规定期限内不发生事故或达到安全生产考核指标的，可以加倍或数倍返还抵押金；否则部分或全部没收抵押金。这种由企业自行制定的安全奖惩“土政策”，一方面在强化安全生产责任、调动企业管理人员安全生产积极性上起到了切实作用；另一方面也由于缺乏统一和规范，在透明度、公正性上存在着一些不够完善、让人诟病的问题。

对安全生产的资金扶持政策。建国初期，在国民经济极其困难的情况下，各工业部门、各地区千方百计筹措资金，支持和引导企业改善安全生产条件。在燃料工业部的政策指导和资金扶持下，华东和华北地区70%、东北地区84.4%的国营煤矿采用了机械通风设备。铁道部1951年用于劳动保护特别是安全技术方面的经费达900多亿元（旧币，下同），关内6个铁路管理局从建国到1951年底共购置和安装安全设备7000余处，约为解放前铁路安全设备总量的4倍。东北人民政府1951年拨专款300亿元，在国营企业中增建和扩充业余疗养所79所，床位3800张。华东工业部1952年批准所属46个工厂改进设备的费用就达320亿元。国务院副总理李富春1955年7月5日在第一届全国人民代表大会第2次会议上所作的《关于发展国民经济的第一个五年计划的报告》中说：

“一五”计划期间，“国营企业和国家机关所支付的劳动保险基金、医药费、福利费和文化教育费将共达50亿元以上。”

第二节　劳动、工伤社会保险政策

我国东北地区最早建立和实行了劳动保险制度。1948年12月东北行政委员会发布命令，颁布实施了《东北公营企业战时劳动保险条例》，要求东北地区所有国营（公营）的铁路、矿山、军工、军需、邮电、电气、纺织等企业，于1949年1月起，按本企业工资总额的3%提留劳动保险金。其中70%留本企业，主要用于职工因公死亡抚恤金、因公负伤医疗费、养老补助金等支出；30%存储于指定银行——东北银行“劳动保险总基金”账户内，由东北职工总会集中掌握，主要用于“职工疗养所、职工残废院、丧失父母之职工儿女保育员及学校、老年工人休养所”等方面的支出。[①] 东北银行需将基金收入支出情况按月造表，呈报东北行政委员会劳动局及东北职工总会。《东北日报》为此发表了题为“东北工人阶级获得的伟大果实”的社论，欢呼劳动保险制度的建立。

中央人民政府成立后，按照《共同纲领》“逐步实行劳动保险制度”的要求，煤矿（燃料）、铁路、兵工、钢铁（重工业）、邮电等产业部门积极推广劳动保险。到1950年底全国参加劳动保险的人数达140万人。1951年2月政务院公布了《中华人民共和国劳动保险条例》，决定先在百人以上的各类企业和铁路、航运、邮电单位进行劳动保险试点，等到试点工作有了一定的进展，取得经验后再行推广。到1952年3月，全国百人以上的各类企业中，参加劳动保险的达到260多万人，连同职工的家属计算在内，约有1000万人。在百人以下的多数企业中也签订了含有劳动保险内容的劳动合同，仅华东区订立此项合同的职工就有50000多人。据国家有关部门1951年第三季度的统计，全国共支出劳动保险费用1648亿元（旧币，下同），约130万名职工及其家属从中受益。其中支

---

① 中央政策研究室编：《政策汇编》，中共中央山东分局印，1949年8月出版，第245页。

付伤残费59亿元，占3.6%；死亡费39亿元，占2.4%；疾病保险费用609亿元，占36.9%；生育费109亿元，占6.6%；养老费19亿元，占1.2%。用于兴办集体劳动保险事业（营养食堂、残废院、疗养所、休养所、养老院等）支付804亿元，占49%。职工生、老、病、死、伤、残等方面的特殊困难，在实行劳动保险制度后初步得到解决。湖南锡矿山工人刘自烽说：过去“做工做到老，还有三年米冒（没）讨；只有危险，那里谈得上保险。”武汉震寰纱厂老工人陈德胜说：“劳动保险比儿子还可靠”①。

1953年1月政务院发布《关于中华人民共和国劳动保险条例若干修正的决定》。修正后的劳动保险条例扩大了实施范围，由百人以上企业扩大到工厂、矿场及交通事业的基本建设单位、国营建筑公司。提高了劳动保险待遇，废止停工医疗以六个月为限的规定，适当提高职工疾病医疗期间待遇标准，规定贵重药费的酌情补助，丧葬费、丧葬补助费、非因工死亡家属救济费亦酌量增加。1954年国务院的政府工作报告指出：建国以来“职工劳动条件和福利设施有了重大的改善”，35个工业部门为职工直接支付的劳动保险费、医药费、文教费和福利费平均相当于工资总额的17%；1953年享受劳动保险待遇的职工已有480余万人，享受公费医疗待遇的国家机关工作人员和教育工作人员已有529万余人，其他中小企业中的职工也多半同企业订有劳动保险合同。由于国家用了很大的资金改进工矿企业的安全卫生设备，职工因工伤亡率正在逐年减少。

为适应改革开放后多种所有制、多种用工形式并存的情况，1980年7月国务院颁布了《中华人民共和国中外合资经营企业劳动管理规定》，1986年11月劳动部发布《关于外商投资企业用人自主权利和职工工资、保险福利费用的规定》，1989年9月劳动部发布《私营企业劳动管理暂行规定》，要求各种所有制类型的企业都要为从业人员办理劳动保险。但实际执行中遇到阻力，多数外商投资企业、私营企业以及部分集体企业员工没能及时办理劳动保险。

为扩大社会保险覆盖面，使全体劳动者共享改革成果，1991年3月七届全

① 《两年来劳动保险工作的成绩》，《人民日报》1952年5月1日。

国人大四次会议批准的《国民经济和社会发展十年规划和第八个五年计划纲要》，把改革劳动保险，建立工伤社会保险制度，摆上了“八五”经济社会发展日程。1994 年 7 月颁布的《中华人民共和国劳动法》，把工伤保险作为我国社会保险五项基本制度（养老、医疗、工伤、失业、生育）之一，作出了明确的规定。1996 年 8 月劳动部在总结试点地区经验的基础上，发布了《企业职工工伤保险试行办法》，我国工伤社会保险制度从此建立。与建国后长期实行的劳动保险制度相比，工伤保险扩大了覆盖面，适用于我国境内所有企业及其所有从业人员；提高了工伤保险待遇，如护理费标准由之前的每月 50 多元提高到当地社会平均工资的 50%、40% 和 30%（依据不同护理等级)），丧葬费标准由过去的企业 3 个月平均工资提高为本省区 6 个月的社会平均工资，同时增设了对工亡人员家属的一次性补助金（为本省区 48 个月至 60 个月的社会平均工资）。工伤保险制度受到企业和职工的欢迎，很快在全国推开。到 1997 年底有 27 个省区、1400 多个市县实行统筹，参保职工达到 3507 万人。2003 年 4 月国务院正式颁布了《工伤保险条例》，自 2004 年 1 月 1 日起施行，标志着工伤社会保险制度的成熟完善。

第三节　《国务院关于进一步加强安全生产工作的决定》推出的安全生产三项经济政策

建立煤矿等高危行业安全生产费用制度的政策。《决定》要求借鉴煤矿提取安全费用的经验，建立企业提取安全费用制度；要求各地区、各行业“根据地区和行业的特点，分别确定提取标准，由企业自行提取、专户储存，专项用于安全生产”。

企业提取安全费用的做法源于煤炭行业。上世纪九十年代后期，一些国有煤炭企业按照吨煤若干元的标准，提取一定的安全生产费用以弥补维简费的不足。云南、重庆、山西、陕西、湖南等省市的一些产煤市县，分别对小煤矿征收一定数额的安全基金，集中用于煤矿安全生产基础设施、瓦斯监测系统建设和抢险救灾、新技术推广等。

国家煤矿安监局2002年对山西、河南等13个省区煤矿安全投入情况进行的抽样调查标明：全国煤矿安全欠账500亿元以上，相当于规模以上煤炭企业当年销售收入的1/4。2003年3月中国老年科学技术工作者协会主办的《科技工作者建议》，登载了一些老同志提出的“关于煤炭安全生产的建议”，指出煤矿维简费和安全投入不足的问题很严重，要求国家建立煤矿安全基金，以解决安全欠账问题，提高煤矿安全保障能力。国务院领导作出批示，要求予以研究。国家煤矿安监局为此对全国煤矿维简费的提取和使用情况，进行了全面的摸底调查。国有煤矿1995、1998、2001年度吨煤提取维简费分别为6.74元、6.45元和5.62元，均低于煤炭部1989年规定的8元标准。维简费只有一部分用于安全生产。如黑龙江双鸭山矿务局2002年提取维简费22125万元，其中安全生产支出2611万元，占11.8%。乡镇集体和个体煤矿则普遍不提取维简费。导致煤矿技术装备落后，安全生产基础薄弱，事故多发。

2003年8月20日国务院常务会议专题研究了煤矿安全生产问题。会议纪要指出：“为建立各类煤矿安全生产设施的长效投入机制，可以考虑提高煤矿维简费的标准，或提取煤矿安全费用等办法，建立起稳定的安全保障供给能力资金渠道，专项用于煤矿安全生产”。[①] 随后财政部会同国家发展改革委、国家煤矿安监局和中国煤炭工业协会，对全国18个主要产煤省的870户煤炭企业的情况进行了调查汇总和测算分析，并联合向国务院作出请示，要求国家建立煤矿安全费用提取制度，所有煤炭企业都必须在规范“维简费”管理的基础上，另行提取安全生产费用，计入当期成本。2004年5月经国务院批准，财政部、国家发展改革委、国家煤矿安监局联合发出《关于印发〈煤炭生产安全费用提取和使用管理办法〉和〈关于规范煤矿维简费管理问题的若干规定〉的通知》。依据瓦斯等灾害程度，分别确定了大中型煤矿、小型煤矿各类矿井安全生产费用提取的下

① 财政部经济建设司、国家安监总局办公厅（财务司）编：《安全生产经济政策汇编》第51页，中国财经出版社2007年3月出版。

限和上限，要求企业在规定的浮动范围内自行确定提取标准，报当地税务机关、煤炭管理部门和煤矿安全监察机构备案，年度结余资金允许结转下年度使用；企业提取的安全费用计入当期成本，在缴纳所得税前列支。同时进一步规范了煤矿维简费制度，对不同地区煤矿维简费提取标准进行了调整和明确，要求坚持先提后用、量入为出的原则，专款专用，专项核算，主要用于生产正常接续的开拓延深、技术改造等，以确保矿井持续稳定和安全生产。2005 年 4 月财政部、国家发展改革委、国家安监总局和国家煤矿安监局又联合发文，对煤矿安全费用提取标准进行调整，取消上限，提高下限。调整后大中型煤矿高瓦斯矿井等吨煤不低于 8 元（灾害严重的 45 户重点监控企业吨煤不低于 15 元），低瓦斯矿井吨煤不低于 5 元，露天矿吨煤不低于 3 元；小型煤矿高瓦斯矿井等吨煤不低于 10 元，低瓦斯矿井吨煤不低于 6 元。

2006 年 3 月财政部和国家安监总局联合下发《烟花爆竹生产企业安全费用提取与使用管理办法》，确定建立烟花爆竹安全生产费用制度，要求烟花爆竹生产企业按照年度销售收入提取，列入成本，主要用于完善和改造安全设施、购置防爆机械电器设备配备和检验检测仪器等方面的资金支出，形成企业安全生产设施的长效投入机制。

2006 年 12 月财政部和国家安监总局联合下发的《高危行业企业安全生产费用财务管理暂行办法》，将安全生产费用提取使用制度推广到矿山开采（石油和天然气、金属矿、非金属矿及其他矿产资源的勘探、生产、闭坑及有关活动）、建筑施工（土木工程、建筑工程、井巷工程、线路管道和设备安装及装修工程的新建、扩建、改建以及矿山建设）、危险品生产（列入危险货物品名表和剧毒化学品目录的物品，以及军工生产危险品和民用爆炸物品等）以及道路交通运输企业（以机动车为交通工具的旅客和货物运输）。明确规定安全生产费用“是指企业按照规定标准提取，在成本中列支，专门用于完善和改进企业安全生产条件的资金”；规定了各类企业安全费用的计提方法、标准，矿山企业安全费用依据开采的原矿产量按月提取，建筑施工企业以建筑安装工程造价为计提依据，危险品生产企业以本年度实际销售收入为计提依据，道路交通运输企业以营业收入为计提依据，安全费用主要用于完善、改造和维护安全防护设备设施，配备应急救援器材、设备和现场作业人员安全防护物品，安全检查与评价，重大危险源、重大事故隐患的评估、整改和监控等方面的支出。企业应当建立健全安全费用管理制度，明确安全费用使用、管理的程序、职责及权限，接受安全生产监督管理部门和财政部门的监督。安全费用形成的资产纳入相关资产进行管理。企业安全费用提取和使用政策的实施，建立了安全投入的固定渠道和长效机制，逐步扭转了煤矿等高危行业长期以来安全投入不足、基础薄弱的状况。

加大生产经营单位对事故伤亡经济赔偿的政策。《决定》要求依法加大生产经营单位对伤亡事故的经济赔偿。生产经营单位必须认真执行工伤保险制度，依法参加工伤保险，及时为从业人员缴纳保险费。同时，依据《安全生产法》等有关法律法规，向受到生产安全事故伤害的员工或家属支付赔偿金。进一步提高企业生产安全事故伤亡赔偿标准，建立企业负责人自觉保障安全投入，努力减少事故的机制。

随着社会进步和人民生活水平的提高，以往规定的事故伤亡抚恤和补助标准显得过低。2004 年之前山西省煤矿事故死亡，工伤社会保险和矿方给予的补偿累计约 3 万至 5 万元，最高者约 8 万元；全国的补偿水准约在 2 万至 4 万元之间。既未能彰显生命价值的珍贵，也不足以使企业深刻记取事故教训、下决心加大投入消除事故。又由于工伤社会保险制度主要作用在于分散、化解用人单位事故风险，其缴费标准统一，发生事故后的赔偿金由政府统一设立的“工伤保险基金”公共账户支出。事实上是由同一行业、同类企业均摊事故成本，分散用人单位的事故风险。单纯依靠工伤社会保险，难以调动企业增加安全投入和防范事故的积极性。个别思想觉悟不高的业主，还可能由于事故风险被分散和转嫁，而忽视安全生产。为加大企业事故成本，建立一种促使“企业负责人自觉保障安全投入、努力减少事故的机制”，国务院规定企业在认真执行工伤保险制度、依法为从业人员缴纳保险费的同时，还要向受到事故伤害的员工或家属支付赔偿金。也即受伤者本人或者工亡职工遗属除了依法获得从社会工伤保险账户支付的工伤保险赔偿金之外，还有权依法向企业提出赔偿要求，再拿到一笔数额较大的补偿费用。

国务院这一政策出台后，四川、河南、山西等省相继推出地方性政策，加大企业事故伤亡赔偿额度。《四川省煤矿企业生产安全事故人身死亡补偿办法（试行）》规定因工死亡人员补偿金额不得低于20万元，参加了工伤社会保险的由统筹地区的工伤保险基金支付，未参加的由事故发生单位支付；工伤保险基金支付不足20万的，其不足部分由事故发生单位支付。山西省也把煤矿事故死亡补偿标准提高到“不得低于20万元人民币”。2004年10月河南省政府在对郑州煤炭工业集团大平矿“10·20”特别重大瓦斯爆炸事故进行善后处置时，首次将死亡赔偿标准提高到30万元。

由于工伤保险制度改革相对滞后，国务院《决定》出台后的一段时间里，多数地方和单位在办理工伤补助和抚恤时，仍然执行国家原定标准。陕西省铜川矿务局陈家山煤矿2004年“11·28”特别重大瓦斯爆炸事故的善后处置，其丧葬补助金按上年度全省职工月平均工资的6倍即5730.6元，一次性工亡补助金按上年度全省职工月平均工资的48倍即45844.8元，以上两项合计为51575.4元。此外按照工亡者原工资的40%、30%，向其配偶、其他亲属按月发放抚恤金。其补偿水准显然较低，为此劳动部门积极着手对工伤保险制度进行了改革。2010年12月国务院颁布新的《工伤保险条例》，将一次性工亡补助金标准提升为上一年度全国城镇居民人均可支配收入的20倍，约为原标准5倍。按2009年度全国城镇居民人均可支配收入17175元计算，2010年一次性工亡补助金为34.35万元。一些地方在执行新的工伤补助标准的同时，把企业补偿部分进一步加码，最高的达到或超过100万元，使发生事故的企业痛感“死不起人”，从而舍得在预防事故上花大钱、下大功夫。

建立企业安全生产风险抵押制度的政策。国务院《决定》要求“对矿山、道路交通运输、建筑施工、危险化学品、烟花爆竹等领域从事生产经营活动的企业，依法收取一定数额的安全生产风险抵押金，企业生产经营期间发生生产安全事故的，转作事故抢险救灾和善后处理所需资金”。

随着事故责任追究和处罚力度的不断加大，一些地方出现了事故发生后企业负责人“跑路”现象。一些小矿小厂的业主由于经济能力有限或者有意逃避责任，常常在发生较大以上事故后试图“一跑了之”；即使不跑，也由于账上没钱，而把抢险救灾和事故善后全部推给地方政府。2002 年 6 月 22 日山西省繁峙县义兴寨金矿一处矿井井下发生特别重大火药爆炸事故，矿主将遇难矿工尸体焚烧藏匿、把矿上财产转移后逃亡。2003 年 7 月 13 日，河南省登封市东风煤矿发生特别重大透水事故，该矿法人代表、矿长、分管安全的副矿长、总技术员不顾井下 20 余名矿工的生死，全部外逃。2003 年 12 月 26 日发生重大爆炸事故的武安市上团城乡北岭煤矿的业主之一杨某，直到 2007 年 8 月才被逮捕归案。为扭转这种“业主发财、政府发丧”现象，促使生产经营单位履行事故救援、善后等责任，国务院要求对矿山等高危企业，依法收取安全生产风险抵押金。

按照财政部、国家安监总局联合发文要求，煤炭行业于 2006 年 1 月 1 日起率先执行这一制度。《煤矿企业安全生产风险抵押金管理暂行办法》对抵押金的存储标准做了规定：年产规模 15 万吨以下矿井为 60 万至 300 万元；15 万吨以上矿井以 300 万元为基数，每增加 10 万吨多存储 50 万元，最高为 600 万元。风险抵押金实行专户管理。由煤矿到指定银行开设账户，一次性存入，由安全监管部门、煤矿企业和代理银行三方共同监管，其所有权和使用权归煤矿企业，主要用于“煤矿企业为处理本企业生产安全事故而直接发生的抢险、救灾费用支出；煤矿企业为处理本企业生产安全事故善后事宜而直接发生的费用支出。”煤矿当年没有发生事故、没有动用风险抵押金的，可以自然结转，下年不再存储。当年发生事故、动用了抵押金的，要重新核定其存储数额，及时补齐。2006 年 7 月 26 日财政部、国家安监总局、中国人民银行联合下发《企业安全生产风险抵押金管理暂行办法》，规定从当年 8 月 1 日起，非煤矿山、交通运输、建筑施工、危险化学品、烟花爆竹等行业开始实行安全生产风险抵押金制度。其存储金额小型企业不低于 30 万元，中型企业不低于 100 万元，大型企业不低于 150 万元，特大型企业不低于 200 万元。各类企业存储上限原则上不超过 500 万元。并规定在企业负责人事故发生后逃逸，或没有主动支付相关费用的情况下，安全生产监督管理部门及同级财政部门可以根据需要，将风险抵押金部分或者全部转作事故抢险、救灾和善后处理所需资金。

2010 年 12 月之后，根据《国务院关于保险业改革发展的若干意见》“完善高危行业安全生产风险抵押金制度，探索通过专业保险公司进行规范管理和运作”的要求，一些地方将已缴纳的风险抵押金转换成安全生产责任保险。截至 2014 年底，全国安全生产风险抵押金现存余额约 92 亿元，已用于事故抢险救援、善后处理的费用约 0.78 亿元。这项制度的建立和实行，对解决一些企业主要是小企业事故发生后抢险救援和事故善后处置资金缺乏问题，起到了较好的作用。

第四节 商业保险进入安全生产领域和安全生产责任保险

保险业与安全生产工作相结合，商业保险机构主动介入安全生产和事故预防，是国外的一条成功经验。商业保险的差别费率机制，以及商业保险机构从自身利益出发而开展的防灾防损工作，都有助于促进企业的安全生产；尤其“商业保险机构在伤亡事故发生后开展的理赔勘查，是对企业安全生产工作的一种特殊形式的监督”①。基于上述认识，有关方面在推动商业保险进入安全生产领域、运用商业保险机制促进安全生产工作方面，进行了积极探索。

1996 年颁布实施的《煤炭法》第四十四条规定，“煤矿企业必须为井下作业职工办理意外伤害保险，支付保险费”。煤炭部为此进行了调研并着手制定试行办法，由于煤炭工业管理体制变化而搁置。在缺乏全国统一实施方案和政策性规定的情况下，中国人寿保险股份有限责任公司、新华人寿保险股份有限责任公司、中国平安养老保险股份有限责任公司等 10 余家国内保险企业，以《煤炭法》相关规定为依据，采用“团体人身意外伤害保险”、“附加意外伤害医疗费用保险”等险种，主动拓展煤矿意外伤害保险业务。据测算，其保险收费标准

① 《王显政：商业保险对安全生产工作有三大促进作用》，新华网——政府在线——政要言论。http://news.xinhuanet.com/zhengfu/2004-06/07/。

平均为724元/人，赔偿金额平均为6.67万元。此举尤其受到那些安全基础较差、事故较多的小煤矿的欢迎，其投保愿望强烈。一些地方政府对此也予以支持和推动。这使煤矿意外伤害保险成为率先进入安全生产领域的商业险种。根据2006年的一次抽样调查，参加意外伤害保险的煤矿约占全国煤矿总数的58%；在统计调查的145.7万井下工人中，有43.5万人参加了意外伤害保险，约占30%。

2004年7月国务院总理温家宝会见美国利宝互助集团总裁时，表示希望利宝互助集团协助中国推动和加强安全生产工作。随后该企业会同国家安监局国际交流合作中心组成专家组，开展了《发展保险制度，改善中国安全生产》的课题研究。当年7月22日国家安监局与中国保险监督管理委员会联合举办“中国责任保险发展论坛”，以“责任保险与安全生产”为主题进行了深入讨论。全国人大常委会副委员长顾秀莲出席会议并发表讲话，强调要发挥责任保险的社会管理和经济补偿功能，为各行各业安全生产提供风险管理，促进安全生产。随后，中国保监会将山西省确定为煤矿雇主责任险的试点省份，将重庆市作为火灾公众责任保险试点地区。广东、江苏和山东省政府相关部门下发文件、出台政策，倡导高危行业企业积极投保雇主责任险、火灾公众责任险、人身意外伤害险等险种。江苏省安监局还对企业参加保险的范围、保额、投保方式等作出规定，成为全国最早将商业保险引入安全生产领域的省份之一。

2006年初温家宝总理在全国安全生产工作会议的讲话中，要求“推进工伤保险和意外伤害保险改革”。2006年6月国务院下发《关于保险业改革发展的若干意见》，要求采取市场运作、政策引导、政府推动、立法强制等方式，发展安全生产责任保险，“利用保险事前防范与事后补偿相统一的机制，充分发挥保险费率杠杆的激励约束作用，强化事前风险防范，减少灾害事故发生，促进安全生产和突发事件应急管理”；要求“在煤炭开采等行业推行强制责任保险试点，取得经验后逐步在高危行业、公众聚集场所、境内外旅游等方面推广”。当年9月，国家安监总局和中国保监会联合下发《关于大力推进安全生产领域责任保险，健全安全生产保障体系的意见》，提出首先在采掘、建筑等高危行业推行雇主责任险、商业补充工伤责任人保险的试点。这一阶段安全生产领域的商业保险，主要是指雇主责任险、公众责任险及相关附带险，尚未生成“安全生产责任保险”险种及其“安责险”概念。

2006 年 9 月山西省在实行煤矿意外伤害保险的基础上，在大同市率先进行了煤矿安全生产责任险的试点。2008 年，湖南省在非煤矿山、烟花爆竹、危险化学品 3 大高危行业全面推行安全生产责任险，并实行“安责险”与足额缴纳安全生产风险抵押金“双轨运行”，由企业任选其一。湖北省在高危行业同时推行雇主责任险、公众责任险和安全生产责任保险多个险种。上海市在化工行业推行安全生产责任险。在国家政策引导和各方推动下，“安责险”开始成为独立险种，并逐步规范完善。

为解决“安责险”与安全生产风险抵押制度的冲突问题，2009 年 1 月国家安监总局批准湖北、湖南、河南等地进行试点，探索“安责险”与安全生产风险抵押金配套改革办法。当年 6 月国家安监总局在郑州召开座谈会，交流试点单位的做法和经验，探讨推进“安责险”的思路和措施。2009 年 7 月国家安监总局发文，要求各地安监部门从建立安全生产长效机制出发，采取政府推动和市场化运作相结合的方式，在煤矿、非煤矿山、危险化学品、烟花爆竹、公共聚集场所等高危行业积极推行安全生产责任保险。由企业负责为员工办理缴费，赔付资金主要用于事故发生后的人身伤害赔偿、医疗费用赔偿等。运用行业差别费率、企业浮动费率，以及从征集的责任保险资金中支付预防事故费用、救援费用等，实现安全与保险的良性互动。随后各地都下发文件积极推行。2013 年 5 月国家安监总局启动全国烟花爆竹行业“安责险”统一保险示范项目。2014 年 8 月新修改的《安全生产法》规定“国家鼓励生产经营单位投保安全生产责任保险”，为“安责险”的全面推行提供了法律依据。

到 2014 年底，全国共有 30 个省份（不含仍实行风险抵押金政策的广西、贵州）的 22. 88 万个企业参加了安全生产责任保险，保费支出 22. 99 亿元，保险额度约 10462 亿元，当年赔付额度 7. 46 亿元。以山东省东营市某小型化工企业为例，该企业投保“安责险”后每年只需交 1. 4 万元的保费，即可获得近千万元保险额度的保障。湖南省 2013 年在全省建筑行业强制推行“安责险”，全省 10473 个建设项目全部投保。其中的张家界永安大桥建设项目交保费 6548 元，8 月 29 日该项目发生事故造成一死一伤，得到保险公司赔付 94 万元。保利集团山东济南民爆科技公司投保了中国人保财险山东分公司的“安责险”。2013 年 5 月 20 日该企业发生特别重大爆炸事故，造成 33 人死亡，19 人受伤。承保公司在事发后立即派员到现场，当日预付赔款 600 万元，累计赔付 1375.18 万元，为企业抢险救援、善后处置和恢复生产，提供了资金支持。

第五节　贯彻国务院 116 次常务会议精神、实施安全生产“十二项治本之策”所涉及的经济政策

2005 年 12 月 7 日河北省唐山市刘官屯煤矿特别重大瓦斯爆炸事故发生后，正在国外出访的国务院总理温家宝发回电报，要求有关部门认真总结事故教训，拿出遏制重特大事故的断然措施，提出治理安全生产深层次问题的对策。2005 年 12 月 21 日，温家宝总理主持召开国务院第 116 次常务会议专题研究安全生产工作。会议听取了国家安监总局负责人的汇报，决定多措并举，推动安全生产标本兼治和长效机制建设。加快制定安全发展规划，建立和完善安全生产指标及控制体系；加强行业管理，修订行业安全标准和规程；增加安全投入，扶持重点煤矿治理瓦斯等重大隐患；推动安全科技进步，落实项目、资金；研究出台经济政策，加强和改善宏观调控；加强教育培训，规范煤矿招工和劳动管理；加快安全立法；建立安全生产激励约束机制；强化企业主体责任，严格企业安全生产绩效考核；严肃事故查处和责任追究，惩治失职渎职、官商勾结等腐败现象；倡导安全文化，加强社会监督；完善监管体制，加快应急救援体系建设。上述措施也被称为安全生产“十二项治本之策”，构成了社会主义市场经济条件下安全生产综合治理、重在治本的政策策略和措施体系。2006 年 4 月 13 日国务委员兼国务院秘书长华建敏主持召开会议，强调要紧紧围绕着十二项治本之策，抓紧研究制定具体的政策措施。

为贯彻落实国务院第116次常务会议精神，国家安监总局和相关部门围绕着加强和改善宏观调控，研究制定了多项与安全生产相关的经济政策。

煤炭等矿产资源有偿使用政策。长期以来我国对矿产资源实行无偿划拨，投产之后按实际产量征收一定数额的矿产资源税、矿产资源补偿费和教育费附加等税费。这种方式既易于导致在办矿审批、资源划拨环节出现腐败问题，也容易造成乱采滥挖、超层越界开采，引发事故灾难。从2003年开始，山西、内蒙古等资源大省进行了矿产资源使用制度改革的试点，在煤矿资源实行有偿使用，提取煤矿可持续发展基金、环保基金和转产基金等方面，进行了探索。国务院116次常务会议后，国家安监总局会同国家发展改革委、财政部、国土资源部、劳动和社会保障部、环保总局联合组成“煤炭资源管理”调研组，到山西指导试点，探索以招标竞标、挂牌拍卖等市场运作方式，出让新设立的煤炭资源采矿权。2006年9月国务院批复同意了财政部、国土资源部、国家发展改革委联合制定的《关于深化煤炭资源有偿使用制度改革试点的实施方案》，决定选择山西、内蒙古、黑龙江、安徽、山东、河南、贵州、陕西进行这项改革的试点。针对试点中出现的问题，财政部、国土资源部先后下发了《关于深化探矿权采矿权有偿取得制度改革有关问题的通知》（2006年10月）、《以折股形式缴纳探矿权采矿权价款管理办法（试行）》（2006年10月）、《关于探矿权采矿权有偿取得制度改革有关问题的补充通知》（2008年2月）等文件。试点各省普遍对煤炭采矿权进行了清理，通过资源整合，以现金或折股形式征缴探矿权、采矿权价款，基本建立了煤炭资源有偿使用制度。2013年5月国家发展改革委《关于2013年深化经济体制改革重点工作的意见》，表明要继续“深化矿产资源有偿使用制度改革试点”，尽快形成以资源税费和矿产资源有偿使用制度为基本内容的改革方案。2014年我国约15万个矿山企业中，有2万个企业通过市场机制、以有偿使用的方式取得了采矿权或探矿权。2015年底财政部、国家税务总局在总结试点经验的基础上，起草了关于全面推进资源税改革的方案并上报国务院（2016年5月财政部、国家税务总局下发通知，决定自当年7月1日起全面推进资源税改革）。

矿产资源开发整合政策。我国矿产资源开发领域存在的严重无序现象，是造成矿山事故多发的主要根源。对矿产资源开发进行整合，整顿关闭不具备安全生产条件、破坏资源、污染环境的小矿山，扭转矿山企业“多、小、散”局面，是实现矿产资源优化配置、保证矿产品有效供应的需要，也是加强矿山安全生产的要求。2006 年 12 月国务院办公厅转发了国土资源部、国家发展改革委、国家安监总局等部门联合提出的《对矿产资源开发进行整合的意见》，要求各地在贯彻落实《国务院关于全面整顿和规范矿产资源开发秩序的通知》、对矿产资源开发秩序进行的整顿和规范的基础上，以“影响大矿统一规划开采的小矿，一矿多开、大矿小开的矿区，小矿密集区，位于地质环境脆弱区范围内的矿区”为重点，通过收购、参股、兼并等方式，对矿山企业依法开采的矿产资源及生产要素进行重组，实现资源优化配置和矿山开发合理布局。要求注重运用经济手段推进整合工作，保护矿业权人的合法权益。对影响大矿统一规划开采的小矿，凡能够与大矿进行整合的，由大矿采取合理补偿、整体收购或联合经营等方式进行整合。坚持政府引导和市场运作相结合，综合运用经济、法律和必要的行政手段，依法推进整合工作。2009 年 9 月国土资源部下发《关于进一步推进矿产资源开发整合工作的通知》，针对一些地方存在的运作不规范、整合不彻底等问题，进一步明确了整合的目标任务和必须坚持的原则，要求各地科学编制方案，合理确定整合主体，鼓励优势企业参与整合，规范证照办理程序，实施适度优惠政策，调动参与整合的积极性。到 2010 年底全国共完成 6574 个矿区的资源开发整合工作任务，涵盖煤、铁、锰、铜、铝、铅、锌、钼、金、钨、锡、锑、稀土、磷、钾盐等重要矿种，涉及矿业权 58809 个（占全国矿业权总数的 40%）。整合矿区矿业权减少了 44%。全国矿山数量从 2005 年的 12.7 万座减少到 2010 年的 11.3 万座，净减少 11.2%。大型矿山从 3331 座增加到 4684 座，净增长 40.6%。2010 年在矿山企业总数大幅度减少的同时，全国固体矿山产量达到 90 亿吨，比 2005 年增加 38 亿吨。其中全国煤炭矿山从 2005 年的 1.8 万座减少到 2010 年的 1.3 万座，原煤产量从 22.4 亿吨增加到 32.4 亿吨。“十一五”期间，全国煤炭百万吨死亡率由 2005 年的 2.81 下降到 2010 年的 0.75，非煤矿山死亡

人数下降了45.6%。

煤层气开采利用（煤矿瓦斯治理）优惠扶持政策。瓦斯既是煤矿安全生产的重大隐患，也是“宝贵的能源资源”。为变害为宝，根治煤矿瓦斯灾害，2006年6月国务院办公厅下发《关于加快煤层气（煤矿瓦斯）抽采利用的若干意见》，明确了一系列鼓励和扶持政策：下放煤层气项目的审批权限；扩大鼓励和扶持政策覆盖范围，包括井下抽采系统、地面钻探泵站、输配气管网、煤层气压缩提纯和储存销售、煤层气发电和民用燃烧、煤层气化工产品等在内的抽采利用项目都可以享受相关的优惠扶持政策；煤层气抽采利用项目建设用地按国家有关规定予以优先安排；煤炭企业开发的煤层气优先并入天然气管网及城市公共供气管网；煤矿企业利用煤层气发电，自用之外的电量优先安排上网销售；对抽采利用实行税收优惠政策；煤层气抽采利用设备在基准年限基础上实行加速折旧；减免煤层气勘探利用企业的探矿权使用费和采矿权使用费；要求地方政府积极筹措资金，为煤层气抽采利用项目提供资金补助或贷款贴息。2006年10月财政部、海关总署和国家税务总局联合下发《关于煤层气勘探开发项目进口物资免征进口税收的规定》，载明中联煤层气有限责任公司及其国内外合作者在我国境内进行煤层气勘探开发项目，进口国内不能生产或国内产品性能不能满足要求，并直接用于勘探开发作业的设备、仪器、零附件、专用工具，免征进口关税和进口环节增值税。2007年1月国家安监总局对山西晋城无烟煤集团公司、内蒙古阿拉善盟、重庆松藻煤电公司和中梁山煤电气公司的煤层气抽采利用（瓦斯治理）情况进行了调研，向国务院领导提出了尽快出台煤层气抽采利用补贴政策等建议。2007年2月财政部、国家税务总局发出通知，对煤层气抽采企业的增值税实行先征后退政策，不征收企业所得税；煤层气抽采企业的专用设施实行加速折旧；对煤层气抽采企业技改项目中的国产设备投资实行部分抵免；煤层气抽采企业新技术新工艺开发费税前扣除；地面抽采煤层气不征收资源费。4月2日国家发展改革委发文，规定煤层气发电需要上网的富裕电量，电网企业应当予以收购，瓦斯发电上网电价比照生物质发电上网电价执行，即当地2005年确定的脱硫燃煤机组标杆上网电价，再加上每千瓦时0.25元的补贴。4月20日财政部发文，规定煤炭企业每开采利用 1 立方米煤层气，中央财政给予 0.2 元的补贴，地方财政可根据实际情况给予适当补贴。2007 年 10 月商务部、国家发展改革委、国土资源部联合印发《关于进一步扩大煤层气开采对外合作有关事项的通知》，决定在中联煤层气有限责任公司之外再选择若干家企业，与外国企业合作开展煤层气开发。2007 年 11 月国务院办公厅下发了《关于开展煤矿瓦斯（煤层气）治理和利用政策措施落实情况专项督查的通知》，组织了 3 个督查组分别到山西、河南、重庆、湖南、黑龙江进行督查。在国家政策的扶持和引导下，“十一五”期间煤层气开发开始起步，全国建设煤层气井 5400 余口，形成产能 31 亿立方米。2010 年全国煤矿瓦斯抽采量 75 亿立方米，利用量 23 亿立方米，分别比 2005 年增长 230%、300%。山西、贵州、安徽等省瓦斯抽采量超过 5 亿立方米，晋城、阳泉、淮南等 10 个煤矿企业瓦斯抽采量超过 1 亿立方米。2010 年瓦斯事故起数和死亡人数分别比 2005 年下降 65%、71%。

2011 年 12 月国家发展改革委出台《煤层气（煤矿瓦斯）开发利用“十二五”规划》，系统地提出了“十二五”时期煤层气产业发展思路和政策措施。2013 年 3 月国家能源局发布《煤层气产业政策》，明确了当前和今后一个时期煤层气产业发展的政策导向。2013 年 9 月国务院办公厅下发《关于进一步加快煤层气（煤矿瓦斯）抽采利用的意见》，决定提高中央财政对煤层气（煤矿瓦斯）开发利用的补贴标准；强化中央财政奖励资金引导，扶持安排中央财政奖励资金重点支持关闭高瓦斯和煤与瓦斯突出小煤矿；加大中央财政建设投资支持力度；完善增值税优惠政策，扩大煤矿企业增值税进项税抵扣范围；加大所得税优惠力度；落实煤层气市场定价机制，落实放开煤层气出厂价格政策，进入城市公共管网的煤层气销售价格不低于同等热值天然气价格；支持煤层气发电上网，简化煤层气发电并网项目核准等手续。随后相关部门围绕着贯彻落实国务院办公厅文件精神，又制定了一些具体办法。2015 年全国煤层气（煤矿瓦斯）抽采量 180 亿立方米，利用量 86 亿立方米。其中地面煤层气产量 44 亿立方米，比 2005 年增长 66%；井下瓦斯抽采量 136 亿立方米、利用量 48 亿立方米，比 2005 年分别增长 81% 和 109%。

补还煤矿生产安全欠账和支持煤矿安全技术改造的政策。1998 年煤炭部管理（也即直接隶属于中央财政）的 94 户国有重点煤炭企业下放地方管理时，20 个主要产煤省（区市）提出了累计 1308.6 亿元的资金补助请求。其中安全、生产、经营等欠账 459.7 亿元，核减企业债务等 791.5 亿元，调整养老保险统筹缴拨基数和补贴下岗职工等 57.4 亿元。1999—2000 年，国家采取保留亏损补贴、增加财政拨款和转移支付额度、基建拨款转资本金、金融性贷款停息挂账并通过资产公司进行债务重组等措施，基本满足了地方政府和煤炭企业的要求。为进一步改善煤矿安全生产条件，从 2001—2005 年，国家累计安排国债资金 84 亿元，带动地方政府、企业、银行投入配套资金，支持国有煤矿进行安全技术改造。

但由于"九五"期间以及"十五"初期小煤矿数量较多、产量较高，煤炭市场严重供大于求，国有煤矿普遍效益滑坡、经营困难，不得不大幅度缩减生产、安全等方面的支出以勉强维持运营，以致于出现了国家年年帮助煤矿补还欠账、煤矿欠账却年年增加的情况。2005 年初相关机构的调查统计表明，国有煤矿的安全欠账达 500 多亿元。年中，国家安监总局组织 100 名专家，对 54 户灾害严重的重点煤矿企业所属 462 处矿井进行了安全生产技术"会诊"，证实仅治理其重大隐患资金就需要 689 亿元。国务院第 116 次常务会议决定从 2006 年起，每年中央财政支持 30 亿元，带动地方和企业 150 亿元，补还煤矿安全欠账。按照规定，中央财政与地方财政资金的比例东部地区为 1：0.8，中部地区为 1：0.4，西部地区和东北老工业基地为 1：0.2。为督促地方资金及时到位，防止出现中央财政资金被挤占和挪用现象，国家安监总局在对国有煤矿实施安全检查时，把地方和企业配套资金投入情况作为检查的一项内容。从 2006 年到 2008 年，中央财政累计拨付 90 亿元，带动企业、地方投资 641 亿元，基本补还了重点煤矿的安全欠账。之后，中央财政继续保持了每年 30 亿元左右的资金额度，扶持各地煤矿进行安全技术改造。

国家安监总局负责人在向国务院第 116 次常务会议的专题汇报中，还提出了实行煤矿完全成本，适度提高煤炭产品中所蕴含的资源、环保、安全、科技和劳动等成本含量，防止小煤矿暴利；实行与市场经济相适应的煤、电价格；分离国有企业办社会职能，减轻企业负担；全面推行高危行业安全费用提取使用制度；把安全生产责任险等商业保险引入安全生产，在小矿小厂强制推行工伤社会保险等政策措施建议。这些都列入了国务院和有关部门的议事日程，并体现在随后发布执行的法律法规、规范性文件当中。

第六节　安全生产专项资金（经费）、基金政策

安全生产专项资金是指中央和地方财政划拨的专门用于安全生产某项工作的资金。有的专项资金为一次性支付，但多数的专项资金为跨年度或者分年度逐次拨付、分批使用。

建国以来国家层面上的安全生产专项资金主要有：

防尘防毒专项经费。1963 年 2 月国务院批转了四部门和全国总工会《关于防止矽尘危害工作会议的报告》，并决定拨款 1300 万元作为防尘专项费用，以解决全国矽尘危害最严重的 232 个企业的问题。1978 年国家决定每年从集中使用的挖潜改造资金中，安排一部分经费，由国家劳动总局掌握，补助各地区、各部门解决那些尘毒危害严重的重点企业的问题。

劳动保护专项措施经费。1991 年劳动部商财政部，建立了劳动保护专项措施经费。当年 8 月 7 日财政部、劳动部联合发布《劳动保护专项措施经费管理办法》，规定该项经费是“中央财政为提高劳动保护工作水平，促进国营工交企业改善职工劳动条件，加强劳动保护部门监察手段的专项拨款”，必须专款专用，严禁挪作它用。主要用于防止伤亡事故，预防职业病和职业中毒，改善劳动保护条件的试点等。经费由地方劳动部门按项目申报，劳动部审核批准。项目审批下达后，劳动部和省级劳动部门分别向财政部、省级财政部门申请经费。1992 年 6 月劳动部下发《劳动保护专项措施项目计划管理办法》，对劳动保护专项措施的范围、立项程序、计划管理、组织实施、经费管理等作出了规定。1998 年随着体制改革和职能调整，这一专项经费政策和制度也被取消。

尾矿库隐患治理专项资金。山西省襄汾县新塔矿业有限公司2008年“9·8”特别重大尾矿库溃坝事故后，国家安监总局对全国尾矿库安全状况进行排查摸底，筛选和确定了356个重大隐患治理项目。2009年中央财政设立了40亿元的专项资金，主要用于原属于中央企业的尾矿库隐患治理和安全监管能力建设。地方企业的尾矿库隐患原则上由地方政府负责治理；中西部地区以及地方财力确有困难的，中央财政给予适当的支持。2009年7月财政部、国家安监总局下发《中央下放地方政策性关闭破产有色金属矿山企业尾矿库闭库治理安全工程项目和补助资金管理暂行办法》。从2009—2011年，财政部下拨专项资金21.77亿元，对16座属于关闭破产企业的尾矿库隐患治理予以补助。国家发展改革委下达中央预算内投资3.637亿元，治理无主管病、险、危尾矿库73座。带动地方政府和企业投入隐患治理资金85.6亿元。使全国尾矿库安全状况得到改善。

小煤矿整顿关闭补助专项资金和淘汰落后奖励资金。2009年8月中央财政设立了煤矿关闭整顿“以奖代补”专项资金。财政部、国家安监总局、国家煤矿安监局联合发布了《中央财政整顿关闭小煤矿专项资金管理办法》。该项资金的分配遵循“突出重点、公开透明、严格管理、确保实效”的原则，以各地实际关闭小煤矿数量为主要依据，兼顾生产能力、职工人数、地区差异状况等因素。发放方式为“以奖代补”，由中央财政以专款形式拨付给省级财政部门，由各省级财政部门会同同级煤矿整顿关闭工作牵头部门、煤矿安全监察机构组织实施，主要用于关闭小煤矿的人员安置、矿井关闭后的重大隐患治理、补助地方关闭小煤矿财政支出等。2010年1月，中央财政首批整顿关闭小煤矿补助（奖励）资金10.95亿元到位。2010、2011两年中央财政共补助约20亿元。

2011年4月财政部、工信部、国家能源局发出关于印发《淘汰落后产能中央财政奖励资金管理办法》的通知，明确了电力、炼铁、炼钢、电解铝、铁合金、电石、焦炭、水泥、玻璃、造纸、酒精、味精、柠檬酸等行业淘汰落后产能的奖励范围、标准安排原则和使用范围。同年10月财政部、国家能源局、国家煤矿安监局下发《关于支持煤炭行业淘汰落后产能的通知》，决定对小煤矿关闭退出、升级改造和兼并重组等，由中央予以奖励。奖励资金由地方统筹安排使用，专项用于淘汰落后产能企业安置职工、化解债务、设备设施更新等。在国家政策支持和地方政府努力下，“十二五”期间煤炭行业淘汰落后产能约5.6亿吨。

中央企业安全生产保障能力建设专项资金。该项资金主要用于支持中央企业安全生产应急救援队伍、培训基地等重点项目建设。2011年8月财政部、国家安监总局关于印发《中央国有资本经营预算安全生产保障能力建设专项资金管理暂行办法》的通知。当年拨付10.2亿元首批资金，支持14家中央企业所属的18支应急救援队伍、11个培训演练基地建设。“十二五”期间共投入40亿元，主要解决中央企业应急救援队伍所需的运输吊装、侦检搜寻、救援救生、应急通信、个体防护、后勤保障、实训演练等装备。

国家安全生产监管体制改革以来，中央财政、国家综合经济管理部门和相关部门还就安全生产应急救援基地和队伍建设、市县安全监管能力建设、安全科研和信息系统建设等，设立了一些年度之内或者跨年度、分年度拨付和使用的专项资金。2003年以来国家发展改革委连续下拨安全生产监管能力建设专项资金，支持西部地区市、县安监机构配置监管执法工具，改善工作条件；“十二五”期间国家发展改革委拨出5.5689亿元专项资金，支持国家安全生产实验与研发基地建设。2015年底财政部门提出要在年度财政预算中设立安全生产专项，加大对事故预防和应急救援方面的资金支出。

安全生产基金是指政府或者企业、社会团体等设立的，具有相对稳定的渠道和来源，可以不断筹集、持续用于安全生产的资金。大致上可以分为以下两类：

——企业安全生产基金。国家计委1973年《关于加强防止矽尘和有毒物质危害工作的通知》，要求每年在固定资产更新和技术改造资金中提取10%~20%（矿山、化工、金属冶炼企业应大于20%），用于改善劳动条件。1996年4月劳动部《关于“九五”期间安全生产规划的建议》提出：“危险大、危害重的行业，建立安全生产保障基金，逐步增加企业重点安全生产技术改造项目和重大事故隐患治理的资金投入。”1997年7月经国务院批准，中国石油化工总公司建立了安全生产保证基金，要求其所属单位按照企业期末固定资产原值和存货账面平均余额的4‰提取并缴纳安保基金，其80%由总公司统筹使用于自然灾害及事故损失赔偿、隐患治理、安全技术装备和安全技术产品开发；20%返回企业用于隐患治理和安全技术措施、安全教育培训、对安全生产先进单位和个人进行奖励等。

我们也把高危行业安全生产费用制度建立后企业提取和转存下来的资金，称为企业安全生产基金。

——政府安全生产基金。在2003年12月召开的国务院安委会全体会议上，国家安监局提出要“探索建立地方政府安全生产基金。主要用于安全基础设施建设、安全示范工程等公共安全项目”。随后一些地方在这方面作出了积极探索。2009年黑龙江鹤岗市政府建立了安全生产奖励基金，市财政在年度预算中安排100万元，用以奖励对安全生产作出突出贡献、成绩显著的单位和个人。2011年河南省政府决定按本省年度国内生产总值万分之八的标准，逐年提取，专款专用于安全生产。2013年山西省大同市政府决定拿出500万元设立安全生产举报奖励基金，对举报安全生产重大隐患、非法违法行为和瞒报谎报事故的举报人，给予2000～30000元奖金。

小结：安全生产经济政策是调节安全生产领域各类经济关系，引导企业加强安全生产，促使各方面切实履行安全生产职责，确保安全生产目标实现的重要手段。计划经济时期我国安全生产工作主要依靠行政命令和行政手段。当初实行的事故伤亡补偿抚恤政策、企业“维简费”和“更改资金”政策等，只是安全生产的辅助性措施，且作用极其有限。严格意义上的安全生产经济政策，直到改革开放和进入社会主义市场经济体制之后才出现。2004年国务院《关于进一步加强安全生产工作的决定》推出的高危行业安全费用提取使用、加大生产经营单位事故伤亡赔偿、建立企业安全生产风险抵押制度三项经济政策，具有重要的扶持引导、激励约束等作用，改变了长期以来安全生产领域经济政策缺乏、政策导向作用发挥不够的情况。各地政府在贯彻国务院《决定》的过程中，结合各自实际，在提高事故赔偿、引导企业加大安全投入、建立激励机制等方面，出台了大量的地方性政策，有力地促进了安全生产工作。2005 年国务院 116 次常务会议提出了包括“研究出台经济政策”在内的十二项治本之策，概括了安全生产标本兼治、源头治本的各个方面。之后国家相关部门围绕着加强和改善宏观调控，研究出台的煤炭等矿产资源有偿使用政策、矿产资源开发整合政策、煤层气开采利用（煤矿瓦斯治理）优惠扶持政策、补还煤矿安全欠账和支持煤矿安全技术改造的政策等，对于解决煤矿等重点行业领域安全基础薄弱、事故多发问题，有着釜底抽薪、祛病除根的作用。2009 年之后国家设立的尾矿库隐患治理专项资金、小煤矿整顿关闭补助专项资金和淘汰落后奖励资金、中央企业安全生产保障能力建设专项资金等，通过中央财政投资带动地方和企业加大安全投入，切实有效地推动了重大隐患治理、整顿关闭、应急救援队伍和基地建设等安全生产重点工作。

保险具有事前防范与事后补偿相统一的特点，是市场经济条件下安全生产风险管理的一项基本手段。在各类企业特别是小企业全面实行工伤社会保险制度，大力发展包括责任保险、意外伤害保险等在内的商业保险，是安全生产重要的经济政策之一。在西方工业化国家从事故高发到基本稳定、最终实现根本好转的安全生产发展过程中，保险业发挥了重要的作用。2004 年以来我国在保险业与安全生产工作相结合上进行了积极探索，劳动保障部门、商业保险机构在及时办理赔偿的同时，主动介入安全生产宣传教育、事故预防等工作；初步形成了保险业与安全监管部门的良性互动。

我国安全生产经济政策体系的建立和发育较晚，在安全生产宏观调控、源头治本、引导企业履行主体责任、鼓励社会公众参与和监督安全生产等方面，还有大量的政策课题需要深入研究；政策体系的科学性、系统性和连续性有待提高，相关政策之间衔接不紧密不连贯，甚至“顶牛”、“打架”，让基层难以适从的问题亟待解决。这就需要我们在党和国家安全生产大政方针指导下，进一步解放思想、改革创新，从实际出发，研究和制定更多、更加切实管用的经济政策，尽快健全完善具有中国特色社会主义特点的安全生产政策体系。

第八章

安全生产科学技术工作进展

科学技术是第一生产力，也是现实的安全生产保障能力。安全生产涉及自然科学、社会科学和众多技术门类，是科学与技术、基础科学与应用科学等的集合体。科学技术工作是安全生产工作的重要组成部分，历来受到党和国家的高度重视。

第一节　安全生产科研机构建设以及从建国到“十五”时期的重点工作

1953 年 10 月，中央人民政府卫生部决定将天津市公共卫生局领导的天津工业卫生实验院改组为卫生部劳动卫生研究所，划归中央卫生研究院管理。1955 年 12 月国务院批准成立劳动部劳动保护科学研究所，由于该所研究力量不足，1958 年并入卫生部劳动卫生研究所。1960 年劳动部重新成立劳动保护科学研究所，1970 年因全国劳动保护科研工作陷于停滞而下放到北京市，称“北京市劳动保护科学研究所”。1980 年 5 月国家科委复函国家劳动总局，同意重建劳动保护科学研究所。之后上海、江苏、浙江、安徽、辽宁、黑龙江、吉林、内蒙古、山东、河南、湖北等省（区市）劳动局相继建立了劳动保护科研所（后更名为省级研究中心、研究院）。

1983 年 9 月国家劳动总局与中华全国总工会、卫生部、以及煤炭、冶金、交通、航空、机械、兵器、石油等工业部门联合发起，成立中国劳动保护科学技术学会。作为安全生产、劳动保护科学技术权威机构，学会一成立便被中国科协接纳为团体会员，随后又经国家体改委批准加入中国科学技术协会。

1986 年 12 月劳动人事部成立科学技术委员会，负责统筹协调劳动人事系统科学技术工作和国家科学技术政策的贯彻落实。1996 年中编办批准，劳动保护科学研究所加挂"劳动部事故调查分析技术中心"牌子。1999 年 4 月，劳动保护科学研究所（劳动部事故调查分析技术中心）与国际劳工与信息研究所内设的安全卫生情报室和编译报导咨询室、中国劳动出版社内设的《劳动保护》编辑部、中国劳动报内设的《安全生产报》编辑部、中国劳动保护科学技术学会、中国劳动保护工业协会多家机构，合并组建"国家经贸委安全科学技术研究中心（事故调查分析技术中心）"。2000 年 12 月转隶国家安监局管理。2004 年 9 月经中央机构编制委员会办公室批准，将国家安监局安全科学技术研究中心更名为"中国安全生产科学研究院"。之后又在煤炭科学研究总院、中国矿业大学分别加挂了矿山安全科学技术研究院、安全科学技术学院的牌子。2005 年底国家发展改革委批复了国家安监总局提出的《安全生产技术支撑体系专业中心建设项目建议书》，同意依托总局直属事业单位、中央直属科研院所和有关高等院校，建设矿山安全生产技术支撑中心、非煤矿山安全生产技术支撑中心、作业场所职业危害监管技术支撑中心、安全技术基础研究中心 4 个国家级中心；依托省级安全生产科研院所，建设 32 个省级安全生产技术支撑中心；建设煤与瓦斯突出灾害预防与技术鉴定、个体防护装备、重大危险源监测监控等 125 个实验室。2014 年以来，国家安监总局依托相关科研教学机构，先后组建了尘毒危害预防与控制技术、矿山采空区灾害防治、重大危险源监控与事故应急技术、煤炭安全高效开采、煤矿安全监测监控技术、南方煤矿瓦斯与顶板灾害预防控制、化工过程 7 个安全生产重点实验室。2015 年国家发展改革委投资建设国家安全生产工程技术实验与研发基地。

与此同时，产业部门安全科研机构也逐步建立健全。1953 年 3 月，燃料工业部向煤炭管理总局作出了“同意你局成立煤矿安全技术研究所”的批复，并决定将原隶属于燃料工业部监察处的煤矿技术研究所的工作人员和器材等一律移交煤炭管理总局；同年6月，又将在“抚顺矿务局研究所”基础上成立的“抚顺煤矿安全研究所”，上收由燃料工业部煤炭管理总局领导和管理。1957年2月，煤炭部将北京煤炭研究所筹备处等科研机构进行合并，组建了煤炭科学研究院（后改称煤炭科学研究总院），负责包括安全生产在内的煤炭工业科学技术工作。1963年初，冶金工业部将武汉钢铁厂劳动保护研究所改称“冶金部武汉冶金安全技术研究所”，随后又升格为“冶金部安全环保研究院”。1979年化工部成立安全卫生研究院。1987年3月15日哈尔滨亚麻厂重大粉尘爆炸事故发生后，纺织工业部研究制定了35项防爆技术措施，成立了纺织工业劳动保护安全技术研究所。地矿部、水电部也都相继建立了劳动保护（安全生产）科研机构。道路和水上交通、铁路、民航等部门的科学研究机构，一向把安全运行作为其科研工作的主攻方向和主体任务。

建国之初和“一五”、“二五”时期安全生产科技工作顺利起步。抚顺煤科院成立后，针对瓦斯监测抽放、防治煤层自燃发火等煤矿安全重点课题，组织科技人员深入抚顺老虎台矿、辽源西安矿井下调查研究，全力开展科研攻关，很快取得科研成果。其研究项目“鱼田堡煤矿揭开瓦斯突出危险煤层压力的措施”，有效防止和减少了煤与瓦斯突出现象。在党和政府的重视与推动下，各行各业大搞技术革新。煤炭行业改革采煤方法，由“残柱式”、“高落式”采煤改为长壁式工作面开采，大部分煤矿实现了机械通风；冶金企业与高等学校及科研机构协作，改善设备、改进操作，推行机械上料和机械化生产；纺织行业狠抓纺织机械安全设施配备，改善个人劳动防护条件；道路运输和水运码头实行机械化、半机械化运输装卸，在大大减轻工人劳动强度的同时，也提高了安全保障水平。这一时期里劳动部门还组织开展了锅炉技术革新和技术改造竞赛活动，锅炉事故多发的状况初步有所改变；开展了噪声控制技术、毒物危害控制技术、工业防尘技术、检测技术等方面的研究。安全生产标准规范的研究也开始起步。

大跃进期间在“科学大跃进”、“土洋结合”等口号的鼓动下，各地出现了大量的安全生产土技术、土办法、土措施。河南红旗炼铁厂“大闹技术革命”，创造了78种安全生产土办法。南京浦镇机车厂的“技术革命青年突击队”利用废料制成破碎机、洗矿石机，利用电钻制成了搅拌机。一些地方的小煤矿由于没有瓦斯测定器，工人就带几只黄雀到坑井里去，试图通过观察鸟儿的生命状态来判断瓦斯浓度、避免瓦斯灾害。这些做法虽然反映了人们在开展技术革新、搞好安全生产方面的热情愿望，但绝大多数的效果不好或者根本没用，有的甚至成为新的安全隐患和事故肇因。

“十年动乱”期间，安全生产科技工作人员排除干扰开展科学研究。煤炭科学研究机构研究开发了煤层注水降尘技术、井下红外线火源探测器、矿用初期火灾灭火弹、钢丝绳管道防坠器等多项科研成果。冶金部武汉冶金安全技术研究所研制成功的无起爆药雷管，提高了雷管的安全性能。有关科研机构研制的地音仪和声波仪，多次成功预报了大面积地压活动。

“十年动乱”结束后，安全生产科学技术迎来繁荣发展的春天。1977年10月29日中央政治局听取煤炭工业部汇报时，中共中央副主席、国务院副总理邓小平拍板，从国外进口100套先进的综采设备。在引进国外成套设备技术的过程中，煤炭管理部门制定完善了相关的安全技术规程，煤机制造企业和煤矿围绕着综采技术国产化，组织开展了一系列科研攻关，国内制造的500套综采设备按时交货。随着综采机械化的全面推行，我国煤矿劳动强度过大、伤亡事故过多的落后面貌从根本上得到改变。1986年10月劳动部发文设立“劳动保护科学技术进步奖”。1987年10月组织进行了首届评审。从1978年之后全国各地区和各部门的安全生产、劳动保护科研成果中，评选出70项获奖成果，其中二等奖3项，三等奖33项，四等奖34项（一等奖暂缺）。之后又连续举办了5届评审和颁奖活动，累计400多个科研项目获奖。其中一些科研成果达到或接近国际先进水平，如黑龙江省劳动保护研究所承担的“GS系列隔声、阻尼、防辐射材料研制”，获得了第36届布鲁塞尔国际发明博览会尤里卡金奖。“十年动乱”期间一度无活可干的北京市劳动保护科学研究所，从1979年到1986年共取得科研成果180项，获部、省、直辖市级科技成果奖、科技进步奖共79项。1987年12月举办了全国劳动保护、安全生产技术开发展览会。展出了安全仪器仪表、除尘静化设备、安全装置、防火防爆设备、自动化设备及工艺系统5大类多种新技术、新产品。参展的排险机器人、湿法炼铝工艺等产品和先进技术，应用于企业安全生产后取得很好效果。

“八五”时期劳动部发布了“劳动安全关键技术”项目，到1996年共取得科研成果99项，其中专利8项，新产品7项，新技术和新工艺20项，新成套设备2项。鉴定的15个专项中，1项达到国际领先水平，13项达到国际先进水平，1项具有国内领先水平；2项获得“八五”国家科技攻关重大成果奖。其中“易燃、易爆、毒物泄漏重大危险源辨识评价技术”和“易燃、易爆重大危险源监控及预警技术研究”等，被列入国家科技攻关项目。劳动保护科学研究所运用科研成果对北京、上海、天津、深圳、青岛、成都的重大危险源进行了普查，确认重大危险源10230处。相关工业部门分别对煤矿瓦斯灾害防治、金属非金属矿山开采安全、化工装置和输送管线安全，以及航空航天安全、核安全等方面的一些重点项目，组织力量进行了科研攻关，并取得一定进展。

“九五”期间，“重大工业火灾、爆炸、毒物泄漏事故预防技术”、“典型作业环境粉尘危害治理与预防技术研究”、“工业危险品公路运输安全管理系统技术研究”、“中小企业危险作业人机工程技术应用指南”等重点项目，列入国家科技攻关计划。易燃、易爆、毒物泄漏重大危险源辨识评价技术，中小型橡胶厂N－亚硝胺口罩滤材，LR－1型慢回弹耳塞3项科研成果被列入科技部“九五”国家科技成果重点推广计划。“防N－亚硝胺口罩滤材”和“天然功能饮料的开发与应用”被列入1999年国家级“星火计划”项目。

“十五”期间，国家安监局（国家煤矿安监局）会同科技部、公安部等，围绕城市的安全规划、综合风险评估、火灾与化学灾害事故的防范与控制、埋地燃气管道与工业特殊承压设备安全保障、重大事故应急救援技术等重点课题，组织科研力量，开展了“重大工业事故与大城市火灾防范及应急技术”系列攻关。国家安监局负责组织和实施的“城市公共安全规划与应急预案编制及其关键技术研究”、“城市公共安全综合试点”和“矿山重大瓦斯煤尘爆炸事故预防与监控技术”3个国家科技攻关重点项目，均取得了预期的进展和成效。国家煤矿安监局会同科技部实施了“煤矿生产安全科技行动”，投入3000万元专项资金，实施“煤矿瓦斯治理技术筛选综合集成和示范”工程项目。煤矿安全数字化监测监控网络、危险品道路运输车辆运行安全监控管理应用系统等列入国家重点推广计划，“煤矿安全气相色谱仪器高技术产业化示范工程”列入国家高技术产业发展项目计划。矿山井下安全监控系统、工业重大危险源辨识评价和监控、易燃易爆危化品储运HAN隔阻防爆①等技术在各地得到应用。

第二节　安全科技发展规划和从“十一五”时期开始实施的科技兴安战略

建国以来国家制定发布的所有科技发展中长期规划，都把安全生产、劳动保护科学技术纳入其中。《1956—1967年科学技术发展远景规划纲要》分析了生产环境中存在的各种危害因素，提出在医学方面，要研究工业生产环境中可能引起职业病和职业中毒的危害因素并制定防护措施；在工程技术方面，“须研究在工矿作业过程中个人防护和安全技术措施，以防止外伤并保证安全生产”。《1963—1972年科学技术发展规划》要求大力研究井下采掘工作面的落、装、运过程的机械化，“努力改善井下采煤的安全状况”；提高高温、高压、深冷、高速反应、连续生产等条件下工业生产过程的自动化水平，保证生产的安全顺利进行。《1978—1985年全国科学技术发展规划纲要》把煤矿安全技术、发展煤矿采掘综合机械化和自动化作为科学研究的重点。《科学技术发展十年规划和“八

① HAN（Hypostasis Anchor - hold No - explosion）阻隔防爆技术：我国自主研发的用于预防易燃易爆气态、液态物品容器装置因静电、明火等引发爆炸事故的专有技术，能够提高加油（气）站地面储罐、运输储罐、车辆等运输工具油料储存装置的安全性，可广泛运用于陆运、航空、航海等领域。2001年9月国家安监局与汕头市政府联合召开HAN阻隔防爆技术现场演示会，随后在汕头市和江西省进行试点应用，2003年4月科技部将HAN技术列入国家重点科技推广项目。2005年4月国家安监总局制定发布《汽车加油（气）站、轻质燃油和液化石油气汽车罐车用阻隔防爆储罐技术要求》（AQ 3001—2005）和《阻隔防爆橇装式汽车加油（气）装置技术要求》（AQ 3002—2005）两项安全生产行业标准。

五”计划纲要（1991—2000年）》强调要解决大型露天煤矿、难采煤层和深部煤层开采的技术问题，为控制矿井恶性事故提供技术保证；开发公路运输检测设备、安全控制系统；发展和完善飞行安全保障技术。

2004年1月国务院《关于进一步加强安全生产工作的决定》提出要“实施科技兴安战略，积极采用先进的安全管理方法和安全生产技术。”在随后召开的全国安全生产工作会议上，中共中央政治局常委、国务院副总理黄菊指出，做好安全生产工作，必须充分发挥科学技术的重要作用，全面启动“科技兴安”战略。

在国务院“科技兴安”战略决策的指导下，相关部门和单位首次把“公共安全”作为独立专题，纳入国家中长期科学和技术发展规划战略研究，进行了调研论证。2006年2月发布的《国家中长期科学和技术发展规划纲要（2006—2020年）》，将“重大安全事故预警与救援”作为科学技术研究开发的重点领域和优先主题，明确要“重点研究开发矿井瓦斯、突水、动力性灾害预警与防控技术，开发燃烧、爆炸、毒物泄漏等重大工业事故防控与救援技术及相关设备”。随后科技部下发的《国家“十一五”科学技术发展规划》，提出要重点研究开发煤矿、非煤矿山、火灾爆炸、危险化学品、核安全、生命线工程和特种设备等的监控预警、治理与应急救援技术。

2006年8月国务院办公厅印发的《安全生产“十一五”规划》，要求推动安全生产科技资源整合，建立国家安全生产科技创新、技术研发与成果转化基地，形成以企业为主体、产学研相结合的安全生产科技创新机制；以煤矿、危险化学品等行业领域的典型重大灾害事故致因机理及演化规律为突破口，创新安全生产理论；以煤矿、非煤矿山、危险化学品、特种设备、建筑和交通运输等行业领域为重点，加强事故隐患诊断与治理的安全生产技术研究；推进矿井瓦斯、突水、动力性灾害监控预警，以及燃烧、爆炸、毒物泄漏重大工业事故防控与救援等技术研究及相关设备开发。当月，国家安监总局发布了我国首个安全生产科学技术五年规划——《“十一五”安全生产科技发展规划》。明确安全生产科技工作要贯彻执行“自主创新、重点跨越、支撑发展、引领未来”的方针，以增强安全生产科技自主创新能力为核心，开展共性和关键性安全科技攻关；以企业为主体，加强先进适用技术的推广应用，实施安全科技示范工程，以科技支撑和引领安全发展。计划在“十一五”期间，要开展“安全生产的社会科学基础”等方面的基础理论研究；组织进行煤矿瓦斯等重大灾害防治关键技术等科技攻关，在重大隐患治理、灾害与事故防治、重大危险源监测预警、应急救援、事故调查分析技术、安全管理技术等方面取得成果；推广“高效节能主要通风机及高效低噪声对旋局部通风机”等先进适用技术，建立煤矿瓦斯灾害综合防治等技术示范工程，提升企业安全生产技术水平；促进安全生产科技产业化的发展，使安全技术装备和安全防护用品产业基本满足国内安全生产的需要；初步建成安全生产科技研发等支撑平台，形成以企业为主体，科研机构、高等院校、中介服务机构和政府部门联动的安全生产科技创新体系；基本形成较完整的安全生产技术标准体系。

2006年9月科技部下发了《国家科技支撑计划“十一五”发展纲要》，把煤矿、非煤矿山、危险化学品、烟花爆竹等行业领域11个安全生产重点项目，列入“十一五”期间国家科技支撑计划，要求在重特大灾害和危险源监测、预测、预警、应急救援、事故分析处理和安全管理等方面取得一批重大技术成果，使公共安全问题造成的国民经济损失占GDP比例接近中等发达国家同期水平。

随后国家科技支撑计划、国家重点基础研究发展计划（973计划）、国家高技术研究发展计划（863计划）和国家科技成果重点推广计划等，针对安全生产科学技术重点领域和优先主题，安排了一大批基础研究和应用技术研究项目。其中“煤矿瓦斯、火灾与顶板重大灾害防治关键技术研究”，“非煤矿山典型灾害预测控制关键技术研究与示范工程”，“危险化学品事故监控与应急救援关键技术研究与工程示范”，“烟花爆竹事故预防、控制关键技术研究与示范工程”，“职业危害预防关键技术及装备研究”，“矿井老空区探测与水害防治关键技术与装备”，“安全生产检测检验与物证分析关键技术和装备研究”，“三高气田钻完井安全技术体系研究与应用”，“煤矿安全可靠监控系统关键技术研究”等，被列为国家科技支撑计划重点项目；“预防煤矿瓦斯动力灾害的基础研究”，“灾害环境下重大工程安全性的基础研究”，“煤矿突水机理与防治基础理论研究”，“高速列车安全服役关键基础问题研究”等，被列为国家重点基础研究发展计划（973 计划）；“面向安全监测与跟踪的网络化微系统”，“智能机器人技术”，“支持大型公共设施安全问题研究的虚拟现实系统研发”等，被列为国家高技术研究发展计划（863 计划）；“煤矿安全数字化监测监控网络”，“危险品道路运输车辆运行安全监控管理应用系统”等，被列入国家科技成果重点推广计划。

“十一五”时期科技兴安战略取得积极进展。在煤矿瓦斯、火灾、顶板、水灾重大灾害防治，非煤矿山尾矿库在线监测、帷幕注浆堵水隔障地压监测与控制，危险化学品生产企业重大危险源定量风险评价、智能监控等方面取得了 61 项先进技术成果。依托国家自然科学基金项目，开展了“煤与瓦斯突出的力学作用机理学说”研究，揭示出煤矿采动影响区应力场、裂隙场和瓦斯流动场的形成特征和分布规律，为优化各类矿井瓦斯抽采方法、防范瓦斯事故提供了理论基础。建成了爆炸科学与技术、火灾科学、煤矿安全技术、煤炭资源与安全开采等国家重点实验室。通过强制推行煤矿安全监测监控等安全避险系统、特种物品道路运输专用车辆卫星定位装置，鼓励推广渔船防碰撞自动识别系统、大型尾矿库全过程在线监控系统等，有效地防范和减少了事故发生。

2011 年 7 月科技部发布《国家“十二五”科学和技术发展规划》，设立了“加强公共安全科技发展，提高公共安全和防灾减灾能力”专节，强调要继续强化生产安全保障技术能力，重点研究煤矿及非煤矿采掘、油气开发、危险化学品、特种设备等重点行业生产事故与职业危害防控技术，研发事故灾难应急处置技术及装备，研发交通安全保障和救助关键技术和设备。在“民生科技示范重点工程”中，明确要组织煤矿、危险化学品、职业危害等高危行业事故预防、控制、监管、事故处置与应急救援技术及装备研究，选择典型企业、园区开展技术集成与应用示范；促进新技术、新成果应用推广与产业化。在此之前国家安监总局、科技部曾联合发出《关于进一步加强安全生产科技支撑工作的通知》，提出要认真制定和组织实施安全生产科技“十二五”规划，并建立了安全监管部门与科技部门上下对口支持的工作机制。2011 年 10 月国务院办公厅印发的《安全生产“十二五”规划》，把“安全科技研发与技术推广工程”作为“十二五”时期安全生产9项重点工程之一，作出了安排部署。国家安监总局2011年11月公布的《安全生产科技“十二五”规划》，提出了“十二五”时期安全生产科技工作的目标、主要任务、重点项目和保障措施等。“深部及中小煤矿灾害防治关键技术研究与示范”，“化学品储运安全保障技术研究与示范”，“化工园区安全生产保障关键技术与装备研究与示范工程”，“地铁工程安全控制关键技术研究及应用示范”，“城镇油气管道重大事故风险防控与应急处置技术研发及示范”，“基于云服务的安全生产隐患排查关键技术研究与应用示范”，“城镇重大灾害和事故快速风险评估与预警的技术装备研发与应用示范”等，被列为国家科技支撑计划重点项目；“深部煤炭开发中煤与瓦斯共采理论”，“重大工程灾变滑坡演化与控制的基础研究”，“危险化学品事故全过程遥测预警的关键科学问题研究”等，被列为国家重点基础研究发展计划（973计划）；“薄煤层开采关键技术与装备”、“数字化矿山建设关键技术研究与示范”，“典型地质灾害遥感监测与应急关键技术及应用”，“无人机遥感安全监测技术与网络示范体系研究”等，被列为国家高技术研究发展计划（863计划）。

为普及安全科技知识，推动科技兴安战略的实施，国家安监总局依据科技部、中宣部、中国科协《关于举办2006年科技活动周的通知》精神，决定组织开展安全科技周活动。2006年5月20日在北京市朝阳区芍药居社区等地启动了首个安全科技周活动，向社区群众发放了安全科普宣传资料，并进行了应急知识咨询；通过媒体向全国发出了“关爱生命，安全在我们身边”为题的倡议书，举办了安全科普知识竞赛。之后每年都组织开展这一活动。2015年全国安全科技周主题为“依靠科技进步，坚守安全红线”。期间国家安监总局和各地安监部门、安全生产科研机构等利用现代化传播手段，传播安全科技知识，展示安全科技创新成果，推动安全生产科普进乡村、进社区、进企业、进校园。

国务院提出和实施“科技兴安”战略以来，安全生产科学技术工作获得长足发展。到2015年，在煤矿、非煤矿山、危险化学品、烟花爆竹、职业健康、应急救援等重点行业领域重大事故与灾害防治，以及职业危害预防、安全监测监控技术等关键技术研究方面，取得了 100 项科技创新成果。建立了 20 大类、86 个专业的安全技术示范工程和 9 大类、108 个技术支撑平台，培育和创建了 29 个安全工程专业技术研发中心、38 个安全技术创新中心和 7 个国家安监总局安全生产重点实验室，培育出 5 个安全产业示范园，基本形成了安全生产科技成果研发、试验、检测、孵化、生产、应用、推广等功能完整的科学技术支撑链。

第三节 安全科研成果的评选推广和安全科技“四个一批”、“机械化换人、自动化减人”专项行动等

1998 年“劳动保护科学技术进步奖”终止后，为调动安全生产科技工作战线的积极性，国家经贸委与科技部协商，决定设立“安全生产科技进步奖”。当年 12 月 30 日国家经贸委发布《安全科技进步奖评奖暂行办法》，规定该奖为涉及安全生产科技工作的国家部委级奖项，每两年评审一次。1999 年 10 月进行了评选，评出一等奖 7 名、二等奖 17 名、三等奖 49 名；并于 2000 年 5 月召开会议颁发了奖励证书。国家经贸委撤销后，该项奖励自动终止。

2002 年 3 月国家安监局下发《关于开展安全生产科技成果奖励工作的意见》，提出为调动科研人员的积极性，推动“科技兴安”战略的贯彻实施，决定设立“安全生产科技成果奖”。该奖项分为一、二、三等，每两年评审一次。2002 年国家安监局组织了第一届安全生产科技成果奖的评审。共有 83 项成果获奖。其中一等奖 8 项，二等奖 24 项，三等奖 51 项。北京科技大学等单位承担的“抚顺矿震时间 - 空间 - 强度预测及其对城市危害性评价研究”，辽宁工程技术大学等单位承担的“矿井通风仿真系统及其应用研究”，获得一等奖。2003 年 4 月 7 日召开了全国第一届安全生产科技成果奖表彰大会。2007 年 10 月国家安监总局印发《安全生产科学技术成果奖励工作管理规则》，对奖项的申报、审核、评审、奖励、推广等环节作出规范性规定。在 2008 年第四届、2010 年第五届评选中，增设了科研成果优秀推广项目。到 2015 年 1 月，“安全生产科技成果奖”共进行了 6 届评选，1539 个科研项目获奖，其中一等奖 118 个，二等奖 330 个，

三等奖868个，优秀推广项目223个。

为推动安全生产科研成果转化，2007年9月29日国家安监总局举办了“安全生产优秀科技成果论坛”，介绍和展示了煤矿瓦斯高效抽放技术与装备、煤矿安全网络化综合监测监控系统、矿井提升安全保护技术与装备、矿山井下人员位置监测技术与装备、非煤露天矿中深孔爆破开采技术、危险品和长途客运车辆行驶监控技术、高安全性烟花爆竹药剂与生产技术、重大危险源监控与应急救援辅助决策系统、生产过程高可靠性安全管理体系9项安全生产优秀科技成果，作为“十一五”时期的重点推广项目。2010年1月国家安监总局下发《关于加强安全生产科技成果推广工作的指导意见》，要求通过政策引导、资金扶持、法规标准推动、严格行政许可准入、淘汰落后、培育典型示范等多种措施，大力推广应用安全可靠、先进适用的科技成果，解决科技成果转化率较低、产学研结合不紧密问题。2010年4月国家安监总局、国家煤矿安监局发布了首批《安全生产先进适用技术工艺装备和材料推广目录》，推广了煤矿通风系统智能分析、尾矿库在线监测系统、机械行业压力机滑块防坠落装置、矿山救护远程调度指挥可视化操作系统等70项科研成果。2011年国家安监总局先后下发了《关于组织开展安全生产百项先进适用技术推广遴选工作的通知》、《关于组织开展安全生产千项新型适用产品推广遴选工作的通知》和《关于组织开展安全生产“百佳”科技创新型中小企业遴选工作的通知》。到2015年底，遴选和推广了煤矿综放面运输顺槽端头放煤支架及放煤、石油储罐阻隔防爆、油田油井硫化氢产生机理及防治、烟花爆竹混装药自动化生产线、城市轨道交通风险评价与控制技术等51项先进适用技术；遴选了矿用人员定位管理系统、矿井紧急避险设施环境监测装置、危化品槽罐车新型呼吸阀、太阳能铁路道口火车接近自动报警装置、自冷却式高楼逃生缓降器等179项安全适用产品，在全国进行推广。通过申请推荐、现场核查和网上公示等遴选程序，命名北京阳光金力科技发展有限公司等27家企业为安全生产科技创新型中小企业。

2012年9月国家安监总局下发的《关于加强安全生产科技创新工作的决定》，提出要集中相关科技研发机构，集中安全科技人才，集中资金投入，集中一段时间，加快推出“一批安全生产科研攻关课题，一批可转化的安全科技成果，一批可推广的安全生产先进适用技术，一批安全生产技术示范工程”（简称“四个一批”）。国家安监总局有关部门对已有的科技成果和先进技术装备进行了梳理，在摸清安全科技现状和生产安全事故分布特点、危害特征，制定出安全生产科技路线图的基础上，研究确定了首批69个安全科技“四个一批”项目。中煤科工集团重庆研究院、山西晋城兰花汉斯公司研发的瓦斯煤尘爆炸自动抑爆装置，中煤科工集团西安研究院、重庆研究院研发的矿井地质构造精细探测装备，中国安全生产科学研究院研发的尾矿库风险分级在线监测预警装置、危险化学品重大危险源监控关键技术装备，醴陵天马花炮机械有限公司等研发的烟花爆竹自动化生产装备，秦皇岛莱特流体设备制造有限公司研发的煤气防泄漏自动保护排水器，清华大学研发的小型移动应急指挥系统等15项成果，被列入可转化的安全科技成果。中煤科工集团重庆研究院、煤炭科学研究总院沈阳研究院研发的煤层瓦斯含量参数快速测定技术，天地科技股份有限公司研发的矿井水害快速治理技术，北京矿冶研究总院研发的尾矿库细粒尾砂模袋法筑坝技术，重庆大学研发的光气、二氧化碳、氯气等危化品快速监测预警技术，东北大学研发的高炉炉缸炉底侵蚀诊断与结构安全评估技术，中煤科工集团重庆研究院等研发的粉尘浓度超限喷雾降尘技术，中煤科工集团和北京科技大学研发的煤矿井下逃生及紧急避险技术等14项技术被确定为向全国推广的安全生产先进适用技术。河南煤化工集团等负责实施的矿井煤与瓦斯突出防治关键技术，中国五矿集团邯邢矿业有限公司负责实施的采空区围岩变形支护结构风险监测预警，中石化集团黄岛油库负责实施的大型油罐区实时监测预警，湖南安全技术职业学院负责实施的烟花爆竹机械化生产等18个项目被确定为安全生产技术示范工程。

为保证“四个一批”项目的顺利实施，国家安监总局下发文件，明确了相关单位及人员的工作职责，规定了完成任务的具体时间；召开了“四个一批”项目推进会议；先后组织召开了五届由科研机构、高等院校、制造企业和生产企业等参加的“安全科技协同创新推进会暨安全科技成果产学研用对接会”，推动建立市场、企业、产学研机构、政府及部门相结合的安全科技工作机制。2013

年11月国家安监总局从各地区、各单位上报的2000多例申请中，通过专家评审，公布了第二批117个安全科技“四个一批”项目，其中重点科技攻关课题51个，科研成果转化项目35个，先进适用技术推广项目20个，技术示范工程11个。2014年12月国家安监总局在河北省邢台市召开现场会，总结安全科技“四个一批”工作成果，推广先进经验。

“四个一批”项目实施以来，在科技成果转化和先进技术推广应用方面取得显著成效。到2014年底，已有82项转化和推广项目在5225个企业（矿井）中得到应用，6项成果入选2014年度国家重点新产品；29个示范工程形成标准规范33个。会议征求了对《安全科技“四个一批”项目管理办法（稿）》的意见，会后以国家安监总局部门规章予以下发。

在积极推行安全生产新技术、新工艺、新设备和新材料的同时，还依法建立了淘汰严重危及生产安全的工艺设备制度，及时发布淘汰落后安全技术设备目录。2006年7月国家安监总局、国家煤矿安监局发布了《禁止井工煤矿使用的设备及工艺目录（第一批）》，将采用DW10断路器的矿用隔爆型馈电开关、煤矿用隔爆型插销开关等20种工艺设备，以及“高瓦斯矿井（区域）、煤与瓦斯突出矿井、开采易自燃煤层（薄煤层除外）矿井的采煤工作面采用的前进式采煤方法”列为禁止使用对象。2008年3月、2011年1月又先后发布了第二、第三批井工煤矿禁止目录。三批累计淘汰59种落后的煤矿设备和工艺。2013年9月、2015年2月国家安监总局先后发布两批金属非金属矿山禁止使用的设备及工艺目录。2015年底统计，全国金属非金属矿山累计淘汰3500多台提升设备，170万米非阻燃电缆，53米非阻燃风筒，12万米井巷木支护。2015年5月，国家安监总局制定了《淘汰落后与推广先进安全技术装备目录管理办法》，对“落后安全技术装备”与“先进安全技术装备”分别作出了界定，明确了申请、审查、推荐、批准等工作程序，建立了发布《淘汰落后安全技术装备目录》和《推广先进安全技术装备目录》制度。国家安监总局发布的2015年第一批淘汰落后安全技术装备目录，将煤矿井下油浸变压器和油开关等油浸电气设备、危化品合成氨半水煤气氨水液相脱硫工艺、烟花爆竹生产的带药插引、冶金领域的热处理工艺井式热处理电炉、职业健康领域的不带除尘的砂轮机、应急救援领域的负压氧气呼吸器等22种技术和装备列为禁止类型；将安全性能较差的煤矿用S7动力变压器、冶金领域的铝合金盐浴槽淬火工艺、职业安全健康领域的石英砂干法加工工艺等8种技术和装备，列为限制类型，有的还规定了五年彻底淘汰的期限。

为扭转煤矿等传统高危行业用人多，机械化和自动化程度低，群死群伤事故风险较大的状况，2015年国家安监总局决定在煤矿、金属非金属矿山、危险化学品、烟花爆竹行业开展以“机械化换人、自动化减人”为内容的“科技强安”专项行动。6月11日国家安监总局下发了《关于开展“机械化换人、自动化减人”科技强安专项行动的通知》，18日召开视频会进行动员部署，打算用三年左右时间，实现高危作业场所作业人员减少30%以上，以机械化生产替换人工作业，以自动化控制减少人为操作，大幅降低事故风险。随后又发布了“机械化换人、自动化减人”先进技术装备目录和“不适宜或禁止人工操作的岗位目录”，分行业编写了“机械化换人、自动化减人”技术改造内容；依托有关高校、科研院所和生产制造企业，组建了“机械化换人、自动化减人”技术支撑专家队伍，及时向企业提供技术指导；国家安监总局在全国选择10家企业，各省级安全监管监察机构累计选择236家企业，进行了此项工作的试点。

为解决我国危险化学品安全方面存在的规划布局不合理、技术装备落后、自动化监控水平低等突出问题，2012年6月国家安监总局与国家发展改革委等联合发文，决定从2012年7月至2015年6月，在全国组织开展为期3年的“提升危险化学品领域本质安全水平”专项行动。三年当中，全国累计搬迁、转产、关闭位于人口密集区域危化品企业1763家，完成自动化改造企业8217家，开展在役装置安全设计“诊断”6837项，完成重大危险源监控9329项，危险化学品企业本质安全水平得到明显提高。

为推动安全产业发展，2012年8月国家安监总局、工信部联合下发了《关于促进安全产业发展的指导意见》，提出了安全产业发展的指导思想、基本原则与发展目标，要求“以发展检测监控、安全避险、安全防护、灾害防控及应急救援等技术和产品为主要方向，大力开发推广先进、高效、可靠、实用的专用技术和产品，推进同类产品通用化、标准化、系列化，推动服务模式创新"。"十二五"期间国家安监总局初步建成重庆、江苏徐州、辽宁营口、安徽合肥、山西阳高 5 个各具特色的安全产业示范园，提高了安全技术成果转化率和产业化率。

第四节　安全生产信息化建设和"金安"工程

按照《全国政府系统政务信息化建设 2001—2005 年规划纲要》所作出的部署和要求，从 2001 年起安全生产监管监察信息化基础建设开始起步。

2002 年初经中央机构编制委员会办公室批准，在煤炭工业通信信息中心加挂国家安监局（国家煤矿安监局）通信信息中心牌子；并开始组织实施国家安全生产综合监管政务信息系统、视频会议系统和调度统计系统 3 项基础性建设。短短两三年里，基本构建出符合国家"三网一库"要求的电子政务和信息化框架。基于互联网构建的外网系统，为工作人员获取信息、沟通联络和实现政务公开、网上申批等提供了便捷；通过物理隔离和密码设备、远程拨号保障的内网系统，实现了国家安监局与省级安全监管监察机构之间电子公文、调度传真及相关资料数据等的双向加密传输；通过租用电信部门专线，实现了国家局机关与 47 个省级机构（32 个省级安全监管局、22 个省级煤矿安全监察机构，其中两局合署办公的 7 家）广域网连接，并开通了基于专网的视频会议系统。初步建立起安全生产基础数据库，为履行安全监管职责提供了依据和便利。各地安监机构也依托互联网建立了局域网和地方安全监管政府网站。

2003 年 8 月 27 日国务院专题研究加强煤矿安全生产工作有关问题的会议，确定把安全生产信息化系统建设纳入国家重点项目。随后国家信息化领导小组将安全生产信息系统建设作为"金安"工程，与"金盾"、"金财"、"金关"、"金税"、"金宏"、"金审"等金字号工程一起，列入"十一五"期间国家信息化建设规划。"金安"工程一期于 2006 年底开始实施，建设内容主要有煤矿安全监察执法系统、非煤矿山监管系统等 14 个应用系统，以及重点监管企业基本情况数据库、调度与统计数据库等十大数据库。应用系统和数据库的核心业务是安全生产监督管理及行政执法、安全生产调度与统计及矿山应急救援信息管理。国家以及地方各级安全生产监管监察机构，都可以从中获得最新、最完整和稳定可靠的信息。

2007 年 8 月国家安监总局发布了我国首个安全生产信息化建设中长期规划——《安全生产信息化“十一五”规划》。规划分析了安全生产信息化建设的现状和差距，提出了“十一五”时期要进行的网络基础建设、卫星通信建设、数据库建设、应用系统建设、标准与规范建设、应用支撑平台与门户系统建设、系统支撑平台及安全保障系统建设 7 项主要任务；明确了“金安”工程二期，安全生产应急平台建设，总局办公业务内网、政府网站群及其应用系统的升级扩容 3 项重点工程。2011 年 12 月国家安监总局发布了《安全生产信息化“十二五”规划》，依据国家发布的《2006—2020 年国家信息化发展战略》，结合安全生产领域实际，提出了“十二五”信息化工作的指导思想、基本原则、规划目标和主要任务、重点工程以及保障措施。

通过实施上述两个五年规划，到 2015 年底基本建成覆盖全国各级安全监管监察机构、应急救援机构的综合信息平台，具有煤矿安全监察、非煤矿山安全监管、危化企业数据查询、统计分析等多项功能，为政府安全监管和企业安全生产提供了尽可能多的信息参考，同时也实现了更大范围内的资源共享；基本建成涵盖安全监管监察核心业务的数据库和标准规范体系，煤矿安全监察执法统计、安全生产调度统计等绝大部分的基础业务实现了信息化，基础信息入库率达到 100%，非煤矿山、危险化学品、烟花爆竹等直管行业基础信息入库率达到 90% 以上，企业安全生产标准化达标和安全隐患排查治理基础信息入库率达到 80% 以上，为开展安全监管监察及行政执法工作提供了翔实、可靠的信息支持。

“十二五”期末，通过物联网、云计算等先进技术的应用，在神华集团、中煤集团部分矿井开展“矿井安全监管物联网应用示范工程”，制定完善了相关的安全技术标准，建立了安全监管机构与监管对象之间互联互通机制，推动了安全监管监察方式创新。

通过把隐患排查治理体系纳入信息化建设，推动了事故风险防范预控科学化水平。北京市顺义区等地安监机构结合安全生产信息化建设和实施“金安”工程，建立了能够接收企业安全隐患自查自报、实施政府动态监管的综合信息平台，全过程记录、准确反映企业排查治理与政府安全监管的互动，把隐患排查治理纳入了制度化、规范化轨道。2011 年 10 月国家安监总局召开现场会总结推广顺义经验，把隐患排查治理体系纳入国家和地方安监机构的信息系统，推动了隐患排查治理工作。

同时在相关部门的重视和推动下，我国加快建立健全道路交通快速报警系统、交通事故紧急救援信息平台、铁路全路综合移动通信系统、航空安全综合管理信息系统、水上交通安全监督和船舶动态管理系统、建筑安全综合管理和建筑施工现场远程监控系统、特种设备安全动态监管系统、农机安全综合管理系统等。依托公安专网，加快建立全国重大责任事故案件管理系统。

2015 年 1 月国家安监总局制定发布的国家安全生产监管信息平台总体建设方案，提出要依托公共和政府信息化基础设施和资源，建成纵向从国家安监总局到地方各级安全监管监察机构，横向由各级安全监管部门到本级安委会成员单位、重点生产经营单位的资源共享、互联互通的安全监管信息平台，实现“基础信息规范完整、动态信息随时调取、执法过程便捷可溯、应急处置快捷可视、事故规律科学可循”，全面提升安全监管监察信息化效能。国家安监总局在《关于印发国家安全生产监管信息平台总体建设方案的通知》中，要求地方安监部门、煤矿安全监察机构成立信息化工作机构，抓紧开展工作，到 2016 年底要实现地方与国家安全生产监管信息平台的互联互通和数据交换共享，基本实现安委会成员单位之间在企业隐患排查信息、标准化达标信息、企业基本数据和安全生产不良信用记录等的互通共享；到“十三五”中期，建成纵向从国家安监总局到各级安监机构，横向由各级安监部门到本级安委会成员单位、重点企业的资源共享、互联互通的安全生产监管信息平台体系，为企业安全生产和政府安全监管提供优质高效的信息服务。2015 年底国家安监总局负责人在北京市基础单位调研时指出：在经济社会快速发展的新形势下，新材料、新工艺、新业态大量出现，社会组织形式和产业结构深刻调整，安全生产面临许多新挑战、新任务，为此必须改革创新，提高安全监管执法规范化、标准化、信息化水平，“广泛运用大数据、物联网等先进信息技术，切实加强数据分析和科学研判，始终保持忧患意识，不断增强安全预警、防范控制的主动性和预见性”①。

第五节　安全生产科学管理

广义的安全生产科学管理涉及政府安全生产综合监管和宏观管理。狭义的安全生产科学管理为微观管理，是指企业以防范事故为目标，按照安全科学所揭示的客观规律，运用科学方法和先进技术手段，对本单位安全生产所进行的组织领导、动员部署、过程控制、工作协调等系列性管理活动。从这个意义上讲，安全生产科学管理是安全科学、先进技术在企业管理方面的体现，是安全生产科学技术工作的组成部分之一。

东北地区先行解放之后，党和政府就发现、总结和推广了某军工企业高文桥班创造的具有安全生产责任制特征的安全管理经验。高文桥班是个铣工班。全班共 23 人，其中老技术工 9 人、工匠 9 人，青工 5 人。班长高文桥、党小组长马苍山和几位老技工，会同厂里的技术员党文库，总结吸取过去发生过的事故教训，研究起草了一系列安全制度条文：依据郝德茂曾因不关车擦机器，高相治开着车“摸活”和任蓍春不关车就用手检查铣刀，造成手被划伤的事故教训，而作出“不可用手检查在旋转的刃具和其他旋转物”的规定；依据张印田过去上梯子没人扶，以致滑倒跌伤的事故教训，规定“上梯子一定要有人扶”；依据魏怀信过去拿模型时，力气不足勉强去拿，结果把脚砸伤的事故教训，规定“拿不动的东西不许硬拿”；依据洪常维的头发过长，在低头干活时把头发绞掉的事故教训，规定“干活时把头发拢住”；依据甘世杰的铣床由于检查不及时，螺丝

① 《杨焕宁在北京市调研安全生产工作》，《中国安全生产报》2015 年 11 月 6 日。

松动，造成牙轮齿被别坏的事故教训，规定“螺丝要定期检查”；依据李德茂没关车就挂慢轮，结果把牙齿别掉3个的事故教训，规定“一定要确实关车后再把慢轮挂好”；依据佟国福车床的皮带连接销子在开车时折断，把脑门和眼睛打伤了的事故教训，规定“开车前必须检查皮带销子是否有松动脱落现象”；依据过去其他班组曾在牙轮里掉入铁棍，造成开车时牙轮齿被别坏的事故教训，规定“开车前一定倒一下皮带，检查牙轮和轴瓦是否有障碍”；依据赵宝庆的卧铣床主轴瓦磨损过度，未能及时报告，结果耽误了几天生产的教训，建立了事故报告制度，规定在工作中如发现将要发生故障时应立即报告班长，迅速进行处理。制度建立后，全班进行了明确分工。班长主要负责监督检查。各位工友除了严格遵守各种制度、管好自己的事情之外，还要根据个人特长和集体分工，承担一些具有公共性质的公共工作。规定马苍山负责消火用具及门的保管检查，同时按期检查天轴吊挂；孟兆印负责保管梯子，确保梯子安全可靠，当马苍山检查天轴时，负责给他扶梯子；刘志英是有经验的老工友和技术安全员，他负责公用砂轮机的安装、运行和检查；白广振和付德顺负责公用油壶的保管，以及按时倒油；赵宝庆和杨海思负责扫除用具、水壶、水碗、油桶和油盘的保管及清洗，等等。建立责任制后，全班工作井然有序。部玉华立铣慢轮出现松动，张云峰刨床里有销子，周庆禄的立铣主轴螺丝帽脱落，都在执行制度和监督检查中被发现，而没有造成事故。过去油壶无专人负责，无固定地点，用时到处找，油壶里是否干净也没人管。赵宝庆铣床主轴就是因为上的油里有铁末子而把主轴瓦研坏的。实行责任制后杜绝了这种现象。不仅消灭了工伤事故，而且产量质量有所提高，全班日产量由以往的90个提高到100个，废品率由千分之七降到万分之二。高文桥班的安全管理经验首先在全厂进行了推广。该厂冶炼科过去工伤事故多发，干部工人存在着“打一辈子铁，哪有不碰伤”的错误思想。学了高文桥班的经验后，事故大大减少了①。东北人民政府军工局在其《内部资料》上通报了高文桥及其

① 伦凤鸣：《纪念安全生产责任制推广六十周年——记责任制的发源地626兵工厂高文桥班的经验》。http：//www. doc88. com/p－944563572834. html。

工友们所创造的安全管理先进经验，并命名为“高文桥班”，将该经验在东北军工系统推广。

1950 年 6 月，政务院人民监察委员会在关于河南新豫煤矿公司宜洛煤矿“2·27”瓦斯爆炸事故的通报中，要求各地区、各工矿企业深刻吸取事故教训，坚决纠正“忽视工人生命与国家财产的安全”、“不依靠工人实行民主管理”、“对违反科学原则的工程设计不求改进”等错误思想与态度，切实加强和改进安全管理。强调“必须建立保安责任制”，明确企业各级领导与工程人员在安全生产方面的职责；“必须迅速制定保安规程、技术操作规程及保安奖惩办法”，规范员工生产安全行为；同时还要“建立技术保安监察组织”，加强安全监督。随后中央各部门和各地政府组成为数众多的工作组、督查组等，深入企业监督检查。在中央人民政府和地方各级政府的严厉命令与具体指导下，厂矿企业普遍建立健全了以安全责任制为核心的安全生产规章制度，企业安全管理开始步入制度化、正常化轨道。

二十世纪五六十年代我国企业的安全管理，以严格要求、严格执行规章制度为其主要特点。煤炭、冶金、石油、电力等行业在实践中创造和形成了“严、细、实”，“严是爱、宽是害”，“宁叫流泪不叫流血”，“宁听骂声不听哭声”、“算安全账、干放心活”等安全生产理念和安全管理经验。尤以大庆油田的“三老四严”① 和“四个一样”② 最为典型。也有企业在安全生产管理方法的灵活性、多样化上进行了一些探索。1961 年吉林省丰满水电站开展了“百件事故预想”活动，他们本着“从最坏处准备，向最好处努力”，发动职工“人人预想、事事预想、处处预想”可能会发生的生产安全事故，然后有针对性地制定预防措施和处理办法，把事故消灭在发生之前。还在预想活动的基础上，制修订了 52 项安全生产规章制度，保证了电站的安全运行。武汉钢铁公司采取对比的办法来促进安全生产，通过“人与人比、事与事比、设备与设备比”，来发现安全

---

① “三老四严”：当老实人，说老实话，办老实事；严格要求，严密组织，严肃态度，严明纪律。

② “四个一样”：干工作黑天和白天一个样、坏天气和好天气一个样、领导不在场和领导在场一个样、没有人检查和有人检查一个样。

工作上的差距，以及设备存在的缺陷和隐患。上海杨树浦发电厂机械检修分场把“几肇事故”[①] 当作事故来对待。该分场铲拷出灰小组在一次锅炉检修后重新投入使用的时候，差点把一名工人关进锅炉里。事情发生后这个小组的职工集体进行了分析，发现安全章程里关于关闭炉门、启动运行时要敲锣示警的规定不够完善，因为每当车间、工厂创造了新的生产成绩，也都会敲锣打鼓送喜报、搞庆贺，二者容易混淆。因此就修改了安全章程，不但要敲锣示警，而且还要派人钻进炉子里详细检查，确认无误后，才可以关闭炉门、点火运行。

改革开放后，很多企业跳出单纯依靠传统办法抓安全的套路，探索创新企业安全管理的新思路、新手段和新方法。一些企业举办了安全生产心理学培训，针对职工心理特征开展安全教育。浙江省嘉兴市民丰造纸厂运用人体节律理论指导安全生产，他们将本厂1980—1985年受到事故伤害的79名职工的出生年、月、日和事故发生时间，输入电子计算机进行运算，发现有59人在事故发生当天，体力和情绪处于临界期或低潮期。该厂在1986年设备大检修时，根据人体节律变化，对参加检修的302名机械、电气、起重、泥木工等工种的职工，按人体节律的计算程序进行了预测，把每个人的预测结果发到生产班组，由班组长合理分配工作，并有针对性地进行安全提醒。对体力、情绪处于低潮的职工，尽量不安排登高作业、危险作业，大大减少了事故。1988年齐齐哈尔铁路分局运用系统工程原理，探索建立了以“两制（行政系统安全逐级负责制和岗位思想政治工作责任制）、三控（作业过程、设备质量、人员素质三大控制体系）、五个环节（是指形成控制体系中的目标决策、攻关循环、检查考核、严明奖惩、分析反馈五个环节）”为内容的安全管理模式，使企业安全管理走上科学化、现代化的轨道。临汾铁路分局运用系统工程和控制论原理，创造出一套安全生产工作法，用数学公式表示就是“铁的纪律+思想教育+科学管理+新技术=长期安全生产”。其特点在于强调系统管理，强化重点控制。该分局每年都要进行几次安全

① 几肇事故：几乎肇成、差点发生的可能导致人员伤亡和财产损失的事故，也称“险肇事故”、“涉险事故”或“未遂事故”。

循环大检查，在广泛调查研究的基础上，确定重点作业、重点设备、重点部位和安全不放心点、不放心人，然后按照逐级负责的原则，层层展开控制，限期解决问题，使不安全因素大为减少。1989 年吉林省白山市电业局将安全生产作为一个系统工程来抓，创造了“安全立体防护法”，按职责定位把安全生产工作划分为决策体系、执行体系、服务体系、监督体系、控制体系和反馈体系。体系之间紧密结合，共同发挥功能，做到了超前控制、科学防范。1991 年鞍山钢铁公司创造了“0123”安全管理模式，“0”即以死亡事故为零为目标；“1”即建立和强化以企业“一把手”为核心的安全生产责任制；“2”即坚持标准化作业、建设标准化班组；“3”即全员安全教育、全面安全管理和全线预防。

进入新世纪以来，随着全党全社会对安全生产重视程度的不断提高和安全生产领域改革开放的持续深入，广大企业的安全管理创新意识强烈，创新成果大量涌现。影响较大、较典型的如：

——**安全生产风险管理**。2004 年南方电网在遵义供电局、深圳供电局和珠海供电局启动了安全生产风险管理体系建设试点。2007 年 10 月发布了由 9 个单元、49 个要素、157 个管理节点和 561 条管理子标准组成的《中国南方电网安全生产风险管理体系》。2013 年 2 月电监会制定印发了《电网安全风险管控专项监管工作方案》，以电网运行安全风险管控、电力二次系统安全风险管控、电网设备安全风险管控、风电光伏等新能源发电大规模集中接入影响电网安全运行的风险管控、防范自然灾害和外力破坏对电网安全的影响等为主要内容，对区域电网、发电企业实施安全风险管控专项监管。2014 年 6 月交通部发文在交通系统推行安全生产风险管理；随后又选取了一些具有一定规模和安全生产风险管理工作基础的交通运输企业，于 2015 年至 2017 年，开展安全生产风险管理试点工作，通过试点建立交通运输企业安全风险管理机制。

——**煤矿安全风险预控管理体系**。2005 年国家煤矿安监局、神华集团共同组织中国矿业大学等国内 6 家科研教学单位，开展了“煤矿安全风险预控管理体系”项目研究，并在百余个煤矿进行了试点。该体系以危险源辨识和风险评估为基础，以风险预控为核心，以不安全行为管控为重点，通过危险源辨识和风险评估，明确煤矿安全管理的对象和重点；通过保障机制，促进安全生产责任制的落实和风险管控标准措施的执行；通过危险源监测监控和风险预警，使危险源始终处于受控状态，达到人、机、环和管理的最佳匹配，从而实现安全生产。神华集团通过建立和实行安全风险预控管理体系，走出了一条安全发展的良性循环之路，其百万吨死亡率2006—2010年平均为0.032（2010年为0.018），达到世界先进水平。2011年7月在总结试点经验的基础上，国家安监总局发布行业标准《煤矿安全风险预控管理体系规范》。2012年7月国家安监总局召开现场会，总结推广神华集团安全风险预控管理体系建设经验。国务院领导出席会议并发表讲话，指出神华集团“构建了一整套科学严密的安全风险预控管理体系，走出了一条安全发展的良性循环之路”；要求认真学习借鉴该企业安全管理的先进理念和方法，结合实际，积极探索创新，进一步做好煤矿安全生产工作①。

——HSE管理体系（健康、安全、质量管理体系）。2006年底，中国石油天然气集团公司引进国际先进的HSE管理理念和方法工具，全面推行HSE管理体系建设。2007年8月中石油与杜邦公司签署HSE咨询合作协议，委托杜邦公司对其总部及其所属部分企业的健康、安全、质量工作现状进行评估。随后中石油以企业标准形式发布了《健康、安全与环境管理体系规范》，编制了HSE管理体系手册，明确了相关方针政策、战略目标和管理原则。通过积极推动HSE管理体系建设，提升了思想理念，使“以人为本、预防为主、全员参与、持续改进”，“一切事故都是可以避免的”等先进科学的安全生产理念，成为全体员工的共识；丰富了安全管理方法，引入和采用了观察与沟通的方法、工作之前安全分析法等，提高了安全生产效率。中石化福建公司在实施HSE管理的基础上，对安全生产实行精细化管理、量化考核，取得好的成效。之后HSE管理体系建设的经验和做法，在中石化、中海油等企业得到推广。

——隐患整改闭合管理。安全生产的这一科学管理方法，是2008年之

① 《马凯出席全国煤矿安全生产经验交流现场会并讲话》，中华人民共和国中央政府网站——领导活动。http：//www. gov. cn/ldhd/2012 -07/19/。

后陕煤化集团澄合矿业公司王村煤矿、河南省义马煤业集团常村煤矿、湘煤集团白山坪矿业公司等多家企业共同创造的。他们建立健全了隐患排查治理的所有制度规范，严格执行排查、汇报、监控、整改、反馈、验收、销号等工作程序。查出的隐患要登记在案，汇报要有记录，监控和整改要有通知，把责任落实到人头，反馈要形成书面文字，验收要签字画押，销号要在一定范围内告知。把相关工作串联成一个环环相扣的严密流程，构成一个连续运行、相对封闭的回路。

——本质安全型企业和本质安全班组建设。2006 年国务院国资委提出建设本质安全企业。要求通过体系化管理，建立全方位、全过程、全天候的风险识别、控制与管理，实现系统无缺陷、管理无漏洞、设备无故障，逐步达到人、机、环境的和谐统一，以确保企业安全生产。2010 年大唐集团公司建立的本质安全型企业管理体系通过了有关方面组织的评审认证。该体系由“管理、人员、设备、环境”等要素构成，通过提升要素的安全可靠性，把企业安全风险降至最低，使不发生事故成为必然。

中信泰富集团旗下的大型国有企业兴澄特钢公司的本质安全班组建设很有特色。2012 年 3 月该公司选择烧结、炼铁、炼钢等 10 个单位 280 个班组进行开展本质安全班组建设的试点，并探索形成“123”建设模式，即一个奋斗目标——零事故；两个驱动力——“有感领导”（能够作出安全承诺与保障，能发挥带头与示范作用，具有影响力与感染力的领导）与自主管理；三个标准化——管理标准化、现场标准化和操作标准化。通过建设本质安全班组，夯实了企业安全生产的基础。

在 2008 年 10 月中国安全生产协会主办的“安全生产管理工作撰文”有奖征集评选活动中，全国共有 1100 多家企业和机关单位参加，84000 多人参加网上评选。各地上报各类撰文 3004 篇，初步筛选出 1746 篇。经过认真评审，《可视化管理在起重机械安全管理中的应用》（徐昆仑）、《“3E”原则在客运企业交通安全管理中的探索运用》（杜世清）、《安全无缺陷管理法》（宋卫国）等 75 篇作品，因有创意、有实践价值而获奖。

第六节　安全生产专家队伍建设

安全生产专家是安全生产领域某个方面、某项工作的专业权威人士。建国以后在党和国家的重视与关怀下，通过院校教育、实践锻炼、重点项目科研攻关，以及“走出去、请进来”等多种方法途径，在煤矿、冶金、石油、化工、建筑、交通运输等行业领域安全生产，以及职业危害防治、应急救援等方面，培养了一批拔尖人才和学术、技术权威，逐步形成和壮大了安全生产专家队伍。

建国后各级政府以及相关部门重视发挥专家的作用。在发动和依靠群众的同时，注意调动专业人才的积极性，依靠专家解决安全生产、劳动保护工作中的技术难题。1953 年 4 月全国总工会在天津举办了由劳动保护专业干部和师资人员参加的研究班，聘请苏联专家讲授劳动保护基础理论、基本知识，以培养我国自己的专家。1954 年华东劳动卫生调查研究所组织专家到工厂调查研究，针对一氧化碳无色无味、难以预防的特点，研究出一氧化碳快速测定、微量分析和警报方法。1954 年天津市把工业试验所、结核病防治院等 16 个市属专科防治机构的专业人才组织起来，成立了劳动卫生研究委员会，就高温、酸雾、矽肺以及其他严重影响工人安全健康的问题，进行现场调查和科学研究。1956 年上海市组织劳动卫生方面的专家深入工厂，就劳动保护、职业病防治写出了多篇研究报告。1960 年 2 月，劳动部成立了锅炉安全技术鉴定委员会并召开了第一次会议，这是首个全国性的安全生产技术支撑专家组织。

改革开放后专家的作用再次受到重视，相继成立了在国务院安全生产委员会领导下的国家安全生产专家组和安全生产专家咨询委员会，在国家安监总局总工程师领导下的安全生产技术委员会，在中国安全生产协会架构下的安全生产专家委员会。

——国家安全生产专家组。1988 年 4 月 27 日召开的国务院总理办公会议决定在全国安全生产委员会设立专家组，主要任务是参加国务院授权的特别重大事故调查，进行重大隐患评估，为国家制定和修改安全生产法规提供技术咨询和专业服务。随后劳动部在各工业部门聘任了98位专家，组成“全国安全生产委员会重大事故调查和重大隐患评估专家组”，下设铁道、民航、交通、火炸药（爆炸）、矿山、化工等6个专业组。1989年12月28日召开了专家组成立大会。国务委员兼全国安委会主任邹家华到会讲话，指出今后重大事故的调查由安全生产委员会负责组织，这就要“专家库”，在需要时能够立即把有关专家组织起来进行调查，具有很高的科学性、权威性和超脱性；“全国安全生产形势令人忧心忡忡，专家组受命于今天，肩负的责任无疑格外重大”①。1991年6月国务院办公厅转发了《全国安全生产委员会专家组工作规则》。1995年2月20日国家安全生产专家组（第二届）成立大会在北京召开，吴邦国副总理在讲话中，强调了安全生产专家必须具有的超脱性、公正性和科学性：指出各位专家尽管来自不同行业、不同领域和不同部门，但作为一名国家安全生产专家，就应该以国家利益为重，这就是超脱性；公正性要求公正地处理问题，坚持实事求是，不受任何组织、任何个人的影响；科学性是要用科学的方法、认真的态度和渊博的知识去分析问题、解决问题，得出的结论要经得起国内外同行及科学的检验。会上向专家组的72位成员颁发了证书。1995年12月劳动部颁发《国家安全生产专家组管理规则》，对专家组的任务、组成，专家的任职条件，专家组的运行规则、管理制度、工作守则等，作出了规范性的规定。2000年5月第三届国家安全生产专家组成立暨安全科学进步奖颁奖会议在北京召开。2002年7月国家安监局（国家煤矿安监局）决定对专家组进行调整和充实，调整后的国家安全生产专家组由综合、能源化工、煤矿、交通运输、建筑机电5个专业组、90名专家组成。2005年11月国家安监总局对《国家安全生产专家组管理规则》进行了修订，规定专家组是国家安监总局管理的，为安全生产重大决策提供技术支持，为安全生产法制建设和监管监察提供技术支撑，为企业安全生产提供咨询服务的高级技术专家队伍；国家安监总局对专家提出的重大安全生产问题和建议，应当及时研究

---

① 邹家华《在全国安委会专家组成立大会上的讲话》，1989年12月28日，《中国安全生产工作重要文献新编》，中国石化出版社2000年1月出版。

解决或者专题报告国务院。2007 年 2 月成立了第四届全国安全生产专家委员会，下设综合、煤矿、非煤矿山、石油化工、交通运输、建筑消防、机电七个专业组，共有 284 名专家。2010 年 4 月在第四届国家安全生产专家组下增设了“现场技术支撑”专业组，以满足开展安全检查、事故调查和应急救援等现场工作对专家的需求。2014 年 11 月成立的第五届国家安全生产专家组，下设煤矿、非煤矿山、化工、烟花爆竹、冶金工贸、建筑消防、交通运输（道路交通、水上交通、航空运输、铁路和城市轨道交通）、其他行业（城市燃气、电力、特种设备、民爆与核工业）、职业健康、应急救援、法规与科技 11 个组，共有专家 1305 人。国家（全国安全生产委员会）安全生产专家组自成立以来，参与了所有国务院负责查处的特别重大事故的调查，参加了对安全生产重点工作的监督检查，为国家安全生产立法、安全监管重大决策等，提供了意见建议和技术支撑。

——**国务院安委会专家咨询委员会**。为加强安全生产全局性、战略性问题研究，提高安全监管科学决策、民主决策水平，2015 年 6 月国务院安委会成立了专家咨询委员会。主任由原国家安监总局副局长王德学担任。专家咨询委员会下设矿山、石油化工、交通运输、建筑施工、工贸与民爆、消防、能源、特种设备、应急管理、理论与法制研究等专业委员会。各专业委员会设主任委员 1 名（由相关部门退出现职的部级领导干部担任），副主任委员 2 ~ 3 名和委员若干名。其主要职责是对全国安全生产工作重大问题进行调查研究、分析论证；受国务院安委会及办公室委托，组织专家对安全生产重大方针政策、战略规划、决策部署、改革措施和理论等方面进行研究论证，提出意见和建议；按照国务院安委会的要求，对各部门提请国务院安委会审议的相关法律法规、政策措施、工作部署等有关重要文件，进行会前咨询审议；组织相关专家参与全国安全生产大检查、专项巡视督查、重特大事故调查处理和应急处置，开展隐患排查治理；开展安全风险评估、总结推广先进经验等工作。

——**国家安监总局技术委员会**。2014 年 2 月成立，是国家安全生产监管部门的技术支撑和参谋、咨询机构。主要职责是从技术、设备、环境、管理等方面分析事故原因和教训，评估事故风险状况并提出防范对策；围绕提高安全技术保障能力、有效防范重特大事故、推进技术进步等，进行调研和技术论证评估，提出意见建议。首届技术委员会成员共65人，由安全生产监管监察系统和相关科研机构、企事业单位的高级专业技术人员构成。在2月27日召开的技术委员会成立大会上，国家安监总局负责人要求技术委员会要按照中央的要求和安全生产“十二五”规划，积极参与安全生产科技发展规划的调研和起草工作；紧紧围绕安全生产最突出、最迫切、最需要解决的问题，开展安全生产科技攻关，推动科研成果转化，依靠科技进步提升安全保障能力，从源头上预防和控制事故。

——中国安全生产协会安全生产专家委员会。2013年6月成立。首届安全生产专家委员会主任委员由赵铁锤担任。中国工程院党组副书记王玉普、中国工业经济联合会会长李毅中为名誉主任委员。下设煤矿、非煤矿山、石油化工、冶金、劳动防护、机械电力、安全工程、安全文化、综合等9个专业组，拥有各行业领域、多学科专业的安全生产专家共207名，其中中国工程院院士14人，行业学科带头人20多人。6月14日召开的安全生产专家委员会成立大会，明确了专家委员会要以服务企业安全生产、服务政府安全监管为宗旨，以推动实施安全发展战略、推动企业安全基础建设为主线，积极参与安全生产有关法规、政策、规划和标准的制修订，以及由协会组织的技术咨询、考评培训、课题研究、专题调研和事故处理等工作，为企业安全生产把脉问诊，为政府安全监管建言献策。

第七节　安全生产领域的协会、学会

安全生产监管体制改革以来，为适应转变政府职能、加强改进安全生产宏观监管的需要，国家安监局（总局）和各地相继成立了全国及地方安全生产协会，以及涉及某个领域、某个方面安全生产工作的协会、学会等。这些协会、学会既是行业自律组织，负责团结协调行业内各单位，确保党和国家安全生产方针政策、法律法规在本行业得到认真切实的贯彻落实；同时也汇聚了一大批安全生产的专家学者和拔尖人才，常常承担一些重要课题研究、科研成果转化推广任务，负有推动安全生产科技进步的重要职责。

安全生产领域的6个全国性协会是：

——**中国安全生产协会**。成立于2008年1月，是国家安监总局主管的安全生产领域全国性、综合性的社团组织。首任会长由孙华山担任。内设危险化学品、劳动防护、冶金安全、矿山安全、安全生产检测检验、矿用产品安全、有色金属安全7个专业委员会和教育培训、安全评价、班组安全建设、安全文化、信息化、注册安全工程师、应急救援7个工作委员会。2015年底有会员单位1825家，其中中央和地方大中型骨干企业700多家，进入世界500强的企业30多家，科研院所、高等院校等事业单位126家，社团组织59家，安全生产专业服务机构476家（包括安全评价266家，教育培训124家，安全生产检测检验86家）。中国安全生产协会成立以来，秉持着团结和组织社会力量，努力提高安全生产技术和管理水平，为建立安全生产长效机制，完善安全生产监管体系，实施安全生产发展战略服务的宗旨，在组织开展调查研究，为政府安全生产监管决策提出意见和建议；组织安全生产新技术、新产品、新成果的研究、鉴定、评定、展销和推广应用，推动安全生产科技创新和“科技兴安”战略的实施；总结、交流和推广安全生产先进管理经验，帮助企业提高安全管理水平等方面做了大量工作，成为安全生产领域最具影响力的社会团体之一。

——**中国职业安全健康协会**。其前身为中国劳动保护科学技术学会。1983年在中国科协倡导下，劳动人事部、卫生部等联合发起成立中国劳动保护科学技术学会。其主要任务是开展劳动保护领域科研和技术攻关，普及劳动保护科学知识。下设石油天然气、地质勘探安全、航空工业、航天工业、船舶工业、高空服务业、职业卫生技术服务等分会。考虑到煤炭行业的特殊性，单独成立了煤炭工业劳动保护科学技术学会。当年9月中国劳动保护科学技术学会在天津召开了成立大会暨第一次学术会议，选举产生了首届理事会，章萍为理事长。在学会内部成立科学管理、工业防尘、职业卫生、噪声与振动控制4个专业委员会。1993年之后，学会承担了劳动部科学技术奖（自然科学部分）和国家经贸委安全生产科技进步奖的评审工作。1996 年受教育部委托，开始承担高等院校安全工程学科教学指导委员会秘书处的工作。

2003 年 10 月，经国务院同意和民政部批准，中国劳动保护科学技术学会更名为中国职业安全健康协会，张宝明任理事长。主要承担职业安全健康领域的社会性、公益性和群团性工作，同时为政府履行职业卫生、安全生产监管职责提供咨询服务。2008 年 1 月，其业务主管单位变更为国家安监总局。有会员单位 4946 家，设有科技交流、教育培训和安全社区建设 3 个工作委员会，职业卫生、工业防毒等 14 个专业委员会，地质勘探安全等 8 个分会，并在长春等地设立了 6 个办事处。中国职业安全健康协会成立以来，以推动我国职业安全健康与安全生产科学技术进步，为企事业单位服务，为政府决策服务，加强行业自律为宗旨，在认真做好职业危害调研、防尘防毒安全生产行业标准的研究制定、开展职业安全健康监管人员业务培训等工作的同时，还受政府部门委托，参与了安全工程专业认证和教学指导、安全生产科技规划编制、安全生产科技成果评审和推广等工作，完成了“煤矿作业场所粉尘浓度管理限值”等重点课题研究；与世界卫生组织合作，指导和推进我国的安全社区建设；积极开展职业安全健康领域的国际交流合作，举办了两岸四地职业安全健康学术讨论会、亚太地区职业安全健康学术研讨会和中日韩职业安全健康学术讨论会等学术交流活动。

中国劳动保护科学技术学会申请设立的社会力量奖项——“中国劳动保护科学技术奖”，于 2002 年 9 月得到科技部批准和登记备案，正式列入国家奖励序列。2009 年“中国劳动保护科学技术奖”更名为“中国企业安全健康协会科学技术奖”。2010 年 6 月 25 日举行了首届“神华杯．中国职业安全健康协会科学技术奖”颁奖大会。由中国安全生产科学研究院等单位完成的《重大危险源区域定量风险评价与安全监控关键技术及应用》等 8 个科研项目获一等奖；北京市劳动保护科学研究所等单位完成的《地铁人员疏散计算机仿真模拟与安全评价技术研究》等 16 个科研项目获二等奖；抚顺矿业集团等单位完成的《特厚、冲击地压煤层掘进工作面综合防突措施研究》等 41 个科研项目获三等奖。2011 年 6 月和 2013 年 9 月，分别对第二、三届“神华杯·中国职业安全健康协会科学技术奖”进行了评审和颁奖。2014 年度、2015 年度，改称“中煤能源杯．中国职业安全健康协会科学技术奖”。

——**中国煤炭工业安全科学技术学会**。其前身为“中国煤炭工业劳动保护科学技术学会”，成立于 1983 年，首任会长赵全福。2012 年 8 月民政部批准其更名为中国煤炭工业安全科学技术学会。下设瓦斯防治、火灾治理、矿井通风等专业委员会。2013 年 4 月选举产生新一届（算上 2012 年之前各届则为第六届）理事会。改组以来，学会进一步转变作风，加强自身建设，强化服务意识，健全完善会员单位之间的沟通协调机制，围绕着煤矿安全科研攻关和技术推广，增强煤矿安全科技保障能力，积极开展工作。组织专家进行了淮北矿业集团“全面安全管理体系”、“煤矿安全生产危险源辨识与风险评估指南”、“基于物联网技术的全息矿山”等重点课题研究；参加了《煤矿安全规程》的修订，以及“煤矿井下避险硐室基本要求”等安全标准的制定工作。2015 年 6 月主办了“全国煤矿安全科学技术创新交流大会”，学会各专业委员会就治理防范煤矿瓦斯、水害、火灾、粉尘、顶板灾害等事故作了专题报告，介绍了相关科技发展现状、存在问题及应对措施。

——**中国化学品安全协会**。其前身是 1993 年 3 月成立的中国化工安全卫生技术协会。2005 年 4 月经民政部批准，更名为中国化学品安全协会。有团体会员单位近 480 家，覆盖了 90% 以上重点化工企业。协会理事长单位由中央直管大型石油化工企业轮流担任。2006 年 5 月 18 日召开第一次会员代表大会，选举产生第一届理事会，由中国石油化工集团公司担任理事长单位。2010 年 11 月 9 日召开第 2 次会员代表大会，第二届理事长单位由中国石油天然气集团公司担任。协会成立以来，坚持“为行业服务、为企业服务、为政府服务”的宗旨，组织开展安全教育培训，为企业提供安全管理和技术咨询服务；总结交流企业安全生产工作经验，介绍和推广国内外化工安全生产先进技术；参与起草修订化学品安全法规、规章和技术标准，向政府部门提出加强和改进化工安全监管的意见和建议，较好地履行了协会的职责。

——**中国烟花爆竹协会**。烟花爆竹是供销社系统的传统经营品种，为此中华全国供销合作总社于2005年7月成立“全国烟花爆竹行业协会”，举办了烟花爆竹行业发展论坛，并讨论通过了《全国烟花爆竹行业自律公约》。由国家安监总局管理的“中国烟花爆竹协会”成立于2013年4月，有会员单位520家，其中生产企业373家，经营企业94家，相关的社团、院校、设计、评价、安全检测等单位53家。其宗旨是：广泛联系烟花爆竹企事业单位和同业组织，为会员、行业和政府服务，参与行业管理，开展行业自律，维护行业合法权益，引导行业安全健康有序发展。协会成立以来，在协助政府推进烟花爆竹工厂化、机械化、标准化、科技化和集约化生产，建立诚信机制，规范生产和经营秩序，防范烟花爆竹事故方面，发挥了很好的作用。

——中国索道协会。成立于2003年8月1日，是由索道（缆车）管理、运营、设计、制造、安装、检验检测等单位和个人自愿结成并依法注册成立的全国性非盈利社会团体，其业务主管单位为国家安监总局，业务指导单位为国家质量监督检验检疫总局。闪淳昌为首届理事会理事长。其会员单位包括了国内外相关的机械设备制造企业、旅游企业、施工企业。2005年3月成立了中国索道协会专家组，其主要任务是围绕着索道的立项设计、制造安装、安全运营、应急救援等开展研究论证，向会员单位提供技术咨询服务。协会及其专家组成立以来，制修订索道安全等标准规范，在提升索道行业科学技术和安全保障水平，开展索道行业安全生产标准化建设和安全服务质量评定等方面，做了大量的富有成效的工作。

小结：科学技术是安全生产的基础性要素之一。安全生产往往直接反映了一个国家和地区的科技发展水平。某种意义上讲，有什么样的科技水平，就有什么样的安全生产状况。全国安全生产状况的持续稳定好转和安全发展战略目标的实现，归根结底要依靠科学技术，建立在科技进步和劳动者科技素质大幅度提高的基础上。

建国以来，党和政府在依靠科技进步提升安全保障能力、防范事故发生方面，付出了持续努力。建国之初以及五六十年代的安全生产科技工作，以改善劳动保护条件、防治职业病危害为主攻方向，在噪声和毒物危害控制、工业防尘等科研攻关和技术推广方面，取得了显著成绩。大跃进和“十年动乱”期间，安全生产科技工作虽说走过一段弯路，同时也在少数领域、个别项目上有所进展。进入工业化快速发展阶段后，随着事故易发期的来临和各种新情况、新问题的出现，随着机械制造、化工产品储存运输、油气管道、城市轨道交通、高层建筑等非传统高危行业领域事故的大量发生，安全生产科学技术工作面临巨大压力和严峻挑战。“科技兴安”战略的提出和国家安全生产科技规划的制定实施，使安全生产科技工作有了顶层设计，明确了中长期发展目标和阶段性重点任务，从而摆脱了以往存在的“头痛医头、脚疼医脚”的被动状况，开始步入按规划、有步骤和循序渐进、健康发展的轨道。科研成果转化特别是“四个一批”项目的实施，解决了煤矿等行业领域一些长期影响制约安全生产的问题，彰显出科学技术的实效性和作用力。信息化建设提升了安全监管工作的效率效能，也推动和扩大了安全生产政务公开。科学管理是安全生产科学技术工作的重要组成部分，改革开放以来企业安全生产科学管理成果丰硕。中石油率先建立的 HSE 管理体系，具有国内外企业安全管理先进水平。安全生产专家队伍的建立和逐步壮大，为政府安全监管以及事故调查、重大隐患排查治理，提供了有力的技术支撑。中国安全生产协会等社团组织，是安全生产行业自律团体，也是安全生产科技进步的重要推动力量。

第九章

职业卫生监管工作的发展变化

职业卫生在我国也称“职业健康”、“劳动卫生”等，其研究对象为从事各种职业过程中可能产生的卫生与健康问题，“是对工作场所内产生或存在的职业性有害因素及其健康损害进行识别、评估、预测和控制的一门科学”①。我国的职业卫生工作通常也称作“职业病防治工作”，是指在党和政府领导下，相关部门和用人单位为保护劳动者身体健康，防止劳动者因接触粉尘、放射性物质和其他有毒有害因素造成人身伤害，而依法进行的一系列教育、预防、治理、治疗及其监督管理活动。2001 年 5 月公布、2011 年 12 月修改的《中华人民共和国职业病防治法》，是我国职业卫生工作的主体法律。

建国之前尽管工业生产水平低下，但职业病危害却十分严重。“当时开滦煤矿和湖南锡矿山的矽肺病人，及患铅中毒的景泰蓝作业工人等均数以万计，却从未被关注过”②。《新青年》第七卷第六号登载的“唐山劳动状况”一文揭露，由于事故频仍加上矽肺病等危害健康，“开滦矿工大都不过 50 岁”。纺织厂职业危害也很严重。上海各纺织厂女工整天在噪音、尘埃、湿气中进行超负荷的劳动，“一般每天工作 12 小时，每人每天平均吸入的花絮达 0. 15 克，患肺病的十

① 王国强主编：《中国疾病预防控制 60 年》，中国人口出版社，2015 年 6 月出版，第 437 页。

② 刘卓宝、胡天锡：《职业卫生工作世纪顾瞻》，《劳动医学》第 18 卷第 3 集，2001 年 6 月。

之七八"[①]。上海杨树浦工业医院 1924 年的一份报告称，该院自 1919 年成立以来，经其治疗的纺织工人有 880 名，女工被纺织机械刺伤眼珠，造成完全失明或部分失明者颇多；"其中最宜注意者，为女工童工之肺病百分比甚高，童工占 22%，女工占 14%"[②]。

建国之后党和政府把职业卫生和职业病防治工作摆上重要日程。从建国之初直到工业化快速发展阶段到来之前，以防范、减轻职业病危害为主要内容的职业卫生工作，一向是安全生产领域的一项基础性、主体性工作。工业化的快速发展和事故易发期的降临，使防范遏制人身伤亡事故尤其重特大事故成为安全生产的当务之急和中心任务，一些地方和单位也因此出现了忽视职业卫生工作的倾向。随着经济发展和社会进步，安全生产工作必然从目前的以防范遏制伤亡事故为重点，逐步转向以防范和减轻职业病危害为重点。也正是顺应这一发展趋势，2003 年以来我国作业场所职业病危害防治等职业卫生工作职责开始向安全生产监督管理部门转移，安全生产与职业卫生监管、执法的"一体化"正在逐步实现。

第一节　我国职业卫生监督管理体制沿革

建国以来我国的职业卫生工作体制经历了以下三个阶段：

——卫生行政部门、劳动管理部门共同监管监察阶段。1949 年 11 月成立的中央人民政府卫生部下设公共卫生局。1951 年公共卫生局改称保健防疫局，1953 年又改称卫生防疫司，下设劳动卫生科（1958 年改称工业卫生处；1960 年脱离卫生防疫司升格为工业卫生局），负责全国厂矿企业的劳动卫生工作，包括新建和改建的工业企业中各种建筑工程及城市规划等预防性卫生监督，产业工人疾病调查研究和预防等。1953 年经政务院第 167 次会议批准，省、地、

① 《上海妇女志》第五篇工业、交通、建设系统妇女——第二章就业和劳动生活状况——第二节劳动条件和生活状况，上海社会科学院出版社 2000 年 7 月出版。

② 中国人民解放军政治学院党史教研室编：《1912—1921 年中国工人阶级状况》，《中共党史参考资料》第一册，第 111 页。

县各级卫生行政部门普遍建立卫生防疫站，内设劳动卫生和职业病防治机构，负责职业病、流行病的调查和防治等。到 1966 年，全国约 2/3 的省份和 1/3 的地区建立了劳动卫生与职业病防治院（所）。

劳动部从建国之初就把职业卫生纳入劳动管理的重要日程，在安排部署年度工作时，提出要“研究并制定切实可行的基本建设工程的安全卫生办法”，“研究解决目前厂矿企业严重存在的职业病、肺病的预防办法”①；与卫生部多次联合下发文件，对职业危害防治、职业中毒，以及建立和实行职业病报告制度等提出要求。

“十年动乱”期间各级政府职业卫生工作机构几近瘫痪，各类职防院（所）的工作基本停滞。党的十一届三中全会以后逐渐恢复。1980 年 8 月卫生部下发《职业病防治院（所）工作试行条例》，明确了各地区、各部门的职业病防治院（所）的职责职能、工作任务、机构设置和人员编制等，要求其在卫生行政部门领导下，认真做好本地区、本系统工业生产各种职业性危害的防治与研究工作。1982 年卫生部防疫局与工业卫生局合并，恢复卫生防疫司，统管劳动、环境、放射以及食品、学校等方面的卫生和防疫工作。由劳动部改称的国家劳动总局，于 1981 年 1 月成立了矿山安全监察局，负责对矿山安全卫生工作实行国家监察。

卫生、劳动两部门共同负责职业卫生工作的表述，见于 1984 年 7 月发布的国务院《关于加强防尘防毒工作的决定》。决定要求“劳动部门、卫生行政部门要建立健全监察制度，充实监察监督人员，配备检测手段，帮助企业、事业单位制定、落实治理尘毒的技术措施”。1986 年 10 月，卫生部、劳动人事部联合发出《关于卫生行政部门和劳动部门在劳动卫生监察工作上的分工协作纪要》，指出“三十多年来，两个部门各有侧重，互相配合，共同推动了我国企业的劳动卫生工作”。两部门重新确定了相关工作分工。卫生部负责制定劳动卫生与职业病防治法规标准并监督实施，对企业进行预防性和经常性的卫生监察工作，对企业作业场所中有害因素进行卫生监测和监察等工作。劳动部“从工程技术及其

---

① 《劳动部 1953 年工作计划要点》，《劳动保护》1953 年第三期。

组织管理角度”，负责制定劳动卫生工程技术（指预防和治理职业危害的工程技术措施）和组织管理的法规标准并监督实施，对新建、扩建、改建企业的设计和竣工进行劳动卫生工程技术措施的审查和验收，根据劳动卫生工程技术法规和标准对企业进行监测等。1988 年 4 月劳动与人事两部门分设，安全生产及其职业卫生工作职能划归劳动部。劳动部内设职业安全卫生监察局，负责从工程技术等方面，对企业职业卫生工作实施监察。

——**卫生行政部门独家负责阶段**。1998 年 6 月国务院机构改革，决定将劳动部承担的职业卫生监察职能（包括矿山卫生监察职能），一并交由卫生部负责。卫生部设置卫生法制与监督司，加大职业卫生立法和执法工作力度。2001 年 10 月颁布的《中华人民共和国职业病防治法》，规定国务院卫生行政部门统一负责全国职业病防治的监督管理工作。卫生部按照政事分开原则，对疾病预防控制和卫生监督体制进行了改革。以原卫生防疫机构为基础分别成立了疾病预防控制中心和卫生监督所（局），形成卫生行政部门统一负责、卫生监督机构执行、疾控机构技术支持的职业病防治工作格局。

——**安全生产监督管理、卫生行政等部门分工合作、分段负责阶段**。国家安全生产监管体制改革之后，鉴于职业卫生工作与安全生产工作之间的高度关联性，2003 年 10 月中央编办在《关于国家安全生产监督管理局（国家煤矿安全监察局）主要职责内设机构和人员编制调整意见的通知》中，规定国家安监局负责作业场所职业卫生的监督检查工作，组织查处职业危害事故和有关违法行为。2005 年 1 月国家安监局与卫生部通过协商，达成两部门关于职业卫生监督管理职责分工的共识。概括起来就是防治两分、各负其责。即安全监管部门重点在于“防”，主要负责作业场所监督检查等工作；卫生行政部门重点在于“治”，主要负责职业病的诊断和救治。2008 年 8 月国家安监总局设立职业安全健康监督管理司，专门负责这方面工作。2010 年 10 月中央编办下发《关于职业卫生监管部门职责分工的通知》，正式将原由卫生行政部门履行的职业卫生“三同时”审查及监督检查、组织拟订国家职业卫生标准中用人单位的职业危害因素工程控制等相关标准、对用人单位依法建立职业卫生管理制度的监督检查和督

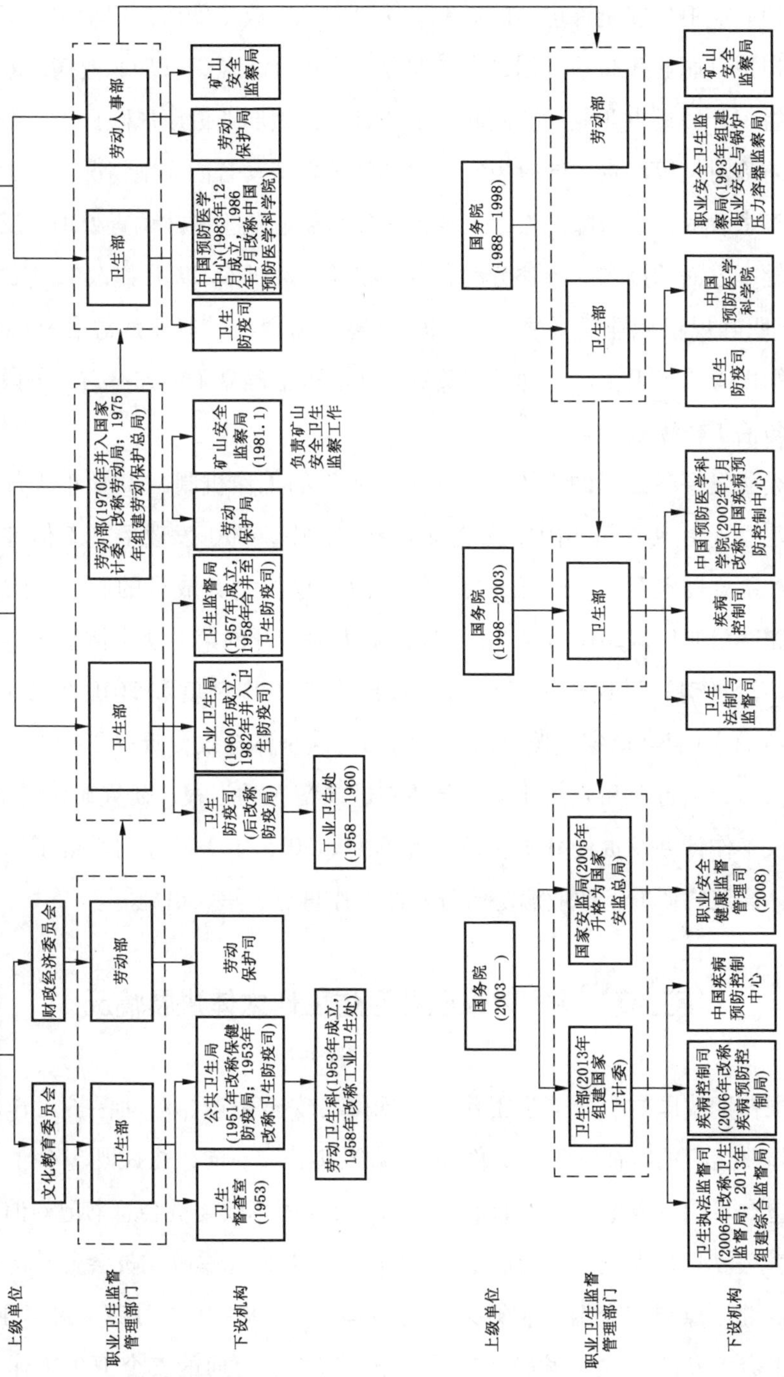

图9－1　我国职业卫生监督管理体制沿革图

促、管理职业卫生安全许可证的颁发工作等职能，改由安监部门承担。卫生行政部门承担拟订职业病防治规划，发布职业卫生标准；监督管理职业病诊断与鉴定工作；组织开展重点职业病监测和专项调查，开展职业健康风险评估，研究提出职业病防治对策等职责。同时规定劳动部门负责劳动合同实施情况监管工作，做好职业病患者的社会保障工作；工会依法参与职业危害事故调查处理，反映劳动者职业健康方面的诉求，维护劳动者合法权益。2011 年 12 月修改的《职业病防治法》，明确规定职业病危害预防、职业病诊断救治、职业病患者社会保障工作，分别由安监、卫生、劳动部门负责，从法律上确立了多方参与、分段负责的职业病防治工作模式。

为充分发挥各方面的作用，形成配合协作的工作机制，2010 年 4 月经国务院同意建立了由卫生部和国家安监总局牵头，中宣部、发改委、工信部、财政部、人社部、国资委、全国总工会 9 个部门（单位）为成员的职业病防治工作部际联席会议制度。2010 年 4 月 30 日在卫生部召开的第一次全体会议，分析了职业病防治形势，讨论通过了联席会议的有关工作制度和 2010 年重点工作。2011 年 6 月 10 日在国家安监总局召开的第二次全体会议，听取了粉尘与高毒物品危害治理专项行动和职业健康状况调查进展情况的汇报，研究确定了 2012 年联席会议工作计划及责任分工。2012 年 5 月、2015 年 3 月分别举行了第三、第四次全体会议，研究了职业病防治阶段性工作重点、重大措施等。

第二节 建国以来职业卫生工作大体进展情况

建国初期我国的职业卫生工作，呈现出与安全生产、劳动保护工作同一概念、一体化运行的特征。正式文件中“安全卫生”一词，往往既包含了安全生产，也包含了职业卫生工作。如 1950 年 10 月西南军政委员会总书记刘伯承签发的《改善公私厂矿安全卫生的通令》，1951 年 5 月西北军政委员会劳动部拟定发布的《西北区煤矿安全卫生暂行条例（草案）》，1954 年 4 月劳动部、卫生部、全国总工会下发的《关于做好夏秋季矿下、工地、交通的安全卫生工作的联合通知》等，都把防止发生伤亡事故与防范、减轻职业危害作为同一项工作，同时做出安排部署。

1954 年 5 月卫生部召开了第一届全国工业卫生会议，是我国历史上首个专门安排部署职业卫生工作的全国性会议。会议总结了建国以来的工业卫生工作：随着国家经济的恢复与发展，工业、卫生和劳动部门加强基层卫生组织建设，许多厂矿和工地有门诊部或卫生所，有的工厂并设立了车间保健站、急救站、妇幼保健站，卫生和安全面貌出现了新变化，有力地促进了生产。会议提出工业卫生工作要坚持“积极领导、稳步前进、面向生产、依靠工人、贯彻预防为主”的方针，建立健全厂矿卫生机构，配备工作人员，加强对工人的劳动卫生知识教育，有计划、有步骤地对厂矿企业的卫生设施进行改造。

1956 年 10 月劳动部、卫生部发出的《关于实行职业中毒和职业病报告试行办法的联合通知》，是我国职业卫生工作的第一个专门文件。文件规定从 1957 年 1 月 1 日起，选择直辖市和省辖市医疗机构比较健全的厂矿试行这一办法。企业要把发生的急性职业中毒、热射病、热痉挛、职业性炭疽等，及时向卫生行政部门作出报告；对新发现的慢性职业中毒、矽肺、职业性皮肤病等，每月要按规定格式编写报告书，上报市卫生防疫站。市卫生防疫站要编制“职业中毒和职业病季报表”，向市卫生局报告，并按一定程序报送省级政府卫生厅和国家卫生部。这项制度的建立，使职业卫生监管工作从此有了相对独立的运行系统，逐步与安全生产、劳动保护有了区隔。1957 年 2 月卫生部发布了《职业病范围和职业病患者处理办法的规定》，使职业卫生工作初步有章可循。

1959 年 9 月卫生部在辽宁省旅大市召开的全国劳动卫生和职业病学术会议，对建国 10 年来劳动卫生、职业病防治工作进行了回顾。**在防暑降温方面：**各行业积极执行了国家关于室内温度“高于三十五度的时候，应该采取降温措施”的规定，纺织业各厂分别采取了低温送风、蒸发冷却送风、屋顶喷水、搭凉棚、马达风道以及隔热排气罩等措施，夏季车间温度普遍降低了 2 ~ 4 摄氏度，有些厂甚至降低了 5、6 摄氏度。**在防止矽尘方面：**国家要求厂矿企业的车间或工作地点的矽尘浓度，每立方米应该降低到 2 毫克以下。各厂矿为此开展了群众性防尘技术革新运动。冶金系统所有矿山作业场所空气中的游离二氧化矽，基本上达到国家规定的浓度标准，全系统厂矿企业矽尘患病率明显下降。**在防治职业中毒方面**：相关机构也做了大量的情况调查，对危害严重的铅、汞、苯中毒进行了比较深入的研究，印刷行业中由于采取密闭、通风、排气，以及建立清洁卫生制度，加强工人个人卫生等措施，大部分作业场所铅尘浓度达到了卫生标准。会议根据“百家争鸣”和实事求是的科学精神，对征集到的400多篇学术论文和职业卫生工作实践所涉及的若干重要问题，展开了讨论。在这个基础上草拟了降温、防尘和防治职业中毒等工作方案。会议确定下一步要巩固、提高已经取得的成就，在防尘防暑工作方面“既要研究技术改进，也要研究组织措施”；在职业中毒防治工作方面要“尽快控制急性中毒，预防慢性中毒”。

1964年5月在辽宁省沈阳市再次召开的劳动卫生与职业病防治学术会议，对1959年之后的工作进行了回顾。这五年间，各地医学科学研究机构和卫生行政部门对经常接触各种化学物质的职工进行了普查普治，铅、苯、汞等常见的金属和化学物质中毒现象在我国已经大大减少。中国医学科学院药物研究所研制成功的解毒新药“二巯基丁二酸钠”，对铅、汞、砷、锑均有解毒效能。随着我国工业生产特别是新型工业的发展，劳动保护医学工作者关注到了稀有金属、新的有机溶剂可能造成的危害，并开始研究人造纤维、合成橡胶、各种塑料生产中的职业卫生问题。此外对接触噪音、震动和高频电、磁场作业的劳动卫生，也进行了调查研究。会议在总结各地经验的基础上，进一步修订了铅、汞、一氧化碳、苯及其衍生物、有机磷、酸、碱七个职业中毒的防治方案。

七十年代后期社队“五小”工业（小钢铁、小煤炭、小农机、小水泥、小化肥）快速发展。这些小厂小矿大多技术落后，生产设备简陋，劳动强度较大，作业环境差，劳动保护特别是防尘、防毒措施缺乏，从业人员的安全和健康得不到保障。1977年卫生部从中国医学科学院卫生研究所和广东、江苏、山东、福建、湖南等省的职防院（卫生防疫站）抽调力量，组成“五小”工业卫生防护科研协作组，在广东、山东、江苏等地进行了调研和试点。翌年9月底，卫生部、国家劳动总局在无锡市召开现场会，交流了无锡市以及各地加强“五小”

工业职业危害防治、做好劳动卫生工作的经验。

随着尘毒危害的趋于严重，防尘防毒逐步成为我国职业卫生工作的重点任务。1978 年 10 月下发的《中共中央关于认真做好劳动保护工作的通知》分析了职业病危害严峻形势，指出“许多企业尘毒危害也很严重，矽肺病和职业中毒日趋上升”；要求在今后的三年内，集中力量基本解决矽尘和铅、苯、汞等对职工健康严重危害的问题。在这个基础上再努力五年，力争基本解决常见的尘毒危害问题。凡是新建、改建、扩建的工矿企业和革新、挖潜的工程项目，都必须有保证安全生产和消除有毒有害物质的设施。对安全生产和防尘、防毒工作做得好的，要予以表扬和奖励。

1979 年 4 月国家劳动总局、卫生部就厂矿企业防尘防毒工作向国务院作出报告说：为尽快扭转厂矿企业尘毒危害严重的状况（全国厂矿约 70% ~80% 的粉尘作业场所的粉尘浓度超过国家规定标准），必须制定防尘防毒工作规划，切实做到“有措施，有检查，抓落实，抓效果”；必须严格执行国家相关法规，对那些尘毒危害严重又无有效防护措施的，政府部门“有权要求其停产改进或建议转产，工人有权拒绝操作”；集体企业的上级单位和分管部门应根据“管生产必须管安全”的原则，把防尘防毒工作管起来；尘毒隐患整改工作要做到“三定四不推”（定人员，定措施，定期限；凡自己能解决的，班组不推给车间，车间不推给厂部，厂部不推给主管局，主管局不推给省市区政府）。随后国务院批转了这个报告，认为“报告所反映的情况是非常严重的，所提的各项措施是切实可行的”；要求各地区、各部门必须高度重视，加强监督检查。按照国务院的统一部署和要求，从 1979 年开始，在全国范围内开展了职业危害普查。到 1981 年底，基本查清了主要毒物的危害和分布情况。铅中毒主要在冶金和蓄电池行业；苯中毒主要在仪表行业；汞中毒以橡胶、皮革、粘胶行业较多；有机磷中毒以有机磷农药包装工和操作工居多；三硝基甲苯中毒以煤矿炸药厂、兵工企业、化工厂的筛药工居多。

1984 年 7 月《国务院关于加强防尘防毒工作的决定》肯定了一个时期来取得的成绩，同时指出尘毒危害仍然十分严重，“全国有不少企业大部分作业场所的粉尘和有毒物质在空气中的含量都高于国家规定的卫生标准，严重危害职工的身体健康。粉尘危害严重的行业，如煤矿、金属矿山、建筑材料、玻璃、水泥、陶瓷、耐火材料、石粉、石棉、铸造和隧道开凿等，职业病更加严重”。决定要求严格执行建设项目职业卫生“三同时”制度（即新建、改建、扩建项目要做到主体工程与防尘防毒设施同时设计、同时施工、同时投入生产和使用）；对尘毒危害严重的小型加工企业实行合并集中，定点专业化和生产，尽量采用新工艺、新技术、新设备；完善经济政策，企业治理尘毒费用从“更改资金”中提取，所产生的利润企业可以提留；强化密闭、除尘综合措施，推行湿式作业；加强监督检查。

八十、九十年代，我国还对粉尘、噪声、深井高温热害、职业肿瘤等职业危害进行了治理。颁布了《尘肺病防治条例》，开展了全国尘肺流行学调查，在全国 212 个矿山开展了呼吸性粉尘监测和粉尘危害程度试点；对全国 9 个省市以及冶金、纺织等工业系统进行了噪声职业危害调查，制定了工业噪声卫生标准和职业性噪声聋诊断及伤残废分级标准，开展了噪声职业危害治理对策研究并在纺织等行业进行了试点；组织进行了煤矿井下高温危害调查，制定了预防深井高温热害的措施；对化工、有色、冶金、建材等行业的 460 个工厂进行了职业肿瘤发病情况调查，依据调查结果将联苯胺所致膀胱癌，石棉所致肺癌、间皮癌，苯所致白血病，氯甲醚所致肺癌，砷所致肺癌、皮肤癌，氯乙烯所致肝血管肉瘤，焦炉逸散物所致肺癌，铬酸所致肺癌 10 种，列入我国法定职业病名单。

第三节　职业卫生各项制度规范的建立和《职业病防治法》的颁布实施与修改

建国以来，国家和相关部门除了在安全生产、劳动保护综合性法规规章（如《工厂安全卫生规程》等）中，对职业卫生工作提出要求之外，还专门针对这方面工作，颁布了一系列法规规章和规范性文件。一方面解决了当时情况下相关工作无法可依、无章可循的问题；另一方面也在职业卫生立法上进行了探索和实践，为之后国家正式出台职业病防治法律奠定了基础。大致可分为基础性规范、监管工作规范、行业领域规范、工程技术规范和标准规范五类：

职业卫生基础性规范。1957 年 2 月卫生部颁发《职业病范围和职业病患者处理办法的规定》，对什么样的疾病属于职业病，患病之后如何进行诊断治疗，可以享受哪些待遇等，都作出了规定。1987 年 11 月劳动人事部、卫生部等对该规定作出修订，列出了职业中毒、尘肺、物理因素职业病、职业性传染病、职业性皮肤病、职业性眼病、职业性耳鼻喉疾病、职业性肿瘤、其他职业病共计 9 类 98 种职业病名单；将相关规定的适用范围扩大到“全民所有制和县级以上集体所有制企业、事业单位和外商投资企业，乡镇、街道、私人企业和事业单位可参照执行”。1984 年 3 月卫生部颁布的《职业病诊断管理办法》，明确了职业病诊断的原则、诊断机构的职责、诊断程序、疑难病例的处理等基本规则。

职业卫生监管工作规范。1956 年 10 月发布的《职业中毒和职业病报告试行办法》，建立了职业危害报告处置制度。“十年动乱”期间这一制度废弛。1982 年 3 月，卫生部、国家劳动总局发布《关于恢复职业中毒和职业病报告制度的通知》，规定职业中毒（铅、苯、汞中毒等）、尘肺（包括矽肺、煤矽肺、炭黑肺、石棉肺等）、热射病和热痉挛、日射病、职业性皮肤病（包括过敏性皮炎、接触性皮炎、化学性皮肤灼伤等）、电光性眼炎、职业性难听、职业性白内障、潜涵病、高山病与航空病、振动性疾病、放射性疾病、职业性炭疽、职业性森林脑炎、煤矿井下工滑囊炎 15 类职业中毒和职业病须上报卫生行政部门。从 1987 年起，由中国疾病预防控制中心（中国预防医学科学院）职业卫生与中毒控制研究所负责全国职业病报告体系的建设与管理。1988 年 8 月卫生部发布《职业病报告办法》，进一步规范了报告的内容和流程等。

1956 年 5 月国务院作出的《关于防止厂、矿企业中矽尘危害的决定》，1963 年 10 月经国务院批准，劳动部、卫生部、全国总工会发布的《防止矽尘危害工作管理办法（草案）》，1994 年 1 月劳动部颁布施行《有毒作业危害分级监察规定》等，都对职业卫生监督管理相关工作提出了规范性要求。

针对某个行业领域职业卫生工作的规范。如 1951 年 10 月劳动部《关于搬运危险性物品的几项办法》，规定搬运危险有毒物品时要有明显标记，包装破损可能造成中毒或其他危险时，工人可以拒绝搬运。1952 年 12 月经国务院批准、劳动部发布了《关于防止沥青中毒的办法》。为确保该办法的贯彻实施，周恩来总理同时签发政务院指令，指出沥青中毒事故经常发生的原因，主要是包装不良，工人个体防护用品不足，安全教育不够等，“这种情况既有害于工人的安全健康，又有害于生产工作，必须迅速予以纠正和改进”①。1957 年 8 月卫生部、劳动部联合发布的《橡胶业汽油中毒预防暂行办法》，规定了作业环境中石油气体含量标准，规定工厂要向接触汽油和橡胶工人发工作服和口罩等；1963 年 9 月卫生部、劳动部联合发布的《化学纤维工业中二硫化碳及硫化氢中毒防治办法（草案）》，对作业场所二硫化碳等容许浓度标准、防范浓度超标的技术措施，以及发生急性中毒后的诊断治疗等作出了规定。煤矿等行业防治尘肺（尘矽）病方面的一些法规规章，也属于这一类。

与职业卫生相关的工程技术规范。按照职责分工，这部分法规规章一般是由劳动管理部门主导制修订的。1958 年 3 月劳动部、卫生部、全国总工会联合发布的《矿山防止矽尘危害技术措施暂行办法》和《工厂防止矽尘危害技术措施暂行办法》，对矿山实行湿式作业、通风防尘、个人防护及相关的技术要求，对工厂生产过程中相关设施布局、工艺流程、通风方法、作业环境等，都作出了明确的规定。

职业卫生标准：1956 年 6 月 30 日，国家建委、卫生部批准发布的《工业企业设计暂行卫生标准》（101—1956）是我国正式颁布的第一个职业卫生标准，该标准规定了 85 种化学因素和矿物粉尘物质、53 项车间空气中的最高容许浓度。1963 年国家计委、卫生部正式颁布了《工业企业设计卫生标准》（GBJ 1—1962），之后又屡经修订，目前执行的为 2010 年版本。1979 年 8 月卫生部、国家劳动总局发布《工业企业噪声卫生标准（试行草案）》。1981 年卫生部成立全国卫生技术标准委员会，下设劳动卫生和职业病诊断标准委员会，专门负责制定

---

① 《中央人民政府政务院关于防止沥青中毒事故的指示》，《人民日报》1952 年 12 月 24 日。

和管理职业卫生相关标准。1999 年首批颁布了有毒物质职业接触生物限值 6 种，监测指标 8 个。

1992 年 4 月全国人大常委会组织在京的人大代表，听取了卫生部副部长何界生作的《我国面临的职业危害形势》的报告。严峻现实使人大代表震惊，一致认为应当对职业病防治工作立法，并授权卫生部尽快提出职业病防治法草案。根据全国人大常委会的要求，卫生部组织了起草班子。在深入调查研究的基础上，于 1993 年 12 月向国务院上报了法律草案。1998 年国务院机构改革后，职业卫生工作由卫生部全面负责，一度中断的法律起草制定工作又重新开始，职业病防治法草案于 1999 年 7 月再次上报国务院。2001 年 6 月 5 日国务院第 39 次常务会议通过并提请全国人大常委会审议。2001 年 10 月 27 日召开的第九届全国人大常委会第 24 次会议通过并发布，自 2002 年 5 月 1 日起施行。这是我国第一部职业病防治法律，是职业卫生工作赖以遵循的主体法律。这部法律充分体现了党和国家防治职业危害、维护劳动者身体健康权益的立场和态度，清晰地回答了职业病的内涵，确立了“预防为主、防治结合”的职业病防治基本方针和“分类管理、综合治理”原则；建立了用人单位职业病防治责任制、国家职业卫生监督制度等一系列法律制度，对职业病预防、职业卫生服务、职业病诊断、职业病病人保障、职业卫生监督管理等都作出了明确规定，将职业病防治和职业卫生工作全面纳入了法治轨道。按照《职业病防治法》第十八条“国家对从事放射、高毒等作业实行特殊管理，具体管理办法由国务院制定”的规定，2002 年 4 月国务院颁布实施了《使用有毒物品作业场所劳动保护条例》，作为其配套法规。各省级政府相继颁布实施了《职业病防治条例》等地方性法规。

为推动《职业病防治法》的贯彻落实，卫生部决定从 2002 年起，每年 4 月份的最后一周为“职业病防治法宣传周”。从 2003 年 4 月开展的第二个宣传周活动，设立了“职业病防治是企业责任”主题。之后历届活动的主题为：“尊重生命，保护劳动者健康”；“防治职业病，保护劳动者健康”：“保护劳动者职业健康权益，构建和谐社会”；“劳动者健康与企业社会责任”；“工作·健康·和谐”；“保护农民工的健康是全社会的共同责任”等。与此同时，安全监管、卫生行政部门以《职业病防治法》和《使用有毒物品作业场所劳动保护条例》等为依据，组织开展了有毒有害化学品生产、销售和使用专项整治等集中执法活动，使非法违法行为受到打击，全社会职业病防治和职业卫生法治观念不断增强。

为解决职业卫生监管体制调整后部门工作职责与现行法律规定脱节问题，以及相关部门之间关系不顺，职业病诊断、医疗、社会保障等方面存在的一些问题，2010年国务院法制办和相关部门启动了对《职业病防治法》的修改工作。2011年12月31日第十一届全国人大常委会第24次会议审议通过了《关于修改〈中华人民共和国职业病防治法〉的决定》。修改后的《职业病防治法》更为确切地阐述了职业病的涵义，完善了职业病防治工作的方针原则，提出职业病防治工作要“建立用人单位负责、行政机关监管、行业自律、职工参与和社会监督的机制，实行分类管理、综合治理”。按照“防、治、保”各个环节的规律特点和内在要求，进一步明确了安监、卫生、劳动等部门的职责，赋予了工会组织依法对职业病防治工作进行监督的权利，进一步健全完善了我国职业病防治工作格局。

第四节　职业卫生发展规划和职业卫生监管体制调整后的各项基础建设

1983年2月卫生部发布的《“六五—七五”期间全国劳动卫生职业病防治工作重点发展规划》，是我国职业卫生工作领域首个关于发展规划的文件。文件简要回顾了建国后职业卫生工作（职业病防治工作）的进展情况，指出了存在的巨大差距。厂矿企业80%以上有尘毒的作业点未达到国家卫生标准，社队企业职业病患病率有的高达60%～70%。据统计全国有矽肺病患者约100万余人，铅、汞、苯、有机磷农药、三硝基甲苯（TNT）这5种毒物中毒和可疑中毒者6400余人。农药中毒也十分严重，1981年农药中毒者274000余人，死亡1500余人；职业性肿瘤危害日趋突出，如云锡公司12000余名工人中，患肺癌者

1225 例，死亡 1024 例。首钢、太钢、鞍钢等企业焦炉工患肺癌的死亡率为当地居民的几十倍。天津染料化工接触联苯胺的 1000 余名工人中发现 24 例膀胱癌患者。

对于造成职业卫生工作形势严峻的原因，文件从卫生行政部门的角度出发，认为主要是职业病防治队伍比例失调，技术力量薄弱；经费不足，仪器设备落后；卫生监督制度不健全，“一九五四年国务院就授权卫生行政部门建立卫生监督制度，因种种原故，这个制度一直未建立健全起来”；由于不能实行有效的卫生监督，老企业的职业危害未得到根本治理，一大批不符合卫生要求的新企业又兴建投产，“其结果是治不胜治，防不胜防，这也是我国工业生产中职业危害至今还很严重的重要原因之一”。指出“现在如不狠下决心采取强有力的措施，今后不论是职业病发病率还是发病的绝对人数，必将大幅度的上升和增加，无疑将会严重影响我国四个现代化的建设和在本世纪末工农业年总产值翻两番的实现”。

文件关于下一步工作的总体部署是：前五年对全国职防机构进行调整、改革、整顿、提高；重点抓好劳动卫生职业病防治中心、能源基地和有技术特长的职防机构以及培训基地的建设；培训和提高各类技术人员；建立健全必要的劳动卫生工作制度和制定有关法规，为后五年打好基础。后五年加速发展，形成完整的劳动卫生职业病防治体系并取得显著成绩。然后再经过十年的努力，到本世纪末使我国劳动卫生职业病防治和科学管理，接近或达到国际先进水平。

2009 年 5 月 24 日，国务院办公厅发出《关于印发国家职业病防治规划（2009—2015 年）的通知》。这是我国职业卫生工作领域第一个由国务院作为专项规划发布的中长期发展规划。《规划》指出了职业病防治形势的严峻性：职业病患者数量大，改革开放 30 年来全国累计报告职业病 50 多万例，由于职业病具有迟发性和隐匿性，专家估计每年实际发生的职业病数量要大于报告数量；尘肺病、职业中毒等职业病发病率居高不下；职业病危害范围广，煤炭、冶金、化工、建材、汽车制造、医药等行业不同程度地存在职业病危害；对劳动者健康损害严重；群发性职业病事件时有发生，河北省高碑店市农民工苯中毒、福建省仙游县和安徽省凤阳县农民工矽肺病等事件，一次性造成几十人甚至上百人患病，已成为影响社会稳定的公共卫生问题。《规划》明确了未来6年职业病防治工作的指导思想、基本原则和规划目标，提出要建立政府统一领导、部门协调配合、用人单位负责、行业规范管理、职工群众监督的职业病防治工作体制，显著提高综合防治能力，增强用人单位和劳动者防治意识，改善工作场所作业环境，基本遏制职业病高发势头，保障劳动者健康权益。到2015年，新发尘肺病病例年均增长率由现在的8.5%下降到5%以内，基本控制重大急性职业病危害事故的发生，硫化氢、一氧化碳、氯气等主要急性职业中毒事故较2008年下降20%，主要慢性职业中毒得到有效控制，基本消除急性职业性放射性疾病。

按照规划要求，职业卫生工作体制调整、国家安监总局职业卫生工作机构成立后，突出抓了以下基础工作。

——机构队伍建设。从2011年起，各地陆续将职业卫生监管职能由卫生行政部门划转到安全生产监管部门。到2015年底，除青海、云南的少数市县之外，全国各省（区市）、市（地州）、县（区市）都在安监部门设立了职业卫生监管机构，全国专职职业卫生监管人员约9700余人。

——法规标准建设。依据修改后的《职业病防治法》，国家安监总局会同国家卫生计生委等发布了《职业病分类和目录》、《职业病危害因素分类目录》等规范。《职业病分类和目录》将职业病确定为10类132种，对16种职业病的名称进行了调整。调整后仍将职业病分为10类，但其中3类的名称做了调整：将原“尘肺”与“其他职业病”中的呼吸系统疾病合并为“职业性尘肺病及其他呼吸系统疾病”；将原“职业中毒”修改为“职业性化学中毒”；将“生物因素所致职业病”修改为“职业性传染病”。到2015年底，国家安监总局先后发布了《工作场所职业卫生监督管理规定》、《职业危害项目申报办法》、《用人单位职业健康监护监督管理办法》、《职业卫生技术服务机构监督管理暂行办法》、《建设项目职业卫生“三同时”监督管理暂行办法》、《用人单位职业病危害防治八条规定》等部门规章；《钢铁冶炼企业职业健康管理技术规范》《石材加工工艺防尘技术规范》、《铅作业安全卫生规程》、《家具制造业防尘防毒技术规范》、

《用人单位职业病危害现状评价技术导则》、《高危粉尘作业与高毒作业目录》等113项职业卫生技术标准；卫生行政部门累计发布职业病诊断标准110种；省级地方政府相关部门制定发布地方性职业卫生标准48项。

——**用人单位职业卫生基础建设**。从责任体系、规章制度、管理机构、前期预防、工作场所管理、防护设施、个人防护、教育培训、健康监护、应急管理10个方面，全面加强用人单位职业卫生基础工作。到2015年底全国有25万余家企业达到了基础建设标准。在相关行业培育了一批职业卫生工作示范企业。组织实施了职业卫生培训工程，对207万名企业负责人和管理人员进行了职业卫生培训。开展了企业职业病危害项目申报工作，截至2013年底，全国申报企业53万余家，从业总人数5400万人，其中接触职业病危害的1300万人。广东、江苏、山东居前三位，申报企业分别为7.9万家、6.5万家、5.1万家。西藏有460家企业进行了申报。

——**职业卫生监管技术服务与支撑体系建设**。经过培训、认证和严格监管，基本建立了覆盖职业卫生各领域的技术服务和支撑体系。2015年全国共有甲、乙、丙三级职业卫生技术服务机构1180家，专业技术人员近2.5万人。建立了职业卫生专家队伍，2012年国家安监总局发布了首批198名职业卫生专家名单。

——**作业场所职业卫生监督执法和专项治理**。2012—2014年组织监督检查企业63万家，责令停产整顿5056家，提请关闭取缔4537家。对24872个建设项目进行了职业卫生“三同时”审查。依法查处多起职业病危害事件。

针对职业卫生领域存在的突出问题，依法开展了一系列专项治理。2009年底国家安监总局组织检测机构对10省区80家石英砂加工企业、24家石棉矿山及石棉制品企业进行了现场检测，表明粉尘危害十分严重，必须采取有效措施进行治理。随后国家安监总局下发文件，要求各地立即组织开展石英砂加工企业粉尘危害治理、石棉矿山及石棉制品企业粉尘危害治理。为扭转木质家具制造企业作业场所尤其是涂胶、喷漆和晾漆环节化学毒物严重、职业危害事故多发的现状，2010年开展了木质家具制造企业职业病危害专项整治。2011年4月至7月国家安监总局组织对8省（区市）的41家金矿开采企业进行了现场检测，发现95%的企业作业场所粉尘浓度超过了国家标准，为此决定开展金矿开采企业粉尘危害治理。2013年针对水泥建材企业严重存在的粉尘危害，开展了水泥制造和石材加工企业粉尘危害专项治理。2014年开展了“工业场所职业卫生监督执法年”活动，停产整顿和依法关闭取缔企业3400多家。依法查处了一批职业卫生事故和严重非法违法行为；并针对江苏省苏州市昆山经济技术开发区中荣金属制品公司“8·2”特别重大铝粉尘爆炸事故所暴露出的问题，以铝镁制品机加工企业为重点，开展了粉尘防爆专项整治。2015年深入开展石棉采选企业粉尘治理，提请地方政府依法关闭、查封了一批非法采选企业，督促8家企业投入3000余万元进行防尘设施改造和配备个人防尘用品。

第五节　尘肺病防治

尘肺病又称“矽肺病”、“黑肺症”等。患者由于长期吸入大量粉尘，导致肺部出现纤维化等病变，造成胸闷、胸痛、咳嗽、咳痰、劳力性呼吸困难、呼吸功能下降，而且每隔数年病情还要升级，最后合并感染肺心病，呼吸衰竭而死亡。

尘肺病是我国最为严重的职业危害，约占上报职业病例的90%（2014年全国报告职业病29972例，其中职业性尘肺病为26873例）。煤矿是尘肺病重灾区。在2014年报告的尘肺病患者中，煤工尘肺和矽肺25317例，约占94%。由于大量的小煤矿和小微制造企业作业环境恶劣，加上空气污染等因素，尘肺病新病例接尘工龄由2007年的19.39年缩短至2014年的14.91年。2014年新报告尘肺病人中实际接尘工龄不足10年的9417例，其中不足5年的3735例。

1956年初，周恩来总理收到山东青岛崂山采石场一位职工的来信，反映说采石场原来有30多人，因患肺病“十年八年都死光了”。周恩来把信批转给劳动部部长李立三，要求引起劳动保障部门的高度重视，认真研究、尽快拿出解决问题的办法措施。5月25日国务院29次全体会议通过了劳动部起草的《关于防止厂、矿企业中矽尘危害的决定》。这个决定是我国首个针对尘肺病危害的国务院规范性文件。全文不到600字，提出了五条简明扼要的要求：石粉类生产企业要采用湿磨，限于条件只能干磨的必须机械化密闭化，矿山要采用湿式凿岩和机械通风，采取吸尘、洒水等防尘措施；厂矿作业场所每立方米所含游离二氧化矽10%以上的粉尘，在1956年内应降到2毫克，在1957年内必须降低到2毫克以下（这可以视为我国尘肺防治的首个国家标准）；企业要向接触矽尘的工人配发防尘口罩、防尘工作服和保健食品；企业每3~6个月对接触矽尘工人进行一次健康检查，矽肺病患者应该按病情轻重，分别予以治疗、调动工作或者疗养；工厂的干石英粉产品必须用纸袋包装，禁止使用草袋，以防粉尘逸散。最后要求各产业主管部门对设备落后的厂矿进行改组，各级劳动部门和卫生行政部门及时进行监督和检查。

为贯彻落实国务院的这个决定，1957年11月劳动部、卫生部和全国总工会联合召开首次全国防止矽尘危害工作会议，交流了浙江省湖州石粉厂水磨石英、河北省龙烟铁矿湿式凿岩等先进经验。1957年卫生部组织在部分省市开展了尘肺普查。劳动部、卫生部就矿山防止矽尘危害的技术措施，厂矿企业预防痨病，矽尘环境中作业工人的医疗和预防等，相继制定出台了多个部门规章。1963年7月颁布的《矽尘作业工人医疗预防措施实施办法》，对接触粉尘工人进行健康检查的周期、检查项目、从业禁忌等做出了规定。

在党和政府的指导督促下，工矿企业掀起防尘降尘热潮，探索和形成了以“水、风、密、革、护、宣、管、查”为内容的综合防尘“八字方针”①。各行各业大搞技术革新和工艺改革。矿山采掘生产推广湿式作业，矿井实行全面机械通风，在扬尘点喷雾洒水；机械制造行业实行密闭隔离作业，实行局部通风；铸

① 预防尘肺八字方针：“革”即改革落后的生产工艺设备及技术措施；“水”即采用湿式作业，防止粉尘飞扬；“密”即采用密封方法防止粉尘进入空气；“风”即加强作业场所通风，将粉尘抽离现场；“护”即加强个人防护，采用防尘口罩送风头盔等保护劳动者；“管”即加强管理，建立完善管理制度、维修制度；“教”是对劳动者进行必要的职业健康教育和防尘教育；“查”即执行粉尘作业工人就业前和定期体检制度。

造业采用无矽或低含矽砂代替石英砂；耐火材料厂将原料传送置于地下。普遍加强了防尘宣传教育，加强个人防护，加强监督检查，加强防尘设备运行管理。这些措施极大地降低了生产场所的粉尘浓度。有着70多年开采历史的江西省钨矿，1956年前井下采掘全部为干式作业，接尘作业人员尘肺病患病率累计为50%。国务院《决定》传达后，企业积极响应，将干式作业改为湿式作业。之后该矿所属11个矿井有9个再也没有发现新的矽肺病例。工人们把湿式作业称为“周氏降尘法”，以表达对周恩来总理重视防尘降尘、关心工人健康的感谢。开滦矿务局为达到国务院《决定》中把作业场所矽尘降到每立方米2毫克以下的要求，在唐山矿1411开拓工作面进行试验，不仅进行湿打眼，而且采取了放炮后用水洗刷岩壁、装钎洒水、工作面喷雾、清洁通风、净化用水和用水加湿润剂六项降尘办法，使该工作面每立方米空气含尘量由过去的4～6毫克降到1.79毫克。1958年4月煤炭工业部和全国煤矿工会在开滦煤矿召开了现场会议，推广唐山矿综合降尘工作经验。

1962年8月国务院《批转劳动部关于防止矽尘危害工作的情况和意见的报告的通知》指出：1956年国务院发布《关于防止厂、矿企业中矽尘危害的决定》以来，中央和各地对于矽肺病的防治，都做了许多工作，取得了一定的成效，不少厂矿作业场所矽尘浓度有不同程度的降低。“但是近两三年来，许多单位放松了这项工作，以致矽尘危害的情况又有所发展，矽肺病患者有所增多。这种情况，应该引起各级领导的严重注意”。要求各地区、各有关部门结合企业调整工作，加强对防尘工作的领导，健全管理制度，继续推行湿式作业、密闭除尘等有效措施，尽速把作业场所的矽尘浓度降低到国家规定的标准。1962年12月劳动部、卫生部、煤炭部、冶金部、全国总工会联合召开了第二次全国防止矽尘危害工作会议。会议总结了1957年以来的工作，要求以作业场所粉尘浓度已经降到每立方米2毫克的单位为标兵，凡有矽尘危害的单位都要向其看齐，加快粉尘治理工作进度。会后周恩来总理听取了会议情况的汇报，指示“要力争在三五年内，解决我国工业企业中矽尘危害问题”。翌年2月9日，国务院批转了劳动部等部门关于这次会议的报告，重申了力争三五年内解决工业矽尘危害问题这一奋斗目标。

这一目标的提出使全国工矿企业、职工群众受到鼓舞，矽尘治理工作力度加大，效果明显。到1965年10月，煤炭部所属煤矿的2087个全岩、半煤岩掘进工作面采取湿式凿进的，由1962年的16%增加到94.2%。冶金部所属金属矿山在推行湿式凿岩的基础上，还采取综合防尘措施，在67个有色金属矿中，到1965年已有66.2%的矽尘作业点矽尘浓度降到每立方米2毫克以下。

改革开放以来尘肺病防治工作受到重视。1987年12月国务院颁布的《尘肺病防治条例》，是我国尘肺病防治的首个行政法规。《条例》28条，建立了防尘设施鉴定与定型、企业防尘经费管理与使用、防尘知识教育考核、建设项目防尘设施“三同时”、卫生和劳动等部门监督管理、企业定期监测报告、奖励和处罚等法律制度。国家相关部门先后发布33项粉尘卫生标准和尘肺X射线诊断标准、尘肺病理诊断标准。各省级政府都制定发布了《尘肺病防治条例》实施办法，把尘肺病防治工作纳入法律化、制度化轨道。

1987—1989年，卫生部组织了建国以来第一次、也是规模最大的一次全国尘肺流行病学调查。调查范围为西藏以外的29个省、市、自治区，调查对象为解放后到1986年的全部尘肺病患者。依据调查数据，比较1955—1959年间和1985—1986年间尘肺病例的平均发病工龄，矽肺从9.5年延长到26.2年，煤工尘肺从16.2年延长到24.7年。60年代中期以后开始从事粉尘作业的工人发生尘肺的很少，而90%以上的尘肺病人是在实施综合防尘措施之前开始接尘的。说明建国以来特别是1956年国务院防止矽尘危害的决定贯彻实施之后，这方面工作确实取得了成效。

九十年代之后工业化进程加快，矽尘危害趋于严重，尘肺病防治形势陡然严峻。1990年至1995年，我国上报的尘肺病例年均1.2万人以上，尚未包括小矿小厂的尘肺病患者。1995年4月，国际劳工组织（ILO）和世界卫生组织（WHO）在国际职业卫生联合委员会（ICOH）的建议下，提出了“全球消除矽肺国际规划”，号召世界各国积极参与，降低矽肺发病率，最终消除矽肺危害。我国政府积极予以响应。各地加大《尘肺病防治条例》贯彻力度，依法关闭取缔了一批粉尘含量严重超标、治理无望的小矿小厂。卫生部颁布了与国际接轨的呼吸性矽尘、煤尘和水泥尘的最高容许浓度标准。电力、冶金等部门制定了防尘降尘、防范尘肺病的工作规划。煤炭部积极推动尘肺病医疗技术进步，划拨专项资金，深入开展大容量全肺灌洗治疗尘肺病的科研攻关，成功地为一些尘肺病患者进行了肺灌洗治疗。

2002年4月，原煤炭工业部部长高扬文致信朱镕基总理，建议建立煤矿尘肺病治疗基金，以解决患尘肺患者治疗、康复所面临的资金困难问题。遵照朱镕基总理的批示，卫生部就此进行了初步的调研论证。2003年4月政府换届后，高扬文又向温家宝总理提出这一建议。在两任总理的关心支持下，2003年10月中国煤矿尘肺病治疗基金会（后改称“中国煤矿尘肺病防治基金会”）经民政部登记注册、正式成立。基金会成立后，以重点煤炭企业为主，募集社会资金，实施了尘肺病康复工程、预防工程。到2015年底，基金会已拥有21个省级代表处、48家定点医院和10个医疗科研基地，先后救治尘肺病患者16万人，被民政部授予AAAA基金会和全国先进社会组织。

2003年6月，贵州省政府在其上报给国务院的《情况反映》中，披露了遵义市湄潭、凤冈、正安等县数百农民工前往福建仙游县东湖村一石英厂打工，作业环境粉尘弥漫，没有任何防护措施，使他们陆续患上矽肺病，不得不抱病还乡，有些已经死亡。温家宝总理随即作出批示。劳动保障部、卫生部、国家安监局等成立联合调查组，在贵州、福建两地政府部门的共同努力下，矽尘危害严重而又不认真治理的“黑心工厂”被依法关闭，患病农民得到了不同程度的赔偿。为准确反映我国尘肺病危害严重的现状，2004年3月中国煤矿尘肺病治疗基金会人员会同新华社记者，深入了山西大同、陕西韩城等6个重点矿区，走访了企业办的医院、职业病防治机构和尘肺病患者、职工家庭，撰写了《大量煤矿工人受到尘肺病的威胁》的调研文章，发表在新华社《国内动态清样》上。5月18日胡锦涛总书记就这篇文章所反映的问题作出批示：“此问题不是个别现象。在小煤矿、小水泥企业尤其突出。这关系到广大职工群众的身体健康和生命安全，需加强执法力度，严格劳动保护措施，采取治本办法，加以解决。同时要相应加强职业病的防治”。

“十一五”和“十二五”期间，国家和地方政府为遏制尘肺病高发势头，在监管执法、宣传教育、经济和医疗救助等方面，采取了一系列对策措施。2009年8月河南省新密市农民工张海超为证明自己确实患有尘肺病，无奈接受“开胸验肺”的事件发生后，卫生部下发《关于进一步加强职业病诊断与鉴定管理工作的通知》，要求职业病诊断与鉴定机构增强法制意识和服务意识，提高技术水平。2011年甘肃古浪县300多名农民患矽肺病、生活陷入困境的消息经媒体报道后，有关方面高度重视，安排其中适宜实施大容量全肺灌洗术的农民工到中国煤矿工人北戴河疗养院接受专业治疗。2015年3月26日召开的职业病防治工作部际联席会第四次全体会议，就加强农民工尘肺病防治工作进行了研究，提出要推动国家设立尘肺病防治基金，设立职业病危害治理专项资金，维护职工群众健康权益。2015年12月国家安监总局会同国家卫生计生委、人社部、全国总工会等九部门（单位），联合起草、下发了《加强农民工尘肺病防治工作的意见》，提出要加强农民工尘肺病的源头治理，推进农民工职业健康检查，做好尘肺病诊断鉴定和医疗救治，有效保障符合条件的尘肺病农民工工伤保险待遇，切实解决特困尘肺病农民工医疗和生活问题，维护尘肺病农民工职业健康权益。

第六节　职业健康安全管理体系建设及其认证

职业健康安全（职业安全健康、职业安全卫生）管理体系（英文简写“OHSMS”）是20世纪80年代后期，西方一些企业探索建立的现代化职业健康安全管理模式，与质量管理体系、环境管理体系一并构成企业全面管理体系。其核心思想在于强化企业在保护职工健康方面的责任，认为企业应主动进行职业危害辨识和风险评价，找出存在的问题并予以有效的控制，持续改进企业的职业健康安全工作；认为领导者的重视是职业健康安全体系成功实施的关键，为此企业领导人应当作出承诺并切实履行相关责任；员工参与是成功实施职业健康安全体系的重要基础，所以企业应当鼓励职工广泛参与安全卫生工作，保证职工及其代表有时间和资源来积极参与职业健康安全体系的组织、计划与实施、评价和改进措施等活动；企业在实现管理目标的过程中要不断检查和发现问题，及时采取纠正措施，保证不偏离原有目标和原则；企业应确保其制定的各项要求，同样适用于企业单项工程的承包方和临时作业人员等。这些都体现了预防为主和以人为本的管理思想。

职业健康安全体系诞生后受到美国、英国、澳大利亚等国政府的重视和推广，并引起国际标准化组织、国际劳工组织、世界卫生组织等的关注。1995 年 4 月，国际标准化组织成立了职业健康和安全特别工作组（英文简称 ISO/OHS）。受国家技术监督局委托，劳动部派员参与了特别工作组的工作，并派员参加了 1995 年 6 月 15 日、1996 年 1 月 19 日 ISO/OHS 特别工作组召开的小组会议。1996 年 9 月我国派出由国家技术监督局、劳动部、中石化总公司、全国总工会组成的代表团，参加了国际标准化组织召开的职业健康安全管理体系标准国际研讨会，并在会议上作了发言，阐述了我国的观点。

职业健康安全管理体系在全球范围的兴起，不仅在于其探索和建立了预防为主、持续改进的企业安全生产与职业卫生管理模式，也与经济全球化的发展趋势密切相关。经济全球化必须遵循“公平竞争”原则，其中也包含企业在职业健康安全方面的统一标准和相同尺度。关贸总协定（GATT）乌拉圭回合谈判协议中提出：各国不应由于法规和标准差异而造成非关税贸易壁垒和不公平贸易，应尽量采用国际标准。1999 年 4 月在巴西召开的第十五届世界职业安全健康大会上，国际劳工组织负责人表示要像贯彻 ISO9000（质量管理系列标准）和 ISO14000（环境管理系列标准）一样，在全球范围里推行职业健康安全管理体系；按照制定的质询表，逐一评估和认定企业的安全卫生状况，从而更好地维护劳动者的健康权利。

1995 年初，在我国正式提出加入世贸组织（WTO）的申请之前，国家技术监督局就向国内有关部门和单位征求意见，希望能够建立起国际社会通行的职业健康安全管理体系。1996 年 3 月国家技术监督局、劳动部等联合成立了“职业健康安全标准化协调小组”，以统筹协调和推进这方面工作；6 月召开了职业健康安全体系建设的研讨会，多个部委以及一些重点企业的代表参加了会议。与会人员围绕着职业健康安全体系的基本内涵、功能与作用、发展趋势等，进行了深入研讨。共同认识到：为迎接加入世贸组织后国内企业面临的国际劳工标准、国际经济一体化的挑战，推动企业建立预防为主、持续改进的职业卫生和安全生产管理机制，应该吸收借鉴国际先进经验，抓紧建立这一体系。会议研讨和发言的内容则表明，那些对外贸易较多的行业和企业，事实上已经进行了职业健康安全体系建设方面的工作。

随后，中国劳动保护科学技术学会、劳动部劳动保护科学研究所等单位开展了职业健康安全体系标准研究工作。1999 年 10 月国家经贸委参考国际劳工组织《职业安全健康管理体系导则》，结合国情和安全生产领域实际，在征求了机械、石化、海上石油等行业部门和企业意见的基础上，颁布了我国首个《职业安全卫生管理体系试行标准》，作为企业建立和认证机构审核职业安全卫生管理体系的基本依据。当月国家经贸委发出《关于开展职业安全卫生管理体系认证工作的通知》，规定申请认证的企业应具备的条件：认真贯彻执行我国有关安全生产法律、法规和标准；已建立职业安全卫生管理体系并运行达 3 个月以上；在过去两年中每个年度的千人重伤率和千人死亡率低于同行业水平。试点阶段委托国家经贸委安全科学技术研究中心和中国石化集团安全工程研究院作为认证机构。

2000 年国家经贸委创办了《职业安全卫生管理体系认证》杂志（双月刊），成立了全国“职业安全卫生管理体系认证”指导委员会、认证机构认可委员会、审核员注册委员会。2001 年底国家质量监督检验检疫总局正式颁布了《职业健康安全管理体系规范》（代码 GB/T 28001—2001，属国家推荐性标准），统一了职业健康安全管理体系的基本概念和术语，明晰了构成职业健康安全管理体系的各个要素，规范了体系建设各方面工作。由于国家质检总局发布的该标准的名称与内容，与英国标准协会（BSI）、挪威船级社（DNV）等 13 个组织 1999 年制定的职业健康安全评价规范“OHSAS18001”基本一致，因此一些培训机构也将其混同于“OHSAS18001”。为此国家经贸委曾经下发文件予以澄清。

在国家大力推动和企业积极参与下，到 2001 年 12 月我国正式加入世贸组织之时，全国已有200余家企业通过试点，取得了职业健康安全管理体系认证。另有数百家企业尚处于体系建立过程或试运行之中。国家经贸委已批准16家中介机构开展职业健康安全体系咨询业务；培训注册审核员1300余人，企业内部审核员10000余人；注册国家审核员800余人。

国家安全生产监督管理体制改革后，职业健康安全管理体系建设及其认证工作转由安监部门负责。2001年12月国家经贸委发布的《职业安全健康管理体系指导意见》中规定：国家安监局负责拟定、实施和定期评审国家关于在企业建立和推进职业健康安全体系的政策；负责我国职业健康安全体系工作的统一管理和宏观控制，保证各机构间必要的协作关系，并定期评审职业健康安全体系工作的有效性。2002年3月，国家安监局发出《关于调整全国职业健康安全体系认证指导委员会及工作机构组成人员的通知》，对相关机构和人员进行了调整充实。2003年5月，根据《国务院关于取消第二批行政审批项目和改变一批行政审批项目管理方式的决定》，国家安监局决定将认证管理工作，交由全国职业健康安全体系认证指导委员会统一管理和指导。2003年9月国家安监局下发了《小企业职业健康安全体系指南》。

2003年10月，为贯彻《中华人民共和国认证认可条例》，维护认证认可工作的统一性、严肃性，经国家安监局与国家认证认可监督管理委员会（简称"国家认监委"，为国家质检总局所属机构）研究，决定将职业健康安全管理体系认证认可等工作，移交国家认监委管理。具体认可和注册业务工作，分别由中国认证机构国家认可委员会（CNAB）、中国认证人员与培训机构国家认可委员会（CNAT）承担。上述两家机构，分别设立了安全生产监管专家和技术人员占据一定比例的职业健康安全管理体系专业委员会。2007年5月28日至8月10日，国家认监委首次进行了针对职业健康安全管理体系认证企业的认证有效性监督检查。共抽查了114家企业及60家认证机构。被抽查企业绝大多数可以满足GB/T 28001标准要求，职业健康安全管理效果明显；认证机构加强了对认证档案的管理。2011年12月国家质检总局、国家标准化管理委员会发布了《职业健康安全管理体系要求》（GB/T 28001—2011）。2012年1月国家认监委下发文件，就 GB/T 28001 标准换版相关工作提出要求。目前我国已有约 6 万家企业通过了职业健康安全体系认证。

职业健康安全管理体系与质量、环境管理体系之间有着密切的内在联系。1997 年中国石油天然气总公司制定的《石油天然气工业健康、安全与环境管理体系》（HSE 管理体系），在安全生产、职业健康和环境管理一体化方面进行了探索。这项工作交由国家标准化部门统一管理以来，出现了与质量、环境管理体系融合发展的新趋势。由于认证机构同时具有质量、环境和职业健康安全管理体系三种认证资质，对企业的认证、复检、监督检查等，往往将三个体系合并起来一起进行。一些企业建立了质量、环境、职业健康“三合一”管理体系，在企业内部印发了“三合一”管理手册；一些专业培训机构开展了针对国家注册内审员的质量、环境、职业健康安全管理体系“三合一”培训。2009 年方圆标志认证集团编写、中国标准出版社出版的《质量、环境及职业健康安全三合一管理体系的建立与实施》一书，深入分析了三个管理体系及其标准的区别与联系，提出了建立“三合一”企业管理体系的方法和步骤。

第七节　职业医学发展和吴执中职业医学奖励基金

职业医学（occupational medicine）为预防医学的分支，属于临床医学，是以职业劳动者为研究对象，对受到职业有害因素损害或有着潜在健康危险的劳动者个体，进行早期检测、诊断、治疗和康复，维护广大劳动者身心健康的一门科学。职业医学是职业卫生工作的组成部分，为职业卫生工作提供医学支撑和服务。

建国之初，国家在天津成立了工业卫生研究院，上海和鞍山钢铁公司也分别成立了华东劳动卫生研究所和鞍钢工业卫生研究所。1954 年卫生部将工业卫生研究院与有关单位合并，组建了我国首个职业医学研究机构——卫生研究所，内设劳动卫生、职业病临床等研究部门，主要研究生产和生活环境中各种物理、化学和生物因素对人体健康的影响，各种工业中毒、职业病等有害影响的预防与治疗措施。该研究所隶属于1950年成立的中央卫生研究院（后称中国医学科学院）。1983年改称劳动卫生职业病防治中心，并建立了东北、华北、西北、西南、中南、华南、华东7个区域中心。1986年劳动卫生职业病防治中心更名为中国预防医学科学院，并以原卫生研究所为基础，成立了劳动卫生与职业病研究所、环境卫生研究所、食品卫生研究所等。

五十年代后期，各地区、各工业部门和一些大型企业纷纷成立了防、治、研“三位一体”的职业病研究院（所），形成了覆盖全国的职业医学研究体系和职业卫生专职队伍，其中具有大专以上学历的专业人员约300名。八十年代之后，卫生系统的2000多个卫生防疫站和各个职业卫生研究机构相继恢复。加上隶属于劳动系统的研究和检测检验机构，以及煤炭、冶金、化工、纺织等工业部门恢复或新建的职业病防治所（院），2015年全国职业病学研究和职业卫生专职队伍约10万人。全国20多所医学院校建立了职业卫生（劳动卫生）教研室，培养了一大批职业卫生专业人才。

建国之初成立的中华医学会和1979年成立的劳动卫生与职业病学会，承担了职业病学领域学术交流的职责任务。1959年4月、1964年5月，中华医学会曾配合协助卫生部，分别在大连、沈阳召开会议进行这方面的学术交流。1973年以中华医学会的名义，在杭州召开了首届全国劳动卫生与职业病学术会议，会议收录论文124篇，围绕着防尘、防毒以及一些常见病、多发病的防治进行了交流。1979年10月中华医学会在长沙召开了第二届全国劳动卫生与职业病学术会议，会议重点总结和交流了建国30年来尘肺防治与研究工作，同时就职业中毒防治、生产环境监测等课题进行了交流和探讨。1983年11月中华医学会在杭州召开的第三届学术会议，是一次为职业卫生制定标准、建立规范提供科学依据的会议。会议就车间有害物质、作业场所空气中粉尘最高容许浓度标准、职业病诊断标准、局部振动病诊断指标等进行了研讨。会议收到论文1200多篇，入选890篇。

1987年成立了中华预防医学会，劳动卫生与职业病分会为其所属的19个分会之一。1988年11月首次以中华预防医学会劳动卫生与职业病分会的名义，在天津召开了第四届全国劳动卫生与职业病学术会议。之后又举办过多届，取得了丰硕的学术成果。2010 年 12 月在上海举办的第十一届学术会议，通过设立“为了劳动者的安全、健康和尊严”主题，使会议中心思想得到突出，议题更为集中和明确。之后两届会议的主题分别为：“职业病防治与公共服务均等化”（第十二届，2012 年 8 月在银川召开）；“健康工作，体面劳动，构筑社会安全和谐”（第十四届，2014 年 8 月在济南召开）。

劳动卫生与职业病分会下设的粉尘与尘肺学组、职业病学组、职业流行病学学组、劳动心理与健康学组、人类工效学学组、物理因素学组、卫生法规及管理学组等，每两年分别召开一次专业学组会议。下设的各个地区分会，往往针对区域内高发多发职业病的防治，定期或不定期地召开一些会议进行学术交流。中华预防医学会及其所属的职业病专业委员会等，也多次召开全国性的职业病学术交流会议。

职业病学、职业卫生领域的国际合作交流逐步开展。1989 年以来中、日、韩劳动卫生学术研讨会每年召开一次，2012 年改称“中日韩职业与环境学术交流会”。1994 年 10 月我国承办了第 14 届亚洲职业卫生大会，参加会议的 500 多位代表（其中来自亚洲和世界各地的外籍代表 200 多位）围绕着亚洲和职业卫生领域的重点难点问题，进行了广泛深入的交流。

职业病学基础研究和重点科研攻关取得进展。1973 年以来全国先后有 11 种职业医学专业学术期刊创刊（其中 6 种为预防医学、卫生学类核心期刊），发表论文 3 万余篇。1982 年以来《职业病》、《劳动卫生与职业病学》、《劳动卫生学》、《化学物质毒性全书》、《现代劳动卫生学》、《现代职业医学》、《职业医学进展》、《职业病临床指南》、《中华职业医学》、《职业性肺部疾病》等专业著述和高校教材相继出版发行，职业医学理论体系基本形成。“九五”时期以来，职业危害预防控制关键技术与装备研究，尘肺高危人群健康监护、诊断技术和危害控制技术研究，矽尘致癌机制研究，基因多态性与毒物易感性研究等重点课题，被纳入国家科技支撑计划等，并取得了研究成果。

吴执中（1906. 3. 14—1980. 8. 12）是我国职业医学的主要奠基人之一。曾任我国第一个劳动卫生与职业病研究所负责人，中华医学会劳动卫生与职业病学会主任委员，《中华卫生杂志》（1978 年改称《中华预防医学杂志》）总编辑，以及我国首部职业病学教科书——《职业病》的主编。在从事职业病研究和职业卫生工作的 20 多年里，吴执中以扭转我国尘肺病等职业危害严重状况、维护劳动者安全和健康为己任，一心扑在职业病防治工作上。他历经艰辛，在尘肺病以及铅中毒、苯中毒、汞中毒、农药中毒的防范和诊断治疗上，探索和总结出了一套高效安全的方法；在职业医学基础研究和学科建设，以及全国职业病防治网络体系建设等方面，作出了突出贡献。被评选为全国劳动模范。因患恶性肿瘤逝世，享年 74 岁。为弘扬其精神，1990 年 8 月有关方面举办了“纪念吴执中教授逝世十周年优秀论文奖”评选活动，从收到的 432 篇职业卫生论文中评出一等奖 2 名，二等奖 10 名，三等奖 25 名，鼓励奖 5 名。1994 年 10 月由中国预防医学科学院劳动卫生与职业病研究所、辽宁省劳研所、上海市劳研所、北京市劳研所、沈阳市劳研所及鞍钢劳研所等单位共同倡议，发起成立“吴执中教授职业医学奖励基金”。奖励对象为全国范围内在职业卫生、职业病防治和科学研究方面作出突出贡献的卫生科技人员，特别是在基层第一线工作的优秀中青年。优秀论文奖励评审每两年一次，设一等奖 1 名、二等奖 2 名、三等奖 10 名，同时颁发奖金和奖励证书。该项奖励基金从设立到 2014 年，共进行了 7 届评选。

小结：建国以来党和政府在防治职业病、保护劳动者身体健康方面付出了极大努力，我国的职业卫生工作也取得了积极进展。特别是 1956 年国家关于职业卫生工作的一系列法规规章颁布实施之后，防尘、防毒等方面的工作得到加强，职业病发生率下降，全国职业卫生形势逐步趋稳向好。

工业化快速发展使我国不仅进入生产伤亡事故的易发期，同时也进入了职业病的易发、高发期。2010 年以来新确诊病例一直在 3 万例左右的高位徘徊，职业卫生形势十分严峻。据统计，目前我国有约 1600 万家企业存在有毒有害作业场所，仅粉尘和化学毒物两类主要危害因素，就遍及煤矿、金属非金属矿山、冶金、化工、建材、汽车制造、医药、制鞋、家具等 30 多个行业领域；约 1 亿劳动者遭受不同程度的职业病危害。为数众多的小矿小厂既为发展经济作出了贡献，也因为技术装备落后，作业场所简陋，劳动条件恶劣，职业防护缺乏，而成为职业危害和职业病的主要发源地。在这些小矿小厂劳动的农民工，职业病危害问题尤为突出。由于劳动关系不固定，病情潜伏期较长等原因，造成一些农民工患职业病后求助无门，生活陷入绝境。由此导致的群体性、恶性事件屡屡发生，成为影响稳定和谐的严重社会问题。

尘肺病特别是煤矿尘肺病防治是我国职业卫生工作的重中之重。建国以来我们坚持预防为主、防治结合，采取多种措施综合治理矽尘危害。五六十年代探索形成的“水、风、密、革、护、宣、管、查”综合防尘“八字方针”，切合实际、行之有效。通过认真贯彻落实“八字方针”，一些原本矽尘危害严重的厂矿实现了消灭尘肺病的目标。在尘肺病的治疗方面，目前已经发展和形成了肺灌洗、中医药综合性治疗等成熟技术。中国煤矿尘肺病治理基金会的成立，则标志着社会资金筹集机制和渠道的建立健全。这些都说明只要真正重视起来，尘肺病是可防可治的。

《职业病防治法》的颁布实施和修改，标志着我国职业卫生工作步入法治化阶段。“防、治、保”三个关键环节的责任划分，以及工会组织监督责任的明确，进一步理顺了安全监管部门、卫生行政部门、劳动和社会保障部门之间的关系，消除了可能存在的责任盲区和可能产生的推诿扯皮现象。国家职业卫生工作体制调整以来，机构队伍、法规标准、技术支撑体系、用人单位职业卫生基础建设等进一步得到加强。在石英砂加工、石棉矿山和制品企业、木质家具制造等重点行业领域依法开展的一系列专项治理，使职业卫生领域一些突出矛盾和问题得到缓解。职业健康安全管理体系建设的持续深入，推动了我国企业职业卫生、安全生产工作与国际社会的接轨。职业医学的发展进步，为职业病防治提供了科学依据和医学支撑。

总之职业卫生关系重大，是安全生产工作的重要部分，是一项长期艰巨的任务。进入工业化快速发展阶段后职业病危害的猖獗，也导致了社会重视程度的空前提高和防治力度的持续加大，从而加快了根除根治职业病的历史进程。我们相信，在党和政府的领导下，随着《职业病防治法》的深入贯彻实施，以及“政府统一领导、部门协调配合、用人单位负责、行业规范管理、职工群众监督”职业病防治工作格局的健全完善，用不了太长时间，肆虐于工厂矿山的粉尘和毒物等危害必然得到有效控制，我国职业病下降的历史性“拐点”一定能够尽早到来，广大劳动者的身体健康必将得到切实有效的保障。

第十章

安全生产应急管理和救援体系建设

安全生产应急管理是指政府及其安全生产监管部门、相关机构和生产经营单位，为迅速有效地应对可能发生的生产事故尤其重特大事故，减少事故所造成的生命和财产损失，而组织开展的应急准备、应急处置、应急保障等一系列工作。包括了应急管理法制体制和机制建设，应急预案建设、应急培训演练、应急物资储备、抢险救灾、现场处置，以及开展预防性监督检查等。加强救援队伍和救援基地建设，形成布局合理、覆盖严密、快速有效的应急救援体系，提升对于重特大事故等突发情况的应对处置能力，是安全生产应急管理工作的重要内容。

应急与救援为安全生产的题中应有之义。进入新世纪以来，由于生产安全领域重特大事故多发，以及公共卫生、自然灾害等突发事件不断出现，应急救援工作因此受到高度重视。2003 年 10 月，党的十六届三中全会通过的《关于完善社会主义市场经济体制若干问题的决定》提出要“建立健全各种预警和应急机制，提高政府应对突发事件和风险的能力”。十六届四中、五中和六中全会，都就此提出了明确要求，把“建立健全社会预警体系，形成统一指挥、功能齐全、反应灵敏、运转高效的应急机制，提高保障公共安全和处置突发事件能力”，提到了党的执政能力和构建社会主义和谐社会、创新社会管理机制的高度。2004 年 3 月温家宝总理在十届全国人大二次会议《政府工作报告》中提出，要加快建立健全各种突发事件应急机制，提高政府应对公共危机的能力。2007 年 8 月全国人大常委会审议通过、颁布实施了《中华人民共和国突发事件应对法》，在应急准备、监测与预警、应急处置与救援、恢复与重建等方面建立了一整套法律制度。2014 年 10 月修改的《安全生产法》，对安全生产应急管理做出了进一步的规范。所有这些，都为加强安全生产应急管理和应急救援工作提供了遵循，创造了契机。

第一节　安全监管体制改革之前的事故救援和救护队伍状况

从建国直到国家安全生产监管体制改革之前，安全生产应急处置和事故抢险救援，一般由本单位、本地区自行组织和实施。一些重特大事故发生后，则需要地方或者中央临时组织动员包括军队在内的各方力量，全力投入抢险救援。1950 年 2 月 27 日河南省宜洛煤矿瓦斯爆炸事故发生后，煤矿所在的洛阳地区专员公署、宜阳县政府及当地驻军某独立团，均派出人员前往现场，进行救援、救治和善后处置工作。1950 年 6 月 4 日北京市辅华合记矿药制造厂爆炸事故发生后，北京市政府组织公安、民政、消防、医疗系统和市委干训班全体学员、公安总队、公安学校等单位的工作人员约 2000 人，以及解放军驻京津地区某师两个营，赶到现场进行抢险救灾。1960 年山西大同老白洞煤矿“5·9”瓦斯爆炸事故发生后，毛泽东主席当天听取了汇报；周恩来总理指示要不惜一切代价、毁矿保人。解放军总部调动陆、空部队参加救援，运送救援物资和伤员，共出动官兵 1096 名，派出飞机 62 架次。铁路部门出动十几个火车专列运送救援救治物资，仅药品就运送了 21 吨。

由于煤矿事故抢险救援任务艰巨繁重，建国之初政府就在一些重点矿区成立了矿山救护队。1949 年组建的抚顺、阜新、辽源三支矿山救护队，共有指战员 66 名，是我国最早建立的承担矿山事故抢险救援任务的专业队伍。1952 年至 1955 年，燃料工业部煤矿管理总局先后组织开办了 8 期矿山救护队长训练班，培训 400 多名救护工作骨干。1953 年 11 月燃料部发布的《中国煤矿军事化矿山救护队试行规程》，是矿山救护工作的第一个规程，也是我国安全生产应急管理和救援工作领域的首个部门规章。《规程》将矿山救护队定位为职业性、技术性、军事化组织，要求救护队员迅速地坚决地执行指挥员的一切命令，养成“机敏、勇敢、坚决，不怕牺牲的工人阶级的品质和勇敢抢救遇难人员，及迅速扑灭事故的精神”，坚决完成救援任务。1956 年 9 月煤炭部发布了《煤矿军事化矿山救护队战斗条例》，规定矿山救护小队是“基层作战单位”，中队是“完成消灭矿井事故作战任务的基层作战组织”，大队是“完备的作战单位，应拥有各种现代化矿山救护的技术装备”；对队员和指挥员的职责、装备的战术性能、通信和侦察工作（指事故信息沟通和了解），以及在处理矿井火灾、沼气（瓦斯）或煤尘爆炸、煤与瓦斯突出、冒顶、井巷遭受水淹、淤泥和粘土溃决等事故时的“战斗动作”，都作了明确而详细的规定。到 1957 年已有 33 个矿务局（矿）组建了救护队，并配备了矿山救护车辆、仪器和灭火设备等。全国共有专职矿山救护人员 1485 人。1961 年煤炭部颁发的《煤矿保安暂行规程》（也即第三部煤矿安全规程）中，又就矿山救护队的组织领导等作出了规定。六七十年代，鉴于一些煤矿瓦斯爆炸、水灾等事故发生后需要集中力量和设备进行救援，煤炭部依托一些大型煤炭企业，建设了一批承担区域性抢险救援任务的矿山救援基地，通过资金扶持、技术培训等发展了一些重点救援队伍；并在开滦、峰峰、济南、郑州、江西、重庆、阜新、双鸭山建立了 8 个矿井排水抢险站，配置了大口径潜水泵、大功率电机等设备。1978 年煤炭部在山东省淄博矿务局召开的全国煤矿救护队长会议，批判了“四人帮”对矿山救护工作的干扰破坏，要求恢复和发扬军事化矿山救护队的优良传统，深入开展创建矿山救护甲级队活动，大幅度提升救护队伍的素质和战斗力。当年 12 月煤炭部颁发了《矿山救护队工作条例》和《矿山救护队战斗准备标准和检查办法》，进一步推动了矿山救护队军事化建设。1979 年建立了东北、华北、华东、中南、西北、西南 6 个矿山救护协作网。1983 年建立了平顶山、大同、抚顺 3 大救护中心，负责全国重大矿山事故的应急救援工作。建立了煤炭工业部矿山救护大中队长平顶山、抚顺培训中心。1987 年 9 月在河南省平顶山市举办了第一届全国煤矿救护技术比武大会，来自全国 34 支矿山救护队的 61 名个人全能选手以及 34 名指挥员，共计 367 人参加了比武。1990年在平顶山举办了第二届全国煤矿救护技术比武大会。1994年9月煤炭部作出《关于加强煤炭行业矿山救护工作的决定》，提出要深化救护队管理体制改革，建立由矿山救护总队—支队—区域大队—中队—辅助队所构成的全国煤矿军事化救护体系；对小煤矿实行救护签约有偿服务，煤矿按产量向救护队交纳一定数额的救护费用，救护队为煤矿提供事故抢险、预防检查和技术服务。1996年建成了平顶山、大同、抚顺、淮南、六枝、靖远6大矿山救护中心。

为应对我国化学工业快速发展带来的泄漏、燃烧、爆炸等事故多发的情况，1994年化学工业部颁布了《化学事故应急救援管理办法》；1995年颁布了《氯气泄漏事故工程抢险管理办法》，建立了全国氯气泄漏事故工程抢险工作网络；1996年化工部、国家经贸委联合组建了化学事故应急救援抢救系统。该系统由应急救援指挥中心及其办公室，以及依托有关单位建立的上海、吉林、沈阳、天津、济南、青岛、株洲、大连8个应急救援抢救中心组成。1998年国务院机构改革后，国家经贸委对化学事故应急救援抢救系统和隶属关系作出了调整，并下发《关于化学事故应急救援抢救系统有关工作的通知》，要求抓紧建立化学事故应急救援抢救的工作规则，建立健全专家咨询制度，调查和掌握石油化工系统重大危险源以及主要危化品的品种数量等，增强抢救救援工作的主动性。

为保障海上交通运输安全，1973年我国成立了由国务院有关部门和军队有关单位参加的全国海上安全指挥部，负责统一部署和指挥海上船舶防台风、防止船舶泄漏污染海域、防冻破冰和海难救助工作。1989年全国海上安全指挥部改称“中国海上搜救中心”。沿海各省市也成立了海上搜救机构，业务上接受中国海上搜救中心的指导。2005年经国务院批准，建立了由交通部牵头，国务院相关部门和解放军总参谋部、武警部队指挥机关参加的国家海上搜救联席会议制度，负责统筹全国海上搜救、船舶污染应急反应等工作。

火灾防范和救援工作一向受到党和政府高度重视。1957年9月国务院下发了首个消防工作的规范性文件——《关于加强消防工作的指示》，要求所有城市尤其新兴工业城市必须建立公安消防队伍，消防警力不足的要加以充实；规模较大、火灾危险性较多的企业单位，应当单独建立专职消防队。随后发布的《消防监督条例》，明确规定在“企业、事业、合作社实行防火责任制度”，建立由公安消防队伍、地方政府专职消防队、企业专职消防队所构成的消防体系。公安消防队实行义务兵役制，列入公安机关编制。按照“部队建制、地方事权”的原则，由地方各级政府公安部门的消防机构负责领导和调动当地消防部队，指挥和协调抢险行动；跨省区和全国范围的行动由公安部消防局负责指挥协调。1982年6月，公安消防队纳入“中国人民武装警察部队”序列。1995年3月日本东京地铁沙林毒气事件①后，我国在各个大中型城市建立了特勤消防大队和中队，承担毒气、危化品泄漏等特殊灾害的处置和救援工作。

上世纪八十年代之后，为适应生产建设和交通运输规模日益扩大、各类事故增多的状况，国务院及其相关部门先后在电力工业、核工业、铁路交通、民用航空、森林防火等行业领域，以及应对地震、洪水等自然灾害方面，逐步建立起一些行业性的应急救援指挥机构和救援队伍；并在研判事故风险，制定应对预案，建立应急响应机制、协同救援机制等方面进行了积极探索。

第二节　矿山救援体系的率先建立

矿山救援体系是我国最先建立的全国性安全生产应急救援体系。鉴于煤矿重特大事故多发、应急救援任务繁重的现实，同时考虑到建国以来矿山救护队伍建设所具有的基础，国家安监局在挂牌运行后，即将建立“分级管理、统一指挥、职责明晰、协同作战”的矿山应急救援体系，纳入了安全生产“六个支撑体系”建设内容，进行了规划设计。规划中的矿山救援体系，包括了国家、省、市、县级矿山救援指挥中心，区域矿山救援基地、重点矿山救护队、矿山企业救护队3级救护队伍，以及国家医疗救护中心、省级医疗救护中心、企业矿山医疗救护站3个层面的医疗机构。

---

① 日本东京沙林毒气事件：1995年3月20日，发动恐怖袭击者在日本东京营团地下铁三线共五列列车上施放沙林毒气，造成12人死亡，约6300人受伤。

2002年6月国家安监局成立矿山救援指挥中心筹备组。2003年2月中央编办批准成立了国家安全生产监督管理局（国家煤矿安全监察局）矿山救援指挥中心，规定其职责主要是组织协调全国矿山应急救援工作，负责国家矿山应急救援体系建设，组织起草有关矿山救援的规章标准，负责应急救援新技术新装备推广和全国矿山救护比武、技术培训等工作。2月26日召开了矿山应急救援指挥中心揭牌、成立大会。国务院多个部门的负责人以及美国、澳大利亚、英国、德国、波兰等国驻华大使馆的外交官员出席了揭牌仪式。之后又相继成立了山东、湖南、河南、新疆、内蒙古、四川、云南、山西、黑龙江、安徽、辽宁、贵州、甘肃、宁夏、吉林、江西、青海、河北等省级矿山救援指挥中心。依托重点煤矿企业，建立了一批国家级矿山救援基地。依托煤炭科研、教学和培训机构，建立了4个矿山救援技术研究中心和2个矿山救援技术培训中心。

使用中央预算内基本建设投资，采用同一套建设标准、制度规范、应急预案、教育训练教材、示范演练科目和基础设施，建成了山西大同、河北开滦、黑龙江鹤岗、安徽淮南、河南平顶山、四川芙蓉、甘肃靖远7支国家级矿山救护队伍，配备运输吊装、侦测搜寻、排水灭火等装备305台（套）；建成了山西汾西、内蒙古平庄、江西乐平、山东兖州、辽宁沈阳、湖南郴州、广西华锡。重庆天府、贵州六枝、云南东源、陕西铜川、青海煤业，以及新疆自治区和新疆生产建设兵团煤炭管理部门所属的14支区域矿山应急救援队伍，配置专用装备404台（套）。在河北唐山和邯郸、江西南昌、河南郑州、四川成都、山西大同、辽宁沈阳、黑龙江鸡西、安徽淮南、湖南邵阳、甘肃白银建立了11个国家矿山排水基地。到“十一五”期末，共建成国家级、区域级和矿山企业救护队伍160支（其中国家级7支，区域和骨干救护队77支，企业救护大队76支），专业救护人员2.7万余人，基本形成了覆盖全国的矿山救援体系。

为使救护队伍更好地适应矿山事故救援的实战需要，2004年以来国家安监局相继建立了矿山救护业务培训、资质认定管理、救护技术比武等制度。指定华北科技学院培训中心和平顶山安全生产培训中心，负责全国救护大队、中队指挥员的培训工作。两个机构2004—2005年举办培训班18期，矿山救护系统1400

多名指挥员接受了资质培训。在以往煤炭系统组织开展的历届矿山救护技术比武基础上，2003 年 11 月国家安监局（国家煤矿安监局）、全国总工会和共青团中央联合组织了第五届全国矿山救护技术比武大会。这次比赛中获得团体与个人第一名的单位和人员，被全国总工会授予了全国五一劳动奖状和奖章。2006 年 5 月在河南平顶山举行了第六届全国矿山救护技术比武大会。之后每两年举行一次。

积极参加矿山救护国际交流和竞赛活动。2002 年 8 月我国首次派出矿山救护代表团，参加了在美国内华达州举行的第三届国际矿山救援技术竞赛，并取得了呼吸器操作项目第 1 名、现场急救项目第 3 名的好成绩。2004 年 6 月派团参加了在波兰举行的第三届国际矿山救援技术竞赛，取得了矿山救护集体项目亚军，呼吸器操作竞赛个人项目第二名、第三名的好成绩。2006 年 9 月我国承办了第五届“国际矿山救援技术竞赛”。这次竞赛以“合作、交流、提高、发展”为主题，突出“以人为本、重在参与，面向世界、和谐共赢”的理念。来自澳大利亚、印度、秘鲁、波兰、俄罗斯、乌克兰、美国和中国 11 支矿山救护队参赛，我国选手在 BIOPAK240 呼吸器操作、模拟救灾等项目取得较好成绩。

2004 年 12 月 12 日 10 时 30 分，贵州省思南县天池煤矿发生特别重大透水事故。国家安监局（国家煤矿安监局）矿山救援指挥中心从四川抢险排水站调集了小矿适宜的排水设备和技术队伍，聘请了水文专家。为保障救援物资运输畅通，还分别与四川、重庆、贵州公安交警部门进行了沟通。在井巷垂深 270 米、断面不足 4 平方米的艰难条件下，创造性地运用了三级水泵“直串连排”方案，总功率 970 千瓦的 10 台套设备同时运行，31 天排出 15 万立方米酸性岩溶水，创造了小矿抢险排水的成功战例。

2006 年 11 月 20 日，河北省邢台市沙河铁矿发生火灾，51 名矿工被困井下。国家安监局和矿山救援指挥中心从河南鹤壁、山西潞安、河北开滦等地紧急调集 10 支矿山救护队。在事故现场的 5 个小铁矿井下工程相互贯通，一无图纸、二无应急预案的困难情况下，现场救援指挥部科学判断、果断决策。经过连续 4 天的艰苦搜救，使 51 名被困矿工全部生还。

2007年7月29日，河南省三门峡市支建煤矿因山洪暴发造成淹井事故，69名矿工被困井下。现场救援指挥部确定了“一堵、二排、三送”的救援方案。救援队伍在大雨中连续奋战，堵住了透水点并加固了河堤，日夜兼程排水清淤。经过76个小时的奋力救援，被困矿工全部生还。中宣部部长刘云山同志作出指示，要求“宣传好这次抢险工作中表现出来的好思想、好精神”①。国务院领导要求认真总结经验，改进救援工作。总结这次救援，大家认为最重要的一条经验，就是该矿井下尤其是被困人员身边有电话、压风管路和防尘供水管路，通过这些管路（管线），可以向被困人员传递信息、通风送氧、输送食物（牛奶、面汤等流质食物）。随后，国家安监总局、煤矿安监局下发紧急通知，要求所有煤矿都要认真吸取支建煤矿的经验教训，立即建立和完善井下通信系统、压风系统和防尘供水系统“三条生命线”，确保正常运行，确保在事故状态下能够发挥作用。

2010年3月28日，华晋焦煤公司王家岭煤矿（位于山西省乡宁县和河津市境内）在基建施工中发生透水事故，当班入井261人，其中108人安全升井，153人被困井下。事故发生后胡锦涛总书记、温家宝总理要求采取有力措施，调动一切力量和设备，千方百计抢救井下人员，严防发生次生事故。张德江副总理要求“排水救人，通风救人，科学救人”。国家安监总局、国家煤矿安监局负责人和矿山救援指挥中心有关人员赶赴现场，协助地方政府实施抢险救援。迅速组织地方和企业11支矿山救护队、300余名指战员，在第一时间投入救援；从重点煤矿和太钢等企业调集多名技术人员和专家，从中科院沈阳自动化研究所调来水下探测机器人，从相关单位调集水泵109台以及配套管路3.5万米。协调山西焦煤集团公司、中煤进出口集团公司和其他各方面，出动6000多人参与救援。解放军驻晋某部启动“应战应急一体化”机制，为抢险救援提供全力支持。到4月7日，153名被困矿工中有115人陆续获救。4月25日，最后一具遇难矿工遗体被找到并升井。解放军总政治部4月7日发出通知说：王家岭煤矿水灾事故救

① 陈春杰、卢曙光著：报告文学《为了69个矿工的生命》序言，海燕出版社2008年1月。

援，是“上下一心、团结奋战的胜利凯歌”，显示了社会主义制度的巨大优越性和凝聚力；要求各部队学习这次救援行动体现的崇高精神和涌现的感人事迹，从中汲取精神动力和思想营养，激励官兵积极为促进经济社会发展多做贡献。

“十一五”期间全国矿山救护队年均应急处置矿山各类事故（包括险肇事故、紧急情况等）约5500起。从2006年到2014年，全国矿山救护队共参与各类事故救援2.8万余次，抢救遇险被困人员6.1万余人，经抢救生还的1.17万余人。

作为辅助系统的矿山医疗救护工作体系也逐步建立健全。“国家安监局（国家煤矿安监局）矿山医疗救护中心”2002年10月在煤炭总医院挂牌，同时成立了首届矿山医疗救护技术专家组。通过整合各地矿山医疗资源，在全国组建了42个矿山医疗救护分中心。并推动各类矿山企业依托井口保健站、矿医院、集团公司总医院，建立企业三级急救网。在华北煤炭医学院（现华北理工大学）建立了矿山医疗救护培训基地，编写了《矿山医疗救护培训教材》，举办了短期培训班、研讨班等。指导督促各地、各级矿山医疗救护机构与小煤矿、小型金属非金属矿山企业签订了医疗救助协议。建立了应急管理机构、矿山救护队与医疗机构之间的联动机制。2009年山西焦煤集团屯兰矿“2·22”瓦斯爆炸、重庆松藻煤电公司同华煤矿“5·30”煤与瓦斯突出等重特大事故发生后，救护医疗机构都能在第一时间里派出人员到达现场进行抢救，大大降低了矿难事故的死亡率、致残率。

第三节　国家应急救援指挥中心和全国应急救援系统的建立健全

2003年12月，国家安监局对全国安全生产应急救援基本情况进行了调查。调查表明：国家以及地方各级应急救援工作职责分散于十几个部门，没有形成统一协调机制，各部门、各系统画地为牢，彼此之间互不来往。一方面重复建设和资源浪费严重；另一方面各系统自身力量相对薄弱，难以适应突发性事件、重特大事故发生后应急处置和抢险救援的需要。迫切需要整合、优化这方面的资源，建立统一高效的国家安全生产应急救援体系，提高各级政府应对安全生产突发情况和重特大事故的能力。

2004年1月《国务院关于进一步加强安全生产工作的决定》提出要“加快全国生产安全应急救援体系建设，尽快建立国家生产安全应急救援指挥中心”；并提出要充分利用现有的应急救援资源，建设具有快速反应能力的专业化救援队伍，加强区域性生产安全应急救援基地建设。

2005年底国家安监总局与公安部、国防科工委、交通部、铁道部、卫生部、民航总局、旅游局等部门共同研究，达成建立国家层面安全生产应急管理机构、统一协调指挥重特大事故抢险救援工作的共识，提出了国家安全生产应急救援指挥中心组建方案并上报国务院。2006年2月国务院批准成立国家安全生产应急救援指挥中心，为国务院安委会办公室领导、国家安全生产监管总局管理的事业单位，履行全国安全生产应急救援综合监督管理的行政职能，协调指挥安全生产事故灾难的应急救援工作。2月21日召开了国家安全生产应急救援指挥中心成立大会。

随后国家相关部门也建立了专业应急救援指挥机构，与国家应急救援指挥中心之间建立了配合协同工作机制。通过整合救援资源，建立了矿山、危险化学品、综合救援与消防、道路交通、水上搜救、铁路、民航、电力、旅游、核工业等应急救援体系。

——**矿山救援体系**。重在巩固体系建设成果，提高矿山救护队伍实战能力。提升矿山、建（构）筑物坍塌、隧道、地下空间、泥石流等事故及灾害的应急救援能力。

——**危险化学品救援体系**。在化工产业密集区、重化工产业带、重要危化品输送通道、重大危险源集中区域和油气田，依托大中型化工企业现有救援队伍，建成了480支危化品和油气田应急救援队伍。依托中石化北京燕山分公司、天津渤海化工集团公司等，建成了21个国家级危险化学品救援基地，配备大功率泡沫车、防化洗消车等先进装备以应付不时之需。依托医疗机构，按区域组建了8个化学应急救援抢救中心，负责化学事故的医疗抢救。2015年10月国家安监总局、全国总工会、共青团中央和浙江省政府在浙江镇海联合举办了第一届全国危险化学品救援技术竞赛，来自全国各地和部分中央企业的34支代表队参赛。

——**综合性应急救援和消防体系**。依托公安消防系统加强综合性应急救援队伍建设，在全国444个消防支队建立了高层建筑、地下、水域、山岳、道路交通等类型事故的救援专业队伍，在4361个执勤中队建立了抢险救灾攻坚组。进一步加强消防队伍建设，在强化公安消防机关、专业消防队伍主体作用的基础上，指导督促石油化工等企业建立了非现役专职消防队伍，鼓励县、乡组建民办消防队。

——**道路交通救援体系**。各地政府协调公安、交通和安全生产监管部门，组织医院、急救中心及保险公司等，建立了具有快速反应能力的道路事故紧急救援系统。部分省（区市）成立了道路交通救援委员会。许多地方建立了“110”、“120”和“122”急救信息联动制度，实现了快速抢救。

——**海上搜救体系**。在沿海及长江、黑龙江沿江设立了264个搜救站点。在大连、烟台、上海、厦门、湛江建立了海上救助飞行队。公安海警部队在沿海省市设有海警支队20个，海警大队61个，建立了以海上搜救与救捞为主的海空立体救助网络，海上应急救援队伍约1万人。2005年5月国务院批准建立国家海上搜救部际联席会议制度，负责统筹协调全国海上搜救和船舶污染应急反应工作。由交通部牵头，国家安监总局和公安部、农业部、卫生部、海关总署、民航总局、气象局、海洋局、总参谋部、海军、空军、武警部队为成员单位。当年12月7日召开了联席会议第一次会议，确定了成员单位职责、工作规则和要求。

——**铁路救援体系**。各个铁路局在规定地点设特等、一等救援列车；在无救援列车的二等以上车站或较大中间站设事故救援队。全路有1100多支应急救援队伍，救援人员4000多人。

——**民航救援体系**。建立了以民航空管系统为主体的指挥协调和搜寻救援队伍，以机场管理机构为主体的地面救援队伍，整个体系有民航公安警察、空中警察、消防队员和医疗救护人员约 7000 人。

——**电力救援体系**。建立了由国家、地方电力调度机构和电力企业、重要用户构成的全国电力安全应急救援协调指挥体系，在各发电、供电和送变电企业内部设立了 1000 多支专职应急救援队伍。

——**核安全救援体系**。建立了国家核事故应急协调委员会，建成了国家、核电厂所在省份、核电基地三级应急救援组织，实行应急待命、厂房应急、厂区应急、场外应急四级应急响应，有各类救援专业技术人员约 70 人。

——**旅游救援体系**。建设了国家旅游应急指挥平台。推动建立政府救助与商业救援相结合的旅游紧急救援体系，鼓励部分旅游企业建立了专职或兼职的救援队伍。

此外按照国务院的部署，有关部门在锅炉、压力容器等特种设备安全，以及船舶溢油、林业防火、医疗卫生、自然灾害等方面，也都建立了应急救援机构和队伍。按照“一队多用、专兼结合、军民结合、平战结合”的原则，建立了编制 230 人的国家地震灾害紧急救援队，以及部分区域、省级救援队；在解放军中确定了 19 支部队为抗洪抢险专业应急队伍，分别承担长江、黄河、淮海、海河、松花江、辽河、珠江、闽江七大领域的抗洪抢险应急任务。

为建立部门之间的配合协调机制，国家安全生产应急救援指挥中心成立后即建立了事故灾难应急救援联络员制度。2006 年 7 月 21 日召开了第一次应急救援联络员会议，讨论了《国家安全生产事故灾难应急救援联络员工作办法》。2009 年 5 月国务院安委会办公室提出并经国务院应急办同意，正式建立了国家安全生产应急救援联络员会议制度。其成员单位包括工信部、公安部（治安管理局、消防局、交通管理局）、环保部、住建部、交通部、铁道部、农业部、卫生部、国资委、质检总局、安监总局、旅游局、地震局、气象局、电监会、国防科工局、海洋局、民航局、解放军总参谋部作战部（应急办）、武警部队司令部（作战勤务部）。联络员例会原则上每半年召开一次。主要是分析应急管理和应急救援形势，通报和交流情况，协调解决工作中的一些具体问题。

国家安全生产应急救援指挥中心的建立，覆盖各个重点行业领域的全国安全生产救援系统的形成，以及部门之间、各级救援机构之间配合协调机制的逐步完善，显著提高了我国应对事故灾难、自然灾害的能力。在 2008 年 2 月应对南方雨雪冰冻灾害中，电力应急救援队伍日夜抢修、连续作战，短时间内使电力系统得到恢复；道路交通应急救援队伍铲冰扫雪，疏导车辆。公安消防参加各类抢险救灾 12.7 万起，抢救和疏散被困群众 3.4 万人。解放军和武警部队转移群众 878.8 万人。2008 年汶川“5·12”大地震发生后，国家安全生产应急救援指挥中心紧急调集 44 支矿山救护、危化救援队伍赶赴灾区，对灾区 4 市 6 县的 279 家企业和单位进行了搜救，从废墟中救出生还人员 1113 人，搜寻到遇难人员 567 人，转移疏导被困人员 14860 人。调派的 14 支医疗救护队伍、161 名专家累计诊治伤员、病人 1.36 万人。2010 年 4 月 14 日青海省玉树藏族自治州地震发生后，国家应急救援指挥中心协调解放军总参谋部作战部，用军用运输机将四川的多支救援队伍运往灾区参加抢险救灾；从地震废墟中救出 46 名幸存者，救助和转移伤员 241 人。

2010 年 11 月《国务院关于进一步加强企业安全生产工作的通知》，提出了“建设更加高效的应急救援体系”的任务。随后国务院安委会办公室就贯彻落实国务院通知精神，进一步加强安全生产应急救援体系建设提出了实施意见，进一步加大了政策扶持、督促指导和抓落实力度。2010—2015 年中央财政投入 43 亿多元，为国家级矿山和危险化学品救援队伍增配各类救援车辆 700 余台，配备了个体防护、救援、侦检、通信等装备。地方政府、相关企业投入近 30 亿元支持安全生产应急救援体系建设。生产类型的中央企业特别是石油、石化、矿山、冶金、建筑、电力中央企业，全部建立了应急救援指挥机构和救援队伍。中石化扬子公司组建了包括三个消防大队、一个特警队、一个气防站在内的应急救援队伍，配备了高喷消防等 9 类专用救援车辆。

到 2015 年底，由国家安全生产应急救援指挥中心、专业应急救援指挥机构和地方应急救援指挥机构所组成的安全生产应急救援指挥体系，以及各级政府及其相关部门、相关行业企业之间的应急救援协调联动机制逐步建立健全；以矿山救护、危化救援队伍为骨干，以其他行业领域救援队伍为重要力量的安全生产救援体系基本形成。

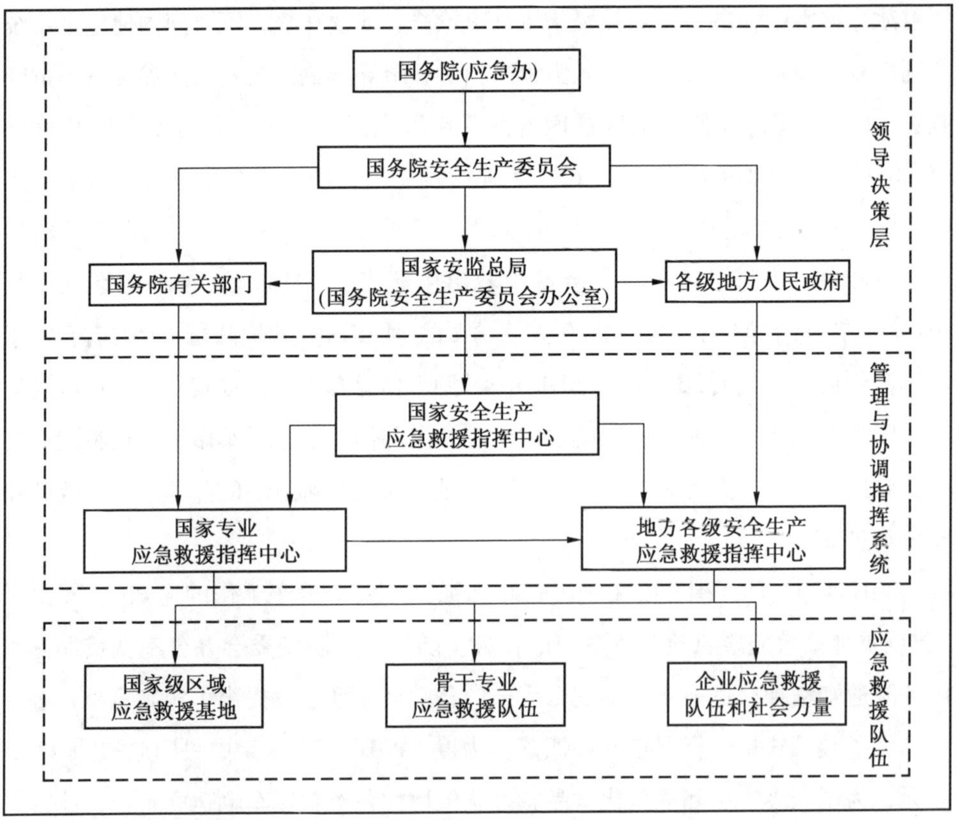

图 10-1　我国现行安全生产应急救援体系图

“十一五”和“十二五”时期，国家及地方各级安全生产应急救援指挥机构、应急救援队伍，组织进行了 241 万余起事故灾难的应急救援，为保护人民生命财产安全做出了重要贡献。

2010 年 7 月 16 日，位于辽宁省大连保税区的大连中石油国际储运有限公司输油管道发生爆炸，原油大量泄漏、起火，短时间内形成了一个面积约 6 万平方米的巨大火海。在流淌火作用下，多处输油管线和管道井发生爆炸，井盖、阀门被抛向空中。距火场不足百米的该公司的危险化学品存储区受到严重威胁，一旦储罐爆炸燃烧、毒气扩散，后果不堪设想。受党中央、国务院委托，张德江副总理连夜率国家安监总局、安全生产应急救援指挥中心和有关部门负责人，赶赴现场指挥灭火救援。紧急协调沈阳军区空军，用飞机运送中科院院士等 11 名专家到场，为火灾扑救提供技术指导。公安部消防局以陆运、海运、空运等方式，从吉林、河北、天津、黑龙江、山东等地调集泡沫液 460 余吨运往现场；辽宁公安消防部队出动 14 个消防支队、18 个企业专职消防队、348 辆消防车、2380 余名指战员投入现场扑救。海事部门出动消防艇和拖消两用船，控制海面火势。经过 15 个小时的艰苦奋战，大火被彻底扑灭，成功保住了该公司危储量为 175 万立方米的原油储罐，以及临近两个单位总储量为 560 万立方米原油和成品油储罐，总储量为 12.45 万立方米的二甲苯、苯等易燃易爆有毒危险化学品储罐，保护了大连地区的安全。

2013 年 5 月 20 日位于山东省章丘市的保利民爆济南科技有限公司乳化震源药柱生产车间发生爆炸事故，52 名作业人员被掩埋。参与爆炸药量约 2.4 吨，爆炸造成一条生产线及设备粉碎性破坏，周围 265 米之内的建筑物被破坏。事故发生后，国家安监总局、国家应急救援指挥中心会同相关部门组成联合工作组，指导和协助地方政府进行抢险救援。组成了由 700 余名专业救援人员和 60 余名医疗救护人员参加的救援队伍，调集 15 台（套）大型机械设备、20 辆救护车和生命探测仪及搜救犬，迅速开展抢险救援及应急处置工作。在指挥部领导下，现场救援人员通过人工与机械相结合的破解方式，救出 19 名伤员，搜出部分遇难者遗体；随后又组织专业救援人员、公安干警等，对现场废墟进行了筛选清理，收集 DNA 检材样本 1106 份，通过鉴定比对确认了 33 名遇难人员身份。

2013 年 11 月 22 日，位于山东省青岛经济技术开发区的中石油管道储运分公司东黄输油管道出现泄漏燃烧，市政排水涵道和输油管道抢修作业现场相继爆炸，沿线约两公里道路的路面被破坏，并引起入海原油燃烧。爆炸发生后，国务委员王勇立即带领国家安监总局和有关部门负责人赶赴现场，指导抢险救援。安全生产监管、环保、卫生、公安等部门分别从全国紧急调集专家，前往指导救援救治。按照“水抽干、油清尽、泥挖净、人找到”的要求，组织了多支专业救援队伍和2000余名武警、消防官兵，调集100余台（套）大型设备和多件生命探测仪、数只搜救犬，在爆炸所及的区域内进行地毯式搜救，全部找到了遇难和受伤人员。对区域内石油管线等设施存在的隐患进行了全面彻底的排查，制定了监测监控和整改措施，严防次生事故发生。清理了海面油迹，进行了空气、海水、土壤等污染处置和环境监测。习近平总书记24日上午赴事故现场视察并到医院看望受伤人员，对事故抢险救援和善后处置工作予以肯定。

2015年12月25日山东省临沂市平邑县玉荣商贸公司石膏矿发生坍塌事故，29名矿工被困井下。国家安监总局分管领导和安全生产应急救援指挥中心组成救援指导组，坚守现场、全力协助地方政府开展救援工作。调集了国家矿山应急救援淮南队、开滦队，区域矿山应急救援兖州队，国家矿山应急救援大地特勘队，以及西安研究中心等单位的水文、地质、采矿、通风、机电等方面的专家130人（包括4名德国钻探专家）参加救援；决定采用大直径钻孔救援技术，调集了4台具有国际一流水平的大直径救生钻机和钻孔检测设备、提升设备等，24小时不间断作业，12月30日从2号钻孔发现并救出4名矿工，共有15名被困矿工获救。事故造成10人死亡。

第四节　安全生产应急预案建设

我国的应急管理及其预案工作是在“非典”（即传染性非典型肺炎，也称“重症急性呼吸综合症”）事件发生之后，列为政府履行社会管理职能重大课题的。2003年5月9日《突发公共卫生事件应急条例》出台，是我国首个应急管理行政法规。当年6月17日，正值抗击“非典”的斗争取得决定性胜利之际，温家宝总理主持召开专家座谈会，研究加强公共卫生建设和经济社会发展等问题。他引用恩格斯“一个聪明的民族，从灾难中学到的东西会比平时多得多”的名言，强调要善于总结经验和教训，提高应对突发事件的能力。7月28日，胡锦涛总书记在全国防治“非典”工作会议上的讲话中指出：通过抗击“非典”

斗争，我们比过去更加深刻地认识到存在的问题，“突发事件应急机制不健全，处理和管理危机能力不强；一些地方和部门缺乏应对突发事件的准备和能力”，强调要采取切实措施加以解决，使这次防治“非典”斗争成为我们改进工作、推动事业发展的一个重要契机。

通过总结吸取抗击“非典”过程中政府应急处置工作的经验教训，以“一案三制”（应急预案和应急体制、应急机制、应急法制）为核心的应急管理工作思路逐渐得到明确，应急预案工作率先摆上国务院重要日程。

2003 年 11 月国务院办公厅成立的应急预案工作小组，是国务院层面建立的首个应急工作机构。2004 年 1 月国务院召开各部门、各单位制定和完善突发公共事件应急预案工作会议。当年 4 月 6 日、5 月 22 日，国务院办公厅分别印发了《国务院有关部门和单位制定和修订突发公共事件应急预案框架指南》和《省（区、市）政府突发公共事件总体应急预案框架指南》，要求各部门、各单位和各地政府遵循“预防为主、常备不懈”的方针，贯彻“统一领导、分级负责、反应及时、措施果断、依靠科学、加强合作”的原则，按照“以人为本、依法依规、分级负责、资源整合、平战结合”的要求，认真做好突发事件应急预案编制工作。随后国务院有关部门委托清华大学等单位开展了建立国家应急平台的研究，启动了“国家应急平台体系建设”和“国家应急平台体系关键技术研发与应用示范（2006—2008）”项目。2005 年 1 月 26 日国务院召开常务会议，审议并原则通过了《国家突发公共事件总体应急预案》。2 月 25 日，受国务院总理温家宝委托，国务委员兼国务院秘书长华建敏向十届全国人大常委会第 14 次会议报告了应急预案编制工作。

2006 年 1 月 8 日国务院公布实施的《国家突发公共事件总体应急预案》，从以下三个方面统一和规范了我国的应急预案工作。**对突发公共事件进行了分类分级**。将我国突发公共事件分为自然灾害、事故灾难、公共卫生事件、社会安全事件 4 大类。其中“事故灾难”包括了民航、铁路、公路、水运等交通运输领域发生的重特大事故；工矿商贸、建筑施工企业发生的重特大生产安全事故，公共场所以及机关、企事业单位发生踩踏、火灾等重特大事故；造成重大影响和损失的供水、供电、供油和供气事故，以及通信、信息网络、特种设备等事故；核与辐射事故；重大环境污染和生态破坏事故等。依据其可能造成的危害程度、紧急程度和发展态势，把突发公共事件分为特别严重（Ⅰ级）、严重（Ⅱ级）、较重（Ⅲ级）、一般（Ⅳ级），依次用红色、橙色、黄色和蓝色来表示。**建立了由6个层次所构成的我国突发公共事件应急预案体系框架**。其中包括总体应急预案。这是全国应急预案体系的总纲，是国务院应对特别重大突发公共事件的规范性文件；专项应急预案，即国务院及其有关部门为应对某一类型或某几种类型突发公共事件而制定的应急预案；部门应急预案，即有关部门根据部门职责而制定的预案；地方应急预案，包括了省级政府的总体应急预案、专项应急预案和部门应急预案，市县级政府及其基层政权组织的突发公共事件应急预案；企事业应急预案，即企业、事业单位根据有关法律法规制定的应急预案；重大活动应急预案，举办大型会展和文化体育等重大活动，主办单位应当制定应急预案。**确立了应急预案工作的组织体系和运行机制**。规定国务院是突发公共事件应急管理工作的最高行政领导机构，国务院常务会议和相关机构负责突发公共事件的应急管理工作；有关部门依据职责，负责相关行业领域的专项预案、部门预案的起草与实施；地方各级人政府负责本行政区域各类突发公共事件的应对工作。要求针对各种可能发生的突发公共事件，做好预测与预警、应急处置、恢复重建、信息发布、应急保障、监督管理等工作。形成了“统一指挥、分级负责、协调有序、运转高效”的预案工作和应急联动机制。

依据《国家突发公共事件总体应急预案》的规定，国务院办公厅设立了应急管理办公室（国务院总值班室），履行值守应急、信息汇总和综合协调职责，发挥运转枢纽作用。

总体预案颁布之后，国务院及相关部门先后发布了25个专项预案和80个部门预案。在25个专项预案中，有安全生产事故灾难、处置铁路行车事故、处置民用航空器飞行事故、海上搜救、处置城市地铁事故灾难、处置电网大面积停电事件、核应急、突发环境事件、通信保障9个事故灾难类国家应急预案。在80个部门预案中，有矿山事故灾难、危险化学品事故灾难、建设工程重大质量安全事故、陆上石油天然气储运事故灾难、石油天然气开采事故灾难、海洋石油天然气作业事故灾难、海洋石油勘探开发溢油事故、公路交通突发公共事件、城市桥梁重大事故、水路交通突发公共事件、铁路交通伤亡事故、铁路危险化学品运输事故、国防科技工业重特大生产安全事故等 22 个事故灾难应急预案。

2005 年 5 月颁布实施的《国家安全生产事故灾难应急预案》，从组织体系及相关机构职责、预警预防机制、应急响应、后期处置、保障措施，以及奖励与责任追究等方面，规范了安全生产事故灾难的应急救援程序和相关工作。2006 年 9 月国家安监总局发布了安全生产预案的首个行业标准——《生产经营单位安全生产事故应急预案编制导则》（AQ/T 9002—2006），明确了预案的相关标准和规范（2013 年 7 月上升为国家标准，标准号为 GB/T 29639—2013）。2006 年 10 月国家安监总局发布了《矿山事故灾难应急预案》、《危险化学品事故灾难应急预案》、《陆上石油天然气储运事故灾难应急预案》、《陆上石油天然气开采事故灾难应急预案》和《海洋石油天然气作业事故灾难应急预案》。针对冶炼企业重特大事故时有发生的情况，国家安监总局同时制定和发布了《冶金事故灾难应急预案》（不在国务院公布的 80 个部门预案之列），明确了高炉垮塌、煤粉爆炸、钢水铁水爆炸、煤气火灾爆炸等事故的处置方案和处置要点。国家安监总局随后又发布了《尾矿库事故灾难应急预案》、《反对恐怖事故应急预案》、《防范和应对自然灾害引发生产安全事故应急预案》和国家安监总局参与核事故应急预案等。国家层面的事故灾难应急预案达 42 个。

为推动安全生产应急预案工作，国家安监总局组织开展了专项督查和专业培训，选择部分石油化工、建筑施工企业进行了预案编制和管理工作的试点，总结推广了四川、湖北等地政府和南京扬子石化等企业重视预案编制、利用预案推动事故防范和安全生产工作的经验。2008 年全国县级以上政府及相关部门安全生产应急预案编制工作基本完成，一些地方把预案工作向乡镇、街道和社区延伸；企业预案编制工作取得明显进展，147 家中央企业总部编制各类应急预案 798 个，全国 539 万余家生产经营单位 628 万余个，并按照分级管理原则上报安全生产监管部门和有关部门备案。到 2010 年，中央企业以及煤矿、非煤矿山、危险化学品、烟花爆竹等高危行业（领域）企业实现了应急预案全覆盖。

为使应急预案切实可行，国家有关部门和各地区、各单位在预案制定之后，即组织开展了多种形式的应急预案演练活动。2006 年武汉钢铁公司进行多项预案演练，通过演练不断改进完善事故报警、指挥调度、应急设施和设备调配、环境监测、生产恢复确认等环节的工作。2007 年 8 月 31 日国家电网湖南省公司举行了大面积停电应急预案演练。2008 年 9 月 2 日交通部、山东省政府与韩国海洋警察厅在青岛举行了海上搜救及海上溢油应急联合演习，10 月 20 日广西海事局和柳州市地方政府举行了水上突发险情应急反应演习。2008 年全国开展各类、各层次的安全生产应急预案演练约 11.68 万场次，参加演练人员约 408 万人。

2009 年 4 月国家安监总局制定下发了《生产安全事故应急预案管理办法》和《生产经营单位生产安全事故应急预案评审指南（试行）》，对应急预案的编制、评审、备案、培训、演练和修订等环节都提出了规范性要求。规定地方各级安监部门要定期组织应急预案演练，企业要根据本单位的事故预防重点，“每年至少组织一次综合应急预案演练或者专项应急预案演练，每半年至少组织一次现场处置方案演练”。从 2009 年开始，在全国“安全生产月”活动中加入了“应急预案演练周”内容，预案演练从此纳入制度化、常态化轨道。在首个“应急预案演练周”里，宝钢集团及其所属单位组织开展预案演练 873 场次；北京市结合国庆 60 周年安保工作，组织安全生产预案演练 7424 场次；全国各地以煤矿瓦斯爆炸和水灾、危化品燃烧爆炸、油气输送管道泄漏、城市天然气泄漏、海上溢油、船只遇险、人员密集场所踩踏、火灾等事故为背景，进行了约 20 万场次预案演练。并根据演练中暴露出来的问题对预案进行修改完善。

2013 年 11 月国务院办公厅印发的《突发事件应急预案管理办法》，在总结 2004 年之后国内应急预案体系建设实践经验、借鉴国外做法、吸收最新研究成果的基础上，围绕着应急预案的编制、审批备案和公布、应急演练、评估和修订、培训和宣传教育、指导监督等，建立了多项法律制度。要求各级政府针对本地区多发易发突发事件、主要风险等制定预案，既能覆盖本行政区域可能发生的各类突发事件，不留空白；又能促进应急预案之间衔接，形成体系。要求在编制前开展风险评估和应急资源调查，以确保应急时刻资源调度有效有序。要求由单位和基层组织制定的应急预案，一定要更加侧重细节，体现自救互救、信息报告和先期处置特点，尽可能地明确应急响应责任人、风险隐患监测、信息报告、预警响应、应急处置、人员疏散撤离组织和路线等，以强化预案的实用性。要求自然灾害、事故灾难、公共卫生类政府及其部门应急预案向社会公布，充分利用互联网、广播、电视、报刊等多种媒体广泛宣传，从而保证社会公众的知情权、参与权和监督权。所有这些，都有助于提升我国应急预案和应急管理工作的水平。

为贯彻落实《突发事件应急预案管理办法》，解决好预案工作中普遍存在的格式化倾向严重、内容庞杂、制度措施雷同、原则性要求多而细节缺乏、不便于记忆和执行等问题，2013 年国家安监总局在中石化集团天津石化公司、神华集团神东公司等单位，开展了安全生产应急预案优化工作试点。试点单位在确保预案符合法律规范、适应本单位事故应急处置实际需要的前提下，尽可能地将预案内容予以精练，并针对不同专业、不同岗位，编写出简明扼要的应急处置卡片，使预案简明化、专业化、卡片化和标准化，使企业生产经营各岗位人员平时能够记得住，出事之后能够想得起、用得上，实实在在地起到预案的作用。2015 年国家安监总局在矿山、危险化学品、油气输送管道、金属冶炼等高危行业（领域）全面推广应急预案优化试点经验。

第五节　安全生产应急管理工作的规范和创新

应急管理是一项新的工作。开展之初由于缺乏规范，“危机管理”、“非常态化管理”等概念与应急管理的概念混淆并存，人们对于应急管理意义、作用等的认识不尽一致；各地区、各单位在应急管理方面的制度、措施、做法等也多有不同。

2006 年 6 月国务院下发《关于全面加强应急管理工作的意见》，系统地阐述了应急管理的指导思想和工作目标，应急管理规划和制度建设，突发公共事件的防范，应急能力建设及相关政策措施等。7 月 23 日国务院召开全国第一次应急管理工作会议，温家宝总理、华建敏国务委员出席会议并讲话，对全国应急体系建设和应急管理工作提出要求。

国务院的《意见》和这次会议，回答和解决了应急管理工作领域的一系列重大问题，起到了统一思想认识、指导和规范工作的作用。

——应急管理工作的定位及其基本任务。温家宝总理指出，应急管理工作是“安国利民”的一件大事，是“维护国家安全、社会稳定和人民群众利益的重要保障，是履行政府社会管理和公共服务职能的重要内容”。其基本任务，就是要提高政府处置突发公共事件的能力，预防自然灾害、事故灾难、公共卫生和社会安全突发事件，减少突发事件造成的损失。

——应急管理指导思想、基本原则和工作格局。明确了应急管理工作要在以人为本的科学发展观指导下，以保障人民群众生命财产安全为根本，以落实和完善应急预案为基础，以提高预防和处置突发公共事件能力为重点，最大程度地减少突发公共事件及其造成的生命财产损失。要求应急管理工作遵循“预防为主、减少危害，居安思危、常抓不懈，统一领导、分级负责，企业自救、属地管理，整合资源、联动处置”等原则。建立“党委领导、政府主导、军地协同、条块结合、全社会共同参与”的应急管理工作格局。

——应急管理“一案三制”的主要内容和要求。在应急预案方面，主要是制定本地区、本行业、本单位防范处置突发事件的措施和程序，做好各级、各类预案的衔接，加强对预案的动态管理；要求加强应急预案体系建设和管理，增强预案的针对性和实效性；在应急体制方面，主要是明确国务院各有关部门职责，强化地方各级政府的领导责任，明晰各级应急管理机构的职责任务；在应急机制方面，主要是建立健全突发事件预测预警、信息报告、应急响应、区域联动及调查评估等机制；在应急法制方面，要健全应急管理法律法规和标准，形成法律规范和标准体系。

——应急管理的一系列基础性工作制度。要求建立安全风险隐患分级、分类监控管理制度，对各类隐患实行动态监管；建立突发事件信息报告制度，对迟报漏报等行为要依法追究责任；建立预警信息通报与发布制度和突发公共事件预警系统；建立国家、地方和基层单位应急资源储备制度等。

——**应急管理工作的基本经验**。国务委员、国务院秘书长华建敏在全国应急管理工作会议上的讲话中，概括了以往开展应急管理工作的经验和体会，认为加强应急管理必须坚持预防为主、关口前移；坚持立足基层、依靠群众；坚持信息先行、快速反应；坚持整合资源、强化能力；坚持统一指挥、协同应对；坚持政府主导、社会参与。

2007 年 8 月 30 日公布、11 月 1 日起施行的《中华人民共和国突发事件应对法》，在认真总结我国应对突发事件经验教训、借鉴其他国家应急管理成功做法的基础上，从法律上确立了“预防为主、预防与应急相结合”的应急管理工作原则和“统一领导、综合协调、分类管理、分级负责、属地管理为主”的工作体制；确定建立“有效的社会动员机制”，增强全民的公共安全和防范风险的意识，提高全社会的避险救助能力；围绕着突发事件的预防与应急准备，建立了突发事件监测、突发事件预警、应急管理培训、基层单位突发事件信息报告员等项法律制度，同时建立重大突发事件风险评估体系、突发事件应急预案体系、应急通信保障体系和国家财政支持的巨灾风险保险体系。法律在对突发事件进行分类、分级、分期的基础上，明确了应急处置的规则和程序。既授予政府充分的应急权力，以有效整合应急资源，协调指挥各方力量进行救援和处置；又对其权力行使进行规范，防止权力滥用。这部法律的公布施行，标志着我国应急管理工作全面纳入了法治化轨道。

安全生产应急管理工作的基本思路，是在 2006 年 9 月 23 日召开的中央企业应急管理和预案编制工作现场会上明确的。会议通报了中央企业应急管理和预案工作进展情况，现场观摩了扬子石化公司苯储罐泄漏事故应急演练。会议根据国务院关于加强应急管理工作的统一部署，结合事故灾难的特点和安全生产领域的实际，提出要以完善“一案三制”为重点，从组织领导、发展规划、人力物力财力投入等环节着手，扎实推动安全生产应急管理工作；“十一五”期间要建立“统一管理、分级负责、条块结合、保障有力”的安全生产应急管理工作体制，形成“统一指挥、反应灵敏、协调有序、运转高效”的工作机制。

为抓好企业这个安全生产应急管理的基础和关键环节，2007 年初国家安监总局在深入调查的基础上，会同国务院国资委等部门，研究提出了加强企业应急管理工作的意见。要求建立健全企业应急管理组织体系，把应急管理纳入企业管理各个环节；形成上下贯通、多方联动、协调有序、运转高效的企业应急管理机制，提高企业应对事故灾难等突发事件的能力。2 月 28 日国务院办公厅转发了国家安监总局等部门的意见，要求各地区、各部门认真贯彻执行。

为了提升地方政府应急管理工作水平，2009 年初国家安监总局选择了经济社会发展水平较高、化工等事故多发的广东省，开展了安全生产应急管理综合试点工作。通过试点建立了较为完善的应急管理体系，全省 21 个地级以上市、94% 的县（市区）、省属和中央驻粤企业集团建立了应急工作机构，部分市县将应急管理机构延伸到了乡镇和街道，在乡镇街道建立了应急救援工作站，打通了应急管理的“最后一公里”；健全完善了救援队伍，在矿业比较集中的韶关、梅州、清远、肇庆、河源建立了 5 支矿山救护队，依托大型石化企业建立了 8 支危化救援队，依托公安消防力量组建了针对火灾、危化品泄漏等 8 类事故的 117 支专业救援队伍，在 12 个行业领域建立了专职或兼职应急救援队伍；建成了互联互通的安全生产应急管理系统网络，完成了安全生产调度值班系统、视频监控系统、应急资源管理系统、应急救援指挥系统等信息工程建设项目；建立了比较严密的安全生产应急预案体系；形成了统一协调的安全生产应急管理工作机制，探索在中南 6 省区、珠江三角洲 9 市，以及内陆与港澳地区之间，建立安全生产应急救援的区域协作机制。2010 年 4 月 1 日，国家安监总局在广州市召开现场会总结推广广东省安全生产应急管理综合试点工作经验。同时举办了应急救援队伍和救援装备展示、危化品泄漏爆炸应急救援演练、危化品运输车辆连环相撞应急救援演练、矿山事故应急救援演练和中国（广东）安全生产应急救援技术装备展等。

2011 年 11 月国家安监总局发布了《安全生产应急管理“十二五”规划》，明确了“十二五”时期安全生产应急管理工作的指导思想、基本原则、规划目标和主要任务、重点工程等。提出要推动《安全生产应急管理条例》的制定和出台，尽快形成比较健全的安全生产应急管理法规体系。建立完善国家、省、市、重点县以及高危行业（领域）大中型企业应急管理机构，形成完善的应急管理工作体系和网络。首个安全生产应急管理五年规划的发布实施，使这方面工作进入了有计划、按步骤正常进行的轨道。

“十二五”以来的安全生产应急管理工作，一方面努力健全完善、贯彻落实各项规章制度，继续向着制度化、规范化的方向推进；另一方面创新意识强烈，对应急管理新思路、新办法的探索和实践十分活跃。2011 年 12 月 14 日，在国务院应急管理办公室指导协调下，国家行政学院应急管理中心、国家安全生产应急救援指挥中心等联合举办了首届中国应急管理创新论坛。2013 年 11 月 16 日举办了第二届论坛。2015 年改为中国应急管理学会牵头，国家安全生产应急救援指挥中心等协助，每年召开一次年会。2014 年 7 月上旬，中共中央组织部和国家行政学院联合举办了我国首个省部级干部公共安全与应急管理创新研讨班。与会的 20 位地方政府、国家有关部门和中央企业的负责人听了专家授课，围绕着创新应急管理体制机制、提高应急救援效率进行了研讨。

“十二五”时期安全生产应急管理创新主要有：

深圳市“大应急”管理格局和跨行政区域应急协作机制的探索建立。2010 年深圳市借鉴国外经验，在全国率先进行“大应急”体制改革，对原市总值班室、应急指挥中心、安监局、民防办（地震局）等机构进行整合，组建了深圳市应急管理办公室，由市政府副秘书长兼任应急办主任，统一负责包括生产安全事故在内的各类事故灾难和突发性事件的应急处置。在国家相关部门的组织和引导下，相继建立了首都地区、泛珠三角内地省区、长三角相关省市、陕晋蒙豫、晋冀蒙 6 城市①、粤港澳等应急联动机制，加强了不同行政区域之间在应急管理领域的配合和协作。

---

① 晋冀蒙 6 城市：内蒙古自治区的呼和浩特市、包头市和乌兰察布市，山西省的大同市、朔州市，河北省的张家口市。

大亚湾工业园区应急管理新机制、新模式的试点。为探索化工园区应急管理工作的新路子，从2012年3月开始，国家安监总局会同广东省政府，在广东惠州大亚湾工业园区进行了安全生产应急管理试点。通过试点建立了“政府主导、部门管理、企业参与、共建共享”的应急管理工作机制和“企业化管理、市场化运作”工作模式，在应急救援资金筹集运用、应急机构和救援队伍建设、防范处置事故灾难等方面，都有所探索和创新，为全国各类工业园区安全生产应急管理工作提供了可资借鉴的经验。

安全生产风险管控和风险辨识标准化、数字化。2015年以来河南等地探索建立风险排查管控体系，把风险管控“挺”在隐患治理之前，把应急管理做在了事故发生之前。2015年3月国家安全生产应急救援指挥中心在武汉钢铁公司等企业组织开展了安全生产风险辨识标准化、数字化体系建设的试点。编制和实行了热轧钢行业固有危险有害因素、动态危险有害因素等辨识标准；然后按照“一企业一清单”的要求，指导督促试点企业依据本单位实际，对照行业标准，通过取舍，编制出本企业危险因素辨识清单，从而为企业安全生产风险监控、隐患排查治理和应急预案编制等打下基础。

应急管理的高效、便捷化。国家安监总局在推动预案简明化、卡片化等的同时，在探索建立简明扼要、行之有效的应急管理制度方面付出了努力。2015年2月国家安监总局发布了《企业安全生产应急管理九条规定》。要求企业必须落实主要负责人应急管理第一责任人的责任；依法设置机构，建立制度；建立救援队伍，或与邻近救援队签订救援协议，危险作业必须有专人监护；编制与当地政府及相关部门相衔接的应急预案；开展应急知识教育和自救互救技能培训；向从业人员告知作业岗位、场所危险因素和险情处置要点，高风险区域和重大危险源必须设立明显标识；落实从业人员紧急情况下撤离作业场所的权利；在险情或事故发生后及时采取措施，如实作出报告。这个部门规章全文480字，非常便于记忆、贯彻和对照检查。

2015年4月，国家安监总局组织开展了安全生产应急管理理论创新成果征集活动，各地安监机构、有关中央企业和科研教学机构等积极参与，共上报安全生产应急管理政策法规、应急救援队伍建设、预案管理、应急评估等方面的论文320篇，其中161篇获奖。神华集团公司关于创新企业应急救援工作机制、广东省惠州市大亚湾石化应急管理有限公司“社会化危化品应急救援队伍建设标准和服务模式”、国家安全生产应急救援指挥中心“安全生产风险辨识和隐患排查治理标准化、数字化体系建设试点”等成果获一等奖。

第六节　安全生产应急救援领域的对外交流和中国国际安全生产应急管理论坛、应急救援技术装备展览会

我国安全生产应急救援领域对外交流，是以矿山救护为先行的。国家安监局成立后不久，即与美国劳工部达成了两国在矿山安全领域进行合作的协议。2003年8月中国矿山救援代表团赴美进行考察和培训，参加了美国国家安全委员会第91届年会，先后访问了美国劳工部矿山安全与健康监察局（MSHA）、美国国家安全委员会（NSC）、安全与健康学院、西弗吉尼亚州海瑞1号矿井和该矿的矿山救护队，并接受了矿山应急救援程序、矿山救援先进方法和矿井火灾等专业培训。2004年12月国家安监局（国家煤矿安监局）在广西召开了矿山应急救援体系建设国际研讨会，中美矿山安全方面的专家学者就矿山事故规律特点、矿山救援体系和队伍建设等进行了研讨和交流。通过积极参加历届国际矿山救援技术竞赛活动，成功举办第五届国际矿山救援比武大会，使我国的矿山救护队伍受到锻炼，救援战斗素质和技术水平得到提升。

2006年国家安全生产应急救援指挥中心成立以来，多次组织地方各级政府、中央企业应急救援工作机构负责人和业务骨干，分赴美国、德国、俄罗斯等国家，进行安全生产应急管理和应急救援短期业务培训。2012年10月由江西等省安监机构和中船重工、国家核电、中储棉等企业应急管理人员组成的“应急管理队伍建设及预警预报机制培训团”，赴美国进行了培训和考察。在接受了美国安全管理及应急救援体系、危险材料安全管理等专业培训的同时，实地参观了洛杉矶应急救援指挥中心、消防站及911接警中心，现场观摩了洛杉矶消防车、水

泵、救护车等装备和救援资源分布动态监测系统。

举办国际安全生产应急管理论坛，是进一步扩大我国安全生产对外开放，与世界各国共谋事故灾难应对之措，共走安全发展、科学发展之路的渠道和平台之一。2007 年 9 月 27—30 日，国家安监总局首次主办了“中国国际安全生产应急管理和应急救援论坛暨中国国际应急救援技术与装备展览会”。来自国内各界和澳大利亚、加拿大、法国、德国、日本、韩国、波兰、西班牙、英国、美国等国家（地区），以及国际劳工组织的 400 余名代表，围绕着论坛主题——“提高防范和处置事故灾难能力，保障公众生命安全与健康，实现安全发展”，进行了研讨。国内外 100 多家企业、科研院所等展出了应急救援救护技术和装备。

第二届“中国国际安全生产应急管理论坛暨应急技术与装备展览会”于 2009 年 7 月 2 日开幕。中央政治局委员、国务院副总理张德江参观了展览，强调要大力推动安全生产科技进步，切实提高事故防范和应急救援能力。论坛邀请了国际劳工组织中国蒙古局局长康妮，欧洲联盟驻中国、蒙古国代表团大使赛日·安博、中国地震局局长陈建民、国家电力监督管理委员会副主席史玉波等 46 位中外高级官员、专家学者和权威人士到会演讲。70 多家厂商展出了应急救援车、指挥通信系统、数字化预案管理系统、无人直升机、灾情探测无人机、救援机器人、矿井救生舱、自动苏生器、便携式等离子束发生器、移动式数码变频发电机等应急救援装备和技术。

2011 年 10 月 24 日，第三届中国国际安全生产应急管理论坛和应急救援技术与装备展览会，与第五届国际矿山救援大会同时进行。来自 23 个国家（地区）以及 3 个国际组织的代表与国内各界人士，共 500 余人参加会议。国际矿山救援组织、美国劳工部、南非矿产资源部等机构负责人出席开幕式并发表演讲。120 家中外厂商参加展览会，展品包括大功率救援钻机、水泵，应急信息、调度指挥装备与技术，救援装备及器材，煤矿井下安全避险“六大系统”，救援队员个体防护装备，应急医疗救护器材等。

2013 年 6 月 25 日举办了第四届中国国际安全生产应急管理论坛和应急救援技术与装备展览会。国际劳工组织北京局负责人、国际矿山救援组织秘书长分别致辞。500余名国内外代表参加了论坛开幕式，125家厂商展出了应急救援新装备、新技术。王勇国务委员参观展览并为国家矿山救护队授旗。

安全生产应急管理论坛于第四届之后暂时停止举办。2015年10月12—14日，国家安监总局举办了第五届“中国国际安全生产应急技术与装备展览会”。这届展会汇聚了国内以及韩国、日本、美国、意大利、俄罗斯、法国、英国、南非、智利、香港、台湾等国家和地区300余家知名企业，展示了上千种应急救援装备和产品。展览会期间，还举办了安全生产应急科技、“互联网+应急信息技术”研讨会等活动。之前，国家安全生产应急救援指挥中心、国际交流合作中心组织召开了“安全生产应急技术装备研讨会。

各个行业领域安全生产应急救援国际交流活动陆续开展。

——**中国国际电力安全发展暨电力应急管理论坛**。国家电力监管部门主办。首届论坛以“加强安全管理、提高应急能力，实现电力安全发展”为主题，设了“电力安全与应急科技创新”、“电力安全与应急管理”、“电力企业安全文化”等分论坛。2009年10月28日在北京开幕。参与论坛的50多位演讲嘉宾，就电力安全生产和应急管理的理念、技术和管理方法等进行了交流。在与论坛同期举办的“中国国际电力安全与应急技术装备展览会”上，18家电力企业和10余家国内外电力制造企业展示了电力安全和应急方面的新技术、新装备和新产品。

——**中美港口安全生产与水上应急管理研讨班**。2013年6月5—7日在青岛举办。来自中美两国的交通运输部门、海事、海岸警卫队、港航企业等机构的280余名代表，就美国墨西哥湾深水地平线事件、渤海湾溢油事故、大连新港“7·16”原油燃烧事故等的海上清污、救援和应急预警，以及中国海上溢油防治策略等进行了专题研讨；并达成了加强中美海上交通运输安全与应急管理领域的合作交流，共同提高海上突发事件应对能力的共识。

——**大型储罐火灾安全国际研讨会**。2014年7月3日，国家安监总局在青岛举办了大型储罐火灾安全国际研讨会。主持会议的国家安监总局有关负责人通报了石油储存安全形势：随着国家石油战略储备基地和石油商业储备库建设的加速，如何保障大型石油储罐的安全成为热点问题。近几年国内外大型储罐区多次发生火灾爆炸事故，英国邦斯菲尔德油库、印度斋普尔油库、委内瑞拉炼油厂罐区以及我国大连原油罐区等相继发生重大火灾爆炸事故，敲响了化工安全生产警钟。来自 13 个国家（地区）的 200 余名代表，就大型储罐火灾扑救技术、火灾防范体系和制度建设等进行了研讨。

一些地方和企业也在应急救援国际交流方面进行了探索。2015 年 12 月广东省有关部门在国家危险化学品应急救援惠州基地，举办了第一届“危险化学品应急救援国际交流论坛”。广东省各级安全生产监管和应急救援机构、各化工园区的代表，壳牌石油、道达尔、巴斯夫等国外知名化工企业和省内化工企业的代表等 150 余人，参加了论坛的研讨和交流。2015 年 8 月，广东省惠州市大亚湾石化应急管理有限公司依托惠州危化品应急救援基地，以省内危化品救援队伍、救援人员为对象，举办了第一期“国际危险化学品应急救援管理”培训班，邀请美国伊利诺伊大学消防学院的专业培训讲师，就危化品事故预防、沟通与信息管理、资源管理、指挥与管理等，向中方学员授课。并利用基地的应急装备器材及训练设施，建立真实的灾害模拟场景，进行危化品事故救援训练。

小结：应急处置能力是国家治理能力的重要组成部分，更是安全生产工作的重要组成部分，是衡量一个地方、一个单位安全保障能力的重要指标。从某种意义上讲，安全生产工作是由源头管理、过程控制和事故应急救援三个部分所构成的有机整体。人们常常把应急救援称作安全生产的“最后一道防线”。加强应急管理，做好事故灾难的救援和处置工作，对于控制事故的发生和发展、减少事故可能造成的生命与财产损失，有着至关重要的作用。

我国的安全生产应急管理经历了从一般意义上的重视到高度重视，从具有局部性、阶段性和临时性的明显特征到全局化、体系化、系统化的发展过程。建国初期的灾难事故应急及其救援，一般来讲是属于个别企业、个别地方和某些特殊时段的事情。极其严重的事故灾难发生后，会在一定范围内（大到一省数省）动员组织社会力量和人民群众进行抢险救灾。随着工业经济规模和社会生产活动的扩大，一些行业如煤炭系统建立了自己的救援队伍和救援系统。国家安全生产监管体制改革后，通过整合矿山救援和医疗资源，建立了矿山应急救援指挥中心，依托大型煤炭企业建立了国家矿山救护队，形成了覆盖全国煤矿的矿山救援体系。2003 年初“非典”事件的突然降临，暴露出政府应急机制不健全、不适应的短板，把建立全国统一、高效运作的突发事件应急管理工作体制机制，提上了党和政府的重要日程。随后发生的南方冰雪灾害、汶川大地震等，进一步加深了我们对应急管理工作重要性的认识。党的十六届四中全会之后，中央把提升突发事件应急处置能力，与加强党的执政能力、国家治理能力等联系起来，把应急管理体系建设作为巩固党的执政地位，构建和谐社会的重要内容。这使安全生产应急管理获得大好发展机遇。国家安全生产应急救援指挥中心和覆盖全国的应急救援系统由此建立，各类事故的应急处置和抢险救援工作取得新的成效。

2004—2006 年是我国急管理工作发展和规范的重要时期。国务院的一系列规范性文件和《突发事件应对法》的相继发布实施，提出了建设预案体系的重要任务，明确了健全完善应急管理体制机制应当遵循的原则和要求，建立了监测预警、应急处置、抢险救援、善后处理等法律规范。近年来国家有关部门和各地在应急管理体制机制方面所进行的一系列探索和创新，不断增强了应急管理工作的活力。

重大险情和重特大事故发生后，党中央、国务院领导同志迅即作出指示，就全力抢救受困人员、严防次生事故，以及吸取事故教训、加强安全防范、改进安全生产工作等提出明确要求；地方党政主要领导迅速赶赴事故现场，指挥抢险救援；安全生产监管部门与相关部门分工协作，密切配合；安全生产专业救援队伍与公安消防、武警部队、解放军官兵等并肩作战，攻坚克难；广大人民群众高度关注，积极参与。这些构成了我国安全生产应急救援工作的鲜明特征，既体现了党的集中统一领导和社会主义制度的特殊优势，也是降服事故恶魔、挽救生命的有效办法和得力举措。

安全生产应急管理和救援工作虽然取得了新进展、新成效，但与人民群众的期望和国外先进水平相比，仍然存在一些差距和问题。突出表现在生产安全事故应急管理条例的立法滞后，各方面的职责有待进一步细化和明确，相关工作尚缺乏严格的法律规范。应急救援的效率效能有待进一步提高。特别是在煤矿瓦斯煤尘爆炸、危险化学品仓储燃烧爆炸、工业粉尘爆炸、高层建筑火灾等重特大事故，以及地震、龙卷风等自然灾害引发的事故灾难的应急救援方面，确实存在着技术装备和处置手段相对落后，生命救助效果不彰，个别时候几乎束手无策的问题。从全国来看，救援体系及布局仍然不够健全完善，救援队伍素质和技术装备现代化程度有待进一步提高。一些企业和基层政府应急管理责任不落实，应急准备不到位，重大危险源普查、辨识和监控不落实，预警预防体系不健全，应急反应不及时；应急预案缺乏针对性和可操作性，企业预案与地方预案之间缺乏必要的衔接；应急教育培训、应急演练存在着搞形式、走过场现象。特别是在建立《突发事件应对法》规定的“有效的社会动员机制”，鼓励和引导企业、社会团体和人民群众共同参与，建立多元主体的安全生产应急救援体系，加强企业和基层安全生产应急管理，增强公众风险防范意识与自救互救能力方面，更需要我们付出努力。

第十一章

事故报告查处和用事故教训推动安全生产工作

事故报告和事故查处是安全生产的两项重要制度。前者要求发生事故的单位及其地方政府，在规定的时间内，按照规定的程序和要求，分别采取口头、书面方式，将事故发生的有关情况，报送上级政府安全生产监管部门和相关部门。后者要求政府安全生产监管部门和相关部门，依照法定职权和程序，对事故进行调查，搞清楚发生事故的原因（包括直接原因和间接原因），认定事故的性质（是否责任事故），厘清相关人员和单位对于事故所应承担的责任，依据事实和法律法规提出对事故责任者追究处理的意见。做好事故报告和查处工作，有助于维护国家安全生产法律尊严，起到惩戒错误、警示来者作用；有助于总结经验教训，起到亡羊补牢、堵塞漏洞的作用。

第一节　事故报告统计制度的逐步建立健全和报告统计内容的调整变化

中央人民政府组建及运转伊始，就建立了生产安全事故报告制度。1950 年 5 月政务院财经委员会发布的《全国公私营厂矿职工伤亡报告办法》，是我国关于事故报告工作的首个部门规章。该办法要求所有厂矿，一旦发生重伤事故，要立即向当地劳动局作出报告；发生重大事故（重伤5名以上或有死亡），厂矿行政负责人要在知道情况之后的半小时之内，先将事故的概要情况，以电话或电报向上级作出报告；随后作出正式的书面报告。各厂矿每月3日以前，要将上个月本单位因工伤事故造成的伤亡情况，造表呈报当地政府劳动部门和有关部门。随后劳动部还制作印发了《因工死亡人数日报表》，要求各地按照统一规定的格式予以填写，逐级统计上报。

1956年5月国务院颁布的《工人职员伤亡事故报告规程》，是我国关于事故报告的首部行政法规。该规程规定：发生事故后，厂长要立即将事故的大致情形(包括事故发生时间、事故经过和发生原因，伤亡者姓名、年龄、工种、职称和受伤害程度等)，用电报、电话或其他便捷可靠的办法途径，尽速报告企业主管部门、当地劳动部门和工会组织；企业主管部门、当地劳动部门和工会组织应立即转报上级。事故调查和处理完毕之后，企业要按照规定编制《工人职员伤亡事故调查报告书》和《工人职员伤亡事故登记书》，上报企业主管部门和劳动部门。企业主管部门和劳动部门要编制《工人职员死亡事故月报表》，逐级上报，并送达同级政府的统计部门。该规程还建立了企业事故报告领导责任制和责任追究制度，规定企业的厂长、车间主任和工段长对事故调查、登记、统计和报告的正确性和及时性负责；如果有隐瞒不报、虚报或者故意延迟报告的情况，除责成补报外，"责任人应该受纪律处分；情节严重的，应该受刑事处分。"

为扭转"十年动乱"前期事故伤亡报告统计工作出现的停滞和混乱现象，国家计委（劳动局）1970年、1972年和1975年先后下发通知，要求各地重视和做好职工伤亡事故的报告统计工作。在邓小平同志主持国务院工作、开展全面整顿的1975年8月，国家计委发出《关于加强职工伤亡事故统计报告工作的通知》说：根据国务院领导的指示，职工伤亡事故统计要和生产统计同时上报。要求各地在死亡事故发生之后，至迟于次日，一定要向国家劳动总局作出报告。每月5日之前，各地要报送上个月本地区死亡、重伤数字的快报；每月20日之前要报送伤亡事故的综合报表。

在向社会主义市场经济体制转变的过程中，事故报告工作也面临着一些新情况、新问题。一些地方领导担心“政绩”受到影响，对事故统计和上报工作横加干涉，出现了统计质量差、数据不准确、报送速度慢等情况。一些地方和单位发生事故后隐匿不报，重金买通有关人员，试图私结私了。针对这些问题，1989年3月国务院颁布的《特别重大事故调查程序暂行规定》，要求发生特别重大事故的单位，要立即向地方政府和归口管理部门报告，并在24小时内提交包括事故发生时间、地点和单位；事故简要经过、伤亡人数，直接经济损失初步估计；事故发生原因初步判断；事故发生后采取的措施等内容的书面报告。省级政府和国务院相关部门接到报告后要立即向国务院作出报告。1989年7月劳动部发出通知，要求各地区、各部门充分认识事故报告统计的重要性，重大伤亡事故和特大伤亡事故发生后，须在24小时内用电话、电传、电报或事故快报，及时上报劳动部。对拖延或隐瞒不报者，要依据有关规定给予处罚。

1991年2月国务院颁布的《企业职工伤亡事故报告和处理规定》，从事故现场、企业、相关部门各个层面，明确了有关人员在事故报告工作上的责任和义务；规定死亡事故报至省级政府有关部门，重大死亡事故报至国务院有关部门。1992年10月劳动部、国家统计局在原有职工伤亡事故统计办法的基础上进行修改调整，制定了新的《企业职工伤亡事故统计办法》。1993年9月劳动部办公厅印发了《关于职工伤亡事故统计问题的解答》，回答了什么是企业职工伤亡事故，轻伤、重伤、死亡、重大伤亡事故的认定标准，以及事故的报告统计范围包括哪些企业；外资企业、混合所有制企业发生事故如何统计报告；企业职工因违反劳动纪律造成伤亡事故，是否按伤亡事故报告统计；企业使用借调人员在劳动过程中发生伤亡事故，应该如何报告统计；企业职工参加社会上的抢险救灾时发生伤亡事故，是否报告统计；职工负伤后在医疗过程中死亡，如何报告统计；无营业执照的小鞭炮厂（作坊）、小煤矿等单位发生伤亡事故是否报告统计；企业发生伤亡事故，直接经济损失中固定资产的损失如何统计；煤矿百万吨死亡率中的死亡人数如何计算等67个事故报告统计工作中经常遇到，而又容易引起混淆、产生失误的问题。

2002年6月公布的《安全生产法》正式建立了事故报告法律制度，规定生产经营单位在事故发生后，一方面要迅速采取有效措施组织抢救，防止事故扩大；另一方面要立即、如实向安全生产监管部门报告。生产经营单位或地方相关部门，对事故隐瞒不报、谎报或者拖延不报的，要承担相应的法律责任。2007年3月《生产安全事故报告和调查处理条例》的颁布施行，标志着我国事故报告制度趋于健全完备。条例确立了“及时、准确、完整”的事故报告工作原则；赋予了紧急情况下现场人员可以越级上报，向县以上安监部门和相关部门直接报告的权利；规定了安全生产监管等部门在逐级上报事故时，各个层级不得超过两个小时的时限；规定了各等级事故向上报告的终至机关，一般事故报至市级、较大事故报至省级、重大和特别重大事故报至国家安全生产监管部门和相关部门。要求安全生产监管部门等建立值班制度，并向社会公布值班电话，受理事故报告和举报。

为贯彻实施《安全生产法》构建的事故报告法律制度和《生产安全事故报告和调查处理条例》各项规定，国家安监总局相继制定出台了《关于调整生产安全事故调度统计报告的通知》(2007年5月)、《〈生产安全事故报告和调查处理条例〉罚款处罚暂行规定》(2007年7月发布，2015年4月改为《生产安全事故罚款处罚规定（试行)》)、《生产经营单位瞒报谎报事故行为查处办法》(2011年6月）等规章和文件，使事故报告各项具体工作有章可循。

建国以来事故报告统计范围、事故等级划分、事故分类、事故统计行业划分、事故统计分析工作等，都经历了不断完善的过程。

事故报告范围：1950年5月《全国公私营厂矿职工伤亡报告办法》将报告范围限定为厂矿企业发生的事故。1952年12月《工业交通及建筑企业职工伤亡事故报告办法》将报告范围扩大到交通运输和建筑施工企业。1956年5月《工人职员伤亡事故报告规程》规定的报告范围，覆盖了“国营、地方国营、合作社营和公私合营的工业、交通运输业、建筑业、伐木业的企业，地质和水利系统的工程单位，机械农场和农业机器站”。1991年2月《企业职工伤亡事故报告和处理规定》将其适用对象规定为“中华人民共和国境内的一切企业”。安全生产法》公布施行后，包括事故报告在内的安全生产各项法律制度、法律规定的适用范围，规范地表述为所有生产经营单位和生产经营活动。1950—1993 年统计发布的“全国企业职工伤亡事故”数据，为国营企业和县属以上集体企业发生的事故。1993 年开始增加乡镇企业事故伤亡数据，统称“全国工矿企业职工伤亡”。《安全生产法》公布施行后，事故报告及统计范围覆盖了全国所有生产经营单位所发生的所有生产安全事故。

事故等级划分：依据事故所造成的后果，将其划分出等级，是事故报告和事故查处、责任追究的重要依据。我国事故等级划分经历了一个不断完善的过程。最初曾把事故划分为伤亡事故和一般事故两大类。前者指“外来能量作用于人体，致使人体生理机能部分或全部的丧失”的事故；后者指“人身没有受到伤害或受伤轻微，停工短暂或不影响人的生理机能障碍的事故”①。1950 年颁布的《全国公私营厂矿职工伤亡报告办法》，把人身伤亡事故分为重伤事故、重大事故（重伤 5 名以上或有死亡）两个级别。1956 年颁布的《工人职员伤亡事故报告规程》，又把人身伤亡事故分为多人事故（同时受伤 3 人及以上）、重伤事故（经医疗诊断为残废）和死亡事故 3 个级别。1989 年国务院《特别重大事故调查程序暂行规定》对特别重大事故作出了定性：“是指造成特别重大人身伤亡或者巨大经济损失以及性质特别严重，产生重大影响的事故”。由于没有量化规定，之后相关部门、相关文件对于重大事故的认定仍然不尽一致。当年 7 月劳动部《关于加强企业职工伤亡事故统计工作的通知》，称“一次死亡 3 人以上”（其本意应为 3—9 人）为重大伤亡事故，“一次死亡 10 人以上”为特大伤亡事故。1991 年国务院颁布的《企业职工伤亡事故报告和处理规定》，1993 年 9 月劳动部《关于职工伤亡事故统计问题的解答》等，把死亡 3 人以上的事故统称为“重大死亡事故”或“重大伤亡事故”。2002 年国家安监局成立后，尝试按照死亡人数把事故分为 4 个等级，即一般事故（死亡 1 ~ 2 人）、重大事故（死亡 3 ~ 9 人）、特大事故（死亡 10 ~ 29 人）、特别重大事故（死亡 30 人及以上）。但“特大事故”与“特别重大事故”两个词语的内涵重叠，容易引发歧义。在

① 隋鹏程等著：《安全原理》，化学工业出版社 2005 年 4 月，第 2 页。

一些文件和一些领导同志的讲话中，又常常把那些伤亡惨重、影响恶劣的事故表述为“特别严重事故”“重大恶性事故”等。

2007 年《生产安全事故报告和调查处理条例》的颁布施行，最终解决和规范了这个问题。条例将事故划分为 4 级。**一般事故**：死亡 1 ~2 人，或重伤 9 人以下（包括急性工业中毒，下同），直接经济损失 1000 万元以下（不含本数，下同））；**较大事故**：死亡 3 ~9 人或重伤 10 ~49 人，直接经济损失 1000 万元以上 5000 万元以下；**重大事故**：死亡 10 ~29 人或重伤 50 ~99 人，直接经济损失 5000 万元以上 1 亿元以下；**特别重大事故**，死亡 30 人及以上或重伤 100 人及以上，直接经济损失 1 亿元以上。

事故直接经济损失计算与确定。1986 年 8 月国家标准局制定颁布了《企业职工伤亡事故经济损失统计标准》（GB 6721），将直接经济损失定义为“因事故造成人身伤亡及善后处理支出的费用和毁坏财产的价值”，包括了人身伤亡后所支出的费用（医疗及护理、丧葬及抚恤、补助及救济、歇工工资）、善后处理费用（处理事故的事务性费用、现场抢救费用、清理现场费用、事故罚款和赔偿费用）、财产损失价值（固定资产损失、流动资产损失）。直接经济损失由事故发生单位依照该标准进行核算，经事故发生单位上级主管部门同意后，报组织事故调查的安全生产监管部门确定；事故发生单位无上级主管部门的，直接报组织事故调查的安全生产监管部门确定。

事故类别划分。改革开放之前我国没有规范和明确的事故分类标准。1986 年劳动部制定发布了首个事故分类标准——《企业职工伤亡事故分类标准》（GB 6441—1986），按致伤原因将企业工伤事故分为物体打击、车辆伤害、机器工具伤害、起重伤害、触电、淹溺、灼烫、火灾、刺割、高处坠落、坍塌、冒顶片帮、透水、放炮、火药爆炸、瓦斯或煤尘爆炸、锅炉或受压容器爆炸、其他爆炸、中毒、其他伤害（扭伤、冻伤）20 类。1992 年 10 月劳动部、国家统计局发布的《企业职工伤亡事故统计办法》，将事故类别调整规范为物体打击、车辆伤害、机器工具伤害、起重伤害、触电、淹溺、灼烫、火灾、高处坠落、坍塌、冒顶片帮、透水、放炮、火药爆炸、瓦斯煤尘爆炸、煤与瓦斯突出、其他爆炸、中毒和窒息、其他伤害 19 类。

事故统计中的行业分类和有关要求。2004 年之前的全国事故统计，除了建立有国家安全监察制度的矿山、锅炉压力容器两个领域的事故，以及火灾事故单独进行统计之外，其他事故都是按照规定的事故类型，以省（区市）为单位进行统计和上报的。2004 年国家安监局调度统计部门在对事故进行归纳分类的基础上，设立了包括工矿商贸（含煤矿、金属与非金属矿山、建筑施工、危险化学品、烟花爆竹、工商贸其他）、火灾、道路交通、水上交通、铁路交通、民航飞行、渔业船舶、农业机械、其他 9 大行业领域在内的事故统计体系。规定统计内容主要包括事故发生的起数、死亡人数、重伤人数、急性工业中毒人数、单位经济类型、事故类别、事故原因、直接经济损失等。事故统计工作由各级安监机构调度统计部门负责组织实施，每月对本行政区内发生的生产安全事故进行全面统计。其中火灾、道路交通、水上交通、民航飞行、铁路交通、农业机械、渔业船舶等事故由其主管部门统计，每月抄送同级安全生产监管部门。

按照规定，事故统计报表须由国家统计局批准，且每两年更新一次。2014 年 9 月国家安监总局印发的《生产安全事故统计报表制度》，规定统计内容为“在中华人民共和国领域内从事生产经营活动中发生的造成人身伤亡或者直接经济损失的事故”；要求各部门、各单位全面、如实填报，对于不报、瞒报、迟报或伪造、篡改数字的要依法追究其责任；各类事故死亡人数、亿元国内生产总值生产安全事故死亡人数、工矿商贸企业就业人员 10 万人生产安全事故死亡人数、道路交通万车死亡人数、煤矿百万吨死亡人数在年度国民经济和社会发展统计公报中予以公布，其他数据依据工作需要不定期对外公布。2015 年 12 月国家安监总局制定下发的《生产安全事故统计管理办法（暂行）》和《生产安全事故统计报表制度（暂行）》，主要是对在实行生产安全事故统计联网直报的情况下，县级政府安监部门如何统计、上报事故信息作出了规定。

事故统计分析工作。相对于对事故个案的分析，事故统计分析是在确切掌握全国以及区域、行业事故发生总体情况的基础上，对事故的分布、构成、原因等进行归纳和剖析，以明了事故所暴露出的安全生产工作存在的突出问题与薄弱环节，把握事故发生的基本规律和大致趋势，为安全监管科学决策提供依据。1951年燃料工业部对全国国营煤矿当年发生的重大事故进行统计分析，其中由于违反保安规程、保安制度和违反劳动纪律而引起的事故占50%，由于没有进行安全生产检查或检查不彻底而引起的事故占25%，由此要求强化保安规程、保安制度和劳动纪律约束。1952年8月华北行政委员会爱国增产节约竞赛运动委员会发出的《关于加强厂矿安全卫生工作的紧急指示》，对天津市当期发生的170余起事故进行了分析，由于领导上疏忽麻痹所造成的事故占92%，由于工人违反劳动纪律或操作规程所造成的事故占8%，为此要求把增强领导安全责任观念放在第一位。1953年度劳动部对事故的统计分析表明，由于没有安全设备发生伤亡事故的，有的地方占34%，有的地方甚至达到40%以上，为此国家建立安全生产技术措施资金投入制度，加大了企业安全生产基础设施、技术装备改造力度。根据国家经贸委安全生产局1999年度的统计分析，当年全国72起一次死亡3人以上烟花爆竹爆炸事故中，有51起是由违章生产引起的。为此国务院于2000年初下发紧急通知，要求加强烟花爆竹安全监管，对烟花爆竹生产经营厂点全面进行清理整顿。国家安监总局对2011年度的事故统计分析表明，非法违法行为所导致的较大以上事故，约占全部较大以上事故的43%；在重特大事故中，因非法违法行为所导致的占60%。国务院随后作出决策，部署在全国集中开展安全生产领域"打非治违"专项行动。2013年之后，国家安监总局建立了全国生产安全事故月分析制度，通过对上月事故概况、当月面临的新情况新问题，以及往年当月发生的事故及其经验教训进行综合分析，确定月份安全监管的重点，有针对性地采取防范控制措施，以掌握安全生产工作的前瞻性、预见性和主动性。

第二节　事故调查处理和责任追究

建国以来的事故查处工作，在不同阶段里表现出不同的特点：

从建国到六十年代初的事故查处工作，突出表现为政企不分，责

任追究缺乏严格规范。建国后我国政企一家、甚至以企代政的情况很普遍。在一些新开发的煤炭矿区，矿务局机关同时担负着矿区政府管理职能，煤炭企业领导人也即所在城市领导人。国务院五十年代颁布的《工人职员伤亡事故报告规程》等，既是事故报告工作的行政法规，也为这一时期的事故调查处理提供了依据。该规程明确规定：多人事故、重伤事故和死亡事故发生后，“应该由企业行政或者企业主管部门会同工会基层委员会组织调查小组（必要的时候组织调查委员会）尽速进行调查”，通过调查“确定事故原因，拟定改进措施，提出对事故负责人的处分”。对于当地政府劳动部门、其他有关部门和工会组织是否派员参加，没有作出硬性规定。1963 年 3 月国务院《关于加强企业生产中安全工作的几项规定》，再次强调了企业在事故查处方面的职责，要求事故发生以后，企业领导人应该立即负责组织职工进行调查和分析，认真地从生产、技术、设备、管理制度等方面找出事故发生的原因；查明责任，确定改进措施，并且指定专人，限期贯彻执行。对于违反政策法令和规章制度或工作不负责任而造成事故的，应该根据情节的轻重和损失的大小，给以不同的处分，直至送交司法机关处理。这一时期里，除了那些伤亡程度严重、影响范围很大的事故，企业发生的事故一般都由其自行组织调查、自己作出处理决定。

由于缺乏法律规范，这一时期发生的一些事故的责任认定及追究处理，往往由企业主要领导人说了算，有时候甚至取决于企业主要领导人的印象、好恶等。即便是由省级以上政府负责查办的一些重特大事故，也存在着责任认定主观武断，追究处理畸轻畸重等问题。重工业部 1953 年的一份文件中说道：“重大伤亡事故与设备损伤事故不断地发生。过去对于造成事故的负责人员，虽然处分甚多，但处罚失之偏轻，同时缺乏更有效的措施避免事故发生，以致许多厂矿对技术保安工作还抱着漠不关心的官僚主义态度”①。再如对河南新豫煤矿公司宜洛煤矿 1950 年“2・27”瓦斯爆炸事故责任者的追究处理，虽说体现了新生人民政府对矿工生命安全的高度重视，但在具体工作中，也存在着用战争时期的思维

① 《重工业部 1953 年的工作部署》，新华月报 1953 年第五期第 138 页。

方式搞事故查处，把事故责任者甚至是基层劳动群众当中的事故责任者，当作“拿枪的敌人”来对待的偏向。事故调查中，该矿工务课副课长张保山（事故发生前两小时曾下井，“亦未注意沼气爆炸征候。事后仍不能认真检讨，还说井内风流正常，企图推却责任”）、带班班长毛得才（当班没有下井，在之前矿上组织开展的生产竞赛中，曾经“为了邀功得利，领导工人在井下集体偷煤”）被认定对事故发生负有主要责任。经司法机关审判，处以死刑并在宜洛煤矿当众枪决。这是我国首次因生产安全事故责任罪被处以死刑并立即执行，之后全国再也没有出现过这样的判例，所蕴含的反思与借鉴不言自明。

“十年动乱”时期事故查处工作以阶级斗争为纲，其应有的科学性、专业性和客观公正性受到践踏。1970 年中央关于安全生产的一份文件指出：造成一些事故的原因“有的是阶级敌人垂死挣扎，趁机破坏，进行报复”；有些领导干部“对阶级敌人的破坏活动，麻痹大意，丧失警惕”；因此对于“阶级敌人制造的破坏事故，公安部门一定要追查破案”，对于“对证据确凿的反革命分子，要坚决予以打击”。在“左”的思想和方针指导下，全国事故查处工作一度走上歧路。又由于政府及企业内部劳动保护、安全生产监管机构受冲击，事故的调查处理一般都由企业保卫科（处）和地方“专政”机关负责进行，有的变成了深挖阶级敌人、深入开展阶级斗争的荒唐剧。《新华日报》1970 年 11 月的一篇报道说：南京市下关电厂按照“阶级斗争、一抓就灵”的要求来分析事故。该厂锅炉由于重油系统堵塞造成多次熄火事故，工厂核心领导小组带领大家狠批“阶级斗争熄灭论”，用阶级斗争的观点对事故进行认真的分析，结果查明“原来是两个反革命分子搞的破坏活动”。《人民日报》1970 年 12 月登载了安徽省蚌埠化工厂革委会“以阶级斗争为纲”抓安全生产的报道。该厂明胶二车间的工人发现磷钙工序发生跑钙水事故后，经过深入发动群众仔细调查分析，“终于弄清了原来是一个隐藏得很深的阶级敌人捣的鬼”。厂革委会抓住这一“活教材”，分别在现场、各车间和全厂召开大批判会，“有力地促进了全厂的安全生产”。北京东方红石油化工总厂、首都钢铁厂发生的一些事故，起因于管线上一些阀门该开的不开，该关的不关，“乍听起来好像是阶级敌人的破坏，但查来查去，不是破坏事故，是管理制度不严，是我们教育不够，是领导失职”①。政治挂帅和以阶级斗争为纲，使事故查处工作背离实际，事故原因被掩盖，事故教训不能吸取，进一步加剧了全国企业安全生产状况的恶化。

拨乱反正时期和改革开放初期的事故查处工作，具有明正典刑、厉行追究的特点。1979 年 7 月发布、自 1980 年 1 月 1 日起施行的我国首部《刑法》，把安全生产方面的犯罪行为列入“危害公共安全罪”，规定“工厂、矿山、林场、建筑企业或者其他企业、事业单位的职工，由于不服管理、违反规章制度，或者强令工人违章冒险作业，因而发生重大伤亡事故，造成严重后果的，处三年以下有期徒刑或者拘役；情节特别恶劣的，处三年以上七年以下有期徒刑”；同时对交通违章造成事故，违反爆炸性、易燃性、放射性、毒害性、腐蚀性物品管理规定造成重大事故等的定罪与量刑，也作出了规定。

1980 年 2 月国务院批转的国家经委、劳动总局、全国总工会在《关于在工业交通企业加强法制教育严格依法处理职工伤亡事故的报告》中指出：由于受“十年动乱”和“左”的思潮影响，不知法、不守法和有法不依、违法不究的现象相当严重，恶性伤亡事故逐年增多。一些地方和单位事故发生后，不是依法严肃处理，而是“谎报事实，掩盖事故真相，或拖延不报，企图大事化小、小事化了，以种种借口阻挠对有关干部追究刑事责任，马虎草率处理”；全国工业交通企业 1979 年发生的 48 起一次死亡 10 人以上的事故，到 1980 年 2 月查处结案的只有 8 起，仅占 17%；“绝大部分事故特别是一些涉及刑事责任的恶性事故，都没有按国家规定及时上报、严肃处理，政治影响很坏”；一些地方和单位事故发生后，往往是“企业领导检讨几句，不了了之，或凭主管单位领导干部的一句话，以言代法，马虎处理”，助长了不守法、不依法办事的错误思想，更不能从事故当中吸取应有的教训。为此要结合《刑法》的贯彻实施和企业整顿，向干部和群众进行一次深入的法制教育；要抓紧处理 1979 年发生的伤亡事故，对违法造成严重事故的责任者，要向检察部门提起公诉，依法制裁。1980 年 4 月

---

① 《谷牧副总理在全国安全生产会议上的讲话》，1975 年 2 月 23 日，油印件。

国务院批转了这个报告，指出“严格依法处理伤亡事故，体现了党和政府对国家财产和人民生命安全的高度负责，是保障四化建设的重要措施”；对于玩忽职守等所造成的重大伤亡事故必须严肃处理，对于负有刑事责任者，必须按照《刑法》相关规定依法惩处。

1980 年 8 月国务院作出了对“渤海 2 号”翻沉事故①的处理决定。决定指出：“渤海 2 号翻沉事故的发生，是由于石油部领导不按客观规律办事，不尊重科学，不重视安全生产，不重视员工意见和历史教训造成的。石油部领导对此负有不可推卸的重大责任。国务院领导对这一严重事故处置不当，也是重要的失职，应当向全国人民承认错误”；“国务院会议在听取石油部和其他有关各方的报告后，决定接受宋振明同志的请求，解除他石油部部长的职务，提请全国人大常委会批准；国务院主管石油工业的副总理康世恩同志，对这一事故没有认真对待和及时处理，在国务院领导工作中负有直接责任，决定给予记大过处分”。这是我国历史上首次因生产安全事故责任解除国务院组成部门负责人职务，首次因生产安全事故由国务院副总理出面检讨错误、承担责任、接受处分。

1986 年 3 月，最高人民检察院、劳动人事部发出《关于查处重大责任事故的几项暂行规定》，对查处事故的过程、责任确定等作出了规定，强调要纠正隐瞒、拖延不报和大事化小、小事化了、草率处理，或者以种种借口长期不加处理等有法不依、违法不究的行为。

1988 年 1 月 24 日由昆明开往上海的 80 次特快列车发生颠覆事故，造成旅客及铁路职工死亡 88 人、重伤 62 人、轻伤 140 人。1988 年 3 月国务院作出了对这次事故的处理决定。认为这是一起重大责任事故。国务院的决定指出：这起事故连同当年一月份发生的另两起重大铁路运输事故，给人民的生命财产造成了重大损失；“铁道部部长丁关根同志有失职守，对这 3 起重大事故负有领导责任”，“为了严肃纪律，教育干部，维护人民和国家的利益，决定接受丁关根同志辞去

① 1979 年 11 月 25 日，石油工业部海洋石油勘探局所属的“渤海 2 号”钻井船，在渤海湾迁移井位途中遇风暴翻沉，船上职工 72 人死亡。

铁道部部长职务的请求，提请全国人大常委会审议决定”。

党中央和国务院对“渤海2号”翻沉事故、80次特快列车颠覆事故的处理，破除了事故责任追究方面长期以来存在的下重上轻、下实上虚等现象和惯例，使各级领导干部受到震撼，促使安全生产领导责任制自上而下普遍得到加强。

在向社会主义市场经济体制转变过程中，事故查处法规规章相继出台，这方面工作日趋法治化、规范化。1991年3月国务院颁布《企业职工伤亡事故报告和处理规定》，适应政企分开和履行政府市场监管职能的需要，赋予政府安全生产（劳动）主管部门和公安、监察等部门死亡事故、重大伤亡事故的查处权，从而结束了建国以来企业自己调查自己、自行追究自身事故责任的情况。

2001年4月发布的《国务院关于特大安全事故行政责任追究的规定》（国务院令第302号），被称为“史上最严厉”的安全生产法令。当年3月15日，在九届全国人大第4次会议结束之际的记者招待会上，朱镕基总理面对记者关于江西省万载县芳林小学“3·6”爆炸一事（造成42人死亡、27人受伤，事后经调查认定为刑事案件）的提问，沉痛地说：我们一定会从这件事情中吸取足够的教训，重申和完善已经制定的法规。如果地方政府未能尽职尽责，危及学生和未成年儿童的生命安全，“一定会把县长、乡长、镇长立即撤职，并且依法追究他们的刑事责任。对省长也应给予行政处分。我们一定会实现对人民的承诺”[①]。随后颁布的国务院302号令明确规定：市、县政府应当履行职责而未履行，而导致发生特大安全事故的，根据情节轻重，给予降级或者撤职的行政处分；构成玩忽职守罪的，依法追究刑事责任。发生特大安全事故，社会影响特别恶劣或者性质特别严重的，由国务院对负有领导责任的省长、自治区主席、直辖市市长和国务院有关部门正职负责人给予行政处分。朱镕基总理在该规定发布之前召开的全国社会治安工作会议上讲：“要有效防范安全事故的发生，关键是要真正落实领导干部的责任制；而要使领导干部的责任制落到实处，就必须健全和完善法制，

① 《朱镕基为人民不惧地雷阵》，中国共产党新闻网。http://dangjian.people.com.cn/n/2013/0402/。

通过法制手段，严格实行领导干部行政责任追究制度，今后任何地方发生特大安全事故，都要严格按国务院制定的《关于特大安全事故政责任追究的规定》执行。只有这样，才能从制度、机制上防范安全事故的发生，有力地保护人民群众生命财产安全和维护社会稳定"①；在发布之后会见省部级依法行政专题研究班学员时又强调指出：对特大事故行政责任追究作出规定，表明了国务院坚决推进依法行政的决心，一定要坚决执行。

2007年3月28日国务院第172次常务会议通过了《生产安全事故报告和调查处理条例》。条例明确了事故调查处理工作"查清事故经过、事故原因和事故损失，查明事故性质，认定事故责任，总结事故教训，提出整改措施，并对事故责任者依法追究责任"的基本任务，规定了一般事故、较大事故、重大事故、特别重大事故的调查处理权限，对事故调查组的人员组成、职责、工作方法和行为准则，以及事故调查报告的主要内容、事故处理的时限、违法违规行为处罚等，都作出了明确规定。

根据条例授权和要求，国家安监总局随后在事故等级划分的补充性规定、条例规定罚款的行政处罚等方面，制定发布了一系列部门规章和规范性文件；国家安监总局、国家煤矿安监局发布了《煤矿事故生产安全事故调查与处理规定》。相关部门相继制定（修订）发布了《道路交通事故处理程序规定》、《内河交通事故调查处理规定》、《水上交通事故调查结案管理规定》、《铁路交通事故调查处理规则》、《民用航空器事故和飞行事故征候调查规定》、《农业机械事故处理办法》、《渔业船舶水上安全事故报告和调查处理规定》、《电力安全事故调查处理程序规定》、《火灾事故调查规定》、《特种设备事故报告和调查处理规定》等部门规章。各省（区市）政府制定出台了生产安全事故报告和调查处理规定（办法）。一些市（地）级政府还就本地区发生的烟花爆竹非法生产事故、煤矿瞒报事故等的调查处理，作出特殊的规定。覆盖全国各地和各行业领域的事故查处规章制度体系逐步健全，把这方面工作纳入了法治轨道。

---

① 《严格实行领导干部行政责任追究制度》，《人民日报》2001年4月4日。

2013 年 11 月国家安监总局对国务院条例贯彻实施 6 年多来的情况进行了回顾，针对事故查处实际工作中出现的一些问题，发布了《关于生产安全事故调查处理中有关问题的规定》，对生产经营活动这一概念的内涵外延，事故直接经济损失的计算和确定程序，跨行政区域事故的调查处理，事故调查工作方案的内容，事故调查报告的完成时限，事故调查组成员意见不一致时的最终裁决办法，事故报告的批复时限，事故调查报告的全文公布和接受社会监督等，作出了详细解释和具体规定。

第三节　事故查处原则和事故查处挂牌督办制度

对事故“四不放过”原则。1975 年 2 月 15 召开的全国安全生产会议，总结推广了天津钢丝绳厂等单位严肃对待已发生的事故，查清事故原因、接受事故教训、改进安全生产的经验。会议纪要指出：“发生事故，领导干部要亲自处理，并吸收工人参加。要做到‘三不放过’：事故原因分析不清不放过；事故责任者和群众没有受到教育不放过；没有防范措施不放过。凡发生死亡事故、重伤事故，有关单位必须向上级作出调查处理的书面报告。”4 月 16 日国务院转发了全国安全生产会议纪要，要求各地区、各部门切实注意和做好安全生产工作。1975 年 8 月国家计委《关于加强职工伤亡事故统计报告工作的通知》，再次提出对事故要做到“三不放过”。

在 2000 年 4 月 7 日国务院召开的“加强安全生产，防范安全事故”电视电话会议上，吴邦国副总理首次提出对事故要做到“四不放过”。他说：“各级党委、政府和有关部门一定要严格执行事故报告和调查处理的规定，坚持做到‘四不放过’，即事故原因没有查清不放过，事故责任者没有严肃处理不放过，广大职工没有受到教育不放过，防范措施没有落实不放过。”2004 年 2 月 16 日召开的国务院常务会要求，对已经发生的重大事故，要按照“事故原因不查清不放过，事故责任者得不到处理不放过，整改措施不落实不放过，教训不吸取不放过”的原则，查明原因，严肃处理，追究有关人员的责任；随后下发的《国务院办公厅关于加强安全工作的紧急通知》，重申了对事故“四不放过”的要求。

对事故“四不放过”，就是要把事故发生的原因真正分析清楚，既要搞清楚直接原因和主要原因，也要搞清楚间接原因和次要原因；要依法依规对事故责任进行追究，对责任者作出严肃处理，起到覆车之鉴、警示来者作用；要针对事故暴露出来的问题，举一反三，查找隐患，堵塞漏洞，严防同类事故的再次发生；要使各级领导干部、经营管理人员和从业人员从中受到教育，自觉杜绝违规违章行为。

事故查处“科学严谨、依法依规、实事求是、注重实效”的原则。2002年6月公布的《安全生产法》，规定“事故调查处理应当按照实事求是、尊重科学的原则”。2007年4月颁布的《生产安全事故报告和调查处理条例》重申了这一原则。

在2009年2月24日召开的国务院山西焦煤集团屯兰矿“2·22”特别重大瓦斯爆炸事故调查组成立大会上，调查组负责人传达贯彻了党中央、国务院领导同志的指示精神，表示要按照“实事求是，依法依规，注重实效”三项基本要求和“四不放过”原则，认真彻底查清事故原因，依法严肃追究事故责任。在2011年12月3日召开的国务院云南曲靖市私庄煤矿“11·10”特别重大煤与瓦斯突出事故调查组成立大会上，调查组负责人指出，要按照“四不放过”和“科学严谨、依法依规、实事求是、注重实效”的原则，搞好事故查处工作。2012—2015年公布的国务院事故调查组的事故调查报告上，多数的讲到了“科学严谨、依法依规、实事求是、注重实效”的事故查处工作原则。2014年8月公布的新修订的《安全生产法》第83条将这一表述上升为法律规定，明确“事故调查处理应当按照科学严谨、依法依规、实事求是、注重实效的原则，及时、准确地查清事故原因，查明事故性质和责任，总结事故教训，提出整改措施，并对事故责任者提出处理意见。”

贯彻事故查处“科学严谨、依法依规、实事求是、注重实效”的原则，就是要坚持以事实为依据、以法律为准绳来做好事故调查处理工作。现场勘察、技术鉴定、调查取证要深入细致，关键环节和关键问题要进行专家论证和复核验算；分析判断要用数据和事实说话，所得出的结论要经得起检验；要依法依规提出对责任者的处理意见；要把吸取事故教训、改进安全生产，始终作为事故查处工作的立足点和着眼点，力求每查处一起事故，使安全生产得到一次加强和改进。

事故查处分级负责、逐级挂牌督办。我国1991年初步建立和实行事故查处分级负责制度。当年5月1日实行的《企业职工伤亡事故报告和处理规定》把事故查处分为三个层次来进行：重伤事故由企业自行调查处理；死亡事故由企业主管部门会同企业所在地设区的市（或者相当于设区的市一级）劳动部门、公安部门和工会，组成调查组进行查处；重大死亡事故按照企业的隶属关系由省、自治区、直辖市企业主管部门或者国务院有关主管部门，会同同级劳动部门、公安部门、监察部门和工会，组成调查组进行查处。《生产安全事故报告和调查处理条例》规定一般、较大、重大和特别重大4个级别的事故，依次由县、市、省和国家4级安全生产监管部门和相关部门负责查处。同时作出了“提级调查”规定，即“上级人民政府认为必要时，可以调查由下级人民政府负责调查的事故”。

针对事故调查分级负责制度在执行过程中出现的地方保护倾向明显、政府相关部门之间推诿和掣肘严重，以及重错轻责、久拖不决等问题，2010年7月《国务院关于进一步加强企业安全生产工作的通知》建立了事故查处挂牌督办制度。根据通知要求，各级政府安全生产委员会对下一级政府负责调查处理的事故，可以通过下达通知书、跟踪了解查处工作进度、向社会公示查处情况等方法，实行挂牌督办。依据分级负责的要求，省、市两级政府安委会分别负责督办较大事故、一般事故的查处工作，国务院安委会负责督办重大事故查处工作。国务院安委会随后制定了《重大事故查处挂牌督办办法》，规定了督办的程序、内容和要求。规定省级政府要在接到挂牌督办通知的60日内完成督办事项，在此期间要加强与国务院安委会办公室的沟通汇报，接受国务院安委会办公室的指导、协调和督促；在事故调查报告形成初稿后，省安委会应当及时向国务院安委会办公室作出书面报告，经审核同意后再由省级政府作出批复决定；查处结案后，应将相关情况在政府网站等媒体上予以公告，接受社会监督；承担事故查处工作责任的省级政府有关职能部门对督办事项无故拖延、敷衍塞责或弄虚作假的，要依法追究其责任。鉴于非法违法事故多发，2011 年 4 月国务院安委会办公室制定了《非法违法较大生产安全事故查处跟踪督办暂行办法》，要求各省级政府对无证无照、证照不全等非法违法行为所引发的一次死亡 3 ~ 9 人较大事故的查处，实行挂牌督办；国务院安委办实行跟踪督办。2014 年初国家安监总局提出进一步加强对较大事故查处的督促指导，要求各省按照大约 1/10 的比例，选择那些性质恶劣、影响严重的较大事故，依法实行提级查处，并提交国务院安委会办公室予以督办。也即由省级政府安委会直接进行调查处理，并将查处工作过程及结果自觉置于国务院安委会的严格监督、及时指导之下。

经国务院安委会批准，安委会办公室于 2010 年 9 月 18 日公告了全国首批挂牌督办名单。当年发生的河北省承德市承德县北大地煤矿“3・25”瓦斯爆炸、内蒙古自治区包头市包满铁路新建线路段“8・13”工程车辆溜逸等 47 起重大事故列入其中。2011 年国务院安委会办公室和各省级安委会督办了具有非法违法性质的较大事故 38 起，全部依法依规进行了追究处理；当年全国发生的所有重大事故都由国务院安委会实施了挂牌督办。2012 年国务院安委会重点对鞍钢“2・20”重大喷爆事故、河北克尔化工有限责任公司“2・28”重大爆炸事故、山东省济钢集团石门铁矿有限公司“3・15”重大坠罐事故、辽宁省辽阳市灯塔市大黄二矿“3・22”重大瓦斯爆炸事故、天津蓟县莱德商厦“6・30”重大火灾事故、贵州盘南煤炭开发公司响水煤矿“11・24”重大煤与瓦斯突出事故等进行了挂牌督办。2013、2014 年国务院安委会对所有重大事故查处进行了挂牌督办。2015 年重点督办了河南省信阳市“9・11”重大道路交通事故、湖南省湘潭市“9・25”重大道路交通事故、黑龙江龙煤集团鸡西矿业公司杏花煤矿“11・20”重大火灾事故、山东省滨州市山东富凯不锈钢有限公司“11・29”重大煤气中毒事故等。2014—2015 年全国重大事故查处结案平均用时约 106 天，比 2010 年缩短大约 100 天。

第四节　国务院事故调查组制度的建立和规范

对一些特别重大事故以及瞒报事故等恶劣典型，由国务院组成调查组直接进行调查处理，这是强化中央人民政府安全生产决策执行能力，推动各级领导安全生产责任到位和工作落实的重大举措。1989 年《特别重大事故调查程序暂行规定》初步建立了这一制度，规定特大事故发生后要按照事故单位的隶属关系，由省级政府或者国务院相关部门组织成立特大事故调查组负责调查处理，“国务院认为应当由国务院调查的特大事故，由国务院或者国务院授权的部门组织成立特大事故调查组”。2007 年《生产安全事故报告和调查处理条例》强化了这一制度，明确规定“特别重大事故由国务院或者国务院授权有关部门组织事故调查组进行调查”。

《暂行规定》颁布之后的一段时期里，全国发生的重特大事故，一般都依据分级负责原则和行业隶属关系，在相关地方政府和国务院相关部门的相互配合下进行调查处理。个别情况下国务院指示多部门联合调查，或派相关部门负责人现场指导，或要求相关部门成立领导小组以加强对事故调查处理工作的监督指导。所采用的名义也各不相同。如 1992 年 11 月 24 日中国南方航空公司空难发生后（141 人死亡），国务院委托国家民航总局牵头，与全国安全生产委员会办公室（劳动部）、全国总工会、广西自治区以及桂林市政府，组成“联合调查组”进行事故调查。1994 年 11 月 27 日辽宁省阜新市艺苑歌舞厅火灾事故发生后（233 人死亡、4 人重伤），国务院指派公安部、劳动部、文化部、监察部及全国总工会相关负责人，赴阜新市“指导和协助做好事故查处和善后工作”。1999 年 11 月 24 日山东航运集团所属客滚船“大舜”轮在烟台附近海域倾覆，282 人遇难。国务院成立了“11 · 24”特大海难事故“调查处理领导小组”。2000 年 12 月 25 日河南省洛阳市东都商厦特大火灾事故发生后（309 人死亡），按照国务院领导的指示，由公安部牵头，国家经贸委、建设部、监察部、全国总工会派员参加，成立了“12 · 25”特大火灾“调查处理领导小组”。2001 年 4 月 6 日陕西省铜川矿务局陈家山煤矿瓦斯爆炸事故（38 人死亡）、4 月 8 日渭南市华山庙会踩踏事故（17 人死亡）发生后，遵照国务院领导批示，由国务院办公厅、国家经贸委、监察部、公安部、国家安监局（国家煤矿安监局）、工商总局、质检总局、国家旅游局和全国总工会等有关部门排出人员组成调查组，赴陕西进行了调查。4 月 21 日陕西省韩城矿务局下峪口煤矿特别重大瓦斯爆炸事故发生后（48 人死亡），国家安监局主要负责人率有关人员赶赴现场，“会同陕西省领导及有关部门进行了调查”。

黑龙江鹤岗“5·7”特别重大火灾事故调查组，是以国务院名义成立、由国家安监部门牵头组成的第一个事故调查组。2001 年 5 月 7 日，黑龙江省鹤岗矿务局多种经营总公司南山公司一井（个体承包）发生特别重大火灾事故，造成 54 人死亡。朱镕基总理、吴邦国副总理对事故抢险救灾、调查处理作出批示。根据国务院领导指示，成立了由国家安监局（国家煤矿安监局）主要负责人为组长，全国总工会书记处有关负责人等为副组长的“国务院‘5·7’事故调查组”。由于之前无例可循，相关负责同志对使用“国务院调查组”的名义较为慎重。事故调查结束后的 5 月 30 日，以“黑龙江省鹤岗矿务局多种经营总公司南山公司一井‘5·7’特别重大火灾事故调查组”作为署名，出具了事故调查报告，向黑龙江政府和有关方面提出了对这次事故所涉及的 30 名责任者的处理意见。之后对江苏省徐州市贾汪区岗子村煤矿瓦斯煤尘爆炸（2001 年 7 月 22 日，92 人死亡）、黑龙江省鹤岗市南山区鼎盛矿瓦斯爆炸（2002 年 7 月 8 日，44 人死亡）、湖南省娄底市双峰县秋湖煤矿瓦斯爆炸（2002 年 9 月 4 日，39 人死亡）等煤矿特别重大事故的调查处理，则仍由国家安监局（国家煤矿安监局）负责组成调查组，既没有其他的部门或单位参加，也没有再使用国务院调查组的名义。

首个由多部门参加、规格和权威都能够适应重特大事故调查需要的国务院事故调查组，成立于 2001 年广西自治区南丹县龙泉矿冶总厂“7·17”特别重大矿井水灾事故发生之后。这次事故造成 81 名矿工死亡。事故发生后南丹县委、县政府主要负责人隐瞒事故真相，授意企业清理事故痕迹、防止消息泄露。上述情况被媒体披露后，受到党中央、国务院的高度重视，8 月 3 日以国家经贸委主要负责人为组长的中央工作组赴广西南丹进行调查。8 月 6 日，又成立了由国家安监局（国家煤矿安监局）主要负责人为组长，公安部、监察部有关负责人为副组长，中宣部、国家经贸委、公安部、监察部、国土资源部、全国总工会及最高人民检察院派员参加的“国务院‘7 · 17’特大事故调查组”。调查组按照国务院领导“一定要查个水落石出，活要见人，死要见尸”的要求，历经 3 个月的深入调查，终于查明了事故发生的原因、隐瞒事故的真相和相关的责任，对 128 名责任者提出了党纪政纪处理及刑事责任追究建议。

从 2002 年到 2006 年初，在处理全国范围内造成恶劣、严重影响的事故时，除成立“国务院某某事故调查组”之外，还采用了“国务院事故调查处理领导小组”、“国务院事故调查领导小组”、“国务院事故处理小组”、“国务院事故责任处理小组”、“联合调查组”诸多名义。2002 年黑龙江省鸡西矿业集团城子河矿“6 · 20”特大瓦斯爆炸事故（死亡 124 人）发生后，按照中央领导同志的要求，成立了由国家有关部门负责人和黑龙江省政府主要负责人组成的事故救援领导小组；随后又成立了由国家经贸委有关负责人为组长，国家安监局（国家煤矿安监局）主要负责人和监察部、全国总工会书记处、黑龙江省政府等有关负责人为副组长的国务院事故调查处理领导小组。2002 年 5 月 7 日北方航空公司的一架客机在大连海域失事，机上 103 名乘客、9 名机组人员全部罹难的事故发生后，成立了由国务院副秘书长牵头，交通部、国家民航总局主要负责人，国家安监局（国家煤矿安监局）、公安部等有关负责人参加的国务院“5 · 7”空难处理小组，下设事故调查组、救援组、善后组。2002 年 7 月 2 日，由国家安监局（国家煤矿安监局）有关负责人牵头，国家经贸委、公安部、监察部、国土资源部、国防科工委及山西省政府有关负责人参加，成立了山西繁峙义兴寨金矿区“6 · 22”特大爆炸事故联合调查组。2003 年 6 月 19 日重庆市涪陵区长江水域客轮翻沉事故（遇难和失踪 53 人）发生后，成立了由国家安监局、交通部有关负责人参加的“国务院重庆涪陵‘6 · 19’特大水上交通事故调查领导小组”。2003 年 12 月 23 日中国石油天然气集团公司西南油气田分公司川东北气矿特别重大井喷事故（死亡 243 人）发生后，成立了“国务院‘12 · 23’事故调查领导小组”。2004年2月5日北京市密云县元宵节踩踏事故（死亡37人）发生后，国务院派出由国家安监局、公安部、监察部、文化部、全国总工会有关领导和人员，与北京市委市政府组成联合调查组。

这一时期在查处煤矿特别重大事故时，还出现了“国务院事故调查领导小组”与“国务院事故调查组”重叠设置的情况。2004年10月20日河南省郑州煤业集团大平煤矿特别重大瓦斯爆炸事故（148人死亡）发生后，成立了以国家安监局（国家煤矿安监局）主要负责人为组长的“国务院‘10·20’事故调查领导小组”，同时又成立了以国家煤矿安监局有关负责人为组长，监察部、全国总工会和河南省政府及有关部门负责人参加的事故调查组。2004年11月28日陕西省铜川矿务局陈家山煤矿特别重大瓦斯爆炸事故（死亡166人）发生后，成立了“国务院陈家山煤矿‘11·28’特大瓦斯爆炸事故调查领导小组”。领导小组下设事故调查组，事故调查组下设技术组、管理组和综合组3个工作小组。2005年2月14日辽宁省阜新矿业集团孙家湾煤矿海州立井特别重大事故（死亡214人）发生后，成立了“国务院辽宁省阜新矿业（集团）有限责任公司孙家湾煤矿海州立井‘2·14’特别重大事故调查领导小组和事故责任处理小组”。2005年8月7日广东省梅州市大兴煤矿特别重大水灾事故（123人死亡）发生后，成立了国务院事故调查领导小组和事故调查组。2005年11月17日黑龙江省龙煤集团七台河东风煤矿特别重大爆炸事故（171人死亡）发生后，成立了国务院工作组、国务院事故调查领导小组，在事故调查领导小组下设事故调查组、专家组。2005年12月7日河北省唐山市开平区刘官屯煤矿特别重大瓦斯爆炸事故（死亡108人）发生后，也成立了国务院事故调查领导小组和事故调查组两个临时性机构。

事故调查领导小组与事故调查组合二为一，始于2006年4月29日陕西省延安市子长县瓦窑堡镇煤矿“4·29”特别重大瓦斯爆炸事故之后。这次事故造成32人死亡。事故发生后经国务院批准，成立了由国家煤矿安监局主要负责人为组长，国家安监总局、监察部、全国总工会、最高检察院和陕西省政府有关人员为成员的“国务院陕西省延安市子长县瓦窑堡镇煤矿‘4·29’特别重大瓦斯爆炸事故调查组”。当年5月18日山西省大同市左云县张家场乡新井煤矿特别重大透水事故发生后，经国务院同意，成立了“国务院山西省大同市左云县新井煤矿‘5·18’特别重大透水事故调查组”。之后遂成惯例，对煤矿以及其他行业领域特别重大事故的调查，一般不再设立“国务院事故调查领导小组”。国务院事故调查组的称谓及其人员组成、职责任务、工作规则等，也逐步趋于规范完善。

调查组的组成和分工。最早的国务院事故调查组，仅由国家安监局（国家煤矿安监局），及其上级管理单位国家经贸委，以及事故所涉及的行业主管部门、事故发生地的省级人民政府的相关人员所组成。2001年黑龙江省鹤岗矿务局南山矿“5·7”特别重大火灾事故之后，全国总工会积极参加了绝大多数特别重大事故的调查。从2001年广西南丹‘7·17’特别重大事故的调查为开端，监察部、最高人民检察院派员参加了国务院对一系列特别重大事故的调查。2003年12月为查处中石油川东北气矿特别重大井喷事故而成立的“国务院‘12·23’事故调查领导小组”，首次在其内部设立了技术组——负责从技术层面对造成事故的原因进行调查、取证和分析；管理组——负责对事故单位安全管理状况进行调查，查找导致事故发生的管理方面的原因；综合组——进行综合分析和认定，汇总形成事故调查报告。2011年“国务院吉林省长春市德惠市宝源丰禽业公司‘6·3’特别重大火灾事故调查组”，内部设立了技术、管理、危险化学品应急处置和综合4个小组。

调查组的基本职责和主要任务。按照《生产安全事故报告和调查处理条例》，调查组的职责主要是查明事故发生的经过、原因、人员伤亡情况及直接经济损失；认定事故的性质和事故的责任；提出对事故责任者的处理建议；总结事故教训，提出防范和整改措施；提交事故调查报告。在2008年对山西省襄汾县新塔矿业公司“9·8”特别重大尾矿库溃坝事故的调查中，调查组负责人提出了调查工作5项任务：查企业设立情况，拍卖、转让、组建过程中是否存在违法违规问题；查证照，相关证照申请、办理、审批过程是否违规；查管理，尾矿库使用、排放等方面的管理制度是否健全和落实；查安全监管，看政府安全监管是否到位，是否存在失职渎职现象；查事故背后是否存在权钱交易、以权谋私等问题。在2010年对甬温线“7·23”特别重大铁路交通事故调查中，把查原始资料、查现场、查设备设施、查管理、查控制系统、查制度“六查”作为调查的主要任务，对行车调度、指令传达、通话记录、信号设施、行车设备、监控装置，以及列车运行组织管理、岗位操作规章制度、安全教育培训等进行了全面调查。

调查人员工作规则。在2007年对湖南省凤凰县“8·13”堤溪大桥特别重大垮塌事故的调查中，调查组负责人首次比较全面地概括和提出了调查组工作人员守则。要求大家要有品德操守，实事求是、诚信公正，不能主观偏执、偏听偏信；要有工作操守，恪尽职守，认真履行职责，按期完成任务；要有纪律观念，听从指挥，保守秘密，不得擅自做主，不能随意发布有关事故的信息。在2011年查处吉林省长春市德惠市宝源丰禽业公司“6·3”特别重大火灾事故时，要求调查人员坚持实事求是，对事故发生的经过和原因进行可靠的调查论证，作出科学判断；坚持依法依规履行职责，在查明事故真相的基础上，科学负责地认定事故性质和事故责任，提出处理建议；坚守纪律，廉洁自律；坚持依靠地方党委政府和广大干部群众开展调查工作。

国务院事故调查报告的全文公布。2011年12月25日国务院事故调查组在国家安监总局政府网站公布了“7·23”甬温线特别重大铁路交通事故调查报告。这是国务院首次全文公布事故调查报告，取得了良好、正面的社会反响。随后相继全文公布了《河南航空有限公司黑龙江伊春“8·24”特别重大飞机坠毁事故调查报告》、《吉林省吉煤集团通化矿业集团公司八宝煤业公司“3·29”特别重大瓦斯爆炸事故调查报告》、《吉林德惠“6·3”特别重大火灾爆炸事故调查报告》、《山东省青岛市“11·22”中石化东黄输油管道泄漏爆炸特别重大事故调查报告》《江苏省苏州昆山市中荣金属制品有限公司“8·2”特别重大爆炸事故调查报告》、《河南平顶山“5·25”特别重大火灾事故调查报告》、《“东方之星”号客轮翻沉事件调查报告》、《天津港“8·12”瑞海公司危险品仓库特别重大火灾爆炸事故调查报告》等，较好地回应了社会关切，回答和解决了一些事故发生后，社会公众普遍存在的事故伤亡数字是否真实、抢险救援是否得力、责任追究是否到位等疑虑，增强了政府安全生产工作的公信力。

第五节　安全生产党纪政纪处分和刑事责任追究

建国后的很长一段时间里，我国在处理安全生产错误和犯罪行为方面，没有专门的法律法规作为依据。大致相同的事故及责任，在量纪量刑上的差别很大。随着社会主义法治建设的逐步加强，关于安全生产党纪、政纪和刑事责任追究的法律法规也逐步建立健全。

在政纪处分方面。1991 年 1 月监察部制定发布了《监察机关参加特别重大事故调查处理的暂行规定》，在明确监察机关参加事故调查的主要任务，“对负有责任的监察对象提出行政处分建议或作出行政处分决定”同时；作出了对瞒报谎报事故、故意破坏事故现场、阻碍或不配合事故调查等行为加重处分的规定。2001 年 4 月《国务院关于特大安全事故行政责任追究的规定》明确：发生特大安全事故，不仅要追究直接责任人的责任，而且要追究有关领导干部的行政责任；构成犯罪的，还要依法追究刑事责任。同时要执行“谁审批、谁负责”的原则，对承担涉及安全生产经营审批和许可事项的主管部门和有关责任人员，也要承担相应责任。

2006 年 11 月监察部、国家安监总局联合发布的《安全生产领域违法违纪行为政纪处分暂行规定》，是我国第一部关于安全生产领域政纪处分方面的部门规章。规定列举了安全生产违法违纪行为的类别和表现，其中国家行政机关及其公务员为 7 类 25 种，突出的如违法违规实施行政许可，违法违规批准向生产经营单位提供危险物资或者其他生产经营条件，违规在煤矿等企业投资入股等；国有企业及其工作人员为 5 类 18 种，突出的如不履行或者不正确履行安全生产管理职责导致事故发生，瞒报、谎报事故、擅离职守、逃匿以及妨碍事故调查等；事业单位及中介组织工作人员比较突出的违法违纪行为就是出具虚假报告等与事实不符的文件材料，造成安全生产隐患。《暂行规定》针对上述各类行为，分别规定了应当给予的政纪处分。11 月 22 日监察部、国家安监总局联合召开新闻发布会，指出《暂行规定》的颁布实施“是在安全生产领域严刑峻法、重典治乱所采取的重大举措”，“许多重特大事故的背后几乎都存在违法违纪问题，有的甚至出现腐败现象”，今后必须把“查处事故背后的失职渎职和腐败问题，作为事故调查的重要内容和必不可少的程序”①。11 月 27 日中央纪委办公厅、监察部办公厅下发通知，要求各级纪检监察机关要加强对安全生产责任制各个方面、各个环节落实情况的监督检查；不仅要追究直接责任者的责任，还要追究管理人员和领导者的责任，把查处事故背后的腐败问题作为事故调查处理的重要内容和必不可少的程序。2007 年 9 月国务院批复建立了由监察部牵头，公安部、司法部、国家安监总局和最高法、最高检为成员单位的重特大生产安全事故责任追究沟通协调工作部际联席会议制度。规定联席会议大致上每年召开一次。当年 10 月 12 日召开的第一次会议，研究了重特大事故责任追究工作存在的问题，强调要严厉打击生产安全事故涉及的刑事犯罪和瞒报、逃匿等违法行为，依法依纪严肃处理事故责任人，坚决把责任追究落到实处。

在党纪处分方面。1988 年 7 月 1 日，中共中央纪律检查委员会发布《党员领导干部犯严重官僚主义失职错误党纪处分的暂行规定》。规定“由于管理混乱，致使生产和基本建设方面发生重大质量、技术事故，造成重大经济损失或造成人身伤亡事故”，给国家、集体和人民利益造成重大损失的，对负有直接领导责任者给予撤销党内职务或留党察看处分；负有重要领导责任者，给予党内严重警告或撤销党内职务处分；负有一般领导责任者，给予党内警告处分或批评教育。造成巨大损失的，加重处分。

2007 年 10 月 8 日中共中央纪委发出《安全生产领域违法违纪行为适用〈中国共产党纪律处分条例〉的若干问题解释》。这是中央纪委第一次就某一领域的违纪行为如何适用《中国共产党纪律处分条例》作出解释，是安全生产党纪处分的标准和依据。与之前颁布的政纪处分暂行规定相辅相成，维护了安全生产党纪政纪的统一完整性和严肃性。《解释》紧密结合安全生产领域的实际，列举了

① 屈万祥、赵岸青主编：《安全生产违法违纪行为政纪处分暂行规定读本》，中国方正出版社 2007 年 5 月，第 19 页。

10类违纪行为30种具体表现，包括了违纪违规易发环节，如安全生产行政许可审批、事故调查处理和责任追究、火工品和危险品管理、项目建设“三同时”审批监管等方面可能发生的错误行为；对党和国家安全生产方针政策、法律法规有令不行、有禁不止，造成生产安全事故和严重后果的行为；违反规定投资入股、经商办企业的行为；对企业存在的重大隐患未采取有效措施进行治理，违章指挥，强令工人冒险作业，超能力、超强度、超定员组织生产经营等行为。对上述违纪行为，严格依据《中国共产党纪律处分条例》相关条款，按照失职渎职、违反廉洁自律、破坏社会主义经济秩序等错误，予以纪律处分。

2009年6月中共中央办公厅、国务院办公厅印发了《关于实行党政领导干部问责的暂行规定》，明确因工作失职，致使本地区、本部门、本系统或者本单位发生特别重大事故，或在较短时间内连续发生重大事故，造成重大损失或者恶劣影响的；政府职能部门监督管理不力，在其职责范围内发生特别重大事故等，或者在较短时间内连续发生重大事故，造成重大损失或者恶劣影响的，要对党政领导干部实行问责。《暂行规定》的颁布实施，进一步严肃了安全生产党纪政纪，规范了安全生产责任追究和纪律处分工作。

从党的十七大到十八大的5年之间，中央纪委、监察部直接参与了全国35起特别重大事故的调查处理，对921名责任者分别予以党纪政纪处分，其中省（部）级干部10人[①]，厅（局）级干部81人，县（处）级干部229人；移送司

---

① 从十七大到十八大期间因安全生产受到处分的10名省（部）级干部：**靳善忠**（山西省副省长），因2007年12月25日临汾市瑞之源煤业公司特别重大瓦斯爆炸事故受到党内警告处分；**刘志军**（铁道部部长），因2008年4月28日胶济铁路列车脱轨相撞特别重大事故受到行政记过处分；**胡亚东**（铁道部副部长），因“4·28”事故受到行政记大过处分；**孟学农**（山西省省长、省委副书记），因2008年9月8日临汾市襄汾县新塔矿业公司尾矿库垮坝事故辞去省长职务，并被免去省委副书记、常委、委员职务；**张建民**（山西省副省长），因“9·8”事故被免去副省长职务；**赵化勇**（国家广电总局党组成员、中央电视台台长），因2009年2月9日中央电视台新址基建工程发生特别重大火灾事故受到行政降级为正厅级处分和党内严重警告处分；**沈骏**（上海市副市长），因2010年11月15日静安区高层公寓特别重大火灾事故受到行政记大过处分；**蒋洁敏**（中国石油天然气集团公司董事长），因2010年7月16日中石油在大连所属单位发生输油管道爆炸火灾等4起事故，受到行政警告处分；**陆东福**（铁道部副部长），因2011年7月23日甬温线特别重大铁路交通事故受到行政记过处分；**何华武**（铁道部总工程师），因“7·23”事故受到行政记过处分。

法机关追究刑事责任的564人。在对35起特别重大事故的调查中，在13起事故背后查出了腐败问题，72名国家工作人员受到查处，其中65人被移送司法机关追究刑事责任。

在刑事责任追究方面。1979年《刑法》将安全生产事故责任罪“入刑”。1986年6月最高人民法院、最高人民检察院发出通知，规定重大责任事故罪的犯罪主体，既包括国营和集体的工厂、矿山、林场、建筑企业或其他企业、事业单位的职工，也包括群众合作经营组织或个体经营户的从业人员。1992年8月最高人民检察院发出关于认真查处玩忽职守和重大责任事故案件的情况通报，提出要集中力量查办大案要案；严格依法办案，文明办案；警惕打击不力，同时又要防止简单粗糙；从严掌握立案标准，严格区分罪与非罪的界限，坚持务必搞准。1997年《刑法》进一步完善了安全生产刑事处罚制度。2006年6月《刑法修正案（六)》，对刑法第134条重大责任事故罪作出修正，将强令他人违章冒险作业导致发生重大伤亡事故或者造成其他严重后果的情形，单独规定为“强令违章冒险作业罪”。这些都推动和规范了安全生产刑事责任追究工作。

但随着安全生产监管及执法实践的深入，也逐渐暴露出一些问题。主要是相关规定不健全、覆盖不严密，对事故发生后隐瞒灾情、拒不报告甚至干扰阻碍抢险救援，以及无证无照、证照不全等严重非法违法行为，缺乏严格的限制性规定和明确的罚则。刑事责任追究效率不高，一些重特大责任事故迟迟不能结案。由于没有在事故发生后及时采取强制措施，致使事故主要责任人藏匿逃亡，审判难以进行。一些刑事责任追究对象在审判之前监视居住，审判之后保外就医。2006年6月中央纪委、最高法、最高检、监察部、司法部和国家安监总局联合组织开展了重特大安全事故责任追究落实情况的专项检查，发现以罚代刑、有案不立、有罪不究、重罪轻判，以及违反法定条件和程序适用取保候审、保外就医和减刑、假释等情况大量存在。有的重特大事故责任人名义上被判刑3年，事实上连一个月的牢也坐不到。

针对上述情况，2007年2月28日最高人民法院、最高人民检察院下发了《关于办理危害矿山生产安全刑事案件具体应用法律若干问题的解释》，针对这一时期大量存在的瞒报事故、事故发生后逃匿、贻误事故抢救的情况，规定有事故不报或者谎报，在事故抢救期间擅离职守或者逃匿，以及伪造、破坏事故现场等行为的，可以认定为《刑法》第 139 条第一款规定的“情节严重”，依法予以严惩，也即处 3 年以下有期徒刑或者拘役；导致事故后果扩大，或者采用暴力、胁迫、命令等方式阻止他人报告情况的，视作“情节特别严重”，处 3 年以上 7 年以下有期徒刑。2008 年 8 月最高人民法院、最高人民检察院、公安部、监察部和国家安监总局联合发出《关于严格依法及时办理危害生产安全刑事案件的通知》，要求在重特大安全生产责任事故发生之后，各级公安机关、人民检察院要及时立案侦查，采取强制措施和侦查措施；要依法从快侦查、审查批准逮捕、审查起诉和审判，提高办案效率。不能以变更监视居住、取保候审为名压案不办。同时要求提高办案的透明度，生产安全领域刑事案件的调查、判决情况要及时向社会公布，主动接受社会监督。2010 年底最高人民检察院成立了重大责任事故调查办公室，以统一负责此项工作，在重特大事故发生后及时介入调查处理。

2011 年 12 月 30 日最高人民法院下发《关于进一步加强危害生产安全刑事案件审判工作的意见》，将非法违法组织生产、缺乏劳动保护设施和劳动防护用品、无视政府监管部门整改指令一年之内再次违规发生重大事故、发现隐患不及时治理导致事故发生，以及事故发生后不积极抢救或者毁灭、伪造或隐藏证据等严重非法违法行为，认定为《刑法》第 134 条、第 135 条规定的“情节特别恶劣”，处 3 年以上 7 年以下有期徒刑。同时阐明了危害生产安全刑事案件审判工作的原则，要求准确适用法律，严格把握安全生产犯罪与以其他危险方法危害公共安全罪的界限。

2015 年 12 月 15 日最高人民法院、最高人民检察院发出《关于办理危害生产安全刑事案件适用法律若干问题的解释》，规定了《刑法》有关安全生产条款的使用范围和量刑标准，以及“情节严重”、“情节特别严重”的认定标准。针对矿山等企业曾经发生过的一些非法业主在事故发生后，为掩盖事实真相、逃避法律制裁，不仅不报告、不救援，反而封锁消息、遗弃事故受困人员，甚至封堵救生通道、毁尸灭迹，明确规定在事故发生后，相关人员故意阻挠抢救，导致人员死亡或者重伤；或者为了逃避法律追究，对被害人进行隐藏、遗弃，致使被害人因无法得到救助而死亡或者重度残疾的，分别依照《刑法》第232条、第234条的规定予以处罚。前者以故意杀人罪论处，可判死刑、无期徒刑或者10年以上有期徒刑，情节较轻的判3年以上10年以下有期徒刑；后者以故意伤害他人身体罪论处，判3年以下有期徒刑、拘役或者管制。

“十二五”期间，全国检察机关对发生在建筑、煤矿、交通、非煤矿山、消防安全、化工生产等行业领域安全责任事故所暴露出的贪污贿赂、渎职等职务犯罪案件，共计立案侦查2749件，追究处理4128人。2015年全国检察机关立案侦查安全责任事故所涉及的渎职等职务犯罪案件473件，查处涉案人员823人。以涉嫌滥用职权罪、玩忽职守罪，起诉了陕西咸阳“5·15”特别重大道路交通事故责任者—西安市临潼区交通运输管理站稽查中队负责人韩某等12人。以涉嫌玩忽职守罪、滥用职权罪和受贿罪，对河南省平顶山市鲁山县老年公寓“5·25”特别重大火灾事故责任人——鲁山县副县长刘某等25名犯罪嫌疑人提起公诉，依法追究其刑事责任。在对天津港瑞海国际物流有限公司危险品仓库“8·12”特别重大火灾爆炸事故的查处中，依法对25名涉嫌职务犯罪嫌疑人（其中正厅级2人，副厅级7人，处级16人）立案侦查，分别以涉嫌玩忽职守罪、滥用职权罪和受贿犯罪起诉并依法予以了惩处。

第六节　用事故教训推动安全生产工作

生产安全事故使人民生命财产蒙受惨痛损失，毁灭了无数个充满理想的人生和有着无限温馨幸福的家庭，给社会留下了难以愈合的伤痕。借助于依法进行、认真负责的事故调查处理，可以使肇事者得到应有惩罚，使事故教训被人们牢牢记下。通过举一反三，亡羊补牢，使安全生产工作不断得到加强和改进。

1950年河南新豫煤矿公司宜洛煤矿“2·27”瓦斯爆炸事故。该矿深刻吸取事故教训，成立了保安股（之前该矿有的负责人把煤矿保安与社会治安混同一谈，认为有保安股就够了)，制定了保安规程和守则，购置和使用酸性安全矿灯 700 余盏（之前仅有 7 盏而且从未使用），设置了井下通风和防火、防水设施。河南省政府制定颁布了全国第一个地方性煤矿安全生产法规——《河南省公私煤矿保安暂行规则草案》，对采煤、通风、防火、搬运、安全灯等作出了明确规定。政务院人民监察委员会向全国发出通报，要求采取以下措施改进煤矿安全工作：端正各级领导思想认识，与“事故难免论”进行严肃的斗争；迅速建立保安组织与制度，要求工矿管理部门“今年必须迅速制定保安规程、技术操作规程及保安奖惩办法”；改善设备与采矿方法，“工矿大部事故之发生，均与保安设备不良有关，必须尽可能加以改善”；加强监督检查，“最近察哈尔省对全省公私矿山进行普查的做法很好，希望各省最近亦能组织各级政府力量，对公私矿山之保安工作进行一次普查”。

1961 年四川省竹园坝钢铁厂“4・3”特别重大火灾事故（死亡 93 人，重伤 33 人）、四川省南充专区高顶山煤矿“4・28”特别重大岩石垮塌事故（死亡 82 人）。事故之后中央起草、颁布的《国营工业企业工作条例（草案）》（简称《工业 70 条》），有针对性地对安全生产提出了要求，强调企业必须“实行安全生产制度，认真做好劳动保护工作，改善劳动防护设施，教育工人严格执行安全操作规程”；必须“定期进行自上而下和自下而上的技术安全的检查。全体职工都要严格遵守有关安全生产的规定，不许冒险作业”；必须加强安全教育培训，新工人要学习安全技术规程，考试合格后，才能进入操作岗位，切实避免伤亡事故的发生。

1963 年“跃进号”万吨远洋货轮“5・1”在黄海苏岩礁触礁沉没事故。事故发生后第一时间里，美国、韩国等国外媒体以“人民中国远洋货轮遭鱼雷击沉”为题进行了报道，使得冷战氛围本已十分浓厚的亚洲地区以及全世界高度紧张。周恩来总理接见了脱险船员代表并详细询问了轮船遇险和沉没的有关情况，冷静地指出，我们对“跃进号”沉没一事的调查，不仅要注重与阶级敌人作斗争，而且要注重与自然界做斗争，要实事求是，要有科学态度；并指出搞好现场调查，到出事海域查实情况是关键一步，只有进行海底探摸、获得实证，才能判断是受到地方攻击还是航行触礁。经过深入调查、科学论证，确认这是一起责任事故。交通部深刻接受事故教训，在 5 月 27 日召开的安全生产紧急电话会议上，提出和建立了“十不开航”[①] 等安全防范制度。对“跃进号”触礁沉没事故的调查和处理，既是事故查处工作摆脱极左思维方式，坚持实事求是、尊重科学的范例之一；同时也推动了船舶航行安全制度的健全完善。

1979 年“渤海 2 号”钻井船“11 · 25”翻沉事故（死亡 72 人，直接经济损失 3700 多万元）。向全社会公开了石油工业部部长的检讨书。检讨书坦承其在“渤海 2 号”事故问题上所犯“错误是严重的，影响是很坏的”；而且在事故发生后想大事化了，开脱罪责，使下面的同志受到影响，“使他们对错误的认识有反复”。[②] 针对事故暴露出的差距和问题，石油工业部进一步健全完善了海上石油开采安全规程，加强海洋石油队伍安全素质教育；针对长期存在的重设备而轻员工生命、“人在船在”的思维方式，增加了出现重大险情之后、经排险无效可以弃船的规定。更重要的是，国务院关于严肃处理“渤海 2 号”钻井船翻沉事故的决定，推动了“整个工业、交通、基本建设等战线尊重科学、按规律办事，成为一次历史性的重大转折”；使各级干部深刻认识到：“必须继续努力肃清经济工作中的极左思潮影响，继续努力做好拨乱反正的工作，提倡尊重科学，按客观规律办事，反对主观主义，盲目蛮干，把思想路线搞端正，才能从根本上转变安全生产和劳动保护工作的面貌”[③]。

1987 年哈尔滨亚麻厂“3 · 15”特别重大粉尘爆炸事故（死亡 58

---

① “十不开航”：船舶未经出口签证，船舶证明书过期不开航；超载超客不开航；通信设备发生故障，主要助航仪器未经校验和未掌握误差不开航；锅炉主机、辅机、电器设备、各种管系航前未经检查不能保证正常航行的不开航；货物装载违反规定，影响船舶稳性、货物质量和航行安全的不开航；救生、消防设备不符合规定的不开航；燃、润料、淡水储备不足，主要属具不全不开航；遇有大风，超过本船抗风等级，或遇大雾，不能保证安全航行的不开航；船员配备不齐，主要船员无合准证书的不开航；航区情况掌握不透不开航。

② 《宋振明就“渤海 2 号”钻井船翻沉事故作检讨》，《人民日报》1980 年 8 月 26 日。

③ 社论：《尊重科学，尊重群众，搞好安全生产》，《人民日报》1980 年 9 月 19 日。

人，重伤 65 人）。这起纺织系统建国以来伤亡人数最多的事故发生后，纺织工业部党组在媒体公开检查了安全生产工作中存在的官僚主义等问题，决定成立纺织部安全生产委员会，加强对全系统安全生产的监督指导；成立纺织工业劳动保护安全技术研究所，加强对亚麻粉尘爆炸等重大安全课题的研究，制定防尘防爆安全标准；组织开展安全生产大检查，对于不能保证安全的危险厂房、危险锅炉以及一切危险设备设施，坚决停用查封。

1988 年昆沪线 80 次特快旅客列车"1·24"颠覆事故（死亡 88 人，重伤 62 人）。鉴于铁路运输安全形势严峻，第七届全国人民代表大会第一次会议在审议国务院机构改革方案时，采纳了一些代表提出的保留铁道部、不把铁道部和交通部合并组建为新的交通运输部的建议。事故后新组建的铁道部领导班子决心从基础抓起，采取加快机车"三大件"（即列车无线调度电话、机车信号、自动停车装置）的安装和配套工作，加快更换重伤钢轨，加快贯通电力线路，强化客货车辆轴温检测，提高车轴、轴承质量等措施，尽快扭转铁路运输安全状况不好的被动局面。当年 7 月国务院发出《关于加强交通运输安全工作的决定》，要求建立铁路重要区段的保护制度，加强对铁路道口的管理，严禁把易燃易爆和其他危险品带上车。

1999 年山东烟大轮船轮渡公司大舜号滚装船"11·24"特别重大翻沉事故（死亡 280 人）。为吸取事故教训，交通部部署对渤海湾客滚船运输单位进行了整顿，并建立了船长声明制度。即客滚船在开航之前，船长必须按照有关规定，对船舶的安全技术状况、救生、消防设备、车辆及车载货物加固等进行认真检查，在确认符合安全要求的情况下签署《船长开航前声明》，在办理出港签证时将该声明文件交海事管理机构备案。开航之前，海上安全监督部门要对车辆及车载货物的加固情况进行检查，确认符合要求后方可放行。

2000 年江西萍乡上栗县东源乡私营花炮厂"3·11"烟花爆炸事故（死亡 33 人、受伤 12 人）。国务院办公厅下发《关于加强烟花爆竹生产经营管理安全监督管理和清理整顿的紧急通知》，要求各地区、各部门要立即行动起来，集中两至三个月的时间，对有烟花爆竹生产经营活动的县、乡镇、村逐个进行全面、深入、彻底的大检查和清理整顿；规范烟花爆竹生产经营秩序，加强原材料监管，实行严格的定点经营、凭证购销的管理制度；建立健全各级领导责任制，县、乡两级人民政府和村民委员会对本地区烟花爆竹生产经营活动全面负责，主要负责人是本地区安全生产工作的第一责任人；严禁烟花爆竹企业使用童工和未成年工。随后有关部门着手研究制定《烟花爆竹安全管理条例》，建立了对烟花爆竹的生产、经营、运输和举办焰火晚会以及其他大型焰火燃放活动的许可证制度。

2000年河南省洛阳市东都商厦“12·25”特别重大火灾事故（死亡309人）。2001年5月17日经国务院同意，公安部、国家经贸委、教育部、监察部、建设部、文化部、卫生部、广电局、工商总局、旅游局、安监局联合发出《关于开展公众聚集场所消防安全专项治理的实施意见》，要求各地深刻吸取这次特别重大火灾及其他火灾事故教训，彻底排查治理影剧院、夜总会、录像厅、舞厅、卡拉OK厅、游乐厅、保龄球馆、桑拿浴室等场所存在的火灾隐患。河南省依法取缔了所有无证或证照不全，以及设在地下二层及其以下的娱乐场所；作出了娱乐场所限时、限员、合法经营的规定，凡存在超时、超员、非法接纳未成年人等违法违规行为的，要依法予以处罚；指导督促所有娱乐场所建立了用火用电、日常巡查、安全教育培训、消防设施管理、火灾预案多项安全制度，进行了安全疏散、逃生自救的演习。

2002年大连“5·7”空难（死亡112人）。经调查认定，这次空难是由于犯罪分子携带液体燃料在飞机上纵火所造成。国家民航总局认真吸取这次空难的教训，在人员、设备、经费等方面采取措施，充实和加强机场安检工作，加大对危险物品特别是液态物品及瓶装、罐装物品的安全检查力度。规定每名旅客每次最多可携带两瓶（每瓶容积均不得超过500ML）的碳酸饮料、矿泉水、茶水、牛奶、酸奶、果汁等液态物品，并经开瓶检查确认无疑后，方可随身携带乘坐飞机，超出部分一律托运；因特殊原因需要随身携带的液态物品，如液态药品、婴儿饮用品等，也要经过开瓶检查确认无疑后，方可携带。从而堵住了把液体燃料带上飞机、引发空难的安全管理漏洞与隐患。

2003年中石油西南油气田分公司川东北气矿罗家16H井“12·23”井喷事故（死亡243人，送医治疗2142人）。针对这次事故暴露出的中央企业安全生产监管职责不清、安全管理滑坡等问题，国务院办公厅2004年6月下发了《关于加强中央企业安全生产工作的通知》，确立了“分级、属地管理”的原则，要求中央企业及其分布在各地的分公司、子公司等，必须接受所在地人民政府安全生产监管部门的监督和管理。随后国家安监局、国务院国资委联合召开中央企业安全生产工作会议，要求由国资委履行出资人职责的189户中央企业，特别是能源、化工、冶金、建设、交通等高危行业领域的企业，必须逐级建立健全安全生产责任制，严格遵守国家安全生产法律法规和各级政府安全生产指示指令，提升基础管理、科学管理水平，成为本行业领域安全生产的标兵表率。

中国石油天然气集团公司针对事故暴露出的防井喷规程标准不完善、应急预案与地方预案联系不紧密等问题，制定了《石油与天然气钻井井控规定》，明确了钻井井控特别是防硫化氢、井喷失控处理的各项要求。规定了在现场条件不能实施井控作业时必须进行放喷点火时应遵循的规范；要求认真制定防喷、防硫化氢应急预案并进行演练；规范了硫化氢溢出地面后的应急响应程序，要求立即指派专人向当地政府报告，并协助当地政府做好井口500米范围内居民的疏散工作。2006年3月25日中石油所属的川东北油气矿再次发生严重井喷事故。企业立即启动应急预案，迅速疏散周围居民1万余人，同时成功堵漏，企业职工和当地群众无一人伤亡。

2004年北京密云“2·5”特别重大踩踏事故（死亡37人）。2月17日国务院办公厅发出紧急通知，通报了密云灯会踩踏事故和另外两起事故[①]，要求针对公共场所存在的安全隐患和漏洞，进行专项整治，坚决消除影响公共安

① 另外两起事故：2月15日吉林省吉林市中百商厦发生特别重大火灾，死亡53人；同日浙江省海宁市一乡村庙宇发生特别重大火灾，死亡40人。

全的重大隐患。2006年6月颁布的《刑法修正案（六）》设置了“大型群众性活动重大安全事故罪”，规定举办大型群众性活动违反安全管理规定，因而发生重大伤亡事故或者造成其他严重后果的，对直接负责的主管人员和其他直接责任人员，处3年以下有期徒刑或者拘役；情节特别恶劣的，处3年以上7年以下有期徒刑。北京市制定出台了《大型群众性活动安全管理条例》，建立了对单场次1000人以上参加的大型活动实行安全许可制度，规定面向社会公众举办的所有文艺演出、体育比赛、展览展销、招聘会、庙会、灯会、游园会等活动，一律按照“谁承办、谁负责安全”的要求，在政府相关部门的严格监管下，由承办者负责履行安全风险预测评估、制定安全方案和处置突发事件应急预案并组织训练、建立并落实安全责任制度等职责。对违反规定造成严重后果的，将依法追究其民事、刑事责任。这一地方性法规及相关规定的实施，对于保障奥运会、60周年国庆等大型群众性活动的安全举办，起到了重要作用。

2005年中国石油天然气集团公司吉林石化分公司（简称“吉化”）双苯厂“11·13”爆炸泄漏污染事故（死亡8人，受伤60人）。事故不仅造成重大伤亡，而且由于爆炸发生后泄漏出来的部分物料和循环水，以及抢险现场消防水与残余物料的混合物，流入松花江造成江水严重污染。国务院事故及事件调查组经过深入调查取证和分析，认定这是一起重大安全生产责任事故和特别重大水污染责任事件。国家环保总局局长解振华为此引咎辞职。相关部门和中石油集团公司等接受事故教训，修订了石油和化工企业设计规范，就事故状态下“清净下水”① 不得排放做出了严格规范；进一步健全完善了硝基苯精制岗位外操人员的操作规程，加强现场管理。“吉化”把每月11日定为“事故反思教育日”。翌年9月23日，国务院安委会在南京扬子石化公司举行了“苯储罐泄漏重大事故应急救援”联合演习。华建敏国务委员到场观摩并发表讲话，要求通过演习发现问题，完善苯泄漏事故的应急处置预案。

---

① “清净下水”：指化工装置区产生的间接冷却水、溢流水等未被污染，可以直接排放的废水。吉化“11·13”事故后，对事故状态下这类水的排放有了更严格的规定，要求设立专用的水池进行收集和处理，以防止流入江河造成污染。

2008年山西襄汾县新塔矿业有限公司尾矿库“9·8”特别重大溃坝事故（死亡277人）。9月13日国务院办公厅下发紧急通知，要求各地区、各部门、各单位要深刻吸取“9·8”溃坝等事故事故教训，切实加强尾矿库安全监督管理。对未经安全许可、未通过“三同时”验收的尾矿库要立即停产整改，对擅自利用废弃尾矿库进行生产的企业要依法取缔，对超量排放储存尾矿、私堆乱建、擅自违规加高坝体的要取缔关闭；建立尾矿库数据库，查清本地区正常库和危库、险库、病库等基本情况，加强监测监控；加大治理力度，对危库要立即落实抢险加固措施，险库要限期消除险情，病库要严格按照安全标准进行治理。之后国务院安委会又部署开展了尾矿库安全专项整治、全国尾矿库综合治理工作，关闭了约占尾矿库总量1/3的危库和险库，80%以上的病库得到治理。

2010年河南新密市“2·28”大客车坠入水库重大事故（死亡19人）。国务院安委会就此次事故及另外两起道路交通重大事故发出通报，要求各地研究提出针对性政策措施，尽快扭转“道路交通事故频发、群死群伤事故屡禁不止的情况”。4月20日国家安监总局与公安部、交通部联合发出《关于进一步加强和改进道路客运安全工作的通知》，要求严把大中型客车驾驶员培训关、考试关和发证关；严格营运客车登记和安全检验，严格执行营运客车市场准入制度；强化汽车客运站安全管理，认真实行“三不进站、五不出站”制度；[①] 严格客运车辆道路通行管理，三级及以下山区公路禁止夜间通行，日行400公里（高速公路直达客运超过600公里）的要配备两名以上驾驶员，驾驶员连续驾驶不得超过4小时。

2011年甘肃省庆阳市正宁县榆林子镇“11·16”重大校车事故（死亡20人，其中18名幼儿）。事故引起党和政府高度重视。在当月27日召开的第5次全国妇女儿童工作会议上，温家宝总理强调要加强校园治安、消防

---

① “三不进站”即易燃、易爆和易腐蚀等危险品不进站，无关人员不进站和发车区，无关车辆不进站；“五不出站”即超载客车不出站，安全例行检查不合格不出站，驾驶员资格不符合要求不出站，客车证件不齐不出站，出站登记表非经审核签字不出站。

安全和校车安全工作；表示国务院已责成有关部门迅速制定校车安全条例，抓紧完善校车标准，做好校车设计、生产、改造、配备等工作，并建立相应管理制度。2012年3月28日国务院常务会议审议并原则通过《校车安全管理条例（草案)》，4月10日《校车安全管理条例》正式颁布。条例要求建立多渠道筹措校车经费的机制，通过财政资助、税收优惠、鼓励社会捐赠等多种方式解决校车所需资金；明确了各级政府相关部门在校车安全监管方面的责任，同时对学校和校车服务提供者的职责行为作出了规范；建立了校车使用许可、驾驶人资格认证等制度。该条例颁布实施之后，各地依法加强对校车的安全监管，校车事故多发的情况得到扭转，校车正在成为“学生安全的流动校舍，为孩子们建立起安全无忧的绿色通道”①。

2013年中石化东黄输油管道“11·22”特别重大泄漏爆炸事故（死亡63人）。通过对习近平总书记在事故现场重要讲话精神的学习贯彻，“发展决不能以牺牲人的生命为代价”的安全生产红线意识广泛深入人心，安全生产“党政同责、一岗双责、失职追责”等原则和要求得到进一步的落实。国务院安委会举一反三，建立了油气输送管道安全隐患整改工作领导小组，部署对全国石油天然气、民用燃气等输送管线进行专项排查整治，组织开展了为期三年的隐患治理攻坚战，针对查出的近3万处隐患，逐项制定和落实整改方案。

这次事故也推动了油气输送管道安全管理体制的健全完善。长期以来我国在油气管道方面的政府监管职责，分别由能源、发展改革、公安、住建、质检、安监等多个部门承担，国家层面上的油气管道主管部门一直未能明确，多头管理加之缺乏统筹协调，导致部门之间推诿扯皮严重，安全监管不力。根据国务院领导的指示，国务院安委会对油气输送管道保护和安全监管职责分工进行了明确，规定国家发展改革委、国家能源局依法主管全国管道保护工作，负责做好规划编制、标准制定、科技进步，以及指导地方政府，督促油气输送管道企业落实安全

---

① 《温家宝出席第5次全国妇女儿童工作会议并讲话》，新华网——时政频道。http：//news. xinhuanet. com/politics/2011－11/27/。

生产主体责任等工作。国家安监总局负责跨省区市管道建设项目安全审查和特别重大事故查处。同时也明确了公安、财政、国土资源、环境保护等部门在打击违法犯罪，加大资金支持，完善土地政策，处置油气管道泄漏等引发的环境突发事件等方面的职责。

2014 年江苏苏州昆山中荣金属制品有限公司“8·2”特别重大爆炸事故（死亡 97 人）。国家安监总局在分析和确认事故发生原因的基础上，迅速制定出台了《严防企业粉尘爆炸五条规定》，要求必须确保作业场所符合标准规范要求，严禁设置在违规多层房、安全间距不达标厂房和居民区内；必须按标准规范设计、安装、使用和维护通风除尘系统；必须按规范使用防爆电气设备，落实防雷、防静电等措施，严禁作业场所存在各类明火和违规使用作业工具；必须配备铝镁等金属粉尘生产、收集、贮存的防水防潮设施；必须严格执行安全操作规程和劳动防护制度。并于事故发生的当月，制定发布了《工贸行业重点可燃性粉尘目录（2015 版）》和《工贸行业可燃性粉尘作业场所工艺设施防爆技术指南(试行)》,修改和完善了可燃性粉尘企业安全技术标准。同时大力推广自动化抛光技术和湿法除尘工艺,依靠先进技术与工艺来防范粉尘爆炸事故。

江苏省及其各市深刻吸取苏州市昆山经济技术开发区的教训，严把招商引资、上项目的安全关,认真进行风险评估并实行重大安全风险一票否决;普遍建立健全了开发区的安全生产监管机构,加强对各类企业特别是外资企业的安全监管,消除监管“盲区”;学习借鉴北京市的做法,采取政府购买服务的方式,发挥第三方作用,通过社会上专业安全管理机构和专业人员,为企业安全生产提供技术服务。

2015 年天津港瑞海公司危险品仓库“8·12”特别重大火灾爆炸事故（死亡或失踪 173 人）。8 月 20 日中共中央政治局常委会会议听取了这次事故抢险救援和应急处置情况的汇报，就吸取事故教训、加强安全生产提出要求。国务院事故调查组建议调整完善港口安全管理体制，强化交通、海关、公安、质检等部门安全监管职责，在港口设置危险货物仓储物流功能区，分类储存、严格限量；提高危险化学品安全监管法治化水平，建立完善硝化棉等危化品的物流、包装、运输方面的法规标准，推动建立易燃易爆、剧毒危化品专营制度；健全完善危化品安全监管体制机制，明确和细化相关部门职责，建立更有力的统筹协调机制，强化口岸港政、海事、海关、商检等机构的联合监督和统一查验机制，保障危险货物进出口的安全、便捷和高效；着手建立全国统一的危化品安全监管信息平台，实现危化品来源可循、去向可溯、状态可控和信息共享；加强危化品等事故应急处置能力建设,强化战术训练演练;加强对中介机构的监管,严格规范安全评价、环境影响评价、工程设计、施工管理、工程质量监理等行为。

天津市政府在事故发生后制定出台了《天津市危险化学品企业安全治理规定》和《天津市危险化学品企业安全整治实施方案》。到 2015 年底全市排查危化品企业 3036 家。列入“红黄蓝”表（表示企业安全隐患严重程度）的 2581 家。对列入红表的 407 家企业，严格按照“人员安置清、设备拆除清、原料处理清、产品处理清”的要求进行关停转产的处置；对列入黄表 376 家企业，采取停产停业措施，并实行政府挂牌督办；对列入蓝表的 1798 家企业，责令限期整改。随后又制定了《安全天津建设纲要（2015—2020）》，出台了危险化学品、交通运输、建筑施工、公共场所、城市水务、供气供热供电、油气运营、特种设备、食品药品、消防、应急救援、安全生产保障体系等安全建设实施方案，努力筑牢城市安全发展的基础。

2015 年广东深圳市光明新区渣土受纳场“12·20”特别重大滑坡事故（死亡 72 人）。深圳市委、市政府将 2016 年确定为深圳“城市治理年”，要求举全市之力，广泛发动群众，深入开展各类安全隐患的大排查、大整治，在城市生产安全等事故防范和安全发展方面，打一场安全生产的“翻身仗”。恢复了市安全生产监督管理局，强化了地方各级政府安全监管职能；设立了 150 亿元的城市公共安全专项资金；利用大数据、信息化等手段，对余泥渣土受纳场等安全隐患进行了重点排查治理。

小结：我国的生产安全事故报告和查处工作经历了一个不断加强、逐步规范的过程。国务院先后颁布施行的《全国公私营厂矿职工伤亡报告办法》、《工人职员伤亡事故报告规程》和《企业职工伤亡事故报告和处理规定》，标志着事故报告和查处制度的逐步建立健全。《国务院关于特大安全事故行政责任追究的规定》、《安全生产领域违法违纪行为适用〈中国共产党纪律处分条例〉的若干问题解释》、《安全生产领域违法违纪行为政纪处分暂行规定》的制定实施，使安全生产行政责任追究和党纪政纪处分有了法规依据。《关于实行党政领导干部问责的暂行规定》的颁布实施，进一步强化了安全生产问责制，《刑法》把导致生产安全事故发生的犯罪行为归为危害公共安全罪，《刑法修正案（六）》设立重大责任事故罪、强令违章冒险作业罪等罪名，以及最高人民法院、最高人民检察院关于办理危害生产安全刑事案件的 3 个法律文件，编织出安全生产刑事责任追究的恢恢法网。

成立国务院调查组，对那些生命财产损失惨重、社会影响恶劣的特别重大事故，由中央人民政府负责，组织专家和相关人员，直接进行调查处理。这是我国事故查处工作的一大特色和亮点，充分体现了执政党全心全意为人民服务的根本宗旨和以人为本的执政理念，昭示出人民政府维护人民群众生命安全根本利益的原则立场和坚定态度，保证了事故调查高效有序，责任追究依法到位。2011 年底以来由国务院调查组负责调查的所有特别重大事故，都在政府网站和主流媒体上全文公布了调查报告。既回应了社会关切，消弭了人们关于事故的种种疑虑和问题；也借机向社会公众进行了翔实生动的安全法治、安全常识的宣传教育。

对事故“四不放过”和事故查处“科学严谨、依法依规、实事求是、注重实效”原则的确立，在维护事故查处、责任追究的严肃性与客观公正性的同时，强化了事故查处工作应具有的亡羊补牢、曲突徙薪的意义和作用。近年来国务院及各地政府对重特大事故的调查，越来越重视从技术层面来查找事故原因，分析事故所暴露出的技术缺陷、管理短板以及深层次原因。做到发生一次事故，深刻记取一次教训，切实改进一次技术和管理，扎扎实实地向前推进一步安全生产工作。惟有如此，鲜血才不会白流，相同的事故灾难才不至于一而再、再而三地发生，我们才能尽快地走过世界各国工业化进程中所普遍经历的事故易发期，最终实现从安全生产必然王国向自由王国的跨越。

［附］

建国以来安全生产大事纪略

1949 年 10 月 1 日，中华人民共和国宣告成立。中央人民政府委员会第一次会议一致通过决议，接受同年 9 月 29 日中国人民政治协商会议批准的《共同纲领》为政府施政方针。《共同纲领》规定："实行工矿检查制度，以改进工矿的安全和卫生设备。"10 月 19 日，中央人民政府任命李立三为政务委员、劳动部部长。11 月 2 日，肩负安全生产、劳动保护工作职责的中央人民政府劳动部成立，我国安全生产事业由此起步、发展。

一、国民经济恢复时期（1950—1952）

1950 年

2 月 27 日，河南新豫煤矿公司宜洛煤矿发生瓦斯爆炸，死亡 174 人、重伤 2 人、轻伤 24 人。政务院总理周恩来主持召开政务会议听取关于这次事故情况的汇报，并研究如何加强工矿企业安全生产。政务院人民监察委员会对事故作了严肃处理并发出通报，河南省政府及有关部门负责人、宜洛煤矿有关责任人分别受到警告、记过、撤职处分，或送司法机关惩办。

3 月 8 日，全国第一次劳动局长会议在北京召开，劳动部部长李立三作了题为《劳动政策与劳动部的任务》的报告。

3 月 11 日，政务院财经委员会通令，要求各地严查煤矿发生的工人伤亡事故，究明责任，并立即改进安全制度。

5 月 3 日，政务院财经委员会发布《全国公私营厂矿职工伤亡报告办法》。

5 月 4 日，根据中财委的有关规定，劳动部发布《全国公私营厂矿职工伤亡报告办法》，并附《重伤、死亡事故调查报告表》和《因工死亡人数日报表》。

5 月 31 日，劳动部公布试行《工厂卫生暂行条例（草案)》。

6 月 14 日，北京辅华火药厂发生爆炸事故，企业员工和居民死亡 42 人，重伤 166 人，轻伤 200 多人，房屋倒塌 2339 间。

6 月 15 日，四川省万县奉节二煤矿因明火照明发生瓦斯爆炸事故，死亡 35 人。

6 月 27 日，劳动部发出通知，要求对存在易燃易爆危险和有毒气体的工厂进行一次普查，并制定管理办法。

10 月 20 日，中央财政经济委员会批准颁布《公私营煤矿安全生产管理要点》。

10 月 26 日，西南军政委员会发布《改善公私厂矿安全卫生的通令》。

11 月 26 日，黑龙江省鸡西市滴道煤矿四井因用铁桶生火烤暖风管引起棚子着火，造成 31 人死亡。

1951 年

1 月 9 日，政务院转发《东北公营工厂、矿山安全责任制度暂行规定》。

2 月 20 日，河北省唐山市为庆祝元宵节，在解放路天桥搭建了灯塔。市抗美爱国宣传委员会同时组织了提灯大游行。由于缺乏统一指挥，观灯和游行秩序紊乱，当晚 6 点在天桥上发生踩踏事故，死亡 32 人，受伤 27 人。

2 月 26 日，政务院颁布《中华人民共和国劳动保险条例》。

3 月 20 日，燃料工业部发出《关于公私营煤矿安全生产的通知》。

4 月 2 日，铁道部发布试行《铁路工厂技术安全暂行规程（草案)》。

4 月 18 日，政务院公布《中华人民共和国矿业暂行条例》。要求探矿或采矿人应依照有关规定，“妥为预防各种灾害、病疫、危险及责任事故之发生”。

5 月 25 日，西北军政委员会劳动部拟定《西北区煤矿安全卫生暂行条例（草案）》。

6 月 25 日，邮电部无线电总局发布试行《无线电机线工作安全守则（草案）》。

9 月 3—15 日，劳动部召开第一次全国劳动保护工作会议。会上各大区汇报了工作，交流了经验；铁道部、燃料工业部等有关部门负责人讲了话。劳动部部长李立三作了总结报告。

10 月 9 日，劳动部发布《关于搬运危险性物品的几项办法》。

10 月 11 日，重工业部发出《关于进行秋季保安大检查的指示》。

12 月 31 日，政务院财政经济委员会公布《工业交通及建筑企业职工伤亡事故报告办法》，从 1952 年 1 月 1 日起实施。

1952 年

1 月 15 日，江苏省武进县牛塘桥村的恒兴仁记油厂发生锅炉爆炸事故，死伤多人。

5 月，河南省开封地区许封煤矿发生瓦斯窒息事故，死亡 33 人。

6 月 24 日，重工业部发出《关于结合增产节约运动对继续贯彻安全技术劳动保护工作的指示》。

6 月 25 日，劳动部发出《关于修建职工宿舍应注意事项的通知》，要求修建职工宿舍应符合安全卫生条件，同时注意建筑工人的安全。

7 月 17 日，青海省北川渠水利工程小寨沟工地发生塌方事故，死亡 21 人。

8 月 6 日，政务院颁布《关于劳动就业问题的决定》，要求一切较大的公私营工矿交通运输企业，均应尽可能地实行八小时工作制。有害健康的工作，每日工作时间还应低于八小时。

9 月 24 日，铁道部发布《采石场采石工作技术安全暂行规则》。

9 月 25 日，铁道部发布《车务工作人员技术安全细则》。

10 月 15 日，第一机械工业部发布《安全技术劳动保护工作组织及其职责暂行规定》。

12 月 23—31 日，劳动部召开第二次全国劳动保护工作会议。会议传达了毛泽东主席对劳动部《三年来劳动保护工作总结与今后方针任务》报告的批示，提出了“安全为了生产，生产必须安全”的方针。

二、“一五”时期（1953—1957）

1953 年

1 月 2 日，政务院发布《关于中华人民共和国劳动保险条例若干修正的决定》。

2 月 20 日，第一期《劳动保护通报》转发了纺织工业部关于自 1953 年起纺织机械出厂前必须配齐必要的安全附件的决定。

3 月 11 日，鞍山钢铁公司燃气厂第二煤气管理室发生煤气泄漏事故，造成 11 人死亡，13 人重伤。

6 月 1 日，东北人民政府劳动部制定《东北地区建筑工人技术安全劳动保护暂行办法》。

11 月 5 日，政务院财政经济委员会向各个产业部门提出了编制安全技术措施计划的建议。

1954 年

2 月 25 日，长江航运管理局重庆港务局所属的江汉轮，发生汽油爆炸事故，死亡 26 人，受伤 82 人。

4 月 10 日，卫生部、劳动部、全国总工会发布《关于做好夏秋季矿下、工地、交通的安全卫生工作的联合通知》。

5月18日—6月1日，卫生部召开第一届全国工业卫生会议。

6月12日，内务部、劳动部发布《关于经济建设工程民工伤亡抚恤问题的暂行规定》。

7月28日，河北省宣化市下花园矿务局一矿发生瓦斯爆炸，死亡38人，受伤156人。

8月11日，劳动部发布《关于厂矿企业职工的安全教育工作的规定》。

8月23日，经政务院财政经济委员会批准，劳动部发布《关于进一步加强安全技术教育的决定》。

11月18日，劳动部发出《关于厂矿企业编制安全技术劳动保护措施计划的通知》。

11月，劳动部、全国总工会召开劳动保护座谈会，提出企业要贯彻“管生产的管安全”原则，建立安全生产责任制。

12月6日，内蒙古自治区包头市大发煤矿发生瓦斯爆炸事故，死亡104人。

1955年

3月4日，劳动部、建筑工程部、卫生部、中国建筑工会联合发布《关于做好建筑安装工程开工及复工前安全卫生准备工作的通知》。

3月17日，劳动部在北京举办了为期半年的第一期劳动保护干部训练班。

3月，全国总工会召开了第一次全国工会劳动保护工作会议，讨论了各级工会组织加强劳动保护机构建设问题。会议起草了《工会群众安全检查员暂行条例》。

4月25日，国营天津第一棉纺厂发生爆炸事故，造成8人死亡，17人重伤。

6月11日，国务院批准在劳动部内设立锅炉安全检查总局。

7月6日，江西省乐平县镇泽桥区杨家乡发生渡船翻沉事故，造成46名乘客落水死亡。

7月21日，国务院发出《关于国营天津第一棉纺厂2号锅炉爆炸事故的通报》。

11 月 18 日，劳动部、卫生部、建筑工程部、城建总局、建筑工会联合发布《关于做好冬季施工安全卫生工作的通知》。

11 月 21—25 日，劳动部召开了第一次全国劳动保护统计工作会议，对执行《工人职员伤亡事故报告规程》的有关问题做出说明。

12 月 28 日，劳动部发布《工人职员伤亡事故调查、登记、统计、报告规程草案》。

12 月 30 日，经国务院批准，劳动部劳动保护科学研究所正式成立。后该所于 1971 年下放北京市管理，改名为北京市劳动保护科学研究所。

1956 年

1 月 31 日，经国务院批准，劳动部发布《防止沥青中毒的办法》。

5 月 2 日，中共中央批转劳动部党组《关于最近伤亡事故和加班加点的严重情况及意见的报告》，要求各地党委和政府劳动部门、产业部门，以及工会组织，必须引起足够的注意；严格督促和检查各企业采取各种紧急措施，有效扭转这种严重情况。

5 月 6 日，国务院颁布劳动部起草的《关于建筑业从 7 月 1 日起实行八小时、小礼拜工作制度的规定》。

5 月 25 日，国务院第 29 次全体会议通过并发布了《工厂安全卫生规程》、《建筑安装工程安全技术规程》和《工人职员伤亡事故报告规程》（即安全生产“三大规程”）。

5 月 31 日，国务院颁布《关于防止厂、矿企业中矽尘危害的决定》。

6 月 16 日，河南省鹤壁矿务局一矿发生透水事故，死亡 34 人。

7 月 20 日，劳动部发布《工厂通风装置管理办法（草案）》。

7 月 24 日，劳动部发布《关于装卸、搬运作业劳动条件的规定（草案）》。

9 月 15 日，劳动部发布《防止金属废料中危险物品爆炸的办法（草案）》。

9 月 21 日，劳动部、全国总工会发布《安全技术措施计划的项目总名称表》，明确了企业编制安全技术措施计划的内容和要求。

10 月 15 日，劳动部、卫生部联合发出《关于实行职业中毒和职业病报告试行办法的通知》。

1957 年

2 月 28 日，卫生部发布《职业病范围和职业病患者处理办法的规定》。

3 月 29 日—4 月 6 日，劳动部、卫生部、全国总工会在上海召开全国防暑降温工作经验交流会。

6 月 18 日，监察部、劳动部批转了湖南省监察厅、劳动局《关于加强小煤窑领导和安全管理工作意见报告》，要求各地加强小煤窑的安全生产工作。

7 月 12 日，国务院发出《关于加强企业中的防暑降温工作的通知》。

8 月 9 日，卫生部、劳动部联合发布《橡胶业汽油中毒预防暂行办法》。

10 月 5 日，周恩来总理在民航局《关于中缅通航一周年的总结报告》上批示："保证安全第一，改善服务工作，争取飞行正常"。

11 月 18—25 日，劳动部、卫生部、全国总工会在北京召开全国防止矽尘危害工作会议。

12 月 2 日，劳动部国家锅炉检查总局发布《关于锅炉运行注意事项的通知》。

三、大跃进和国民经济三年调整时期（1958—1965）

1958 年

1 月 5 日，辽宁省本溪钢铁公司的下放干部集体乘车前往农村，在渡太子河时因冰层破裂，汽车沉入水中，死亡 43 人。

1 月 15 日，劳动部、卫生部、全国总工会在上海联合召开钢铁安全生产和工厂防尘降温现场经验交流会。

2 月 24 日，四川省中梁山煤矿工程公司一处掘进工作面发生瓦斯爆炸事故，死亡33人。

3月19日，劳动部、卫生部、全国总工会联合发布《工厂防止矽尘危害技术措施暂行办法》、《矿山防止矽尘危害技术措施暂行办法》、《矽尘作业工人医疗预防措施暂行办法》、《产生矽尘的厂矿企业防痨工作暂行办法》。

3月31日，中共中央发出《在生产高潮中应当控制劳动强度的通知》，要求采取必要安全措施，力求避免一切可以避免的伤亡事故。

4月22日，国务院批转卫生部、劳动部、全国总工会《召开第一次全国防止矽尘危害会议的报告》。

9月5—16日，劳动部在天津召开全国第三次劳动保护工作会议。会议要求采取各种措施，督促企业改善劳动条件，力争避免一切可以避免的伤亡事故和职业病。

9月，劳动部撤销锅炉安全检查总局，其业务合并到劳动保护局。

10月23日，湖南省双峰县洲上煤矿发生瓦斯爆炸事故，死亡30人。

11月7日，江苏省徐州市大黄山煤矿四采区因通风不良、电煤钻不防爆产生火花引发瓦斯爆炸事故，死亡43人。

11月13日，杭州钢铁厂合金钢车间发生建筑倒塌事故，造成18人死亡。

11月，劳动部、卫生部、全国总工会联合发布《小煤窑开采安全须知》。

12月10日，中共八届六中全会《关于人民公社若干问题的决议》指出：必须着重注意安全生产，尽可能改善劳动条件，力求减少和避免工伤事故。

1959年

1月14日，劳动部、冶金部和全国总工会在江西大吉山钨矿召开全国金属矿山现场会议。

2月15日，四川省盐源县龙塘水库工地，在工棚内召开职工大会时，发生火灾事故，烧死民工199人，烧伤86人。

3月30日，湖北省建筑工程局第二工程公司第五工程处发生建筑倒塌事故，造成43人死亡，13人受伤。

4 月 6—13 日，劳动部在沈阳召开全国第一次锅炉安全工作会议。

4 月 10 日，四川省重庆市南桐矿务局鱼田堡煤矿发生煤与瓦斯突出和瓦斯爆炸事故，死亡 82 人。

4 月 28 日，根据第二届全国人大第一次会议决定，马文瑞担任劳动部部长。

5 月 20 日，国务院颁布《关于工棚或临时宿舍防火和卫生设施的暂行规定》。

5 月 29 日，国务院批转劳动部《关于加强锅炉安全工作的报告》。

5 月 31 日，四川省乐山地区吉祥煤矿龙湾沱井发生瓦斯爆炸事故，死亡 66 人。

同日，四川省万县地区忠县煤矿二井发生瓦斯爆炸事故，死亡 42 人。

6 月 1 日，国家经委、国家建委、劳动部、全国总工会联合发出关于安全生产的通知。

6 月 6 日，周恩来总理视察井陉煤矿，指出“在煤矿安全生产是主要的，生产与安全发生矛盾时，生产要服从安全。如果因为保安全而生产任务完成差一点，不责怪你们，安全搞不好不行”；“生产不安全，工人心里不踏实，这样搞生产不行，要把安全搞好，工人心情才舒畅，生产情绪才好”。

6 月 19 日，甘肃省靖远县磁窑煤矿因通风不良、明火照明引发瓦斯爆炸事故，死亡 37 人。

6 月 22 日，河南省洛阳地区梨园煤矿发生瓦斯爆炸事故，死亡 91 人，受伤 25 人。

7 月 13 日，贵州省都匀县陆家寨煤矿发生瓦斯爆炸事故，死亡 51 人。

7 月，四川省南充地区高顶煤矿一井发生瓦斯爆炸事故，死亡 57 人。

8 月 5 日，水利电力部、卫生部、劳动部联合发出关于加强安全用电工作防止人身触电伤亡的通知。

9 月 7 日，公安部、劳动部、一机部、农业部、化工部、卫生部、商业部、铁道部发布《关于爆炸物品管理规则的补充规定》。

同日，农业部、化工部、卫生部、劳动部、一机部、商业部、铁道部、公安部联合发布《关于加强农药安全管理的规定（草案)》。

9 月 9 日，山东省枣庄市山家村煤矿二井发生透水事故，死亡 45 人。

9 月 26 日，国务院批转劳动部《关于筹组锅炉安全技术鉴定委员会的报告》。

10 月 10 日，内蒙古自治区包头市白狐沟煤矿发生瓦斯爆炸事故，死亡 46 人。

12 月 17 日，劳动部发出《关于土锅炉爆炸事故的通报》，要求各地对自制土锅炉进行一次全面检查。

12 月 23 日，四川省成都市温江万家煤矿发生瓦斯爆炸事故，死亡 89 人。

1960 年

1 月 5 日，贵州省铜仁县大兴飞机场工地，因民工在工棚内用干树枝烧火做饭引起火灾，造成 173 人死亡，5 人重伤。

1 月 7 日，江西省丰城矿务局坪湖煤矿发生瓦斯爆炸事故，死亡 47 人。

1 月 17 日，国务院第 39 次全体会议批准《关于放射性工作卫生防护暂行规定》，由卫生部、国家科委于 2 月 27 日公布执行。

1 月 28 日，湖南邵阳市新东煤矿发生瓦斯爆炸事故，死亡 44 人。

2 月 25 日—3 月 1 日，劳动部召开锅炉安全技术鉴定委员会第一次会议，讨论修改了《锅炉安全监察规程（草案)》。

4 月 10—20 日，劳动部、全国总工会在湖南长沙召开了第四次全国劳动保护工作会议。会议提出要“与工伤事故作斗争”，在全国开展以“十防一灭”① 为内容的安全大检查群众运动。

4 月 17 日，贵州省六枝煤矿发生瓦斯爆炸事故，死亡 38 人。

5 月 2 日，山东省平沂县岐山煤矿发生火灾，死亡 32 人。

---

① “十防一灭”：防撞压、防坍塌、防爆炸、防触电、防中毒、防粉尘、防水灾、防水淹、防烧烫、防坠落，消灭工伤和死亡事故。

5 月 5—12 日，劳动部、一机部、化工部在天津联合召开全国锅炉技术革新现场会。

5 月 7 日，内蒙古自治区包头矿务局五当沟煤矿发生瓦斯爆炸事故，死亡 33 人。

5 月 9 日，山西省大同矿务局老白洞煤矿发生瓦斯爆炸事故，造成 684 人死亡。

5 月 14 日，四川省松藻矿务局二井发生瓦斯突出事故，死亡 125 人。

5 月 15 日，中共中央发出《关于切实注意劳逸结合保证持续大跃进的指示》。

5 月 16 日，山西省汾西两渡煤矿发生瓦斯爆炸事故，死亡 38 人。

5 月 24 日，四川省内江县资中煤矿发生瓦斯爆炸事故，死亡 35 人。

6 月 25 日，广东省基建公司在煤矿施工过程中发生瓦斯爆炸事故，死亡 37 人。

6 月 26 日，四川省岳阳县牛湾坨铁厂工人在澎沱河拉纤运煤时遭遇洪水，死亡 34 人。

7 月 1 日，卫生部、劳动部、全国总工会联合公布试行《矽尘作业工人医疗预防措施实施办法》和《防暑降温措施暂行办法》。

7 月 17 日，四川省天府煤矿一井发生瓦斯爆炸事故，死亡 32 人。

11 月 8 日，陕西省铜川市李家塔煤矿发生火灾，死亡 32 人。

11 月 28 日，黑龙江省鸡西城子河煤矿六井发生煤尘爆炸事故，死亡 32 人。

同日，河南省平顶山矿务局五矿（龙山庙煤矿）发生瓦斯煤尘爆炸事故，造成 187 人死亡。

11 月 30 日，安徽省淮南矿务局谢家集二矿发生煤尘爆炸事故，造成 20 人死亡。

12 月 15 日，四川省重庆市中梁山煤矿发生瓦斯爆炸事故，造成 124 人死亡。

12 月 21 日，中共中央发出《关于在城市坚持八小时工作制的通知》。

12月24日，劳动部发布《蒸汽锅炉安全规程》。

1961年

1月10日，国家经委、劳动部发出《关于加强安全设备的维护检修工作的通知》。

3月6日，湖南省拓溪水力发电工程局发生塌方事故，造成64人死亡。

3月16日，辽宁省抚顺市胜利煤矿发生火灾事故，死亡110人。

4月3日，四川省竹园坝钢铁厂焦化车间职工宿舍发生火灾事故，造成93人死亡，33人重伤。

4月28日，四川省南充专区高顶山煤矿发生岩石垮塌事故，造成82人死亡。

4月30日，煤炭部发出《关于加强煤矿卫生工作及防止矽尘危害的通知》。

5月26日，冶金部发出《关于加强粉尘工作的通知》。

7月12日，劳动部、公安部、化工部发布《气瓶安全管理暂行规定》。

9月16日，中共中央将《国营工业企业工作条例（草案）》发给各地各部门讨论和试行。《条例》第十六条、第二十条和第二十四条，分别对企业安全生产和劳动保护工作作出了规定。

10月7日，劳动部、商业部发出《关于劳动保护用品管理职责问题的通知》。

1962年

1月31日，劳动部发出《关于抓紧处理1961年死亡事故的通知》。

2月27日，安徽省滁县丰山水泥厂、铁路采石工地、淮河水泥厂等单位联合仓库所存放的50多万发雷管爆炸，保管员被炸死。

3月14日，吉林省通化矿务局八道江煤矿发生瓦斯爆炸事故，死亡70人，受伤13人。

3月15日，河南省鹤壁矿务局发生瓦斯爆炸事故，死亡48人，受伤42人。

3 月 26 日，国家科委、劳动部发出《关于核定蒸汽锅炉安全工作的安排的通知》。

4 月 26 日，劳动部发布《起重机械安全管理规程》。

4 月 29 日，劳动部、化工部、轻工部、石油部发出《关于开展受压容器安全检查的联合通知》。

7 月 24 日，国家计委、卫生部发布《工业企业设计卫生标准》。

8 月 8 日，国务院批转劳动部《关于防止矽尘危害工作的情况和意见的报告》。

8 月 14 日，劳动部、商业部发布《关于防止氨瓶爆炸事故的通报》。

9 月 26 日，云南省云西公司新冠采选厂火峪都尾矿库发生溃坝事故，死亡 171 人。

10 月 4 日，劳动部发布《蒸汽锅炉使用登记试行办法》和《对蒸汽锅炉司炉工人的安全技术管理试行办法》。

12 月 10—18 日，劳动部与卫生部、全国总工会及冶金、煤炭、轻工等部门联合召开第 2 次全国防止矽尘危害工作会议。

1963 年

1 月 6 日，安徽省阜阳专区山金家煤矿发生一氧化碳中毒事故，64 名工人送医院救治。

2 月 9 日，国务院批转劳动部、卫生部、冶金部、煤炭部、全国总工会《关于防止矽尘危害工作会议的报告》和劳动部《关于 1963 年防止矽尘危害措施专款的分配和使用意见》。

3 月 18 日，国务院批转国家经委《关于从事有害、高温、井下作业工人食品供应情况和意见的报告》，决定从 1963 年 4 月 1 日起，对全国从事有毒有害作业的 120 万人、高温作业 90 万人、矿山井下作业 151 万人实行保健食品制度。

3 月 30 日，国务院颁布《关于加强企业生产中安全工作的几项规定》，对安全生产责任制、安全技术措施计划、安全生产教育、安全生产的定期检查、伤亡事故的调查和处理等方面作了规定。

4月4日，劳动部公布施行《蒸汽锅炉设备事故报告办法》。

4月15—29日，劳动部召开工作会议，对贯彻落实国务院《关于加强企业生产中安全工作的几项规定》作出安排部署。

5月1日，我国第一艘万吨轮“跃进”号在航行至黄海苏岩礁海域时触礁沉没，59名船员获救。

5月17日，劳动部、全国总工会发布关于贯彻执行《国务院关于加强企业生产中安全工作的几项规定》的通知。

5月28日，国务院批转劳动部《关于加强各地锅炉和受压容器安全监察机构的报告》。

6月16日，天津铝制品制造厂磨光车间吸尘管道发生铝粉爆炸事故，造成19人死亡，24人受伤。

7月15日，劳动部、卫生部、全国总工会修订公布《矽尘作业工人医疗预防措施实施办法》。1960年7月1日公布的《矽尘作业工人医疗预防措施实施办法》同时废止。

8月3日，河北省邢台地区的东川口水库发生溃坝事故，造成500多人死亡，400多人受伤，直接经济损失60亿元。

8月20日，煤炭工业部发布《煤矿企业安全工作条例》和《煤矿安全监察工作条例》。

9月17日，卫生部、劳动部发布《化学纤维工业中二硫化碳及硫化氢中毒防治办法（草案）》。

9月18日，劳动部发布试行《国营企业职工个人防护用品发放标准》。

9月23日，劳动部、全国总工会发布《关于患矽肺病职工的若干待遇问题的通知》。

10月24日，劳动部、二机部联合发布《从事放射性工作人员防护用品管理办法及发放标准暂行规定》。

10月30日，经国务院批准，劳动部、卫生部、全国总工会发布《防止矽尘危害工作管理办法（草案）》。

11 月 11—21 日，劳动部在武汉召开全国锅炉安全监察工作会议。

1964 年

1 月 27 日，卫生部、劳动部发布《工业企业设计卫生标准（试行）实施办法》。

3 月 16 日，国家计委、财政部、劳动部发出《关于分配 1964 年防止矽尘专款的通知》。

5 月 7 日，湖南省浏阳县城关出口鞭炮厂发生火药爆炸事故，死亡 35 人，受伤 16 人。

8 月 25 日，劳动部、卫生部、全国总工会决定对煤矿井下从事薄层工作，必须采取跪卧式体位的工人引起的滑囊炎，从 1964 年 10 月 1 日起按职业病执行。

12 月 10—20 日，劳动部、卫生部、全国总工会在上海召开防止职业中毒经验交流现场会。

1965 年

1 月 4 日，根据三届全国人大第一次会议决定，马文瑞任劳动部部长。

1 月 8 日，新疆生产建设兵团农二师塔里木二场基建二队在开会时发生火灾，造成 171 人死亡，10 人受伤。

5 月 16 日，中共中央发布《关于加强工业生产建设高潮领导的通知》，要求“保持良好的生产秩序，保证安全生产和劳逸结合；不许违章作业，不经上级批准不得加班加点”。

6 月 5 日，劳动部发布《关于加强安全生产和劳逸结合的意见》，指出在生产高潮中，一定要牢记 1958 年到 1960 年间发生的重大工伤事故的教训，坚决反对冒险作业，反对以工人生命作儿戏的官僚主义，反对拼人、拼设备等错误做法。

10月11—23日，劳动部在辽宁旅大召开全国劳动保护工作会议。会议交流推广了陶瓷行业水磨、湿式作业和水爆清砂等防尘技术经验。

11月12日，劳动部发布《蒸汽锅炉安全监察规程》。

11月5日，冶金工业部在马鞍山钢铁公司召开文明生产现场会。

12月7日，劳动部公布《气瓶安全监察规程》。

12月24日，国家计委、物资部、劳动部发出通知，要求合理安排安全生产、劳动保护所需的物资器材。

四、“十年动乱”时期（1966—1976）

1966年

1月13日，劳动部、二轻部在青岛召开铝品磨光防爆防尘措施技术鉴定会。

2月2日，《人民日报》发表社论《当好冷静的促进派》，提出在各条战线掀起生产建设的热潮中，领导者一定要热中有冷，注意劳逸结合，保证安全生产。

2月20日，劳动部、一轻部、二轻部联合发出《关于积极推广水风道防爆防尘措施的通知》，要求年内解决铝粉防爆问题。

1967年

1月12日，贵州摩天岭农场大用平峒矿发生瓦斯爆炸事故，死亡98人。

4月7日，四川省琪县境内的东风矿区建设指挥部红光矿井发生瓦斯爆炸事故，死亡20人，重伤15人，轻伤13人。

6月22日，新中国劳动保护、安全生产工作奠基人之一，曾于1949年10月—1954年9月担任劳动部部长的李立三受迫害致死。

12月15日，吉林省辽源矿务局反帝矿四井发生瓦斯爆炸事故，死亡31人，受伤12人。

1968 年

1 月 20 日，四川省重庆市南桐矿务局发生瓦斯爆炸事故，死亡 27 人，伤 172 人。

10 月 24 日，山东省新汶矿务局华丰煤矿发生煤尘爆炸事故，死亡 108 人，受伤 72 人。

12 月 25 日，山西省宁武县阳方口煤矿发生煤尘爆炸事故，死亡 63 人。

1969 年

4 月 4 日，山东省新汶市潘西煤矿发生煤尘爆炸事故，死亡 115 人。

4 月 28 日，国营 375 厂单基无烟药机械混合车间发生炸药爆炸事故，死亡 27 人，重伤 35 人，轻伤 101 人。

1970 年

4 月 11 日，浙江省临海县大石区发生沉船事故，死亡 47 人。

6 月 3 日，辽宁省抚顺矿务局红透山铜矿井下火药库发生爆炸事故，造成 47 人死亡，76 人受伤。

6 月 22 日，中共中央批准成立国家计划革命委员会，内设劳动局；撤销劳动部，其业务并入国家计划革命委员会劳动局。

8 月 26 日，湖南省邵东县潭山铺公社张林风大队煤矿发生瓦斯爆炸事故，死亡 63 人，受伤 9 人。

8 月 31 日，上海造船厂建造的“风雷”号万吨巨轮在试航前夕发生火灾事故。

9 月 7 日，由上海开往重庆的第 23 次旅客列车，在行至黔桂线至老罗堡区间大修地段水河桥处发生颠覆事故，3 节硬卧车厢翻落桥下，死亡 37 人，重伤 29 人，轻伤 103 人。

9 月 17 日，山东省青岛市第一体育场在国家田径队和山东省田径队进行体育表演时，发生踩踏事故，造成 37 人死亡，135 人受伤。

11 月 30 日，国家计委发出《关于做好职工伤亡事故统计工作的通知》，规定发生一次死亡 3 人以上重大事故，应立即上报国家计委劳动局。

12 月 11 日，毛泽东主席签发《中共中央关于加强安全生产的通知》，要求各级党组织、有关部门把安全生产摆在重要日程，开展一次查思想、查纪律、查态度、查领导的大检查；加强安全教育，堵塞漏洞，防患未然；对原有行之有效的安全制度，坚持不要破掉；严格组织纪律，对一切违反安全制度，不遵守劳动纪律，工作不负责任造成重大事故的责任者，要追究处理。

1971 年

2 月 19 日，四川省德阳县白马公社水利工地发生炸药爆炸事故，死亡 35 人，受伤 77 人。

7 月 16 日，贵州省镇远县湘黔线工地发生火灾，导致炸药爆炸，造成 77 人死亡，134 人重伤，126 人轻伤。

11 月 16 日，国际劳工局理事会第 184 次会议根据联合国大会第 396（V）号决议，通过了关于恢复中华人民共和国在国际劳工组织合法权利的决议。国际劳工局根据这一决议致函我国政府，邀请我国参加国际劳工大会和国际劳工组织的各项活动。

12 月 7 日，451 次近郊旅客列车和 837 次货车在京广线琉璃河站发生追尾相撞事故，铁路职工和旅客死亡 14 人，受伤 22 人。

12 月 13 日，国家基本建设委员会发布《关于加强基本建设施工安全的规定（试行）》。

12 月 20 日，冶金部发布《关于加强安全生产的规定》。

1972 年

6 月 27 日，广东省龙川县彭坑大桥发生倒塌事故，造成 64 人死亡，20 人受伤。

7 月 19 日，上海市燎原化工厂发生重大氯气泄漏事故，造成 246 人氯气中毒。

7 月 29 日，云南省东川矿务局因民矿一坑炸药燃烧，燃烧产生了大量有毒气体，致使 41 人死亡，118 人受伤。

11 月 23 日，福建三明农药厂乐果车间硫化物二段 2 号反应罐爆炸起火，造成 152 人中毒，5 人死亡。

1973 年

3 月 4 日，甘肃省靖远矿区大水头煤矿发生瓦斯爆炸事故，死亡 47 人。

3 月 19 日，吉林省辽源矿务局太信煤矿发生瓦斯和煤尘爆炸事故，死亡 53 人，受伤 55 人。

6 月 23 日，江苏省徐州矿务局夹河矿发生瓦斯爆炸事故，死亡 50 人。

10 月 30 日，国家计委发布《关于防止矽尘危害和有毒物质危害工作的通知》，要求各地区、各部门采取措施，力争在三五年内解决矽尘危害和有毒物质危害问题。

11 月 23 日，湖南浏阳县牛石公社出口花炮厂发生爆炸事故，死亡 53 人，受伤 37 人。

1974 年

4 月 27 日，国家计委、国家基建委、国防科委、卫生部联合发布《放射防护规定》。

6 月 29 日，江西省交通局“赣忠”号客轮因违章超载等原因发生沉船事故，造成 93 人死亡。

1975 年

2 月 15 日，国家计委召开全国安全生产会议。国务院副总理王震、余秋里、谷牧到会讲话。会议总结了贯彻执行中共中央《关于加强安全生产的通知》的情况，提出了进一步加强安全生产的要求。

3月24日，国家计委发布《安全生产管理暂行办法》和《防止矽尘和有毒物质危害实施计划》。

4月6日，国务院发出《关于转发全国安全生产会议纪要的通知》，要求各级领导把安全生产工作列入重要日程，迅速改变一些地方和单位安全生产无人负责的现象。

5月11日，陕西省铜川市焦坪煤矿发生瓦斯爆炸事故，死亡101人，受伤15人。

7月10—17日，为了贯彻落实周恩来总理1975年2月5日对云锡矿工肺癌防治工作的指示，在云南昆明召开了“云南省锡矿工肺癌防治工作会议”。

8月4日，广东省航运局珠江船运公司第二船队的240号客轮和245号客轮，在广州至肇庆之间的航线上相撞，两艘轮船沉没。两轮共载乘客和船员904人，经抢救生还467人，不幸遇难437人（其中船员8人，港澳同胞29人）。

同日，河南省焦作市演马庄煤矿发生瓦斯爆炸事故，死亡44人。

8月上旬，河南省驻马店地区出现暴雨，8日凌晨，板桥、石漫库两座大型水库以及竹沟、田岗等58座中小型水库溃坝，遂平、西平、汝南、平兴、新蔡、漯河，临泉七个县城被水淹数米深，共有29个县（市）、1200万余人受灾（死亡人数缺乏确切说法）①，倒塌房屋524万间，冲毁京广线，100多公里，直接经济损失约100亿元。

8月25日，国家计委发布《关于加强职工伤亡事故统计报告工作的通知》。

9月30日，国务院颁布《关于调整国务院直属机构的通知》，决定在国家计委劳动局基础上组建国家劳动总局，为国务院的直属机构，由国家计委代管。任命康永和为国家劳动总局局长。

10月29日，国家计委批转国家劳动总局《关于加强锅炉、压力容器安全管

---

① 孟昭华和彭传荣编的《中国灾荒史》载录，板桥水库和石漫滩水库垮坝，1029万人遭受毁灭性的水灾，约有10万人当即被洪水卷走。上海辞书出版社的《水利词典》记载，板桥水库和石漫滩水库垮坝，死亡2.6万人。

理工作的通知》

11 月 20 日，国家劳动总局公布试行《蒸汽锅炉压力容器事故报告办法》。

1976 年

2 月 22 日，新疆自治区石河子地区南山煤矿发生瓦斯爆炸，死亡 65 人，重伤 19 人。

4 月 20 日，河北省大城县化肥厂发生爆炸事故，死亡 17 人，受伤 25 人。

8 月 13 日，河南省新密市五庄煤矿发生一氧化碳中毒事故，死亡 92 人，受伤 34 人。

11 月 13 日，河南省平顶山矿务局六矿发生瓦斯煤尘爆炸事故，死亡 75 人，伤 14 人。

12 月 4 日，石油部、国家劳动总局发布《关于加强小氮肥厂安全生产的通知》。

五、拨乱反正和改革开放初期（1977—1985）

1977 年

2 月 18 日，新疆生产建设兵团 61 团俱乐部在放电影时发生火灾，死亡 699 人。

2 月 24 日，江西省丰城矿务局坪湖煤矿发生瓦斯爆炸事故，死亡 114 人，受伤 6 人。

3 月 2 日，国家劳动总局在北京召开全国安全生产工作会议。国务院副总理王震、余秋里、谷牧出席会议并讲话。

4 月 14 日，辽宁省抚顺矿务局老虎台矿发生瓦斯爆炸事故，死亡 83 人，受伤 30 人。

4 月，国家计委发出通知，在全国开展春季安全生产大检查。国家劳动总局组织了由各省经委和劳动部门负责人参加的省际互查。

5 月 16 日，国家计委转发《全国安全生产工作会议纪要》，要求各省、国务院各部门以及各级计委、工交办、企业主管部门和企业，都要确定一名领导分管安全工作，各县、公社、大队也应有人负责安全工作；要认真开展安全生产“四查”活动（查思想、查制度、查纪律、查领导），堵塞漏洞，消除隐患，力争把“千人因工死亡率”降到本地区、本单位的历史最低水平。

8 月 24 日，国家计委、财政部、国家物资总局、国家劳动总局发布《关于加强有计划改善劳动条件工作的联合通知》。

11 月 2 日，国家劳动总局发出《关于加强锅炉压力容器安全工作的通知》。

11 月 10 日，轻工业部颁布《烟花炮竹安全生产管理的规定》。

12 月 19 日，吉林省通化市梅河口煤矿发生透水事故，死亡 64 人。

1978 年

1 月 24 日，辽宁省盖县盖州镇东风街鞭炮厂发生爆炸事故，造成 107 人死亡，65 人受伤，周围 2000 户居民房屋遭受破坏。

2 月 15 日，吉林省舒兰矿务局东富井发生火灾事故，死亡 68 人。

3 月 14 日，《人民日报》发表题为《越是大干快上越要注意安全生产》的社论。指出在当前经济战线上一个重要问题，就是加强劳动保护工作，搞好安全生产；职工干劲越大，越要注意安全。

5 月 24 日，甘肃窑街矿务局三矿发生二氧化碳突出事故，死亡 90 人，受伤 86 人。

9 月 4—16 日，国家计委、国家经委、国家劳动总局、卫生部在北戴河召开全国第三次防尘防毒工作会议。会议提出在三年内集中力量解决矽尘、铅、苯、汞的危害问题。

9 月 30 日，卫生部、国家劳动总局在无锡召开“五小”（即小钢铁厂、小水泥厂、小农机厂、小化肥厂、小煤矿）工业防尘防毒工作现场会。

10 月 21 日，中共中央发出《认真做好劳动保护工作的通知》，要求立即对安全生产情况进行一次大检查；迅速把各级的安全生产责任制建立、健全起来；新建、改建、扩建的工矿企业和在革新挖掘潜力的基础上，必须有保证安全生产和消除有毒有害物质危害的措施；各级工会要加强群众劳动保护工作；抓紧劳动保护科学技术研究。

11 月 24 日，辽宁省 475 厂新投产的硝胺炸药车间发生炸药爆炸事故，死亡 27 人，受伤 15 人。

12 月 16 日，陇海线杨庄车站发生 87 次列车与 368 次列车相撞事故，死亡 106 人，重伤 47 人，轻伤 171 人。

12 月 25 日，第三机械工业部重新颁布《安全规程》，健全企业安全生产责任制度，完善安全技术规范。

1979 年

1 月 15 日，全国总工会发出关于加强工会劳动保护工作的通知，并重新公布了基层工会和工会小组劳动保护工作两个条例。

2 月 3 日，轻工部、农林部、公安部、国家劳动总局发出《关于认真搞好烟花爆竹安全生产的通知》。

2 月 8 日，卫生部、国家劳动总局、全国总工会、国家医药管理局发出开展职业病普查工作的通知，要求在三年内完成对接触铅、苯、汞、有机磷、三硝基甲苯五种毒物的工人的普查工作。

3 月 28 日，河南省南阳市柴油机厂发生浴室加热水箱爆炸（热交换器）事故，使男女浴室的大梁折断，造成 44 人死亡，13 人重伤，24 人轻伤。8 月国务院下发《国务院转发河南省关于南阳柴油机厂热交换器爆炸事故的调查处理报告》，指出必须吸取事故教训，必须在锅炉、压力容器的设计、制造、安装、检验、操作、维修、改造等环节上，建立健全规章制度并严格执行，那种无章可循、有章不循的混乱局面再也不能继续下去了。

4 月 9 日，国务院同意并批转了国家劳动总局、卫生部《关于加强厂矿企业防尘防毒工作的报告》。

4月25日，国家劳动总局发布《气瓶安全监察规程》，于1980年1月1日起施行。

5月25日，国家计委、国家经委、国家劳动总局发出通知，重申切实贯彻执行《国务院关于加强企业生产中安全工作的几项规定》、《工厂安全卫生规程》、《建筑安装工程安全技术规定》、《工人职员伤亡事故报告规程》等法规。

5月28日，国家劳动总局发出《关于建立劳动保护室的意见》，要求上海、黑龙江、四川、北京、天津5省市选点建立劳动保护室，抓好安全教育，以创造经验，逐步推广。

6月5日，云南省曲靖地区陆东煤矿发生瓦斯爆炸事故，死亡66人，受伤3人。

7月1日，全国人民代表大会常务委员会颁布《中华人民共和国刑法》，把安全生产犯罪行为列入“危害公共安全罪”，对生产、交通违章造成事故，安全设施不符合规定导致事故发生，违背易燃爆炸物品管理规定造成事故等的定罪与量刑，作出了规定。

7月31日，国家劳动总局、卫生部、冶金部、化工部、一机部、轻工部、建材局、铁道部、医药局、全国总工会联合发出通知并组成检查团，对国务院批转的《关于加强厂矿企业防尘防毒工作的报告》的贯彻落实情况开展检查。

8月31日，卫生部、国家劳动总局发布《工业企业噪声卫生标准（试行草案)》，从1980年1月1日起施行。

9月2日，贵州省赤水县元厚场沙坨渡口发生沉船事故，死亡53人。

9月7日，浙江省温州电化厂发生液氯钢瓶爆炸事故，死亡59人，中毒1179人（其中779人住院治疗)，疏散居民8万多人。

9月30日，卫生部、国家计委、国家建委、国家劳动总局发布《工业企业设计卫生标准》。

10月20日，国务院批转国家劳动总局《关于健全锅炉压力容器安全监察机构，加强监督检查工作的报告》。

11月23日，吉林省通化地区松树镇煤矿发生瓦斯爆炸事故，造成52人死亡，16 人受伤。

11 月 25 日，石油部海洋石油勘探局“渤海 2 号”钻井船在渤海湾迁往新井位的拖航中翻船沉没，造成 72 人死亡。

12 月 18 日，吉林省吉林市城建煤气公司液化石油气厂发生爆炸燃烧事故，造成 32 人死亡，54 人受伤。

1980 年

1 月 3 日，国家劳动总局锅炉局发出通知，部署在全国开展气瓶制造厂产品质量检查。

1 月 22 日，从长沙开往广州的 403 次列车在到达株洲车站时，因一位旅客携带的发令纸燃烧造成火灾，死亡 22 人亡，受伤 4 人。

2 月 25 日，煤炭部颁布并实施《煤矿安全规程》。

4 月 2 日，国务院批准从当年起，每年 5 月要在全国组织开展“安全月”活动。

4 月 7 日，国务院批转《关于在工业交通企业加强法制教育，严格依法处理职工伤亡事故的报告》。

4 月 25 日，国务院批转了国家劳动总局、国家经委、公安部等部门《关于吉林市煤气公司液化石油气厂恶性爆炸、火灾事故的报告》。

4 月 29 日，经国务院批准，由国家经委、国家建委、国防工办、国务院财贸小组、国家农委、公安部、卫生部、国家劳动总局、全国总工会、中央广播事业局联合发起，在人民大会堂召开全国“安全月”广播电视大会。康世恩副总理发表讲话。煤炭部部长高扬文、一机部部长周子健、交通部部长曾生分别讲话。从全国挑选出的 5 个安全生产、文明生产先进单位的代表作了发言。全国各地组织厂矿企业职工收听、收看了大会实况。

6 月 3 日，湖北省宜昌地区盐池河磷矿发生山体滑崩事故，位于陡壁之下的矿区建筑设施全部被掩埋，造成 285 人死亡。

6 月 15 日，全国总工会召开工会群众劳动保护工作会议。中共中央书记处书记万里到会讲话。

7月11日，国家劳动总局公布《蒸汽锅炉安全监察规程》，自1981年1月1日实施。

7月26日，国务院颁布《中外合资经营企业劳动管理规定》，规定合营企业必须保证安全生产和文明生产。

8月25日，国务院颁布《关于处理“渤海2号”事故的决定》。解除宋振明的石油部部长职务，提请人大常委会批准；给予国务院主管石油工业的副总理康世恩记大过处分。9月2日，天津市中级人民法院公开审判了“渤海2号”事故的直接责任者。

12月1日，国家经委、国家计委、卫生部、财政部、化工部、煤炭部、冶金部、五机部、国家劳动总局、国防工办、国务院环保领导小组、全国总工会联合发布《关于进一步加强工业卫生管理工作意见的通知》。

12月8日，江苏省徐州市韩桥矿发生瓦斯爆炸事故，死亡55人。

12月22日，化工部发布《化工企业安全管理制度》。

12月30日，国家能源委、国家经委、国家劳动总局批转煤炭部《关于地方煤矿安全问题的报告》，要求各地抓好地方煤矿安全工作。

1981年

1月1日，国家劳动总局矿山安全监察局成立。

1月28日，国务院办公厅转发国家劳动总局、国家建材局、农业部《关于手纺石棉危害情况和解决意见的报告》，要求各地逐步取消手纺石棉线，对现有患石棉尘肺人员给予检查治疗。

3月19日，河北省兴隆县王庄煤矿发生瓦斯爆炸事故，造成46人死亡，25人受伤。

3月23日，国家劳动总局、卫生部、国防工办、国务院财贸领导小组、全国总工会联合发出关于开展第二次“安全月”活动的通知。

4月11日，国家劳动总局发出《开展劳动安全标准化工作的通知》。

6 月 4 日，国家劳动总局发布《溶解乙炔气瓶安全监察规程》。

6 月 15 日，湖南省衡南县泉溪公社猪鬃厂的一栋三层楼在进行加高施工中发生倒塌，44 人被砸死。

6 月 20—24 日，国家经委、国家劳动总局和全国总工会召开全国安全生产工作会议。会议检查了“左”的思想在安全生产上造成的不良影响与危害；讨论了做好安全工作，补还安全欠账的办法；研究了减少伤亡事故，控制职业病发展的措施和五年规划。会议还表彰了 81 个全国安全生产、文明生产先进集体和 20 名先进个人。

6 月 24 日，化工部、国家劳动总局发出《关于在化工有毒有害作业工人中改革工时制度的意见》。

7 月 9 日，成昆线尼日至乌斯河间的利子依达铁路大桥被泥石流冲毁，正在通过的 442 次旅客列车的 2 台机车、1 辆行李车和 1 辆客车坠入大渡河内，造成 130 人失踪和死亡，146 人受伤。

9 月 23 日，煤炭部、国家劳动总局、全国煤矿工会在山东济南召开全国地方煤矿安全工作会议。

10 月 5 日，国家劳动总局召开全国第三次职工伤亡事故统计工作会议，研究修改了事故统计报告规程中的统计范围和口径问题。

11 月 28 日—12 月 2 日，国家劳动总局、卫生部在杭州召开全国工厂噪声治理试点工作经验交流会。会议提出了《噪声防治“六五”规划纲要》。

12 月 16 日，卫生部、国家劳动总局、国家医药总局在北京召开全国职业病普查总结会议。

12 月 24 日，河南省平顶山矿务局五矿发生瓦斯爆炸事故，造成 133 人死亡，7 人重伤。

12 月 26 日，四川省五届人大常委会通过《四川省厂矿企业劳动安全条例》和《四川省厂矿企业劳动安全监察和违章处罚条例》。这是第一个由地方发布的综合性劳动保护法规。

1982 年

1 月 4—11 日，国家劳动总局在北京召开全国锅炉压力容器安全监察工作会议，薄一波副总理到会讲话。

2 月 6 日，国务院颁布《锅炉压力容器安全监察暂行条例》。

2 月 13 日，国务院颁布《矿山安全条例》和《矿山安全监察条例》，建立了矿山安全国家监察制度。

3 月 5 日，卫生部、国家劳动总局发出《关于恢复职业中毒和职业病报告制度的通知》。

3 月 9 日，福建省福鼎县制药厂冰片车间发生火灾，这次事故中共有 65 人死亡，35 人受重伤。

3 月 19—26 日，国家劳动总局在辽宁辽阳召开全国安全生产工作会议，研究《矿山安全条例》、《矿山安全监察条例》、《锅炉压力容器安全监察暂行条例》的贯彻落实问题。

3 月 27 日，国家经委、国家劳动总局、卫生部、公安部、全国总工会组织发出《关于开展第三次“安全月”活动的通知》。

5 月 4 日，五届全国人大常委会第 23 次会议通过《关于国务院部委机构改革实施方案的决议》，将国家劳动总局、国家人事局、国务院科学技术干部局、国家编制委员会合并成立劳动人事部。任命赵守一为劳动人事部部长。

5 月 5 日，上海海运局“大庆 53 号”油轮发生爆炸沉船事故，造成 20 人死亡。

7 月 8 日，国务院发出《关于加强领导，防止企业继续发生重大伤亡事故的紧急通知》。

8 月 7 日，劳动人事部发布《锅炉压力容器安全监察暂行条例实施细则》。

1983 年

1 月 15 日，劳动人事部、全国总工会、煤炭部联合发出在全国煤炭系统开展安全监察活动的通知。

1月25日，四川省会东铅锌矿发生火药爆炸事故，死亡57人，受伤19人。

2月4日，化工部发布《加强化工企业安全生产八项规定》。

3月6日，河南省鹤壁市大河涧公社许家沟煤矿发生火灾，死亡47人。

3月20日，贵州省水城矿务局木冲沟煤矿发生瓦斯爆炸事故，死亡84人，受伤14人。

3月21日，国家经委、劳动人事部、卫生部、全国总工会发出《关于开展第四次“安全月”活动的通知》。

3月23日—4月1日，劳动人事部召开全国安全生产工作会议。会议着重解决在改革新形势下安全生产、劳动保护工作的指导思想、方针、制度和方法问题。

4月26日—5月2日，煤炭部召开全国煤矿安全检查会议。万里副总理出席会议并讲话。

5月18日，国务院批转劳动人事部、国家经委、全国总工会《关于加强安全生产和劳动安全监察工作的报告》，要求坚决贯彻“管生产必须管安全”的原则，在经济体制改革中加强安全生产工作。

5月27日，城乡建设环保部发布《国营建筑企业安全生产工作条例》。

7月1日，纺织部发布《纺织系统劳动安全卫生工作暂行条例》。

7月31日，河南省平顶山矿务局高庄矿井下发生火灾，造成11人死亡。

8月5日，辽宁省抚顺市新宾县马架子煤矿发生瓦斯爆炸事故，造成34人死亡。

8月15—22日，劳动人事部在吉林召开全国安全教育工作经验交流会。

9月17日，中国劳动保护科学技术学会成立。

9月19日，最高人民检察院发文要求把依法查处重大责任事故案件作为人民检察机关的经常性任务之一。11月2日，劳动人事部转发了这个文件，要求各级劳动部门把企业发生的重大伤亡事故，及时报告检察机关立案，加速重大责任事故的处理结案工作。

11 月 21 日，国务院办公厅就湖南省怀化市社队煤矿 20 天发生 3 起重大伤亡事故发出通报，要求各级经委、劳动、煤炭等部门和社队企业局，加强对社队煤矿的安全管理和监察工作。

同日，河南省鹤壁市石林二矿发生瓦斯爆炸事故，死亡 45 人。

12 月 22 日，国家经委、劳动人事部联合发出《关于做好 1984 年新年、春节和第一季度安全生产的紧急通知》。

1984 年

1 月 3 日，冶金部发布《炼铁安全规程》。

1 月 6 日，国务院颁布《民用爆炸物品管理条例》。

1 月 17 日，国务院批转国家计委、国家经委《关于改善地方国营煤矿安全生产条件的报告》，要求各地政府及有关部门切实加强地方国营煤矿的安全生产工作。

2 月 6 日，国家经委、煤炭部、劳动人事部、农牧渔业部通报批评河南、山西社队煤矿接连发生的数起瓦斯煤尘爆炸事故。

3 月 4 日，全国企业整顿领导小组，国家经委发布《评选“六好企业”暂行规定》和《“六好企业”标准》，规定和标准的相关条款对文明生产、安全生产提出了要求。

3 月 19 日，卫生部发布《职业病诊断管理办法》，自 1984 年 5 月 1 日起执行。

3 月 29 日，国家经委、劳动人事部、卫生部、公安部、广播电视部、全国总工会发出《关于开展第五次全国“安全月”活动的通知》。随后“安全月”领导小组办公室发出通知，表彰了全国安全生产、文明生产先进单位 121 个。

5 月 27 日，云南省东川市因民矿区遭受泥石流冲击，造成 123 人死亡，34 人受伤。

5 月 30 日，全国人大常委会批准承认《妇女在各类矿山井下作业公约》、《确定准许使用儿童于工业工作的最低年龄公约》等 14 个国际劳工公约。

7 月 18 日，国务院颁布《关于加强防尘防毒工作的决定》。要求新建项目和技术改造项目，必须保证其尘毒治理和安全设施与主体工程同时设计、审批，同时施工，同时验收、投入使用。

10 月 15—19 日，劳动人事部劳动保护局在江苏南通召开全国劳动保护电影工作座谈会。

10 月 23 日，劳动人事部、国家经委、煤炭部、农牧渔业部联合发布《乡镇煤矿安全生产若干暂行规定》。

11 月 26 日，国务院批准成立全国安全生产委员会。

12 月 10 日，公安部、劳动人事部、轻工部、农牧渔业部、商业部和工商局联合发出通知，要求切实加强烟花爆竹安全管理工作。

1985 年

1 月 3 日，全国安全生产委员会正式成立并召开第一次会议。国务院有关部委、全国总工会为成员单位。国务委员张劲夫任主任。其主要任务是在国务院领导下，研究、统筹、协调、指导关系全局的重大安全生产问题。安委会办公室设在劳动人事部。

1 月 18 日，全国总工会书记处通过了《工会劳动保护监督检查员暂行条例》、《基层（车间）工会劳动保护监督检查委员会工作条例》和《工会小组劳动保护检查员工作条例》。

1 月 22 日，劳动人事部、国家经委、全国总工会联合发出《关于防止毒气泄漏和爆炸事故的通知》，要求借鉴、吸取印度博帕尔农药毒气泄漏事故[①]教训，对生产危险性大、毒害严重和易燃易爆产品的企业，特别是对生产农药、染料、石油、化工等企业，组织力量进行安全检查。

1 月下旬，劳动人事部矿山安全监察局与中国有色金属工业总公司在江西西

① 1984 年 12 月 3 日凌晨，印度中央邦博帕尔市贫民区附近的美国联合碳化物（印度）有限公司农药厂发生氰化物泄漏事故，造成 2.5 万人直接致死，55 万人间接致死，另外还有 20 多万人永久残废。

华山钨矿召开全国矿山防尘工作现场会。

2月10日，山西省西山矿务局杜儿坪煤矿发生瓦斯爆炸事故，造成48人死亡，8人重伤。

3月12日，劳动人事部发出《关于制止违章制造、安装锅炉的通知》。

4月7日，山东省枣庄市薛城区兴仁乡煤矿发生瓦斯煤尘爆炸事故，死亡64人。

4月20日，山西省太原市北郊区小井峪花炮厂发生爆炸事故，造成83人死亡，69人受伤。

4月26日，全国安全生产委员会发出《关于开展安全活动的通知》。通知取消在全国范围开展的"安全月"活动，要求各地区、各部门和各单位从实际出发，自行组织各类安全生产活动。

5月3—7日，全国安委会、劳动人事部、国家经委、卫生部、全国总工会在北京召开全国防尘防毒工作会议。会议检查了贯彻国务院《关于加强防尘防毒工作的决定》的情况，提出了下一步措施。

5月13日，东北内蒙古煤炭工业联合公司所属的沈阳矿务局林盛煤矿发生瓦斯爆炸事故，死亡36人，受伤13人。

5月28日，冶金部发布《炼钢安全规程》。

6月27日，重庆市市中区大溪沟罗家院一带的下水道发生爆炸事故，造成26人死亡，200余人受伤，炸垮居民住房136户，商店工厂12家，附近200多户居民住房受到不同程度破坏。国务院办公厅9月下发了《关于重庆大溪沟地区下水道发生爆炸事故的通报》。指出下水道爆炸并造成重大事故，在我国尚属首次，各地区应从中吸取教训，从城市规划与管理着手加强检查和监测，采取严格控制措施，及早发现和消除隐患。

7月6—10日，劳动人事部在湖北宜昌召开全国劳动保护宣传教育工作会议。

7月12日，广东省梅田矿务局三矿发生煤与瓦斯突出事故，造成56人死亡。

7月16日，全国安全生产委员会在鞍山钢铁公司召开安全生产现场会议。会议要求各级领导从思想上真正重视安全生产工作，进一步落实国家监察、行政管理和群众监督相结合的制度。

8月18日，黑龙江省哈尔滨市交通局航运公司的一艘客艇，在从太阳岛码头驶往松花江南岸时翻沉，造成171名乘客死亡。

9月6日，全国人大常委会决定赵东宛担任劳动人事部部长。

9月20日，四川省南充地区华云工农区李家沟煤矿井下发生透水事故，死亡61人。

10月6日，黑龙江省鸡西矿务局城子河煤矿发生瓦斯爆炸事故，死亡36人。

10月12日，黑龙江省齐齐哈尔市国营华安机械厂螺旋装药车间发生火药爆炸事故，死亡26人，重伤7人。

11月1日，煤炭部、劳动人事部、农牧渔业部、全国总工会、煤矿地质工会召开安全大检查总结汇报会。

12月24日，广西自治区百色地区天生桥电站发生坍塌事故，造成48人死亡。

六、向社会主义市场经济体制转变时期（1986—2000）

1986年

2月20日，城乡建设环保部、国家经委、劳动人事部、公安部发出《关于加强城市煤气安全工作的通知》。

2月23日，河南省许昌地区禹县张家湾煤矿发生瓦斯爆炸事故，死亡32人。

3月15日，国务院办公厅转发全国安委会《关于重视安全生产，控制伤亡事故恶化的意见》，要求各地区、各部门采取切实措施，扭转全国职工伤亡事故较大回升的被动局面。

3月25日，最高人民检察院、劳动人事部发出《关于查处重大责任事故的几项暂行规定》。

5月22日，吉林省延边自治州亚麻厂制棉车间发生粉尘爆炸事故，造成4人死亡，15人受伤。

6月21日，最高人民法院和最高人民检察院就《刑法》第114条规定的犯罪主体的适用范围发出通知。规定重大责任事故罪犯罪主体既包括国营和集体的工厂、矿山、林场、建筑企业或其他企业、事业单位的职工，也包括合作经营组织或个体经营户的从业人员。

6月30日，河北省邢台地区临城县岗头煤矿发生瓦斯爆炸事故，死亡79人，受伤4人。

7月4日，国务院发出《关于加强工业企业管理若干问题的决定》，要求企业认真抓好安全生产工作，维护国家财产，保障职工人身安全。厂长（或经理）对企业的安全生产负有全面责任。

9月15日，中共中央、国务院颁发《全民所有制工业企业厂长工作条例》、《中国共产党全民所有制工业企业基层组织工作条例》和《全民所有制工业企业职工代表大会条例》。上述条例对企业安全生产工作都有具体的规定。

10月10日，江苏省南通市拆船厂在拆船过程中发生火灾，死亡11人，受伤3人。

10月13日，全国安全生产委员会在山东肥城矿务局召开安全生产现场会议。

同日，卫生部和劳动人事部联合发出《关于卫生行政部门和劳动部门在劳动卫生监察工作上的分工协作纪要》，明确卫生行政部门从预防医学角度监督企业的劳动卫生工作，劳动部门从工程技术及其组织管理角度监督企业的劳动卫生工作。

10月26日，劳动人事部发布《劳动保护科学技术进步奖奖励办法（试行)》。

10 月 29 日，国务院颁布《中华人民共和国民用核设施安全监督管理条例》。

11 月 12 日，国家经委、劳动人事部、全国职工教育管理委员会、全国总工会印发《关于加强企业班组长培训工作的意见》。

12 月 12 日，国务院发出《关于乡镇煤矿实行行业管理的通知》。

1987 年

1 月 16 日，全国安全生产委员会办公室发文，组织开展全国工业生产安全知识竞赛活动。

1 月 29 日，贵州省毕节地区纳雍县过狮河水库发生翻船事故，死亡 59 人。

2 月 13 日，《矿山安全法》起草领导小组及其办公室成立。

2 月 17 日，劳动人事部发布《蒸汽锅炉安全技术监察规程》。

2 月 27 日，国务院颁布《化学危害物品安全管理条例》。

3 月 15 日，黑龙江省哈尔滨亚麻纺织厂发生亚麻粉尘爆炸起火事故，造成 58 人死亡，177 人受伤。

4 月 8—12 日，全国安全生产委员会在天津召开全国道路、内河交通安全现场会。

4 月 27—30 日，劳动人事部召开全国劳动安全监察工作会议。

5 月 6 日，黑龙江省大兴安岭林区发生森林火灾，过火面积 100 万公顷，毁林面积 65 万公顷，烧毁房屋 64 万平方米；造成 193 人死亡，211 人受伤；直接财产损失 5 亿多元。大火于 5 月 26 日被扑灭。

5 月 8 日，武汉长江轮船公司“长江 22033”推轮与南通市轮船运输公司“江苏（客）0130”轮在长江南通航段发生碰撞事故，死亡和失踪 114 人。

5 月 10—14 日，国家经委、国家计委、煤炭部、农牧渔业部、劳动人事部在北京联合召开全国地方煤矿工作会议。

6 月 6 日，国务院全体会议作出《国务院关于大兴安岭特大森林火灾事故的处理决定》，决定撤销杨钟的林业部部长职务，提请全国人大常委会审议批准。

6 月 8 日，国务院发出《关于加强安全生产管理的紧急通知》，要求各地对本地区安全生产情况进行一次认真、全面的检查和分析。要求把安全生产指标作为考核企业的重要指标，达不到的企业不能升级，也不能评为先进。

6月15日，中央电视台播放全国工业生产安全知识竞赛决赛实况。张劲夫国务委员和有关部门领导观看了电视决赛，并为优胜单位颁发奖杯和奖旗。全国共有500多万名职工参加竞赛，1200个单位获集体优胜奖，620人获个人优胜奖。

6月23日，全国人大常委会作出《关于大兴安岭特大森林火灾事故的决议》，批准国务院关于撤销杨钟林业部部长职务的决定；要求全国各部门、各地区、各单位引以为戒，坚决反对和纠正严重不负责任的做官当老爷的官僚主义和玩忽职守、违章作业的恶劣作风，严防类似事故的发生。

7月22日，劳动人事部、农牧渔业部发布《关于加强乡镇企业劳动保护工作的规定》。

10月5日，劳动人事部、国家经委、公安部、轻工部、农牧渔业部、财政部、国家工商局发出《关于加强烟花爆竹企业安全生产管理的紧急通知》。

10月12日，首届劳动保护科技进步奖评审结果在北京揭晓。共评出部级获奖科技成果70项，其中二等奖3项，三等奖33项，四等奖34项。

11月5日，卫生部、劳动人事部、财政部、全国总工会等部门发布修订后的《职业病范围和职业病患者处理办法的规定》。1957年卫生部发布的《职业病范围和职业病患者处理办法的规定》同时废止。

12月3日，国务院颁布《尘肺病防治条例》。

12月9日，安徽省淮南矿务局潘集一矿发生瓦斯爆炸事故，死亡45人，重伤4人。

12月10日，上海市陆家嘴轮渡站发生踩踏事故，造成66人死亡，2人受重伤，20多人受轻伤。

12月16—25日，全国劳动保护、安全生产技术开发展览会在北京中国国际展览中心举行。

1988 年

1 月 7 日，由广州开往西安的 272 次旅客列车，在运行至京广线马田墟车站时，由于旅客携带油漆发生火灾，造成旅客 34 人死亡，30 人受伤。

1 月 17 日，由黑龙江省哈尔滨市三棵树车站开往吉林省吉林市的 438 次旅客列车，在拉滨线背荫河车站与一列货车发生冲撞，死亡 19 人，重伤 25 人，轻伤 51 人。

1 月 18 日，西南航空公司一架编号为 222 的伊尔 18 型客机，在从北京飞往重庆途中，于距离重庆白市驿机场约 5 公里处坠毁，机上 108 人全部遇难。

同日，全国总工会、国家经委发布《工业企业班组安全建设意见纲要》。指出 90% 以上的事故发生在班组，80% 以上的事故是由于违章指挥、违章作业和设备隐患没能及时发现和消除等人为因素造成的，因此必须采取措施，切实加强班组安全建设。

1 月 19 日，煤炭部发出《关于严格安全制度和劳动纪律的指令》。

1 月 20 日，全国加强企业管理领导小组、国家经委、劳动人事部发出《关于企业升级中考评安全问题的暂行规定》，要求企业升级的考评工作中，对安全问题必须认真进行考评，不得弄虚作假。

1 月 24 日，由昆明开往上海的 80 次特快列车，在运行至贵昆线且午至邓家村站之间时发生颠覆事故，造成 88 人死亡，62 人重伤，140 人轻伤。

2 月 27 日，劳动人事部、农牧渔业部、国家建材局、公安部发布《乡镇露天矿场安全生产规定》。

3 月 5 日，国务院代总理李鹏主持开国务院常务会议，听取 222 号客机空难和 80 次特快列车颠覆事故调查委员会的汇报。决定接受丁关根辞去铁道部部长的请求，提请全国人大常委会审议批准；给予国家民航局局长胡逸洲记大过处分。

3 月 24 日，从南京开往杭州的 311 次旅客列车，在运行至沪杭铁路匡巷站时，与 208 次旅客列车相撞，造成 28 人死亡，15 人重伤，84 人轻伤。

4 月 9 日，第七届全国人大第一次会议审议通过《国务院机构改革方案》，决定撤销劳动人事部，分别组建人事部、劳动部。罗干担任劳动部部长。

5 月 6 日，贵州省毕节地区威宁县二塘区猴镇一处联办煤矿发生瓦斯爆炸事故，死亡 46 人。

5 月 20 日，山西省霍县矿务局圣佛矿发生瓦斯爆炸事故，死亡 40 人。

5 月 28 日，劳动部职业安全卫生监察局派员参加国际职业安全卫生情报中心（CIS）年会和国际劳工大会建筑业安全卫生委员会议。

6 月 3 日，国务院发布《私营企业暂行条例》，对私营企业的安全生产和劳动保护事项作出了规定。

6 月 5—7 日，国务院召开全国交通安全工作会议。国务院总理李鹏、副总理姚依林、吴学谦，国务委员秦基伟、王丙乾、王芳、邹家华出席会议。邹家华在讲话中，强调要深刻吸取近期连续发生的多起重大恶性事故教训，切实加强交通安全工作。李鹏在会议结束时发表讲话，要求充分认识当前交通事故严重的状况，从实际出发研究制定搞好安全运输的措施。

6 月 13 日，经国务院批准，劳动部、人事部发出《关于矿山安全监察人员编制问题的通知》。

6 月 18 日，山西省太原市古交区铁磨沟煤矿发生瓦斯爆炸事故，造成 40 人死亡。

7 月 17 日，云南省富源县上镇半坡煤矿发生瓦斯爆炸事故，造成 35 人死亡，2 人重伤。

7 月 21 日，四川省重庆轮船公司乐山分公司的一艘客轮在犍为县峰子湾水道翻沉，死亡和失踪 166 人。

7 月 25 日，四川省南充地区地质调查处人员所乘坐的一条航船，在行至马阳峡时与一货船相撞，死亡 77 人。

7 月 28 日，劳动部、国家计委、轻工部、农业部发布《烟花爆竹安全生产管理暂行办法》。

8 月 5 日，甘肃省陇南地区西坡煤矿发生瓦斯爆炸事故，死亡 45 人。

8 月 15 日，国务院办公厅发出《关于贵州省乡镇煤矿发生特大瓦斯爆炸事故的通报》。

8 月 20 日，卫生部发布修订后的《职业病报告办法》。

9 月 19 日，国务院办公厅发布《关于全国安全生产委员会组成人员的通知》。邹家华国务委员任全国安全生产委员会主任。

10 月 7 日，山西省地方航空公司的一架伊尔－14P 旅游观光飞机，在从空军临汾机场由南向北起飞后，旋即坠毁。造成 44 人死亡（其中旅客 38 人、机组 4 人、地面行人 2 人）。

10 月 12 日，陕西省咸阳市运输公司一辆大客车发生翻车事故，造成 43 人死亡，39 人受伤。

10 月 22 日，上海市高桥石油化工公司炼油厂小凉山球罐区发生液化气燃烧事故，死亡 26 人，受伤 17 人。

11 月 26 日，黑龙江省鸡西矿务局平岗煤矿发生瓦斯爆炸事故，死亡 45 人，受伤 23 人。

12 月 14 日，海南省琼中县牛路岭水电站的一艘渡船发生翻船事故，造成 63 人死亡，其中中小学生 55 人。

12 月 30 日，山东省枣庄市峄城区曹庄东矿发生瓦斯煤尘爆炸事故，死亡 33 人，受伤 2 人。

1989 年

1 月 5 日，劳动部主持起草的《中长期科技发展纲要（安全生产专题）》通过专家评审，被列入《国家中长期科技发展纲要》。

1 月 19 日，河南省郾城县城关镇居民陈某家中储存的制造鞭炮用的火药爆炸，造成 27 人死亡，18 人受伤。

2 月 10 日，劳动部、国务院企业管理指导委员会发出《关于企业升级中安全生产考评工作的补充规定》。

2 月 13 日，农业部、劳动部发布《关于加强农垦企业劳动安全工作的规定》。

3 月 29 日，国务院颁布《特别重大事故调查程序暂行规定》。

4 月 17—20 日，劳动部在北京召开全国劳动安全监察工作会议。

6 月 16 日，劳动部、农业部、公安部、国家建材局发布《乡镇露天矿场爆破安全规程》。

6 月 20 日，山西省阳泉市自来水公司一座蓄水池崩塌，造成 39 人死亡，61 人受伤。

7 月 6 日，根据七届全国人大常委会第八次会议决定，阮崇武担任劳动部部长。

7 月 10 日，劳动部发出《关于加强企业职工伤亡事故统计管理工作的通知》。

7 月 25—26 日，劳动部召开全国安委会主任会议。国务委员、全国安委会主任邹家华出席会议并讲话。会议确定把抓好安全生产环境和治理整顿，作为近两年全国安全生产工作的中心任务。

8 月 12 日，中国石油天然气总公司管道局胜利输油公司黄岛油库发生火灾爆炸事故。江泽民总书记先后三次打电话向青岛市人民政府询问灾情。李鹏总理于 13 日 11 时乘飞机赶赴青岛，亲临火灾现场视察指导救灾。到 16 日 18 时油区内的残火、地沟暗火全部熄灭。这次事故共造成 19 人死亡，100 多人负伤。

8 月 15 日，民航华东管理局江西省局的一架客机从上海虹桥机场起飞时，右发动机突然停车，飞机冲出跑道坠入河中。机组 6 人和旅客 28 人死亡，旅客 4 人受伤。

9 月 25 日，四川省甘孜州九龙县一辆大货车在九江路发生翻车事故，造成 47 人死亡，7 人受伤。

12 月 26 日，山西省忻州地区宁武县阳方口镇煤矿发生瓦斯爆炸事故，死亡 53 人。

12 月 28 日，劳动部召开事故调查和隐患评估专家组成立大会。

1990 年

1月24日，安徽省池州地区东至县杨桥乡的一艘客渡船，与南京长江油运公司所属的一艘油轮，在安庆港长江航道上相撞，造成112人死亡和失踪。

2月6日，劳动部与北京电视台联合举办以宣传安全生产、劳动保护为主题的文艺晚会。

2月16日，辽宁省大连重型机器厂计量处四楼会议室的屋盖突然塌落，造成42人死亡，46人重伤。

3月12日，甘肃省酒泉市钢铁公司炼铁厂一号高炉发生爆炸事故，造成19人死亡，10人受伤。

3月21日，云南省永善县桧溪乡的一艘渡船在金沙江发生沉没事故，死亡和失踪104人。

3月22日，邹家华国务委员主持召开全国安全生产委员会第13次会议。中国统配煤矿总公司负责人在会上介绍工作经验。1989年中统公司产煤3.56亿吨，百万吨死亡率1.71；所属的76个统配局（矿）中，有3个局、122个矿井实现了全年无死亡事故。

3月23日，劳动部发布《矿山企业因工伤亡事故统计报告方法》。

4月6日，四川省乐山地区犍为县东风煤矿发生透水事故，死亡57人。

4月23—27日，全国安委会与劳动部、能源部、农业部、全国总工会和统配煤矿总公司在山西大同矿务局召开全国煤矿安全生产现场会，授予中国统配煤矿山东公司、大同矿务局等8个单位安全生产先进单位称号。邹家华国务委员出席会议并讲话。

5月8日，黑龙江省鸡西矿务局小恒山矿井下发生火灾，死亡80人，受伤23人。

5月9日，劳动部发布《压力容器安全技术监察规程》。

6月1日，劳动部发布《漏电保护器安全监察规程》。

6月5日，国务院办公室发出《关于特别重大事故报告工作有关问题的通知》。

7 月 13 日，山东省新汶矿务局潘西煤矿二号井发生瓦斯爆炸事故，造成 48 人死亡，2 人受伤。

8 月 7 日，湖南省怀化地区辰溪县板桥乡一座民营煤矿井下发生透水事故，造成 56 人死亡。

10 月 5 日，劳动部颁布《厂长、经理职业安全卫生管理资格认证规定》。

12 月 10 日，全国安全生产委员会召开第 14 次全体会议，邹家华国务委员提出了“八五”时期安全生产工作的思路和意见。

1991 年

1 月 2 日，黑龙江省鸡东县保合煤矿发生瓦斯爆炸事故，造成 53 人死亡，12 人受伤。

1 月 16 日，监察部发布《监察机关参加特别重大事故调查处理的暂行规定》。

2 月 8 日，黑龙江省双鸭山矿务局四方台煤矿发生冒顶事故，死亡 35 人。

3 月 1 日，国务院颁布《企业职工伤亡事故报告和处理规定》。

3 月 7 日，湖南省湘潭县列家桥煤矿发生煤尘爆炸事故，死亡 35 人，受伤 1 人。

3 月 21 日，劳动部发布《起重机械安全监察规定》。

3 月 24 日，湖南省耒阳市红卫煤矿发生煤与瓦斯突出事故，造成 30 人死亡，10 人受伤。

3 月 30 日，建设部、劳动部、公安部联合发布《城市燃气安全管理规定》。

4 月 16 日，劳动部发布《客运架空索道安全运营与监察规定》。

4 月 21 日，山西省洪洞县三交河煤矿发生瓦斯煤尘爆炸事故，死亡 147 人，受伤 6 人。

4 月 26 日，全国安委会作出决定，要求各地区、各部门在 6 月 17 日至 23 日的一周时间内，组织开展“安全生产周”活动。

5 月 9 日，劳动部、交通部发布《油船、油码头防油气中毒规定》。

5 月 18 日，山西省怀仁县窑子头煤矿发生瓦斯爆炸事故，死亡 42 人。

5 月 20 日，劳动部发布《热水锅炉安全技术监察规定》。

5 月 30 日，广东省东莞市兴业制衣厂发生火灾，死亡 72 人，受伤 47 人。

6 月 20 日，国务院决定朱镕基副总理兼任全国安全生产委员会主任。

6 月 25 日，国务院办公厅转发由全国安委会办公室拟定的《全国安全生产委员会专家组工作规则》。

6 月，国务院企业管理指导委员会发布《关于制定、修订“八五”期间企业升级标准的规定》，把安全生产指标与经济效益、能源消耗、产品质量，一起列为企业升级考核的标准。

7 月 6 日，劳动部、交通部发布《港口煤尘防治规定（试行）》。

7 月 25 日，劳动部发布《企业职工伤亡事故报告和处理规定有关问题的解释》。

7 月 29 日，劳动部发出《关于对建筑企业实行安全资格认证的通知》。

8 月 7 日，劳动部、财政部发布《劳动保护专项措施经费管理办法》。

8 月 9 日，四川省自贡市富顺市中坝煤矿发生透水事故，死亡 42 人，受伤 5 人。

9 月 3 日，江西省贵溪县农药厂一辆载有剧毒化学品的汽车，在行驶至江西省上饶县沙溪镇境内时，发生泄漏事故，造成 595 人中毒，其中 43 人死亡。

9 月 10 日，劳动部发布《国有煤矿安全检查与考核标准》。

9 月 20 日，劳动部发布《特种作业人员安全技术培训考核管理规定》。

9 月 24 日，山西省太原市迎泽公园在举办“煤海之光”大型灯展时发生踩踏事故，造成 105 人死亡，108 人受伤。

10 月 14 日，世界标准日，本年度世界标准日主题为“劳动安全”。

10 月 30 日，贵州省福泉县发生 3 辆汽车相撞事故，死亡 59 人。

1992 年

1 月 14—16 日，劳动部召开矿山安全监察年度工作会议。

3 月 9 日，劳动部、卫生部、全国总工会发布《职工工伤与职业病致残程度鉴定标准（试行）》。

3 月 13 日，江苏省徐州市铜山县岗子村煤矿发生煤尘爆炸事故，死亡 30 人，受伤 21 人。

3 月 21 日，从南京西开往广州的 211 次旅客列车，在浙赣线五里墩车站，与进站的 1310 次货车相撞，造成 15 人死亡，25 人受伤。

3 月 24 日，山西省大同市新荣区碾盘沟煤矿发生瓦斯爆炸事故，死亡 40 人，重伤 3 人。

4 月 3 日，第七届全国人大常委会第五次会议通过《工会法》，其中对安全生产和劳动保护作出了规定。

4 月 7 日，朱镕基副总理主持会议专题研究安全生产工作。会后国务院办公厅印发的《会议纪要》确定由劳动部代表国务院综合管理全国的安全生产工作，重大问题请示国务院决定。

4 月 10 日，国务院办公厅转发劳动部《关于压力容器整顿治理情况和进一步加强安全工作通知的报告》。

4 月 11 日，全国安委会就组织开展 1992 年“安全生产周”活动发出通知。

5 月 3 日，国务院办公厅发出《关于煤矿连续发生重大伤亡事故的通报》。

6 月 11 日，劳动部发布《矿山安全卫生监察程序和办法》。

6 月 13 日，在山西省柳林县石西乡后河底村与陕西省绥德县枣林坪乡西河驿村之间的黄河水域上，一艘无证无照船舶沉没，死亡和失踪 48 人。

7 月 24 日，劳动部发布《关于全国工厂企业重大伤亡事故情况的通报》。

7 月 31 日，中国通用航空公司由南京飞往厦门的 GP7552 航班 2755 号雅克－42 型飞机，在起飞时冲出跑道，造成 107 人死亡，19 人受伤。

8 月 5 日，姚依林副总理主持召开国务院第 110 次常务会议，讨论并原则通过《矿山安全法（草案）》，提请全国人大常委会审议。

8 月 7 日，最高人民检察院发出《关于认真查处玩忽职守和重大责任事故案件的情况通报》。

8 月 13 日，农业部发布《乡镇企业安全生产和工业卫生管理规定》。

9 月 5 日，国家技术监督局、劳动部等部门发布《关于对实施安全认证的电工产品进行强制性监督管理的通知》。

10 月 5 日，经国务院领导批准，劳动部发布《1991 年全国企业职工伤亡情况通报》。

10 月 15 日，劳动部、国家统计局印发《〈企业职工伤亡事故统计报表制度〉的通知》。从 1993 年开始，根据统计资料定期公布全国企业职工伤亡人数。

11 月 7 日，第七届全国人大常委会第二十八次会议通过《中华人民共和国矿山安全法》，于 1993 年 5 月 1 日起施行。

11 月 11 日，劳动部发出《关于烟花爆竹生产企业事故严重情况的通报》。

11 月 24 日，中国南方航空公司的一架波音 737 客机，由广州飞往桂林，在广西阳朔县杨堤乡土岭村后山粉碎性解体，机上 141 人全部遇难。

12 月 7 日，山西省大同市青磁窑煤矿发生瓦斯爆炸事故，死亡 36 人。

12 月 8—10 日，劳动部召开全国矿山安全监察工作会议，对贯彻《矿山安全法》作出部署。

12 月 14 日，劳动部发出《关于加强对电梯安全管理的通知》。

1993 年

1 月 3 日，国务院批转劳动部等部门《关于制止小煤矿滥采乱挖确保煤矿安全生产意见》。

1 月 31 日，由赤峰开往大连的 77 次特快列车，在高新线罗家站附近的一处道口，与一辆个体户经营的大客车相撞，造成 65 人死亡，4 人重伤。

2 月 14 日，河北省唐山市东矿区林西百货大楼发生火灾，死亡 82 人，受伤 55 人。

3 月 10 日，浙江省宁波市北仑港发电厂发生锅炉爆炸事故，死亡 23 人，受伤 31 人。

3 月 17 日，劳动部发出关于开展《矿山安全法》宣传月活动的通知。

3 月 27 日，劳动部发布《溶解乙炔气瓶安全监察规定》。

3 月 29 日，李伯勇担任劳动部部长。

4 月 13 日，广东省湛江市一艘载有 70 多人的游艇，在湛江港西部海域被大浪打翻，造成 40 人死亡。

5 月 1 日，《矿山安全法》正式实施。

6 月 16 日，劳动部召开全国安全生产电话会议。邹家华副总理出席会议并讲话。

6 月 26 日，河南省郑州市新技术开发区食品添加剂厂发生爆炸，死亡 27 人，受伤 33 人。

7 月 3 日，劳动部发出《关于加强安全生产管理的紧急通知》。

7 月 10 日，从北京开往成都的 163 次旅客列车，在行至京广线新乡南场至七里营之间时，与前行的 2011 次货物列车追尾，造成 40 人死亡，9 人重伤，39 人轻伤。

7 月 12 日，国务院发出《关于加强安全生产工作的通知》，明确由劳动部负责综合管理全国安全生产工作，对安全生产行使国家监察职权。全国安全生产委员会撤销。

7 月 23 日，西北航空公司一架 BAe146 型客机，在银川机场起飞时冲出跑道，造成 54 名乘客死亡，3 名机组人员受伤。

8 月 5 日，广东省深圳市安贸危险物品储运公司的一处仓库发生火灾，并导致连续爆炸，造成 15 人死亡，823 人受伤，直接经济损失约 2.5 亿元。

同日，山东省临沂市罗庄镇龙山煤矿发生透水事故，造成 59 名矿工死亡。

8 月 12 日，北京市隆福大厦发生火灾，直接经济损失 2148.9 万元，34 名消防官兵在救火时受伤。

8 月 27 日，青海省海南藏族自治州共和县沟后水库发生溃坝事故，死亡和失踪328人，直接经济损失1.53亿元。

9月17日，劳动部发出关于印发企业职工伤亡事故报告统计问题解答的通知。

9月21日，劳动部、全国总工会颁发《关于切实保障企业职工合法权益的通知》。

9月28日，华北油田位于河北省石家庄市赵县境内的一口预探井发生井喷事故，造成7人死亡，464人中毒，22.6万居民紧急疏散。

10月10日，劳动部召开全国安全生产电话会议。

10月11日，黑龙江省鸡东县保合煤矿一井发生瓦斯爆炸事故，死亡70人。

10月16日，中国海洋直升机公司一架直升机在南海一号平台降落时坠海，机上3人遇难。

10月18日，江苏省徐州市大刘庄煤矿发生瓦斯爆炸事故，造成40人死亡。

10月27日，国务院发出《关于控制重大、特大恶性事故的紧急通知》。

10月30日，受国务院委托，劳动部组织召开了全国安全生产紧急电话会议。邹家华副总理出席会议并讲话。

11月15日，河南省平顶山市宝丰县娘娘山煤矿发生瓦斯爆炸事故，死亡49人。

11月19日，广东省深圳市葵涌镇港商独资的致丽工艺厂发生火灾，造成84人死亡，20人重伤。同日，劳动部发出《关于加强外商投资企业安全生产工作的紧急通知》。

11月28日，劳动部发布《有机热载体炉安全技术监察规程》。

12月6日，劳动部发布《超高压容器安全监察规程（试行）》。

12月13日，福建省福州市马尾经济技术开发区内台商独资的高福纺织有限公司发生火灾，死亡60人，受伤8人。

12月22日，劳动部在北京举行庆祝我国恢复在国际劳工组织活动十周年报告会。

12月30日，山西省吕梁地区柳林县庙湾煤矿发生瓦斯爆炸事故，死亡

40人。

1994年

1月24日，黑龙江省鸡西矿务局二道河子煤矿多种经营公司七号井发生瓦斯爆炸事故，死亡99人（其中女工35人），重伤3人。

1月26日，劳动部颁布《有毒作业危害分级监察规定》。

1月27日，福建省龙海市鸿屿渔业大队的一艘渔轮发生翻沉事故，死亡13人。

2月1日，四川省重庆轮船公司乐山分公司所属的“川运21号”轮船在万县港区发生碰撞翻沉事故，死亡72人。

2月4日，劳动部、煤炭部联合召开全国煤矿安全生产电话会议。

2月5日，劳动部、监察部、最高人民检察院、全国总工会发出《关于必须严肃查处煤矿重大恶性事故的通知》。

2月15日，劳动部、广电部发出《关于加强安全生产宣传工作的通知》。

同日，湖南省衡阳车站发生拥挤踩踏事故，死亡44人，重伤43人。

3月8日，劳动部召开全国安全生产工作电视电话会议。邹家华副总理在讲话中指出，加强安全生产是贯彻中央“20字方针”① 的重要内容，“安全第一、预防为主”是党和国家的重要政策。

3月15日，劳动部、国务院法制局发出《关于开展〈矿山安全法〉执法大检查的通知》。

3月23—25日，劳动部在山西省太原召开全国矿山安全卫生监察工作会议。

3月25日，劳动部发布《矿山呼吸性粉尘危害程度分级方案》。

3月26日，武汉铁路分局管内的一列货车，在一处铁路与公路交叉道口与一列无轨电车相撞，造成18人死亡，54人受伤。

---

① “20字方针”：1994年初，中央提出全党全国的工作要以“抓住机遇，深化改革，扩大开放，促进发展，保持稳定”为方针。

4月3日，福建省南安市五金交化安装总公司在维修施工中发生楼房倒塌事故，死亡12人，受伤4人。

4月4日，铁道部第十五工程局第四工程处在铁路隧道施工中发生窒息事故，死亡12人。

4月5日，浙江省缙云县一艘游船翻沉，造成37名小学生死亡。

4月9日，四川省马尔康县一辆大客车发生翻车事故，造成37人死亡，17人受伤。

4月15日，河南省计生委科研所发生淋浴热交换器爆炸事故，死亡8人，重伤5人。

4月20日，劳动部召开全国职业安全卫生与锅炉压力容器安全监察工作会议。

5月10日，劳动部发出《关于开展建筑施工安全大检查的通知》。

6月4日，广东省深圳市龙岗区协成五金制品厂的一栋在建楼房倒塌，死亡11人，重伤8人。

6月5日，江西省新干县两川花炮厂发生爆炸事故，死亡15人。

6月6日，民航西北航空公司一架图－154型客机，在陕西省长安县鸣犊镇坠毁，机上160人全部遇难。

6月8日，劳动部发出《关于认真贯彻执行〈矿山安全法〉，进一步加强矿山安全工作的紧急通知》。

6月16日，广东省珠海市前山镇裕新染织厂发生火灾，死亡93人，重伤48人，轻伤108人。直接经济损失9515万元。

6月20日，劳动部发布《液化气体汽车罐车安全监察规程》。

6月23日，天津市铝材厂盐浴炉爆炸，死亡10人，受伤65人。

7月5日，第八届全国人大常委会第8次会议通过《中华人民共和国劳动法》，于1995年1月1日起正式施行。

7月6日，劳动部发出《关于重申特大伤亡事故报告有关问题的通知》。

7月9日，湖北省五峰县客运公司的一辆长途客车在长江古老背渡口过渡时，从渡轮上滑入江中，造成50人死亡。

8月2日，广西自治区毛南族自治县化达矿区一座炸药仓库发生爆炸事故，死亡68人，受伤85人。

9月11日，四川省万县一辆大客车在行至湖北省巴东县支井河路段时坠落悬崖，死亡55人，受伤46人。

9月17日，黑龙江省鹤岗矿务局南山煤矿发生瓦斯爆炸事故，死亡65人。

9月18日，辽宁省大连市金州区医院的高压氧舱起火，11名正在舱内接受治疗的患者被烧死。

10月2日，广东省从化县天湖旅游区河流之上架设的一座铁索桥断裂，桥上游客落水，死亡38人。

10月19—21日，全国劳动监察工作会议在福建厦门召开。

10月20日，北京市内燃机总厂的一辆客车，在朝阳区老君塘道口与一列火车相撞，死亡23人，重伤47人。

10月23日，陕西省西安市庆华电器制造厂一辆载有105万枚雷管的汽车，在行至山东省平度市洪山乡境内时爆炸，死亡5人。

10月27日，第八届全国人大常委会第10次会议审议批准了“170号国际劳工公约”（《作业场所安全使用化学品公约》）。

10月29日，云南省宣威市田坝镇办事处砂场发生塌方事故，死亡18人，受伤5人。

11月9日，第二届国际工业安全防护及预警技术展览会在北京举办，来自澳大利亚、意大利、法国、德国、日本、美国及香港地区和各省130家公司和厂家参展。

11月13日，吉林省辽源矿务局太信矿四号井发生煤尘爆炸事故，死亡82人，受伤132人。

11月27日，辽宁省阜新市艺苑歌舞厅发生火灾，死亡233人。

12月8日，新疆自治区克拉玛依市友谊馆发生火灾，造成325人死亡（其中中小学生288人），受伤132人。

1995 年

1 月 3 日，山东省济南市地下煤气管道发生泄漏爆炸事故，死亡 13 人，受伤 48 人。

1 月 11 日，劳动部发出《关于进一步加强电梯安全管理工作的通知》。

1 月 20 日，江西省九江市大中商厦发生火灾，死亡 10 人。

1 月 22 日，劳动部颁发《爆炸危险场所安全规定》。

1 月 24 日，劳动部召开全国安全生产工作电话会议，邹家华副总理出席会议并对 1995 年的工作提出要求。

2 月 11 日，四川省达川地区达川钢铁总厂轧钢分厂发生爆炸事故，死亡 11 人，重伤 4 人。

2 月 20 日，国家安全生产专家组成立大会在北京召开，吴邦国副总理出席会议并讲话。

2 月 25 日，农业部、劳动部发布《乡镇企业安全生产综合治理活动方案》，决定从 1995 年起连续三年开展全国乡镇企业安全生产综合治理活动。

3 月 13 日，云南省富源县竹器乡糯木村开办的煤矿发生瓦斯爆炸事故，死亡 32 人，受伤 12 人。

同日，辽宁省鞍山市商场发生火灾，死亡 35 人，受伤 18 人。

3 月 30 日，安徽省马鞍山钢铁公司运输二队的一辆运矿渣将高空架设的煤气管道拉断，导致泄漏中毒事故发生，死亡 11 人。

4 月 21 日，浙江省海运总公司的一艘货轮，在普陀山海域与另一艘轮船相撞后沉没，死亡 13 人。

4 月 24 日，新疆自治区乌鲁木齐市水产蛋禽公司发生火灾，死亡 51 人，受伤 14 人。

5 月 2 日，上海市第三建筑发展总公司徐浦大桥工地发生倒塌事故，死亡 12 人，受伤 2 人。

5 月 13 日，湖北省利川市中路一户鞭炮厂发生爆炸事故，死亡 11 人，重伤

6人。

5月31日，山东省寿光市寿光镇南关村冷食厂恒温库发生蒜台货架倒塌事故，死亡10人，轻伤5人。

6月23日，安徽省淮南矿务局谢一矿发生瓦斯爆炸事故，死亡73人，受伤79人。

7月12日，山东省青岛市泡花碱厂建筑工地发生围墙倒塌事故，死亡25人，重伤6人。

7月24日，劳动部召开全国安全生产电话会议，吴邦国副总理出席会议并讲话，要求努力预防和控制重特大事故。

8月22日，劳动部发布《重大事故隐患管理规定》。

9月2日，广东省顺德市桂州镇红旗管理区竹山打火机厂发生爆炸事故，死亡22人，重伤19人。

10月1日，劳动部发布《重大事故隐患管理规定》。

10月23日，黑龙江省哈尔滨市依兰二矿井下发生透水事故，死亡41人。

11月6日，劳动部发布《矿山安全监察工作规则》。

11月8日，劳动部发布《企业职工劳动安全卫生教育管理规定》。

11月13日，四川省重庆市江津轮船总公司江津6号客轮与贵州省拖船总公司的一艘拖轮发生碰撞，江津6号沉没，死亡42人。

11月29日，湖北省电力建设总公司第二工程公司青山热电厂发生吊塔坠落事故，死亡15人，重伤5人。

11月，劳动部、监察部、全国总工会联合对吉林、浙江、江西、广东、上海四省一市安全生产工作进行了检查。

12月8日，广东省广州市广涛阁芬兰浴中心（香港独资）发生火灾，造成18名女性从业人员死亡。

同日，四川省德阳市建筑公司第三工程处施工工地发生坍塌事故，死亡17人，重伤5人，轻伤5人。

12月14日，劳动部在辽宁大连召开全国劳动工作会议，提出“九五”时期安全生产奋斗目标是：遏制重大事故发生，控制各种严重职业危害，企业伤亡事故比“八五”期间有所下降。

12 月 31 日，贵州盘江矿务局老屋基矿发生瓦斯爆炸事故，造成 76 人死亡。

1996 年

1 月 1 日，广东省深圳市合资企业圣诞饰品有限公司发生火灾，造成 19 人死亡，37 人受伤。

1 月 12 日，劳动部、公安部发出《关于进一步加强烟花爆竹安全管理的紧急通知》。

1 月 22 日，全国安全生产工作电视电话会议在北京召开。吴邦国副总理出席会议并讲话，指出加强安全生产是实现中央提出的“两个转变”[①] 的重要保证。

1 月 31 日，湖南省邵阳市郊区城南乡祭旗村一处民房内存储的炸药发生爆炸事故，死亡 134 人，受伤 405 人（住院治疗 117 人）。

2 月 5 日，国家教委、劳动部、公安部、交通部、铁道部、国家体委、卫生部发出通知，决定建立全国中小学生“安全教育日”制度。每年 3 月份最后一周的星期一，集中开展中小学生安全教育活动。

3 月 13 日，劳动部就近期城市燃气管道事故发出通报。

3 月 14 日，国家技术监督局发布《职工工伤与职业病致残程度鉴定国家标准》。

3 月 25 日，首个全国中小学生“安全教育日”活动在全国开展。李岚清副总理发表电视讲话，要求全社会都要关心中小学安全问题。

4 月 22 日，劳动部、监察部、煤炭部、地矿部和全国总工会发出《关于开展煤矿安全生产大检查活动的通知》。

---

① “两个转变”：一是要实现经济体制从计划经济向社会主义市场经济体制的转变，二是实现经济发展从粗放型向集约型的转变。

4月23日，劳动部下发《关于“九五”期间安全生产规划的建议》。同日，劳动部还发布了《压力管道安全管理与监察规定》、《劳动防护用品管理规定》。

4—6月，劳动部组织对全国“三资”企业和私营企业劳动安全卫生和劳动用工进行了大检查。

5月21日，河南省平顶山矿务局十矿发生瓦斯爆炸事故，84人死亡，68人受伤。

6月6日，甘肃省酒泉钢铁公司基建二公司发生塔吊倒塌事故，死亡10人，重伤3人。

6月16日，广东省珠海市前山峪新染织厂发生火灾，死亡93人。

6月29日，四川省内江市咸阳市和丰镇永兴村火炮厂发生爆炸事故，造成35人死亡，49人重伤。

7月17日，广东省深圳市端溪酒店发生火灾，造成30人死亡，13人受伤。

8月12日，劳动部发布《企业职工工伤保险试行办法》。

8月19日，劳动部发布《蒸汽锅炉安全技术监察规程》。

8—9月，全国人大常委会在全国开展《劳动法》执法检查。

9月9日，四川省水电局第五工程处宝珠山水电站施工现场发生吊篮坠落事故，死亡11人，重伤2人。

9月14日，国务院办公厅发出《关于特大事故批复结案工作有关问题的通知》，确定特大事故由劳动部代表国务院批复结案。

10月1日，煤炭工业部颁布《小煤矿安全规程》。

10月9日，劳动部成立事故调查分析技术中心，与劳动部劳动保护科学研究所合署办公。

10月11日，国务院批准《矿山安全法实施条例》，由劳动部发布实施。

10月17日，劳动部发布《建设项目劳动安全卫生监察规定》。

10月19日，陕西省司法局所属的崔家沟煤矿发生瓦斯爆炸事故，死亡50人，受伤16人。

10月26日，福建省漳州市漳浦县马坪镇一艘载着小学生游览的舢板沉没，造成24人死亡。

11月27日，山西省大同市新荣区郭家窑乡东村煤矿发生瓦斯爆炸事故，死亡114人。

12月1日，第八届全国人大会常委会第二十一次会议审议通过《中华人民共和国煤炭法》，自1996年12月1日起施行。

12月2日，贵州省贵阳市市政公司在公路扩建施工中发生山体滑坡事故，造成38人死亡，15人受伤。

12月4日，湖南省常德市安乡县一处舞厅发生火灾，死亡11人。

同日，黑龙江省哈尔滨市司法局所属的一个为打火机装气的生产厂点发生爆炸事故，死亡28人，受伤1人。

12月20日，广东省韶关市公路局工程公司在进行公路大桥施工时发生坍塌事故，造成32人死亡，59人受伤。

同日，劳动部、化工部联合发布《工作场所安全使用化学品规定》。

12月25—27日，受国家教委的委托，劳动部召开了安全工程专业教学指导委员会成立大会。

12月26日，国务院召开全国安全生产工作电视电话会议，吴邦国副总理出席会议并讲话。

1997年

1月3日，四川省资中县归德镇一艘渡船翻沉，死亡43人。

1月5日，黑龙江省哈尔滨市某劳改工厂发生火灾，死亡93人。

1月25日，河南省义马矿务局耿村煤矿发生瓦斯爆炸事故，死亡31人。

1月29日，湖南省长沙市燕山酒店发生火灾，造成40人死亡，8人重伤。

2月5日，劳动部、煤炭部、农业部、地矿部、监察部、全国总工会发出《关于加强乡镇煤矿安全工作的通知》。

2月13日，广西自治区宜州市一辆个体户经营的大客车，在行驶至广州市罗岗路段时起火燃烧，造成40人死亡，6人受伤。

2 月 23 日，湖南省桃江县一辆大客车坠入河内，死亡 42 人。

3 月 4 日，河南省平顶山市鲁山县梁洼镇红土坡煤矿发生瓦斯爆炸事故，事故殃及另外两个小煤矿，共造成 89 人死亡，9 人受伤。

3 月 25 日，福建省莆田县新光电子有限公司的一栋宿舍楼倒塌，死亡 31 人。

4 月 4—7 日，劳动部召开全国安全生产工作会议。

4 月 26 日，全国总工会发布经重新修订的《工会劳动保护监督检查员工作条例》、《基层工会劳动保护监督检查委员会工作条例》和《工会小组劳动保护检查员工作条例》。

4 月 27 日，云南省林业厅工程公司线路一队施工工地发生火药爆炸事故，死亡 18 人，受伤 23 人。

4 月 29 日，从昆明开往郑州的 324 次旅客列车，在行至京广线湖南岳阳县荣家湾车站时，与停在站内的 818 次旅客列车追尾，事故造成 126 人死亡，48 人重伤，182 人轻伤。

5 月 8 日，中国南方航空（集团）公司深圳公司一架波音 737 客机，在深圳黄田机场（现为深圳宝安国际机场）降落时失事，死亡 35 人，重伤 9 人。

5 月 11 日，国务院召开全国安全生产电视电话会议。朱镕基副总理传达了江泽民总书记关于安全生产工作的三点指示①，要求各部门、各地区认真贯彻落实，切实加强安全生产，确保国民经济的正常运行和社会安定团结。吴邦国副总理、罗干国务委员出席会议并讲话。

5 月 14 日，劳动部发出《关于切实抓好全国安全生产检查的通知》，要求从 5 月 15 日到 6 月 15 日，在全国开展安全生产检查。劳动部会同国家经贸委、监

---

① 江泽民对安全生产工作的三点指示：一是坚决树立安全生产第一的思想。任何企业都要努力提高经济效益，但是必须服从安全第一的原则。要防止一切麻痹松懈的思想和骄傲自满的情绪，尤其是交通运输、煤炭、电力、石油、化工、林业等部门及其企业更要重视安全。二是认真完善安全生产的规章制度，并且坚决贯彻执行，改变那种纪律松弛、管理不严、有章不循的情况，对责任事故要严肃追查责任者，从严处理。三是提高政治警惕，严防政治破坏，各级政法部门要严厉打击破坏安全生产的犯罪活动，依法从严惩处。

察部、公安部和全国总工会，组成6个检查组，对重点地区、重点企业的安全生产进行了检查。

5月22日，劳动部、煤炭部、国家经贸委、地矿部、监察部、全国总工会联合召开依法整顿煤矿生产秩序全国电视电话会议。

5月28日，辽宁省抚顺矿务局龙凤矿发生瓦斯爆炸事故，死亡69人。

6月19日，贵州省一辆从怀仁市开往遵义市的大客车在运行途中翻车，造成32人死亡，26人受伤。

6月27日，北京市东方化工厂发生火灾、爆炸事故，死亡9人，受伤39人，直接经济损失2亿元。

7月12日，浙江省常山县城南开发区一栋住宅楼倒塌，死亡36人，受伤3人。

8月30日，煤炭部召开全国重点产煤县工作会议，部署深入学习贯彻《煤炭法》，贯彻乡镇煤矿“八字方针”①，引导乡镇煤矿走依法办矿、有序发展的道路。吴邦国副总理给大会发来贺信。

9月11日，国务院办公厅发出《关于转发劳动部关于认真落实安全生产责任制意见的通知》。

10月12日，云南省东川县一辆个体户经营的中型客车在开往昆明途中发生翻车事故，造成42人死亡。

10月20日，国务院办公厅转发劳动部《关于认真落实安全生产责任制的意见》。

10月25日，浙江省温州市瓯海区环球皮业公司鞋业分公司发生火灾，死亡15人。

11月1日，第八届全国人大常委会第二十八次会议通过《中华人民共和国建筑法》，自1998年3月1日起施行。

11月13日，安徽省淮南矿务局潘三矿发生瓦斯爆炸事故，死亡89人。

---

① 乡镇煤矿“八字方针”：扶持、改造、整顿、提高。

11月19日，人事部、劳动部发布《安全工程专业中、高级技术职称资格评审条件（试行）》。

11月20日，浙江省温州市横峰镇劲伟鞋厂发生火灾，死亡17人。

11月26日，全国矿山安全卫生监察工作会议在山东烟台召开。

11月27日，安徽省淮南矿务局谢二矿发生瓦斯爆炸事故，死亡45人，重伤7人。

12月10日，河南省平顶山市石龙区五七（集团）公司大井发生特别重瓦斯爆炸事故，死亡79人。

12月11日，黑龙江省哈尔滨市汇丰大酒店发生火灾，死亡31人，受伤24人。

1998年

1月3日，吉林省通化市东珠宾馆发生火灾，死亡24人，重伤14人。

1月6日，陕西省兴化集团公司二期硝铵生产系统发生爆炸事故，死亡13人。

1月24日，辽宁省阜新矿务局王营煤矿发生瓦斯爆炸事故，造成78人死亡，7人受伤。

同日，河北省丰润县新军屯镇集贸市场集中销售烟花爆竹的“炮市”发生爆炸事故，死亡42人，受伤46人（其中11人重伤）。

2月11日，河南省宁陵县城关回族镇燃放烟花爆竹引发爆炸事故，死亡13人，受伤4人。

2月13日，广东省广州市白云区新市镇华润化妆品厂发生火灾，死亡11人。

3月5日，陕西省西安市煤气公司的一个储存170吨液化气的球罐发生泄漏爆炸事故，死亡12人（包括7名消防战士），受伤多人。

3月18日，张左己担任劳动和社会保障部部长。

4月6日，河南省平顶山市石龙区沙石岭5号、6号煤矿和梁马煤矿发生瓦斯爆炸事故，死亡 62 人。

4 月 29 日，第九届全国人大常委会第二次会议通过《中华人民共和国消防法》，自 1998 年 9 月 1 日起施行。

4—8 月，劳动和社会保障部、化工部、农业部、全国总工会、石化总公司联合组织了“全国化学品安全卫生知识有奖问答”竞赛，约有 60 万职工参加竞赛。

5 月 4 日，河南省郑州市一辆大客车在黄河公路大桥上翻车坠河，造成 22 人死亡，30 人受伤。

5 月 18 日，广西自治区钦州市小董镇的一处采石场发生滑塌事故，死亡和失踪 15 人，重伤 6 人。

6 月 4 日，山西省大同市江家湾中专实习煤矿发生瓦斯爆炸事故，死亡 11 人。

6 月 17 日，根据九届全国人大第一次全体会议批准的国务院机构改革方案和《国务院关于机构设置的通知》，国务院办公厅发布《关于印发劳动和社会保障部职能配置、内设机构和人员编制规定的通知》，决定将原劳动部承担的安全生产综合管理、职业安全监察、矿山安全监察职能，交由国家经济贸易委员会承担；原劳动部承担的职业卫生监察（包括矿山卫生监察）职能，交由卫生部承担；原劳动部承担的锅炉压力容器监察职能，交由国家质量技术监督局承担。工伤保险的职能交新成立的劳动和社会保障部。

7 月 9 日，重庆市江津县一艘客货机动船发生翻沉事故，造成 69 人死亡和失踪。

7 月 12 日，四川省江安县的一艘客渡船，在由长江南岸江安镇官驿门码头开往北岸时发生沉船事故，死亡和失踪 94 人。

8 月 4 日，国家经贸委、劳动和社会保障部联合发出《关于机构改革期间安全生产工作有关问题的通知》。

8 月 11 日，国务院办公厅下发了国家经贸委职能配置、内设机构和人员编制规定的通知。国家经贸委内设安全生产局，负责综合管理全国安全生产工作。

闪淳昌任国家经贸委安全生产局局长。

8 月 26 日，江苏省常州市第一人民医院发生火灾，死亡 14 人。

9 月 15—18 日，中国劳动保护科学技术学会在北京召开“国家安全生产工作改革与发展研讨会”。

10 月 15 日，黑龙江省鹤岗市乡镇企业局东兴煤矿发生瓦斯爆炸事故，死亡 46 人。

10 月 25 日，广西自治区合山市和忻城县两个互相贯通的小煤矿发生透水事故，死亡 35 人。

10 月 28 日，国家经贸委就遏制煤矿重特大事故发出紧急通知。

11 月 21 日，山西省临汾市河底乡西沟煤矿发生瓦斯爆炸事故，死亡 47 人。

11 月 29 日，云南省宣威市来宾煤矿发生瓦斯爆炸事故，死亡 42 人，受伤 18 人。

12 月 12 日，河南省平顶山市宝丰县大营镇一矿发生瓦斯爆炸事故，死亡 66 人。

同日，浙江省长广集团公司六矿发生瓦斯爆炸事故，死亡 32 人。

12 月 30 日，国家经贸委发布“安全科技进步奖评奖暂行办法”。

1999 年

1 月 4 日，重庆市綦江县古南镇的一座人行桥（彩虹桥）整体垮塌，致使 40 名正在过桥的人坠入綦河死亡，14 人受伤。

1 月 7 日，国家经贸委安全生产局在重庆召开机构改革后首次全国安全生产工作会议。

1 月 16 日，江泽民总书记就宁夏发生的一起锅炉爆炸事故，打电话给国家经贸委主任盛华仁，要求吸取事故教训，切实加强和改进锅炉容器安全监管工作。

当日，贵州省毕节地区赫章县妈姑镇一处民营煤矿发生瓦斯爆炸事故，死亡

30 人，受伤 10 人。

1 月 18 日，国家经贸委、国家质量技术监督局就贯彻落实中央领导人指示精神，认真做好锅炉、压力容器制造、安装、运行安全和质量工作，联合发出紧急通知。

1 月 27 日，国家经贸委召开全国安全生产工作电视电话会议，安排部署 1999 年重点工作。

2 月 12 日，重庆市公交公司的一辆公共汽车发生翻车事故，死亡 30 人，受伤 25 人。

2 月 14 日，黑龙江省七台河精煤公司发生瓦斯爆炸事故，死亡 48 人，受伤 7 人。

2 月 24 日，民航西南航空公司一架客机在从成都飞往温州的途中发生坠毁事故，死亡 61 人。

3 月 5 日，甘肃省天水市北道区坝子金矿发生炸药爆炸事故，死亡 31 人。

3 月 20 日，国务院办公厅转发国家经贸委《关于加强安全生产工作意见》。

3 月 25 日，全国总工会和国家经贸委联合发文，部署在国营企业开展“安康杯”竞赛活动。

3 月 28 日，河北省邢台市临城县橙底联办煤矿发生透水事故，死亡 40 人。

3 月 29 日，国家经贸委就加强石油管道保护工作发出通知。

4 月 12 日，我国代表团参加在巴西圣保罗举行的第十五届世界职业安全卫生大会。

4 月 26 日，首届中国安全生产论坛年会在重庆举行。

5 月 10 日，陕西省铜川矿务局玉华煤矿发生瓦斯爆炸事故，死亡 42 人，受伤 10 人。

5 月 25 日，国家经贸委就加强做好汛期安全生产工作发出通知。

7 月 12 日，国家经贸委公布《特种作业人员安全技术培训考核管理办法》。

7 月 28 日，国家经贸委、公安部、国防科工委发出《关于切实加强爆炸物品管理，开展爆炸物品安全检查的紧急通知》，要求各地深刻吸取 7 月 27 日发生的云南燃料一厂运送雷管车辆爆炸事故教训，切实加强爆炸物品安全管理。

8 月 24 日，河南省平顶山市韩庄矿务局二矿发生瓦斯爆炸事故，死亡 55 人，受伤 4 人。

9 月 13 日—12 月 21 日，国家经贸委、全国总工会联合发文，在全国开展“百日安全无事故”活动。

10 月 3 日，贵州省兴义市马岭河峡谷风景区客运索道发生钢丝绳断裂、吊箱坠落事故，造成 14 人死亡，22 人受伤。国家经贸委就此发出通报，要求各地吸取事故教训，加强索道安全监管。

10 月 9 日，广东省广州市白云区竹料镇一家海绵加工厂发生火灾，死亡 15 人。

10 月 13 日，国家经贸委颁布《职业安全卫生管理体系试行标准》。

10 月 18 日，新疆自治区伊犁地区运输集团公司的一辆卧铺客车在天山公路坠入湖中，死亡 21 人。

10 月 26 日，广东省僧城市石滩镇一家皮具厂发生火灾，死亡 20 人，重伤 4 人。

11 月 1 日，四川省广元市 108 国道上的一座立交桥垮塌，造成 10 人死亡，15 人受伤。

11 月 8—10 日，国家经贸委、国家环境保护总局、国际化学品制造商协会和国际劳工组织在上海召开了第五届亚太地区责任与关怀会议暨化学品安全研讨会。

11 月 18 日，广西自治区梧州市一辆大客车坠入河中，死亡 31 人，受伤 23 人。

11 月 24 日，山东省海运集团烟大汽车轮渡股份有限公司所属的“大舜”号轮船在烟台附近海域沉没，造成 282 人死亡。

11 月 25 日，河北省磁县翼南煤焦联营总公司煤矿发生瓦斯爆炸事故，死亡 33 人。

11 月 30 日，国务院发出《关于加强安全生产有关问题的紧急通知》，要求各部门、各地区深刻吸取“大舜”轮海难事故教训，落实责任制，切实加强安全生产工作。

12月1日，国务院召开全国安全生产紧急电视电话会议，吴邦国副总理出席会议并讲话。同日，国家经贸委印发《2000年安全生产工作要点》。

12月7日，国家经贸委发出《关于进行全国安全生产大检查抽查的通知》。

12月20日，国务院办公厅发出《关于印发煤矿安全监察管理体制实施方案的通知》，决定设立国家煤矿安全监察局，建立全国统一的垂直管理的煤矿安全监察体系。国家煤矿安全监察局与国家煤炭工业局实行一个机构、两块牌子，仍由国家经贸委管理。

2000年

1月1日，福建省闽泉快运客运公司的一辆客车与福州市城门运输公司的一辆货车发生碰撞事故，死亡22人，受伤29人。

1月10日，国家煤矿安全监察局成立大会召开。

2月29日，国家经贸委与全国总工会联合召开全国“安康杯”竞赛总结表彰电视电话会议。

3月11日，江西省萍乡市上栗县东源乡私营花炮厂发生烟花爆炸事故，死亡33人，受伤12人。江泽民总书记就此作出批示。3月13日，中共中央办公厅、国务院办公厅下发《关于印发江泽民同志关于安全生产重要批示的通知》。

3月18日，国务院办公厅下发《关于加强烟花爆竹生产经营安全监督管理和清理整顿的紧急通知》。3月20日，国家经贸委下发文件，就贯彻落实该通知提出要求。

3月28日，广东省揭阳市惠来县一家打火机厂发生火灾，死亡18人，受伤6人。

3月29日，河南省焦作市山阳区一处录像厅发生火灾，死亡74人，受伤1人。

4月7日，国务院召开“加强安全生产，防范安全事故”电视电话会议，吴邦国副总理出席会议并讲话。

同日，张宝明担任国家煤矿安全监察局局长、党组书记。

4月15日，山西省临汾地区古县永乐煤矿发生瓦斯爆炸事故，造成47人死亡。

4月中旬，中共中央办公厅、国务院办公厅联合组织督察组分赴有关省市，督查各地贯彻落实江泽民总书记批示精神。

4月22日，中国粮油食品进出口总公司所属的青岛丰旭实业公司青州分公司肉食鸡加工车间发生火灾，造成38人死亡，20人受伤。

4月24日，国家经贸委发布《石油天然气管道安全监督与管理暂行规定》。

5月10日，国家经贸委召开全国煤炭行业关井压产电视电话会议，部署关闭资源枯竭、扭亏无望和不符合安全生产条件矿井。

5月14—20日，全国开展第10次“安全生产周”活动。

5月19日，国家经贸委召开第三届国家安全生产专家组暨安全科技进步奖颁奖大会。吴邦国副总理致信祝贺。

6月8日，国家经贸委安全生产局、美国利宝集团共同举办第二届“中国安全生产论坛”。

6月11日，贵州省德江县桶井乡的一艘渡船沉没，死亡41人，受伤32人。

6月13日，国务院办公厅发布《关于江西省上栗县“3·11”特大爆炸事故情况的通报》。

6月22日，四川省泸州市合江县榕山建筑公司所属的一艘轮船在榕山镇水域发生沉船事故，死亡130人，受伤91人。

同日，武汉航空公司一架从湖北恩施至武汉的运七型客机，在武汉郊区坠毁，机上38名乘客以及4名机组成员全部遇难。

6月30日，广东省江门市土特产进出口公司高级烟花厂发生火药爆炸事故，死亡37人，受伤121人。江泽民总书记就此作出批示，要求认真吸取事故教训，切实加强安全生产。

7月7日，国务院办公厅发出《关于切实加强安全生产工作有关问题的紧急通知》。

同日，广西自治区柳州市一辆公共汽车在大桥上行驶时坠江，造成79人死亡。

同日，山西省保德县林遮峪乡一辆中型客车发生翻车事故，死亡19人，受伤13人。

7月9日，甘肃省金川公司二矿区井下运送矿石的卡车发生失火事故，造成17死亡，2人重伤。

7月12日，国务院召开全国安全生产电视电话会议，吴邦国副总理出席会议并讲话。

8月4日，江西省上栗县上栗镇一家烟花爆竹厂发生火药爆炸事故，死亡27人，受伤26人。

9月5日，吴邦国副总理主持召开安全生产专题会，听取全国安全生产大检查情况的汇报。

9月8日，新疆自治区乌鲁木齐市一辆运送待销毁弹药的车辆发生爆炸事故，死亡60人，受伤173人。

9月27日，贵州省水城矿务局木冲沟煤矿发生瓦斯爆炸事故，死亡162人，受伤82人。

10月10日，河南省沈丘县运输公司一辆客车发生翻车事故，造成21人死亡，43人受伤。

10月11日，云南省昭通地区镇雄县一辆客货两用车发生翻车事故，造成22死亡，22人受伤。

10月18日，广西自治区南丹县大厂镇宏图选矿厂尾矿库发生溃坝事故，死亡28人，受伤56人。

11月3日，经党中央、国务院批准，国家经贸委对1999年山东省海运集团"大舜"轮"11·24"特大海难事故作出批复。山东省省长李春亭、交通部部长黄镇东等受到相应处分。

11 月 25 日，内蒙古自治区呼伦贝尔煤业集团大雁煤业公司二矿发生瓦斯爆炸事故，造成 51 死亡，12 人受伤。

12 月 1 日，国务院颁布《煤矿安全监察条例》，从 2001 年 11 月 1 日起施行。

12 月 3 日，山西省运城地区河津市天龙煤矿发生瓦斯爆炸事故，造成 48 人死亡。

12 月 14 日，广东省东莞市厚街镇赤岭村发生楼房坍塌事故，死亡 12 人，受伤 28 人。

12 月 18 日，国家经贸委发出《关于认真做好今冬明春安全生产工作的通知》。

12 月 25 日，河南省洛阳市老城区东都商厦发生火灾，死亡 309 人。随后国务院办公厅发出《关于认真吸取河南洛阳东都商厦“12·25”特大火灾事故的沉痛教训，切实加强元旦春节期间安全工作的紧急通知》。

12 月 31 日，国务院办公厅下发《关于印发〈国家安全生产监督管理局（国家煤矿安全监察局）职能配置内设机构和人员编制规定〉的通知》。决定设立国家安全生产监督管理局，与国家煤矿安全监察局一个机构、两块牌子。由国家经贸委负责管理。

七、工业化快速发展和经济增长方式加快转变阶段（2001—2012）

2001 年

1 月 29 日，重庆市合川市一艘客船触礁翻沉，死亡 46 人。

1 月 30 日，贵州省六盘水市盘县松河乡朝阳村夏某，无证驾驶一辆大货车，搭载 74 人，在从他乡返回本村的途中，因前左轮突然爆裂而翻入深沟，造成 34 人死亡，40 人受伤。

2月5日，黑龙江省鸡西市平安煤矿发生瓦斯爆炸事故，死亡37人。

2月17日，国家经贸委召开会议，宣布党中央、国务院对国家安全生产监督管理局（国家煤矿安全监察局）领导班子的任命。张宝明任国家安全生产监督管理局（国家煤矿安全监察局）局长、党组书记。

2月26日，国家安全生产监督管理局成立大会召开。

3月1日，黑龙江省农垦总局鹤岗新华农场煤矿发生瓦斯爆炸事故，死亡32人。

3月7日，河南省三门峡市义寺山金矿发生一氧化碳中毒事故，造成10人死亡，20人受伤。

3月17日，国务院办公厅发出《关于成立国务院安全生产委员会的通知》。安委会主任由国务院副总理吴邦国担任。安委会办公室设在国家安监局（国家煤矿安监局）。

3月下旬，国务院安委会组织开展安全生产督查。

4月6日，国家安监局下发《关于进一步贯彻落实〈矿山安全法〉的通知》。

同日，陕西省铜川矿务局陈家山煤矿发生瓦斯爆炸事故，死亡38人。

4月8日，陕西省渭南市华阴市在举办华山传统庙会时发生踩踏事故，造成17人死亡，6人受伤。多数为老人和儿童。

4月9日，广东省深汕高速公路上一辆大客车发生火灾，造成25人死亡。

4月17日，中宣部、国家安监局联合下发《关于加强安全生产宣传教育工作的通知》。

4月19日，吴邦国副总理主持召开国务院安委会第一次全体会议（本届政府）。

4月21日，朱镕基总理签发《国务院关于特大安全事故行政责任追究的规定》(国务院令第302号)。

同日，陕西省韩城矿务局下峪口煤矿多种经营公司二号井发生瓦斯煤尘爆炸事故，造成48人死亡，1人重伤。

4 月 27 日，国家煤矿安监局发布《煤矿安全监察程序暂行规定》。

4 月 28 日，国家安监局召开全国安全生产电视电话会议，吴邦国副总理出席会议并讲话。

5 月 1 日，重庆市武隆县县城江北西段发生高切坡垮塌事故，死亡 79 人，受伤 4 人。

5 月 3 日，辽宁省大连渔轮公司渔机工业公司保温厂雇用的 10 名临时工，在进入“辽渔一号”冷藏舱作业时发生燃烧事故，造成 10 人全部死亡。

5 月 7 日，黑龙江省鹤岗矿务局多种经营公司南山公司一井发生井下火灾，造成 54 人死亡。

5 月 10 日，国务院安委会下发《关于进一步做好汛期安全生产工作的紧急通知》。

5 月 13—19 日，组织开展第十一个全国“安全生产周”活动。

5 月 15 日，国务院发出《关于陕西省三起特大安全事故调查处理情况的通报》①。经国务院党组会议研究并报请中央政治局常委会议讨论同意，给予陕西省省长程安东行政记过处分；同时责成陕西省政府认真总结教训，向党中央、国务院作出深刻检查。

5 月 17 日，公安部、国家经贸委、教育部、监察部、建设部、文化部、卫生部、国家广电局、国家工商总局、国家旅游局、国家安监局发布《关于开展公众聚集场所消防安全专项治理的实施意见》。

同日，国家安监局、司法部联合下发《关于深入开展安全生产法制宣传教育的通知》。

5 月 18 日，四川省宜宾市南溪青龙嘴煤矿发生透水事故，造成 39 人死亡。

同日，广西自治区合浦县恒大石膏矿发生冒顶事故，死亡 29 人。

5 月 22 日，国家安监局（国家煤矿安监局）召开全国煤矿安全电话会议。

---

① 4 月 6—21 日，陕西省连续发生了铜川矿务局陈家山煤矿瓦斯爆炸、华山玉泉院庙会踩踏和韩城矿务局下峪口煤矿瓦斯爆炸 3 起事故，共造成 103 人死亡。

5月25日，国家安监局发出《关于加强安全生产社会中介组织管理工作的通知》。

6月5日，江西省南昌市广播电视发展中心幼儿园发生火灾，造成13名儿童死亡，1名儿童受伤。

6月13日，国务院办公厅发出《关于关闭国有煤矿矿办小井和乡镇煤矿停产整顿的紧急通知》。

7月13日，由成都开往达川的29008次货物列车，在运行至达成线营山至小桥区间时，因其所运载的石油钻井部件超出列车车厢边沿，致使信号灯、电线杆等铁路行车设施被打坏，导致正在铁路桥上行走、纳凉的22人死亡。

7月16日，陕西省榆林市横山县党岔镇马房村一户村民非法藏匿的30余吨炸药爆炸，造成80人死亡，98人受伤。

7月17日，广西自治区南丹县龙泉矿冶总厂下属的拉甲坡矿发生透水事故，造成拉甲坡矿、龙山矿、田角锌矿正在井下作业的81名矿工死亡。

同日，中国船舶工业集团公司所属的华东造船公司船坞工地发生大型龙门吊倒塌事故，死亡36人，受伤3人。

7月20日，国家安监局（国家煤矿安监局）召开安全生产专项整治工作座谈会。

7月22日，江苏省徐州市贾汪镇岗子村一无证非法小煤矿发生瓦斯爆炸事故，死亡92人（其中女工23人）。

8月7日，浙江省永嘉县黄田镇电镀二厂的22间厂房坍塌，造成13人死亡，11人受伤。

8月8日，国家安监局在吉林省长春召开非煤矿山安全生产会议暨非煤矿山安全生产治理整治会议。

8月10日，国家安监局（国家煤矿安监局）发出《关于进一步加强安全生产监督管理的通知》。

同日，新疆自治区旅客运输公司一辆双层卧铺大客车在从乌鲁木齐开往喀什的途中坠入河中，死亡35人。

8 月 19 日，江泽民总书记到山西省大同煤矿集团晋华宫矿视察，并到矿井口、矿工家中看望煤矿职工。

8 月 23 日，甘肃省陇南地区运输公司一辆双层卧铺大客车，在行驶至陕西省凤县境内时翻入嘉陵江，造成 32 人死亡，18 人受伤。

9 月 16 日，国务院办公厅印发《关于进一步做好关闭整顿小煤矿和煤矿安全生产工作的通知》。

9 月 19—20 日，全国关闭整顿小煤矿和煤矿安全生产工作现场会在河南郑州召开，吴邦国副总理出席会议并讲话。

9 月 21 日，贵州省黔东南州一辆双层卧铺大客车在从广东驶往贵州途中，在广西龙胜县境内坠入水库，死亡 36 人。

9 月 27 日，国务院召开中共国务院党组第 16 次会议，批准同意事故调查组关于黑龙江省鹤岗矿务局多种经营公司"5·7"特别重大火灾事故的调查处理意见。

10 月 15 日，国务院安委会办公室召开安全生产专项整治工作通报会。

10 月 16 日，国家安监局（国家煤矿安监局）发出《关于进一步做好安全生产群众监督工作的通知》。

10 月 19 日，国务院安委会办公室下发《关于进一步抓好安全生产专项整治和当前安全生产工作的通知》。

10 月 27 日，第九届全国人大常委会第二十四次会议通过《中华人民共和国职业病防治法》，自 2002 年 5 月 1 日起施行。

11 月 30 日，安徽省亳州市谯城区安溜镇吴老家渡口的一艘钢质客渡船发生翻沉事故，造成 23 人死亡。

12 月 31 日，吴邦国副总理主持召开国务院安委会第二次全体会议。

2002 年

1 月 15—16 日，国家安监局（国家煤矿安监局）召开年度安全生产工作会议。

1月26日，国务院颁布《危险化学品安全管理条例》，自2002年3月1日起施行。

2月5日，中宣部、国家安监局、全国总工会、共青团中央联合发出关于开展全国“安全生产月”活动的通知，决定从2002年起，将以往开展的“安全生产周”活动改为“安全生产月”活动，于每年的6月份进行。当月的第二个星期日为安全生产宣传咨询日（2002年度为6月9日）。每年“安全生产月”活动都有相应的主题（2002年度主题为“安全责任重于泰山”）。随后（2月8日），中宣部、国家安监局、全国总工会、共青团中央、国家广电总局又联合发出《关于开展“安全生产万里行”活动的通知》。

2月7日，国务院召开全国安全生产电视电话会议，通报2001年全国安全生产形势和“五项整治”① 进展情况，部署2002年重点工作。吴邦国副总理出席会议并讲话。

2月18日，河北省唐山市古冶区的一处非法营业的游戏厅发生火灾，死亡17人，受伤1人。

3月1日，四川省南充市达亨副食品有限责任公司批发市场发生火灾，造成19人死亡，23人受伤。

3月14日，河北省邯郸高等农业专科学校的一辆载有40余名教职员工的客车，在行驶途中与一辆货车相撞，造成15人死亡，24人重伤。

3月26—27日，国家安监局（国家煤矿安监局）召开全国安全生产宣传工作会议。

4月4日，王显政担任国家安全生产监督管理局（国家煤矿安全监察局）局长、党组书记。

4月8日，国家安监局（国家煤矿安监局）召开煤矿安全整治工作会议。

同日，黑龙江省鸡西矿业集团公司东海煤矿发生瓦斯爆炸事故，造成24人

---

① 五项整治：民用爆破器材和烟花爆竹安全、道路和水上交通运输安全、危险化学品储运安全、公众聚集场所消防安全、煤矿安全整治。

死亡，37 人受伤。

4 月 12—16 日，第十届海峡两岸及香港、澳门地区职业安全健康学术研讨会在昆明召开。

4 月 15 日，中国国际航空公司 CA129 航班一架波音 767－200ER 型客机在韩国釜山金海国际机场北部山区坠毁，造成 129 人死亡。

4 月 16 日，国家安监局召开全国非煤矿山安全整治电话会议。

4 月 30 日，国务院第 57 次常务会议通过《使用有毒物品作业场所劳动保护条例》，自公布之日起施行。

5 月 7 日，北方航空公司 CJ6136 航班在由北京返回大连途中，坠毁在大连海域，机上 112 人全部遇难。

5 月 8 日，朱镕基总理主持召开国务院 58 次常务扩大会议，强调高度重视和集中精力抓好安全生产，防止各类重大安全事故发生。

5 月 11 日，国家民航总局召开全国民航安全生产紧急会议。

5 月 13 日，国务院安委会发出《关于广西、安徽、广东境内三起危险化学品运输事故的通报》。

5 月 14 日，国务院办公厅下发《关于立即组织开展安全生产大检查的紧急通知》。

5 月 15 日，国务院召开全国安全生产电视电话会议，吴邦国副总理出席会议并讲话。

5 月 17 日，国家经贸委、国家安监局、公安部、监察部、铁道部、交通部、卫生部、国家工商总局、国家质检总局、国家环保总局联合发出《关于开展危险化学品安全管理专项整治工作的通知》。

5 月 21 日，国家安监局召开全国危险化学品安全管理专项整治工作电视电话会议。

5 月底，国务院安委会组织在全国范围内开展安全生产大检查。

6 月 1—30 日，首个“安全生产月”活动在全国开展。

6 月 9 日，在北京中华世纪坛举行“安全生产万里行”集中采访报道活动出发仪式。

6月16日，北京市海淀区学院路的一处名为“蓝极速”的网吧发生火灾，造成25人死亡，12人受伤。

6月19日，国务院颁布《中华人民共和国内河交通安全管理条例》，自2002年8月1日起施行。

6月20日，黑龙江省鸡西矿务局城子河煤矿发生瓦斯爆炸事故，造成124人死亡。

6月22日，山西省忻州地区繁峙县沙河镇一处无名金矿发生炸药爆炸事故，死亡38人。事故发生后矿主焚尸藏尸、威胁和遣散矿工，串通地方有关人员，企图隐瞒事故真相。

6月29日，第九届全国人大常委会第二十八次会议通过《中华人民共和国安全生产法》。江泽民签署第七十号主席令予以公布，自2002年11月1日起施行。

7月4日，吉林省白山市江源县富强煤矿发生瓦斯爆炸事故，造成39人死亡。

7月6日，湖南省长沙市岳麓区麓山农村信用合作社的一栋楼房在拆除过程中一堵残墙突然倒塌，造成正在墙边买卖蔬菜的人员13人死亡，17人受伤。

7月8日，山东省聊城市莘县化肥厂液氨库区一辆载重20吨的罐车，在灌装液氨的时候导管破裂，发生泄漏事故，导致15人死亡，22人重度中毒。

同日，黑龙江省鹤岗市鼎盛煤矿发生瓦斯爆炸事故，死亡44人。

7月9—10日，全国安全生产工作座谈会在北京召开。

7月26日，公安部、建设部、监察部、国家安监局联合召开电视电话会议，布置开展公众聚集场所消防安全专项治理。

7月，由高等院校安全工程专业教学指导委员会编审的《安全学原理》、《安全系统工程》、《安全人机工程学》、《安全管理学》、《安全工程概论》5本安全工程专业统编教材出版，结束了我国高等院校安全工程专业教育无统编教材的历史。

8月28—29日，国家安监局（国家煤矿安监局）和中国煤炭工业协会在辽宁省铁法矿务局联合召开全国煤矿瓦斯治理现场会。

9月3日，湖南省娄底市双峰县秋湖煤矿发生瓦斯突出事故，死亡39人。

9月23日，吴邦国副总理主持召开国务院安委会全体会议。

同日，内蒙古自治区乌兰察布盟盟丰镇第二中学晚上补课下课后，因缺乏灯光照明、楼梯出口不畅和现场管理缺乏等原因，引发踩踏事故，造成21名学生窒息死亡，43名学生受伤。

9月24日，国务院安委会发出《关于做好当前安全生产工作的通知》，要求各部门、各地区以煤矿、交通和旅游安全为重点，集中进行一次安全生产大检查。

9月28日，国务院办公厅发布《关于加强危险化学品安全管理防范投毒事件的紧急通知》。

10月9日，中国国际安全生产及职业健康展览会在北京举行。

10月10—11日，首届“中国国际安全生产论坛”在北京举行。本届论坛以“21世纪安全生产与职业健康”为主题，国内以及美国、加拿大、俄罗斯、波兰、英国、德国、日本等20多个国家和地区的400多位政府官员、专家学者、企业管理人员参加会议。

10月23日，山西省吕梁地区朱家店煤矿发生瓦斯爆炸事故，造成44人死亡。

10月29日，广西自治区南宁市二塘煤矿发生火灾，死亡30人。

10月31日，国家安监局（国家煤矿安监局）矿山医疗救护中心在煤炭总医院挂牌成立。

11月10日，山西省晋中市灵石县两渡镇太西煤矿发生瓦斯爆炸事故，造成37人死亡。

12月2日，山西省临汾市尧都区阳泉沟煤矿发生瓦斯爆炸事故，造成30人死亡，5人受伤。

12月6日，吉林省洮南市万宝煤矿井下发生火灾，死亡30人。

12 月 18 日，重庆市长寿区水运公司所属的“长运 1 号”客轮，在从长寿港码头驶向江南码头，调头靠岸时，与下行的宜昌市江顺汽车滚装船有限公司所属的“宜盛”号轮船碰撞。“长运 1 号”沉没，47 人落水，其中 40 人死亡。

12 月 26 日，第九届全国人大常委会第三十一次会议听取和审议国务院关于安全生产工作的汇报。受国务院委托，国家经贸委主任李荣融报告了安全生产工作的有关情况。

12 月 30 日，国家安监局（国家煤矿安监局）印发《关于完善安全生产监督管理和煤矿安全监察工作机制的意见》。

2003 年

1 月 9 日，国家经贸委、国家安监局（国家煤矿安监局）召开全国安全生产电视电话会议。

1 月 11 日，黑龙江省哈尔滨市方正县宝兴煤矿发生瓦斯爆炸事故，造成 34 人死亡。

1 月 16—17 日，国家安监局（国家煤矿安监局）召开年度全国安全生产工作会议

2 月 2 日，黑龙江哈尔滨市道外区天潭酒店发生火灾，造成 33 人死亡，10 受伤。

2 月 18 日，浙江省杭州市 UT 斯达康杭州研发生产中心建设工地发生建筑坍塌事故，死亡 13 人，受伤 16 人。

2 月 19 日，国务院颁布《特种设备安全监察条例》，自 2003 年 6 月 1 日起施行。

2 月 24 日，贵州省水城矿务局木冲沟煤矿发生瓦斯爆炸事故，造成 39 人死亡，18 人受伤。

2 月 26 日，国家安监局（国家煤矿安监局）矿山救援指挥中心举行揭牌仪式。

3 月 21 日，国务院印发《国务院关于机构设置的通知》，明确国家安全生产

监督管理局（国家煤矿安全监察局）为国务院直属机构，负责全国安全生产综合监督管理和煤矿安全监察工作。

3月22日，山西省吕梁地区孝义市孟南庄煤矿发生瓦斯煤尘爆炸事故，造成72人死亡。

3月26日，国务院办公厅下发《关于进一步加强安全生产工作的紧急通知》，要求以煤矿、交通和人员密集场所为重点，深入开展安全生产检查和专项整治。

4月5日，山东省青岛市即墨市正大公司一食品加工车间发生火灾，造成21名女工死亡。

4月27日，国务院颁布《工伤保险条例》，自2004年1月1日起施行。

5月13日，安徽省淮北矿业集团公司芦岭煤矿发生瓦斯爆炸事故，造成86人死亡。

6月6日，广东省河源市一辆大客车在开往深圳途中坠入东江，死亡32人，受伤14人。

6月11日，国务院颁布《渔业船舶检验条例》，自2003年8月1日起施行。

6月18日，温家宝总理主持召开国务院常务会议听取国家安监局（国家煤矿安监局）负责人的汇报，研究煤矿安全问题。

6月19日，广东省河源市一辆大客车在开往深圳途中坠入东江，死亡32人。

同日，长江三峡轮船股份有限公司所属的“涪州10号”客轮，在航行途中与涪陵江龙船务公司所属的“江龙806号”货船相碰撞，“涪州10号”当即翻沉，造成52人死亡和失踪。

6月20日，国务院办公厅下发《关于进一步加强煤矿安全生产工作的通知》。

6月22日，国务院办公厅下发《关于深化安全生产专项整治工作的通知》。

7月22—25日，国家安监局（国家煤矿安监局）在山西晋城分别召开了全国安全生产座谈会和深化煤矿安全专项整治现场会。

7 月 24 日，黑龙江省黑河地区北安市和平小学一栋正在进行外墙抹灰施工的教学楼倒塌，18 名现场施工人员和一楼商业用房内的 4 人被掩埋。事故造成 16 人死亡，1 人重伤，5 人轻伤。

7 月 26 日，山东省滕州市木石煤矿发生透水事故，死亡 35 人。

7 月 28 日，河北省石家庄市辛集市王庄镇郭西村烟花爆竹厂发生火药爆炸事故，造成 37 人死亡，103 人受伤。

8 月 11 日，山西省大同市左云县杏儿沟煤矿发生瓦斯爆炸事故，造成 43 人死亡。

8 月 15 日，国务院办公厅下发《关于切实加强煤矿安全生产工作，坚决遏制重特大事故发生的紧急通知》。

8 月 16 日，黑龙江省哈尔滨市人和世纪广场的地下工程发生塌方事故，造成 15 人死亡，8 人受伤。

8 月 28 日，陕西省宝鸡市第三汽车运输公司客运部一辆大客车发生翻车事故，死亡 27 人。

9 月 20 日，国务院办公厅下发《关于开展〈危险化学品安全管理条例〉执行情况督查的通知》。

10 月 10 日，广西壮族自治区凭祥市凯发打火机厂发生火灾，死亡 10 人。

10 月 20—21 日，国家安监局（国家煤矿安监局）在黑龙江省七台河煤矿集团公司召开全国煤矿安全质量标准化现场会。

10 月 29 日，国务院办公厅下发《关于成立国务院安全生产委员会的通知》。安委会主任由黄菊副总理担任。安委会办公室设在国家安监局（国家煤矿安监局）。

11 月 3 日，湖南省衡阳市衡州大厦发生火灾，灭火救灾过程中大厦突然坍塌，消防队员当中有 20 人牺牲，16 人受伤。

11 月 12 日，国务院颁布《建设工程安全生产管理条例》，自 2004 年 2 月 1 日起施行。

11 月 14 日，江西省丰城矿务局建新煤矿发生瓦斯爆炸事故，造成 51 人死亡。

11 月 21 日，举行国务院安全生产委员会办公室揭牌仪式。

12 月 23 日，中国石油天然气集团公司西南油气田分公司川东北气矿 16 号井发生天然气井喷事故，造成井队职工和井场周围居民 243 人中毒死亡，2142 人住院治疗，9 万余人被紧急疏散安置，直接经济损失 6432 万元。

12 月 30 日，辽宁省铁岭市昌图县双庙子镇一家烟花爆竹厂发生爆炸事故，死亡 42 人，受伤 32 人。

2004 年

1 月 9 日，国务院作出《关于进一步加强安全生产工作的决定》，明确了我国安全生产工作的指导思想、阶段性奋斗目标、工作重点和政策措施。

1 月 13 日，国务院颁布《安全生产许可证条例》，自公布之日起施行。

1 月 20 日，国务院安委会下发《关于下达全国安全生产控制指标的通知》。

2 月 5 日，北京市密云县迎春灯展发生踩踏事故，造成 37 人死亡，24 人受伤。

2 月 15 日，吉林省吉林市中百商厦发生火灾，造成 53 人死亡，68 人受伤。

同日，浙江省海宁市黄湾镇五丰村的一些村民，聚集在一处自发搭建的土庙内从事烧香拜神活动，不慎引发火灾，造成 37 人死亡。

2 月 17 日，国务院办公厅下发《关于加强安全工作的紧急通知》，要求各地深刻吸取北京密云灯会踩踏、吉林中百商厦火灾事故教训，针对薄弱环节，制定防范措施，防范重特大事故。

2 月 23 日，黑龙江省鸡西煤业集团穆棱公司百兴煤矿发生瓦斯爆炸事故，死亡 37 人。

4 月 14 日，国务院第 48 次常务会议通过《道路运输条例》，自 2004 年 7 月 1 日起施行。

4 月 16 日，重庆天原化工总厂发生氯气泄漏、爆炸事故，造成 9 人死亡，3 人受伤，15 万多名居民被紧急疏散。

4 月 26 日，国务院办公厅下发《关于加强危险化学品安全管理工作的紧急通知》。指出 4 月中旬以来，重庆、北京、广东、江苏、浙江、江西等地连续发生危化品泄漏等事故，必须引起高度重视，立即开展危险化学品安全大检查，消除事故隐患。

4 月 30 日，国务院颁布《道路交通安全法实施条例》，于 2004 年 5 月 1 日起施行。

同日，山西省临汾地区梁家河煤矿发生瓦斯爆炸事故，死亡 36 人。

5 月 17 日，国家安监局（国家煤矿安监局）发布《危险化学品生产企业安全生产许可证实施办法》、《烟花爆竹生产企业安全生产许可证实施办法》、《煤矿企业安全生产许可证实施办法》、《非煤矿山企业安全生产许可证实施办法》，发布之日起施行。

5 月 18 日，山西省吕梁地区交口县蔡家沟煤矿发生瓦斯爆炸事故，死亡 33 人。

5 月 20 日，经国家标准化管理委员会批准，国家安监局负责承担安全生产行业标准（AQ）的制定颁布工作。

5 月 21 日，国家安监局（国家煤矿安监局）发布《注册安全工程师注册管理办法》。

5 月 30 日，国务院颁布《危险废物经营许可证管理办法》，自 2004 年 7 月 1 日起施行。

7 月 5 日，建设部发布《建筑施工企业安全生产许可证管理规定》。

8 月 22 日，国务院安委会印发《关于集中开展火灾隐患排查整治工作的方案》。

9 月 23 日，山西省临猗县角杯乡张郭村、潘集村等村庄的村民在乘渡船去黄河对岸滩涂地摘棉花的途中，发生翻船事故，造成 49 人死亡和失踪。

9 月 27 日，四川省南充市蓬安县一艘客船在行驶途中翻沉，死亡 66 人。

10 月 4 日，广西自治区钦州市浦北县白石水镇长岭烟花爆竹厂发生爆炸事故，造成 37 人死亡，52 人受伤。

10月20日，河南省郑州煤业集团公司大平煤矿发生瓦斯爆炸事故，造成148人死亡。

11月3日，国家安监局（国家煤矿安监局）发布修订后的《煤矿安全规程》。

11月4日，国务院办公厅下发《关于完善煤矿安全监察体制的意见》。

11月11日，河南省平顶山市鲁山县新生煤矿发生瓦斯爆炸事故，死亡33人。

11月19日，国务院办公厅转发国务院安委会办公室《关于加强煤矿安全监督管理，进一步做好小煤矿关闭整顿工作的意见》。

11月20日，河北省邢台市沙河市白塔镇一处铁矿发生火灾，119名矿工被困井下，经救援51人生还。事故造成68人死亡。

11月21日，东方航空公司云南分公司一架客机在从包头飞往上海的途中坠毁，47名乘客和6名机组人员全部遇难，地面2人死亡。

11月28日，陕西省铜川矿务局陈家山煤矿发生瓦斯爆炸事故，造成166人死亡。

12月9日，山西省阳泉市盂县南娄镇一处煤矿发生瓦斯爆炸事故，死亡33人。

12月14日，国务院安委会下发《关于立即开展煤矿安全生产大检查的紧急通知》。

12月17日，国务院安委会下发《关于加强烟花爆竹安全生产工作的通知》。

12月27日，国务院颁布《铁路运输安全保护条例》，自2005年4月1日起施行。

12月28日，国家安监局（国家煤矿安监局）发布《安全生产培训管理办法》，自2005年2月1日起施行。

2005年

1月1日，温家宝总理专程到陕西省铜川矿务局陈家山煤矿，看望2004年

“11·28”矿难遇难者家属，并到井下慰问矿工。

1月6日，国家安监局（国家煤矿安监局）发布《国有煤矿瓦斯治理规定》、《国有煤矿瓦斯治理安全监察规定》。

1月26日，国务院常务会议审议并原则通过《国家突发公共事件总体应急预案》。

2月14日，辽宁省阜新矿务局孙家湾煤矿发生瓦斯爆炸事故，造成214人死亡。

2月20日，国务院办公厅下发《关于进一步加强煤矿安全生产工作的紧急通知》。

2月23日，国务院召开第81次常务会议，提出了加强煤矿安全生产的一系列政策措施。

2月26日，国务院下发《关于国家安全生产监督管理局（国家煤矿安全监察局）机构调整的通知》。将国家安全生产监督管理局升格为总局；国家煤矿安全监察局单设，为总局管理的国家局。

2月28日，李毅中担任国家安全生产监督管理总局局长、党组书记；赵铁锤担任国家煤矿安全监察局局长。

3月16日，国务院办公厅下发《关于印发国家安全生产监督管理总局主要职责内设机构和人员编制规定的通知》和《关于印发国家煤矿安全监察局主要职责内设机构和人员编制规定的通知》。

3月19日，山西省朔州市平鲁区细水煤矿发生瓦斯爆炸事故，造成72人死亡。

3月22日，国家发改委、国家安监总局、国家煤矿安监局联合召开全国煤矿安全改造和瓦斯治理电视电话会议。

4月24日，吉林省蛟河市腾达煤矿发生透水事故，69人被困井下，经救援39人生还。事故造成30人死亡。

4月26日，全国煤矿瓦斯防治工作现场会在安徽淮南召开。黄菊副总理出席会议并讲话。

4月28日，全国人大常委会安全生产法执法检查组召开第一次全体会议，王兆国副委员长对执法检查工作提出要求。会议决定组成5个小组，分别由李铁映、司马义．艾买提、成思危、许嘉璐、韩启德副委员长带队，从5月中旬到6月上旬，分赴各地对《安全生产法》贯彻执行情况进行执法检查。

5月19日，河北省承德市暖儿河煤矿发生瓦斯爆炸事故，死亡50人。

6月10日，广东省汕头市潮南区华南宾馆发生火灾，造成31人死亡，3人重伤，23人轻伤。

6月25日，由国家安监总局和法制日报社联合举办，主题为“遵章守法、关爱生命”的安全生产监管法制化建设高层论坛，在北京人民大会堂举行。

7月2日，山西省忻州市宁武县贾家堡煤矿接替井发生瓦斯煤尘爆炸事故，造成36人死亡，11人受伤。

7月11日，新疆自治区昌吉回族自治州阜康市神龙有限责任公司煤矿发生瓦斯爆炸事故，造成83人死亡。

7月14日，首届全国安全生产及技术装备展览会在北京举办。

7月22日，国家安监总局发布《劳动防护用品监督管理规定》，于9月1日起施行。

7月25—28日，国家安监总局党组在北戴河煤矿工人疗养院召开总局党组理论学习中心组（扩大）学习培训班暨全国安全监管监察局长座谈会。

8月1日，商务部、公安部、海关总署、国家安监总局、国家食药监管局联合发布《向特定国家（地区）出口易制毒化学品暂行管理规定》，于9月1日起施行。

8月7日，广东省梅州市兴宁市大兴煤矿井下发生透水事故，造成123人死亡。

8月18日，国务院发出《关于全面整顿和规范矿产资源开发秩序的通知》。

8月22日，国务院办公厅发出《关于坚决整顿关闭不具备安全生产条件和非法煤矿的紧急通知》。

8月25日，李铁映副委员长向第十届人大常委会第十七次会议作出关于

《安全生产法》执法检查情况的报告。

8月26日，国务院颁布《易制毒化学品管理条例》，于2005年11月1日起施行。

8月30日，中纪委、监察部、国资委、国家安监总局联合发出《关于清理纠正国家机关工作人员和国有企业负责人投资入股煤矿问题的紧急通知》。

9月3日，国务院颁布《关于预防煤矿生产安全事故的特别规定》，自发布之日起实施。

10月3日，河南省鹤壁煤业集团二矿发生瓦斯爆炸事故，造成34人死亡，1人重伤，15人轻伤。

10月25日，四川省通江县广纳镇小学发生踩踏事故，造成8人死亡，27人受伤。

10月31日，国务院办公厅转发国家发展委、国家安监总局《关于煤矿负责人和生产经营管理人员下井带班指导意见》。

11月13日，中国石油天然气集团公司吉林石化分公司双苯厂的硝基苯精馏塔发生爆炸，造成8人死亡，60人受伤。爆炸还造成约100吨苯类物质流入松花江，导致江水严重污染，沿岸数百万居民的生活受到影响。

11月14日，在山西省长治市沁源县境内，一辆大挂车驶入正在公路上跑步的中学生队伍，造成21人死亡，16人受伤。

11月18日，教育部、国家安监总局联合召开全国中小学生安全和管理工作电视电话会议。

11月19日，国务院安委会发出《关于吸取内蒙古乌海“11·11”煤矿事故教训进一步做好煤矿整顿关闭工作的通报》。

11月27日，黑龙江省龙煤集团七台河分公司东风煤矿发生煤尘爆炸事故，死亡171人。

12月2日，河南省洛阳市新安县寺沟煤矿发生透水事故，造成49人死亡。

12月5日，国务院安委会发出《关于黑龙江省龙煤集团七台河分公司东风煤矿“11·27”特别重大爆炸事故的通报》。

12 月 7 日，河北省唐山市开平区恒源实业公司（原称“刘官屯煤矿”）发生瓦斯煤尘爆炸事故，造成 108 人死亡。

12 月 21 日，国务院第 116 次常务会议提出了安全生产一系列治本之策。

12 月 22 日，中铁一局四公司在四川都江堰高速公路隧道施工中发生瓦斯爆炸事故，死亡 44 人，受伤 11 人。

2006 年

1 月 8 日，国务院颁布《国家突发公共事件总体应急预案》。

1 月 17 日，国家安监总局发布《生产经营单位安全培训规定》。

1 月 21 日，国务院颁布《烟花爆竹安全管理条例》，自公布之日起施行。

1 月 23 日，国务院批复建立煤矿整顿关闭工作部际联席会议制度。

1 月 23—24 日，全国安全生产工作会议在北京召开。温家宝总理作重要讲话，强调要以对人民群众高度负责的精神，采取更加有力的措施，坚决扭转煤矿等行业重特大事故多发势头。

1 月 29 日，河南省林州市临淇镇梨林花炮厂发生爆炸事故，造成 36 人死亡，48 人受伤（其中 8 人重伤）。

2 月 7 日，国家安监总局发布《海上石油安全生产监督管理规定》。

2 月 21 日，国家安全生产应急救援指挥中心成立大会召开，王德学兼任应急救援指挥中心主任。

3 月 2 日，煤矿整顿关闭工作部际联席会议第一次会议召开。

3 月 14 日，第十届全国人大第四次会议通过的《关于国民经济和社会发展第十一个五年规划纲要》，首次把安全生产列为专节，确定了“十一五”时期全国安全生产目标、重点工程和政策措施。

3 月 27 日，中共中央政治局举行第三十次集体学习，专题研究国外安全生产的制度措施和加强我国安全生产的制度建设问题。胡锦涛总书记主持会议并发表讲话，系统地阐述了安全生产理念原则、方针政策、重点任务和基本要求。

4 月 28 日，世界安全生产与健康日，国家安监总局与国际劳工组织共同举办研讨会及“送安全文化到基层”活动。

4 月，中共中央办公厅、国务院办公厅联合组织安全生产督查调研组，对河北、山西、湖南、贵州部分市县和企业的安全生产工作情况进行了调研。

5 月 10 日，国务院颁布了修订后的《民用爆炸物品安全管理条例》，自 2006 年 9 月 1 日起施行。

5 月 13 日，国务院批复建立“清理纠正国家机关工作人员和国有企业负责人投资入股煤矿”工作部际联席会议制度。

5 月 18 日，山西省大同市左云县新井煤矿发生透水事故，造成 56 人死亡。

5 月 20—26 日，国家安监总局组织开展“安全生产科技活动周”。

5 月 23 日，第十四届海峡两岸及香港、澳门地区职业安全健康学术研讨会暨中国职业安全健康协会 2006 年年会在陕西西安召开。此次年会的主题是：关爱健康，安全发展。

6 月 1 日，第五个全国“安全生产月”活动正式启动，其主题是“安全发展、国泰民安”。

6 月 15 日，国务院下发《关于全面加强应急管理工作的意见》。

6 月 21—22 日，全国煤矿瓦斯治理和利用现场会在山西晋城召开。华建敏国务委员出席会议并讲话。

6 月 23—24 日，国务院安委会办公室在北京召开煤矿整顿关闭工作汇报会。

6 月 24 日，“安全发展”高层论坛在北京人民大会堂举行。

6 月 27 日，全国安全生产标准化技术委员会成立大会暨第一次工作会议在北京召开。

6 月 28 日，辽宁省阜新矿业集团五龙矿发生瓦斯爆炸事故，造成 32 人死亡。

7 月 6 日，国务院办公厅发出《关于加强煤炭行业管理有关问题的意见》。

7 月 7 日，山西省宁武县东寨镇东寨村一座民宅起火，私藏屋内的炸药爆炸，导致 49 人死亡。

7 月 10 日，国务院办公厅发出《关于切实加强民用爆炸物品安全管理的紧急通知》。

7 月 15 日，山西省晋中市灵石县蔺家庄煤矿发生爆炸事故，造成 53 人死亡。

7 月 22—23 日，国务院召开全国应急管理工作会议。温家宝总理出席会议并讲话。

7 月 26 日，财政部、国家安监总局、中国人民银行联合印发《企业安全生产风险抵押金管理暂行办法》。

8 月 17 日，国务院办公厅印发《安全生产“十一五”规划》。

8 月 26 日，国家安监总局发布《烟花爆竹经营许可实施办法》，于 2006 年 10 月 1 日起施行。

9 月 11 日，国家安监总局、煤矿安监局和发展改革委、监察部、劳动社会保障部、国资委、全国总工会联合发出《关于加强国有煤矿安全基础管理的指导意见》。

9 月 14 日，浙江省湖州市吴兴区织里镇一家服装加工销售企业发生火灾事故，造成 15 人死亡、5 人严重烧伤。

9 月 14—16 日，第五届国际矿山救援技术竞赛在河南平顶山举行。8 个国家的 11 支代表队在模拟救灾、医疗急救等 4 个项目上进行了角逐。

9 月 19—22 日，第三届中国国际安全生产论坛暨中国国际安全生产及职业健康展览会在北京举行。

9 月 22 日，中央纪委、监察部、国资委、国家工商总局、国家安监总局联合召开新闻发布会，通报了国家机关工作人员和国有企业负责人投资入股煤矿问题清理纠正情况。

9 月 28 日，国务院办公厅转发国家安监总局等部门《关于进一步做好煤矿整顿关闭工作意见》。

10 月 1 日，重庆市一辆客运汽车在嘉陵江石门大桥上翻车坠落，造成 30 人死亡，20 人受伤。

10 月 26 日，国家安监总局和国家发改委在京联合举办首届中小企业安全发展高层论坛。

10月28日，中石油新疆独山子石化分公司一个在建的原油储罐在进行防腐作业时发生爆炸，造成13人死亡，6人受伤。

10月31日，甘肃省靖远煤业公司魏家地煤矿发生瓦斯爆炸事故，造成29人死亡，6人重伤。

11月5日，山西省大同煤矿集团轩岗煤电公司焦家寨煤矿发生瓦斯爆炸事故，造成47人死亡。

11月8日，江苏省无锡市永强轧辊公司在试生产时发生钢水外溢事故，造成7人死亡、20人受伤。

11月12日，山西省晋中市灵石县王禹乡南山煤矿井下储藏的炸药爆炸，死亡34人。

11月15日，国务院安委会发出《关于近期发生的重特大事故情况的通报》。

11月22日，监察部、国家安监总局发布《安全生产领域违法违纪行为政纪处分暂行规定》。

11月28日，国家发改委、国家安监总局、国家煤矿安监局发出《关于严格审查煤矿生产能力复核结果遏制超能力生产的紧急通知》。

12月1日，为期10个月（2006年12月1日—2007年10月31日）的“安全发展·安全中国”大型公益宣传活动正式启动。主要包括“安全生产·安全中国”节目组赴各省、市巡回文艺演出，组织开展“好矿哥、好矿嫂”、“安全中国·优秀企业工会”、“安全中国·优秀民营企业家”评选等。

12月5日，“淄矿集团杯”全国煤矿职工安全知识竞赛在国家安监总局举行颁奖仪式。

12月8日，财政部、国家安监总局印发《高危行业企业安全生产费用财务管理暂行办法》。

12月21日，国务院新闻办举行新闻发布会，通报2006年国务院调查组负责调查处理的11起特别重大事故的情况。

2007 年

1 月 10 日，国务院安委会召开第五次全体会议，对 2006 年工作作了总结，对 2007 年重点任务进行了研究。

1 月 11 日，国家安监总局发布《注册安全工程师管理规定》。

1 月 19 日，国家发改委、国家安监总局、国家煤矿安监局、科技部联合下发了《关于印发 2007 年煤矿瓦斯防治工作要点》。

1 月 23 日，国务院召开全国安全生产电视电话会议，华建敏国务委员出席会议并讲话。

1 月 24 日，国家安监总局召开年度安全生产工作会议。

2 月 28 日，国务院转发国家安监总局等部门《关于加强企业应急管理工作的意见》。

3 月 18 日，山西省晋城市城西区一处煤矿发生瓦斯爆炸事故，井下 21 人全部罹难。事故发生后该矿隐瞒不报，破坏现场，主要人员逃匿。

3 月 27 日，国务院安委会办公室发出《关于进一步加强煤矿安全监测监控系统建设和监督管理的通知》。

3 月 28 日，国务院办公厅发出《关于严肃查处瞒报事故行为，坚决遏制重特大事故发生的通报》，对山西省忻州市宁武县牛心会煤矿发生事故后少报死亡人数等五起瞒报事故行为进行了通报。

4 月 9 日，国务院发布《生产安全事故报告和调查处理条例》，自 2007 年 6 月 1 日起施行。

4 月 18 日，国务院批复建立由国家安监总局牵头的危险化学品安全生产监管部际联席会议制度。

同日，辽宁省铁岭市清河特殊钢有限公司发生钢水包倾覆事故，造成 32 人死亡，6 人重伤。

4 月 23 日，第一届“联合国全球道路安全周”中国系列活动揭幕仪式在北京举行。

4月26日，由国家安监总局政策法规司、国家煤矿安监局综合司、全国总工会宣传教育部和劳动保护部、全国妇联宣传部等共同主办的以“树立安全发展观、构建和谐社会”为主题的“安全发展·安全中国”大型公益活动启动仪式暨新闻发布会，在北京人民大会堂新闻发布厅举行。

4月27日，国家安监总局与国际劳工组织共同组织了“4·28世界安全生产与健康日”纪念活动专题报告会。

4月28日，国家安监总局、煤矿安监局和发展改革委、监察部、劳动社会保障部、国土资源部、全国总工会联合发出《关于加强小煤矿安全基础管理的指导意见》。

5月9日，国务院办公厅转发全国道路交通安全工作部际联席会议《关于进一步落实“五整顿”“三加强”工作措施意见》。

5月12日，国务院办公厅发出《关于在重点行业和领域开展安全生产隐患排查治理专项行动的通知》。

5月19—25日，国家安监总局在全国开展以“综合治理，科技兴安”为主题的2007年“安全科技周”活动。

5月21日，国务院安委会下达《关于“十一五”期间各地区安全生产规划两项综合指标的通知》。要求各地将亿元国内生产总值生产事故死亡率和工矿商贸就业人员10万人生产事故死亡率，纳入经济社会发展综合评价、绩效考核和政绩考核。

6月1日，危险化学品安全监管部际联席会第一次全体会议召开。

6月1—30日，第六个全国“安全生产月”活动全面开展，活动的主题是“综合治理，保障平安”。

6月16日，第二届“安全发展”高层论坛主论坛在北京人民大会堂举行。本届论坛的主题是“唱响安全发展，建设和谐社会”。

6月27日，国务院颁布《铁路交通事故应急救援和调查处理条例》，自2007年9月1日起施行。

6月29日，第十届全国人大常委会第二十八次会议通过并公布《中华人民共和国劳动合同法》，自 2008 年 1 月 1 日起施行。该法有关章节对劳动者的安全生产合法权益作出了规定。

7 月 4 日，国务院颁布《民用核安全设备监督管理条例》，自 2008 年 1 月 1 日起施行。

7 月 11 日，国务院颁布《铁路交通事故应急救援和调查处理条例》，自 2007 年 9 月 1 日起施行。

7 月 12 日，国家安监总局发布《〈生产安全事故报告和调查处理条例〉罚款处罚暂行规定》，自公布之日起施行。

7 月 29 日，河南省三门峡市支建煤矿因暴雨发生淹井事故，经过 76 小时的全力抢救，被困的 69 名矿工全部获救。

8 月 13 日，湖南省湘西土家族苗族自治州凤凰县堤溪大桥发生整体垮塌事故，造成 64 人死亡，4 人重伤。

8 月 17 日，山东省新泰市华源矿业有限公司（属新汶矿业集团）矿井被河道溃水灌入，险情发生时该矿井下共有 765 人，其中 172 人被淹致死；相邻矿井 9 人被淹死，共造成 181 人死亡。

8 月 19 日，山东省魏桥创业集团铝母线铸造分厂发生铝水外溢事故，死亡 20 人。

8 月 29 日，国务院颁布《大型群众性活动安全管理条例》，自 2007 年 10 月 1 日起施行。

8 月 30 日，第十届全国人大常委会第二十九次会议通过《中华人民共和国突发事件应对法》，自 2007 年 11 月 1 日起施行。

8 月 31 日，国务院办公厅发出《关于进一步加强安全生产工作，坚决遏制重特大事故的通知》。

9 月 14 日，国务院批复建立由监察部牵头，建立重特大生产安全事故责任追究沟通协调工作部际联席会议制度。

9 月 20 日，国务院召开全国安全生产电视电话会议，对国庆节以及四季度安全生产作出安排部署。

9 月 25—26 日，由中国职业安全健康协会主办、美国工业卫生协会协办的“2007 年中美职业卫生研讨会”在北京召开。

9 月 27—29 日，国家安监总局主办的第一届中国国际安全生产应急管理和应急救援论坛暨中国国际应急救援技术与装备展览会在北京举行。

10 月 8 日，国家安监总局发布《安全生产行政复议规定》，自 2007 年 11 月 1 日起施行。

10 月 11 日，世界卫生组织命名北京市朝阳区望京街道、麦子店街道、亚运村街道和建外街道为“安全社区”的仪式在北京举行。这是国际上第 120 ~ 123 个安全社区。

11 月 28 日，国家民航总局在北京人民大会堂举行纪念周恩来总理“保证安全第一，改善服务工作，争取飞行正常”的批示发表 50 周年座谈，全国人大常委会副委员长顾秀莲、全国政协副主席罗豪才等出席座谈会。

11 月 28—29 日，中国职业安全健康协会第四届理事会第 3 次常务理事会暨 2007 年学术会在杭州召开。

11 月 30 日，国家安监总局发布新修订的《安全生产违法行为行政处罚办法》。

12 月 5 日，山西省临汾市洪洞县瑞之源煤业有限公司发生瓦斯爆炸事故，造成 105 人死亡。

12 月 28 日，国家安监总局发布《安全生产事故隐患排查治理暂行规定》，自 2008 年 2 月 1 日起施行。

2008 年

1 月 8 日，国务院安委会召开第 6 次全体会议。

1 月 11 日，国务院召开全国安全生产电视电话会议，对 2007 年安全生产工作进行总结，安排部署 2008 年重点工作。

1 月 22 日，国务院新闻办召开新闻发布会，国家安监总局和监察部发布介绍了湖南省凤凰县“8 · 13”堤溪沱江大桥坍塌等 5 起重特大事故的调查处理结果。

1 月 23 日，从北京开往青岛的动车组 D59 次列车在运行至胶济线安丘至昌邑区间时，将正在进行复线施工的多名工人卷入车底，造成 18 人死亡，9 人受伤。

2 月 16 日，国务院办公厅发出《关于进一步开展安全生产隐患排查治理工作的通知》。

3 月 20 日，王君担任国家安全生产监督管理总局局长、党组书记。

4 月 17 日，国务院办公厅发出《关于开展安全生产百日督察专项行动的通知》。同日，国家安监总局召开视频会议通报一季度工作，部署开展“百日安全督查”活动。

4 月 28 日，胶济铁路发生旅客列车脱线相撞事故，造成 70 人死亡，416 人受伤。

同日，国家安监总局与国际劳工组织在北京共同举办了“世界安全生产日”主题报告会，本年度首届安全日的主题是“我的生活、我的工作安全—管理工作环境中的风险”。

4 月 30 日，国务院办公厅发出《关于进一步加强安全生产工作的通知》。

5 月 1 日，国家安监总局召开全国安全生产紧急视频会，要求各地吸取胶济铁路“4·28”事故教训，深化隐患排查治理，防范遏制重特大事故。

5 月 12 日，四川汶川大地震发生后，国家安监总局召开紧急会议，部署灾区应急救援和安全生产工作。

6 月 1 日，以“唱响安全发展，建设和谐社会”为主题的第三届“安全发展”高层论坛在北京人民大会堂举行。

6 月 12 日，全国第 9 次“安全生产万里行”集中采访报道活动在湖南长沙启动。

7 月 6 日，国务院办公厅发出《关于调整国务院安全生产委员会组成人员的通知》。张德江副总理兼任安委会主任。

7 月 8—9 日，国家安监总局在辽宁沈阳召开全国煤矿瓦斯治理现场会，张德江副总理出席会议并讲话。

8月17日，公安部发布《道路交通事故处理程序规定》。

8月18日，国资委发布《中央企业安全生产监督管理暂行办法》。

9月5日，国家安监总局召开安全生产视频会议，部署开展化工企业安全生产大检查。

9月8日，山西省临汾市襄汾县新塔矿业有限公司（铁矿）发生尾矿库垮坝事故，造成276人死亡和失踪，33人受伤，直接经济损失9619万元。山西省省长孟学农引咎辞职，副省长张建民被免职。

9月13日，国务院办公厅发出《关于进一步加强矿山安全生产工作的紧急通知》。

9月14日，国务院决定赵铁锤临时负责国家安全生产监督管理总局全面工作。

9月20日，广东省深圳市龙岗区舞王俱乐部发生火灾，造成44人死亡，64人受伤。

9月24日，国务院召开全国安全生产电视电话会议，张德江副总理出席并讲话。

10月7日，国家安监总局召开新闻发布会，通报了2008年以来发生的9起特别重大事故情况。

同日，国家发改委、国家能源局、国家安监总局、国家煤矿安监局下发《关于下达“十一五”后三年关闭小煤矿计划的通知》，向有关省区下达了“十一五”后三年关闭小煤矿最低控制目标等。

10月12日，由全国“安全生产月”活动组委会举办的“安全在我心中”全国摄影、书画大赛在北京揭幕。全国共有3000余件作品被选送参加大赛。

10月22日，国外矿山安全科技专题报告会在北京召开。

10月28日，第十一届全国人大常委会第5次会议通过《中华人民共和国消防法》，自2009年5月1日起施行。

10月30日，福建省宁德市霞浦县迪鑫阳光城3号楼工程项目发生施工升降机坠落事故，造成12人死亡。

11月15日，浙江省杭州市地铁施工工地发生路面塌陷事故，致使湘湖风情大道坍塌75米，下沉15米深。正在路面行驶的车辆陷入深坑，地铁工地施工人员被困地下。事故造成21人死亡。

11月18—20日，由国家安监总局和国际劳工组织共同举办的第四届中国国际安全生产论坛在北京举行。张德江副总理出席开幕式并致辞。开幕式前，张德江会见了前来参加论坛会议的美国劳工部部长赵小兰、芬兰社会事务和卫生部部长莉萨·许塞莱、澳大利亚驻华大使芮捷锐等。

12月15日，国务院安委会办公室决定组织开展全国安全生产综合督查。

12月16日，第十六届海峡两岸及香港、澳门地区职业安全健康研讨会在香港会议中心召开。

12月25日，2008年全国"安全生产月"、"安全生产万里行"好新闻颁奖会议在京召开。

12月30日，骆琳担任国家安全生产监督管理总局局长、党组书记。

2009年

1月15日，国务院召开全国安全生产电视电话会议，张德江副总理出席会议并讲话。

1月16—17日，国家安监总局召开年度全国安全生产工作会议。

1月24日，国务院发布《关于修改〈特种设备安全监察条例〉的决定》。

1月31日，福建省福州市长乐县一处酒吧发生火灾，造成15人死亡，20人受伤。

2月9日，中央电视台新址北配楼发生火灾，1名消防人员遇难，7人受伤，直接经济损失16383万元。

2月18日，公安部、文化部、国家工商总局、国家安监总局下发《公众聚集场所易燃可燃装修材料消防安全专项整治工作方案》。

2月22日，山西焦煤集团西山煤电公司屯兰矿发生瓦斯爆炸事故，造成78

人死亡，5 人重伤。

3 月 3 日，全国总工会、国家煤矿安监局发布《关于加强煤矿班组安全生产建设的指导意见》。

3 月 10 日，卫生部、人社部、国家安监总局，全国总工会发出《关于开展 2009 年〈职业病防治法〉宣传周活动的通知》。

3 月 18—19 日，全国煤矿瓦斯治理“双百工程”① 建设会议在江西南昌召开。

3 月 30 日，国务院办公厅发布《关于进一步推进安全生产“三项工作”的通知》，对安全生产执法、治理和宣传教育工作作出部署。

4 月 1 日，国家安监总局发布《生产安全事故应急预案管理办法》。

4 月 8 日，国家发改委、国家能源局、国家安监总局、国家煤矿安监局发出《关于组织开展小煤矿瓦斯专项整治的通知》。

4 月 9 日，卫生部发出《关于进一步落实责任，切实做好职业病防治工作的通知》。

4 月 23 日，国家安监总局、国家煤矿安监局发出《关于切实加强对地方政府煤矿安全监管工作监督检查的意见》。

4 月 30 日，公安部发布《建设工程消防监督管理规定》、《消防监督检查规定》和《火灾事故调查规定》。

5 月 24 日，国务院办公厅发出《关于印发国家职业病防治规划（2009—2015 年）的通知》。

5 月 30 日，重庆市松藻煤电公司同华煤矿发生煤与瓦斯突出事故，死亡 30 人。

6 月 1 日，国家安监总局召开全国安全生产电视电话会议，张德江副总理出席会议并讲话。

6 月 5 日，四川省成都市公交集团北星分公司一辆公交车在运营途中发生燃

① “双百工程”：在全国建成煤矿瓦斯治理和安全生产 100 个示范县、100 个示范矿井。

烧事故，造成27人死亡，72人受伤。

6月12日，国家安监总局、国家煤矿安监局发布《关于深入持久开展煤矿安全质量标准化工作的指导意见》。

6月14日，2009年全国“安全生产月”宣传咨询日活动在北京市天坛公园举行。华建敏副委员长宣布咨询日活动开始。

6月15日，国家安监总局发布《作业场所职业健康监督管理暂行规定》。

6月16日，国家安监总局发布《生产安全事故信息报告和处置办法》。

6月17日，贵州省晴隆县新桥煤矿发生透水事故，16名矿工被困井下。其中3人在被困井下长达25天、约604个小时后，于7月12日获救生还。

7月1日，国家安监总局发布《安全评价机构管理规定》，自2009年10月1日起施行。

7月2日，国家安监总局主办的第二届中国国际安全生产应急管理论坛暨应急技术与装备展览会在北京开幕。张德江副总理参观了展览并讲话。

7月21日，国务院安委会办公室发出《关于防范煤矿水灾事故的紧急通知》。

7月25日，国家安监总局、国家煤矿安监局发布《安全生产监管监察职责和行政执法责任追究的暂行规定》。

7月27日，国家安监总局、国家煤矿安监局和国家发改委、国家能源局发出《关于进一步加强煤矿建设项目安全工作的通知》。

8月20日，卫生部发出《关于进一步加强职业病诊断与鉴定管理工作的通知》。

9月3日，国家发改委、国家能源局、科技部、国家安监总局、国家煤矿安监局在江西南昌召开全国煤矿瓦斯防治工作会议。张德江副总理出席会议并讲话。

9月7日，国务院第80次常务会议审议通过了《农业机械安全监督管理条例》，自2009年11月1日起施行；《放射性物品运输安全管理条例》，自2010年1月1日起施行。

9 月 8 日，河南省平顶山市新华区四矿发生瓦斯爆炸事故，造成 76 人死亡。

9 月 21 日，国家安监总局发布《煤矿防治水规定》。

10 月 17 日，国家安监总局、国家煤矿安监局、国资委、全国总工会、共青团中央联合发出《关于学习推广“白国周班组管理法”，进一步加强煤矿班组建设的通知》。

11 月 3—4 日，国家安监总局、国家煤矿安监局、全国总工会在郑州联合召开全国煤矿学习推广“白国周班组管理法”、推进班组安全基础建设工作会议。

11 月 21 日，黑龙江省龙煤集团鹤岗分公司新兴煤矿发生瓦斯爆炸事故，造成 108 人死亡。11 月 24 日，国务院安委会发出《关于深刻吸取黑龙江省龙煤集团鹤岗分公司新兴煤矿“11 · 21”特别重大瓦斯爆炸事故教训，切实加强安全生产工作的通知》。

12 月 7 日，湖南省湘乡市育才中学发生踩踏事故，造成 8 人死亡，26 人受伤。

2010 年

1 月 4 日，河北省邯郸市武安市普阳钢铁有限公司发生煤气泄漏事故，死亡 21 人，受伤 9 人。

1 月 5 日，湖南省湘潭县谭家山镇立胜煤矿井下发生电缆着火事故，造成 34 人死亡。

1 月 10 日，国家安监总局、国家煤矿安监局召开纪念煤矿安全国家监察体制创建 10 周年座谈会。张德江副总理题词：“加强煤矿安全监察，促进煤矿安全发展。”

1 月 19—20 日，国家安监总局召开年度安全生产工作会议。

2 月 15 日，国务院办公厅发布《继续深入开展“安全生产年”活动的通知》。

2 月 24 日，河北省秦皇岛骊骅淀粉股份有限公司发生玉米淀粉粉尘爆炸事故，造成 19 人死亡，49 人受伤。

2月26日，广东省揭阳市普宁市军埠镇石桥头村一村民燃放烟花引起爆炸，造成23人死亡，48人受伤。

3月1日，神华集团内蒙古乌海公司骆驼山煤矿井下发生透水事故，造成32人死亡。

3月28日，华晋焦煤有限责任公司王家岭煤矿（位于山西省临汾市乡宁县境内）发生透水事故，井下受困的153人当中，有38人死亡，115人经抢救生还。

3月31日，河南省洛阳市伊川县国民煤业公司发生煤与瓦斯突出事故，造成50人死亡。

4月2日，国务院安委会部署从4月5日到5月底，在全国开展安全生产大检查。

4月6日，广东省汕头市一辆技工学校校车与一辆散装水泥罐车发生碰撞事故，造成10人死亡，9人重伤。

4月24日—5月1日，卫生部、人社部、国家安监总局、全国总工会联合部署开展《职业病防治法》宣传周活动。

4月28日，由国家安监总局和国际劳工组织联合主办的2010年“世界安全生产与健康日”主题报告视频会议在京举行。

5月5—6日，国家安监总局在湖北襄樊召开全国安全生产宣传工作座谈会。

5月23日，辽宁省阜新市彰武县境内，一辆卧铺客车与一辆逆行的大挂车相撞，造成33人死亡。

5月24日，国家安监总局发布《特种作业人员安全技术培训考核管理规定》。

6月9日，国务院安委会办公室召开海洋石油安全生产专题会议。

6月11日，国家安监总局下发《安全评价和安全生产检测检验机构从业行为规范》。

6月21日，河南省平顶山市卫东区兴东二矿井下发生火药爆炸事故，造成49人遇难。

7月14日，国家安监总局发布《关于加强金属非金属矿山建设项目安全工作的通知》。

7 月 15 日，国家安监总局公布《安全生产行政处罚自由裁量适用规则》。

7 月 16 日，中国石油天然气集团公司位于大连大孤山新港码头的一条输油管线发生起火爆炸事故，约有 1500 吨原油泄入海洋。10 月 24 日，在拆除前次事故中曾经着火的油罐时，不慎引燃罐体内残留原油，造成 3 人在火灾中死亡。

7 月 19 日，国务院发布《关于进一步加强企业安全生产工作的通知》。

7 月 22 日，国家安监总局、国家煤矿安监局印发《煤矿作业场所职业危害防治规定（试行）》。

7 月 28 日，江苏省南京市栖霞区的一条丙烯管道发生泄漏爆炸事故，造成 13 人死亡，14 人重伤。

7 月 31 日，黑龙江省鸡西市恒山区恒鑫源煤矿发生透水事故，24 名矿工被困井下。8 月 21 日黑龙江省安监局表示，在全力救援无效的情况下，已停止排水和抢救，并确认被困矿工全部死亡。

8 月 6 日，山东省招远市罗山金矿矿井内发生电缆着火事故，16 人死于中毒窒息。

8 月 13 日，由中铁六局呼和浩特铁路建设有限公司、中铁电气化局集团一公司承建的包满铁路新建线路段发生工程车辆溜逸事故，造成 11 人死亡，3 人受伤。

8 月 16 日，吉林省通化市梅河口市医院在建的住院部大楼工地发生升降机吊笼坠落事故，造成 11 人死亡。

8 月 19 日，张德江副总理主持召开国务院安委会全体会议。

8 月 24 日，河南航空公司一架客机在黑龙江省伊春机场坠毁，造成 44 人死亡，52 人受伤。

8 月 26—27 日，全国总工会劳动保护工作会议在河北唐山举行。

8 月 30 日，由中国安全生产科学研究院（ILO－CIS 中国国家中心）承办的第 48 届国际劳工组织职业安全卫生信息中心（ILO－CIS）年会在北京召开。

8 月 31 日—9 月 3 日，第五届中国国际安全生产论坛暨安全生产及职业健康技术与装备展览会在北京举行。张德江副总理出席论坛开幕式并参观展览会。

9 月 2 日，国务院安委会发布《重大事故查处挂牌督办办法》。

9 月 7 日，国家安监总局下发《煤矿领导带班下井及安全监督检查规定》。

10 月 13 日，国家安监总局发布《金属非金属地下矿山企业领导带班下井及监督检查暂行规定》。

10 月 16 日，河南省中平能化集团平禹煤电公司四矿发生煤与瓦斯突出事故，造成 37 人死亡。

11 月 2 日，国家发改委、国家安监总局、国家煤矿安监局联合召开全国煤矿瓦斯防治工作电视电话会议。张德江副总理出席会议并讲话，强调要坚决推行先抽后采，加快瓦斯综合治理。

11 月 5 日，吉林省吉林市商业大厦发生火灾，造成 19 人死亡，24 人受伤。

11 月 15 日，上海市静安区胶州路 728 号一幢居民住宅楼在维修过程中发生火灾，造成 58 人死亡，16 人重伤。

11 月 17 日，国家安监总局、国家煤矿安监局召开煤矿井下防险避灾系统建设座谈会。

12 月 3 日，国家安监总局发布《金属与非金属矿产资源勘探安全生产监督管理暂行规定》。

12 月 14 日，国家安监总局发布《建设项目安全设施“三同时”监督管理暂行办法》。

12 月 20 日，国务院发布《国务院关于修改〈工伤保险条例〉的决定》，自 2011 年 1 月 1 日起施行。

12 月 27 日，湖南省衡阳市衡南县松江镇一辆送小学生上学的三轮车坠河，造成 14 人死亡，6 人受伤。

12 月 31 日，人社部发布新修订的《工伤认定办法》和《非法用工单位伤亡人员一次性赔偿办法》。

2011 年

1 月 12 日，国务院召开全国安全生产电视电话会议，张德江副总理在讲话中总结了“十一五”期间安全生产工作取得的积极进展，明确了“十二五”时期全国安全生产目标任务。

1 月 13—14 日，国家安监总局召开年度全国安全生产工作会议。

1 月 17 日，湖北省武汉市硚口区康宏实业公司服装厂发生火灾，造成 14 人死亡，4 人受伤。

3 月 2 日，国务院颁布《危险化学品安全管理条例》，自 2011 年 12 月 1 日起实施。

3 月 21 日，国务院安委会办公室召开专题视频会，针对重大事故反弹的严峻形势，部署加强安全防范。

3 月 29 日，国家安监总局在河北唐山召开全国安全生产应急管理工作会议。

4 月 28 日，国家安监总局举办 2011 年“世界职业安全健康日”纪念活动暨企业安全文化研讨会。

5 月 3 日，国务院批准建立烟花爆竹安全监管部际联席会议制度。

同日，国家安监总局、国家发改委、国土部、环保部联合发出通知，在全国开展尾矿库专项整治行动。

5 月 5 日，国务院安委会办公室牵头组织，公安部、国土资源部、住建部、交通部、国家工商总局等联合召开全国深入开展打击非法违法生产经营建设行为专项行动视频会议。

5 月 17 日，国家安监总局、国务院国资委印发《关于进一步加强中央企业安全生产分级属地监管的指导意见》。

5 月 27 日，国务院安委会办公室下发通知，决定开展严厉打击京沪高铁沿线危害铁路运输安全非法违法行为专项行动。

5 月 30 日，国家安监总局、全国总工会、共青团中央联合召开推进安全生产标准化（专题）视频会议。

6 月 11 日，美国康菲石油中国有限公司蓬莱 19－3 油田发生海上溢油事故，共造成劣 4 类海水面积约 840 平方公里。

6 月 14—15 日，由国家安监总局主办的国际矿山安全技术与装备会议在北京召开。来自中国、美国、澳大利亚、欧洲等国家和地区的大型矿山集团、矿用设备制造企业负责人和专家、负责安全监管监察的政府有关领导等300多人参加了会议。

6月16日，国家安监总局与河南省政府签署共建河南理工大学协议，联手打造安全人才和科技创新基地。

6月27日，第十一届全国人大常委会第二十一次会议审议了《职业病防治法修正案（草案）》，并公开向社会征集修改意见。

7月4日，湖北省仙桃市境内一辆货车与一辆客车发生追尾翻车事故，造成23人死亡，29人受伤。

7月5日，北京市地铁四号线动物园站A口上行电扶梯突然下滑，导致发生踩踏事件，造成1人死亡，2人重伤，26人轻伤。

7月7日，国务院颁布《电力安全事故应急处置和调查处理条例》，自2011年9月1日起施行。

7月16日，中国石油天然气集团公司大连石化分公司厂区内一座1000万吨的常减压蒸馏装置发生泄漏并引起大火，幸未造成人员伤亡。

7月21日，国务院安委会召开全体会议研究部署近期工作。

7月22日，京珠高速河南省信阳市境内，一辆由山东威海开往湖南长沙的双层大客车突发燃烧事故，造成41人死亡，6人受伤。

7月23日，在甬温铁路线浙江省温州市鹿城区双屿路段，301次动车组与3115次动车组发生追尾事故，造成40人死亡，191人受伤。

7月25日，由中宣部、公安部、教育部、民政部、文化部、卫生部、广电部、国家安监总局联合制定颁布了《全民消防安全宣传教育纲要（2011—2015)》。

7月27日，温家宝总理主持召开国务院常务会议，研究“7·23”铁路事故调查处理和安全生产相关工作。

8月5日，国家安监总局发布《危险化学品重大危险源监督管理暂行规定》。

同日，国家安监总局发布《危险化学品生产企业安全生产许可证实施办法》。

8 月 8 日，甘肃省甘南藏族自治州舟曲县发生泥石流灾害，死亡和失踪 1765 人。

8 月 10 日，温家宝总理主持召开国务院常务会议，决定开展高速铁路及其在建项目安全大检查，适当降低新建高速铁路运营初期的速度，对拟建铁路项目重新组织安全评估。

8 月 15—16 日，国务院召开高速铁路及其在建项目安全大检查动员部署会议，张德江副总理作动员讲话。

8 月 29 日，中国石油天然气集团公司大连石化分公司 875 号柴油罐发生火灾。

9 月 1 日，国家安监总局发布《关于修改〈生产安全事故报告和调查处理条例〉罚款处罚暂行规定部分条款的决定》。

9 月 10 日，国家安监总局发出《关于进一步深入开展海洋石油勘探开发安全生产大检查工作的通知》，决定从 9 月 10 日至 12 月 10 日，对海洋石油勘探开发企业的安全生产进行全面检查。

同日，陕西省西安市未央路凯玄大厦项目施工现场发生脚手架坍塌事故，造成 10 人死亡，1 人重伤。

9 月 21 日，温家宝总理主持召开国务院常务会议，讨论通过《安全生产“十二五”规划》。10 月 1 日国务院颁布了该规划。

10 月 7 日，河北省唐山市交通运输集团公司的一辆大客车，在天津市境内滨保高速与一辆小轿车发生追尾，发生侧翻事故，造成 35 人死亡，19 人受伤。

10 月 8 日，张德江副总理主持召开国务院安委会全体会议，讨论国家安监总局起草的《关于坚持科学发展、安全发展，促进安全生产形势持续稳定好转的若干意见（征求意见稿）》，并研究第四季度安全生产工作。

10 月 24 日，由国家安监总局主办的第五届国际矿山救援大会暨第三届中国国际安全生产应急管理论坛及应急救援技术与装备展览会在北京开幕。

10 月 25—26 日，全国安全隐患排查治理现场会在北京顺义召开。

11 月 10 日，云南省曲靖市师宗县私庄煤矿发生煤与瓦斯突出事故，造成 43 人死亡。

11 月 11—12 日，全国煤矿瓦斯防治现场会在安徽合肥召开。张德江副总理在会上强调，要以瓦斯抽采达标和落实综合防治措施为重点，进一步加大瓦斯防治工作力度。

11 月 14 日，陕西省西安市一处经营“肉夹馍”的小吃店发生液化石油气泄漏爆炸重大事故，造成 10 人死亡，36 人受伤。

11 月 16 日，甘肃省庆阳市正宁县榆林镇的一辆幼儿园接送车，在行驶途中与对面驶来的翻斗车发生相撞，造成 21 人死亡（其中 17 名幼儿），43 人受伤。

11 月 19 日，山东省新泰联合化工股份有限公司发生爆燃事故，造成 15 人死亡，4 人受伤。

11 月，国务院对中国石油天然气集团公司在大连所属企业 2010 年“7・16”输油管道爆炸火灾、2010 年“10・24”火灾事故和大连石化分公司 2011 年“7・16”火灾事故、“8・29”爆炸火灾事故的调查处理报告作出批复，认定这 4 起事故均为责任事故，并给予包括中石油董事长蒋洁敏在内的 64 名事故责任人党纪、政纪处分，责成中石油向国资委作出深刻检查。

12 月 12 日，江苏省徐州市丰县首羡镇中心小学租用的一辆客车，在运送学生途中发生翻车，造成 15 人死亡，11 人受伤。

12 月 28 日，温家宝总理主持召开国务院常务会议，听取甬温线特别重大铁路交通事故调查情况汇报。会议决定，责成铁道部和铁道部部长盛光祖分别向国务院作出深刻检查，责成国资委对通信信号集团公司、通信信号股份有限公司及下属通信信号研究设计院依法进行整顿，重新组建通信信号研究设计院列控所。

2012 年

1 月 13 日，国务院召开全国安全生产电视电话会议，张德江副总理出席会议并讲话。

1月14—15日，国家安监总局召开年度全国安全生产工作会议。会前，张德江副总理接见了全国安监系统先进集体代表。

2月20日，鞍钢重型机械公司铸钢厂铸造车间发生喷爆事故，造成13人死亡，17人受伤。

2月22日，国家安监总局发布《煤层气地面开采安全规程（试行）》。

2月28日，河北省石家庄市赵县克尔化工厂生产硝酸胍的车间发生重大爆炸事故，造成29人死亡，46人受伤。

2月，国务院任命付建华为国家煤矿安监局局长。

3月11日，广西自治区贵港市桂平市羊栏滩白沙洲尾水域，一艘摆渡船与一艘货船发生碰撞，导致摆渡船沉没，造成20人死亡。

3月28日，交通部、公安部、国家安监总局联合召开电视电话会议，动员部署“道路客运安全年”活动。

4月5日，国务院颁布实施《校车安全管理条例》。

4月7日，辽宁省大连市保税区发生一起重大道路交通事故，造成14人死亡。

4月13日，全国石油天然气安全生产工作视频会议在北京召开。

5月3日，国务院安委会办公室组织召开了加强道路交通安全工作视频会议。

5月19日，中铁三局集团第五工程公司承建的湖南炎汝高速公路八面山隧道发生爆炸事故，死亡20人。

5月29日，杨栋梁担任国家安全生产监督管理总局局长、党组书记。

6月18日，河南省周口市淮阳县鲁台镇东屯行政村花炮厂发生爆炸事故，造成28人死亡，14人受伤。

6月26日，国家安监总局、国家煤矿安监局和全国总工会联合制定印发《煤矿班组安全建设规定（试行）》。

6月28日，四川省凉山州宁南县白鹤滩镇和倮格乡境内发生泥石流，三峡公司白鹤滩电站施工区受到泥石流冲击，造成40人死亡和失踪。

6月30日，天津市蓟县莱德商厦发生火灾，造成10人死亡，16人受伤。

7月1日，国家安监总局发布《危险化学品登记管理办法》、《烟花爆竹生产企业安全生产许可证实施办法》。

7月3日，国务院安全生产委员会召开全体会议，国务委员兼国务院秘书长马凯主持会议并讲话。

7月4日，国家质检总局发出《关于开展特种设备使用单位分类监管和使用安全管理标准化试点工作的通知》。

7月17日，国家安监总局发布《危险化学品经营许可证管理办法》。

7月19日，全国煤矿安全生产经验交流会在宁夏银川召开，马凯国务委员出席会议并讲话。

8月1日，国家安监总局印发《关于认真贯彻落实〈烟花爆竹生产企业安全生产许可证实施办法〉的通知》。

8月6日，教育部、公安部、国家安监总局等联合发出《关于贯彻落实〈校车安全管理条例〉进一步加强校车安全管理工作的通知》。

8月24日，国务院新闻办、国家安监总局联合召开新闻发布会，通报了十六大以来我国安全生产基本情况及下一步工作重点，回答了记者提问。

8月26日，陕西省延安市包茂高速安塞段，一辆客车与一辆装载甲醇的货车追尾相撞，导致甲醇泄漏起火并引燃客车，造成36人死亡，3人受伤。

8月29日，四川省攀枝花市肖家湾煤矿发生瓦斯爆炸事故，造成48人死亡，17人重伤。

9月4日，国务院安委会办公室召开全国煤矿安全生产专题视频会议，要求各地认真吸取近期发生的事故教训，加强煤矿安全防范。

9月12—14日，第20届海峡两岸及香港、澳门地区职业安全健康学术研讨会暨中国职业安全健康协会2012年学术年会在成都召开。本届会议主题为“安全、健康、交流、合作”。

9月13日，湖北省祥和建设集团有限公司建筑工地发生施工升降机坠落事故，致使机笼内的作业人员随笼高坠，造成 19 人死亡。

9 月 17 日，国家安监总局发布《关于加强安全生产科技创新工作的决定》。

9 月 18 日，第六届中国国际安全生产论坛暨安全生产及职业健康展览会在北京开幕。马凯国务委员出席开幕式并讲话。

9 月 21 日，国家安监总局发布《安全生产监管监察部门信息公开办法》。

10 月 10 日，中国铁建股份有限公司中铁十八局集团职工宿舍发生火灾，造成 13 人死亡，24 人受伤。

10 月 11—12 日，国家煤矿安监局在云南昆明召开全国煤矿事故分析暨警示教育会。

10 月 17 日，国务委员兼国务院秘书长马凯主持召开国务院安全生产委员会全体会议，听取“打非治违”专项行动和安全生产督查情况汇报，安排部署下一阶段安全生产工作。

10 月 24 日，国家安监总局召开煤矿安全生产专项督查动员会。

同日，国务院安委会办公室召开建筑施工安全生产形势分析会。

10 月 30 日，国家安监总局召开全国安全生产宣传工作视频会。

10 月 31 日，国务院安委会办公室召开视频会议，部署开展提升危化品领域本质安全水平专项行动。

11 月 4 日，国务院办公厅转发国家安监总局、发改委、工信部、公安部、财政部、国土资源部、工商总局、电监会等部门《关于依法做好金属非金属矿山整顿工作意见的通知》。

11 月 14 日，首届中美安全生产与职业健康对话会议在北京举行。

11 月 18 日，国务院批准同意自 2012 年起，将每年 12 月 2 日设立为“全国交通安全日”。

11 月 23 日，全国安全社区建设工作会议在陕西西安召开。

11 月 24 日，贵州省六盘水市盘南煤炭开发公司响水矿发生煤与瓦斯突出事故，造成 23 人死亡，5 人受伤。

11 月 24—25 日，由中国国家行政学院、公安部、民政部、卫生部、国资委和国家安监总局共同举办的2012年应急管理国际研讨会在京举行。

11月28—29日，全国安全生产监管监察行政执法工作会议在广东佛山召开。

12月2日，全国第一个“全国交通安全日”，按照中央文明办、公安部、教育部、司法部、交通部、国家安监总局等部门联合下发的通知要求，各地围绕“遵守交通信号，安全文明出行”这一主题，开展了形式多样的交通安全宣传教育活动。

12月3日，国家安监总局召开调度视频会议部署近期工作。

八、党的十八大以后新的发展阶段（2013年之后）

2013年

1月17日，国务院召开全国安全生产电视电话会议。张德江副总理发表讲话，对2013年安全生产工作提出要求。

1月18—19日，国家安监总局召开年度全国安全生产工作会议。

1月24日，国家安监总局发布《煤矿矿长保护矿工生命安全七条规定》。

1月30日，国务院批复建立金属非金属矿山整顿工作部际联席会议制度。

同日，国务院安委会发出《关于深入开展餐饮场所燃气安全专项治理的通知》。

2月4日，国家安监总局召开全国安全生产调度视频会议，要求加强安全防范，确保春节和全国“两会”期间安全生产形势稳定。

2月19日，卫生部发布《职业病诊断与鉴定管理办法》。

2月25日，农业部、国家安监总局联合召开全国渔业安全生产暨文明渔港创建工作视频会议。

2月27日，国家安监总局、工信部、人社部、国务院国资委、国家工商总局、国家质检总局、银监会等七部门联合召开全国工贸行业企业安全生产标准化建设工作视频会。

3月4日，国家安监总局、国家煤矿安监局发出通知，要求建立完善煤矿安全监控、煤与瓦斯突出事故报警系统。

3月11日，国家安监总局发出《关于加强烟花爆竹生产机械设备使用安全管理工作的通知》。

3月12日，贵州省水城矿业集团格目底公司马场煤矿发生煤与瓦斯突出事故，死亡25人。

3月20日，国家安监总局召开全国危化品和烟花爆竹安全监管工作视频会。

3月29日，吉林省吉煤集团通化矿业集团公司八宝煤业公司发生瓦斯爆炸事故，造成36人死亡。4月1日，该企业违反禁令，擅自组织人员冒险下井作业，再次发生瓦斯爆炸，致使15名矿山救护人员和2名管理人员丧生。两次爆炸共造成53人死亡。

同日，位于西藏自治区拉萨市的中国黄金集团甲玛矿区发生大面积山体滑坡事故，造成83人死亡和失踪。

4月2日，国家安监总局在湖南长沙召开安全生产综合监管工作现场会，交流学习了长沙市安全生产网格化管理和湖南省水上渡口渡船安全动态监管工作。

4月16日，国家安监总局在河北邯郸召开非煤矿山安全生产工作暨安全生产标准化建设现场会。

4月17—18日，国家安监总局在山东东营召开安全发展示范试点城市创建工作座谈会。

4月23日，国务院安委会办公室召开安全生产“打非治违”工作视频会。

4月24日，国家安监总局召开安全生产应急管理工作视频会。

5月7日，国务院安委会发出《关于深化工程建设领域预防施工起重机械脚手架等坍塌事故专项整治工作的通知》。

5月9日，全国安全生产宣传工作会议暨全国安全文化建设现场会在湖北武钢集团召开。

5月11日，四川省泸州市泸县桃子沟煤矿发生瓦斯爆炸事故，造成28人死亡，8 人重伤。

5 月 13—14 日，国家安监总局在河北邯郸召开职业安全健康工作经验交流会。

5 月 20 日，国家安监总局发布《工贸企业有限空间作业安全管理与监督暂行规定》。

同日，位于山东省章丘市的保利民爆济南科技有限公司乳化震源药柱生产车间发生爆炸事故，造成 33 人死亡，19 人受伤。

5 月 21 日，全国烟花爆竹行业安全生产责任保险统保示范项目签约暨启动会议在北京召开。

5 月 27 日，国务院安全生产委员会召开全体会议。马凯副总理主持会议并讲话。

6 月 3 日，吉林省长春市德惠市宝源丰禽业有限公司发生火灾，造成 121 人死亡，76 人受伤。

6 月 5 日，李克强总理主持召开国务院常务会议，研究部署安全生产工作。

6 月 6 日，习近平总书记对安全生产工作作出重要指示，强调要始终把人民生命安全放在首位，以对党和人民高度负责的态度，完善制度、强化责任、加强管理、严格监管、把安全生产责任制落到实处，防范重特大生产安全事故的发生。

6 月 7 日，国务院召开全国安全生产电视电话会议。马凯副总理传达了习近平总书记、李克强总理的重要指示精神，要求各部门、各地区深刻吸取事故教训，扎实开展安全生产大检查。

6 月 8 日，国家安监总局发出《关于保护生产安全事故和事故隐患举报人意见的通知》。

6 月 9 日，国务院办公厅印发《关于集中开展安全生产大检查的通知》。

6 月 19 日，国务院安委会印发《安全生产大检查工作实施方案》。

6 月 25 日，国家安监总局在全国农业展览馆举行了向 7 支国家矿山应急救援队授旗的仪式。

6月29日，习近平主席签发《中华人民共和国特种设备安全法》，自2014年1月1日起施行。

7月10日，国家安监总局发布《化学品物理危险性鉴定与分类管理办法》。

7月17日，国家安监总局发布《烟花爆竹企业保障生产安全十条规定》。

7月30日，国家安监总局召开视频会议通报上半年全国安全生产形势，部署后5个月的重点工作。

8月17日，国务院颁布《铁路安全管理条例》，自2014年1月1日起施行。

8月20日，国务院安委会召开会议部署安全生产综合督查工作，王勇国务委员出席会议并讲话。

同日，国务院安委会办公室召开重点行业领域安全生产工作会议，对各行业、各方面的工作逐一进行了点评。

8月22日，国务院安委会召开事故调查处理工作视频会。

8月23日，国家安监总局发布《非煤矿山外包工程安全管理暂行办法》。

8月27日，由中国安全生产协会主办的“第一届中国（上海）国际劳动防护与安全装备展览会”在上海世博展览馆开幕。

8月31日，上海市宝山区丰翔路1258号上海翁牌冷藏实业有限公司发生液氨泄漏事故，造成15人死亡、8人重伤。

9月4日，第一届中国国际化工过程安全研讨会暨石油化工安全新技术新产品展览会在山东青岛召开。

9月5日，国家安监总局召开金属非金属矿山整顿工作视频会。

9月12日，王勇国务委员主持召开部分中央企业安全生产座谈会。

9月14日，国务院办公厅发布《关于进一步加快煤层气（煤矿瓦斯）抽采利用的意见》。

9月18日，国务院安委会发布《关于深入开展涉氨制冷企业液氨使用专项治理的通知》。

同日，国家安监总局发布《化工（危险化学品）企业保障生产安全十条规定》。

10月2日，国务院办公厅发布《国务院办公厅关于进一步加强煤矿安全生产工作的意见》，要求大力推进煤矿安全治本攻坚，建立健全煤矿安全长效机制。

10月16日，国家安监总局发布《烟花爆竹经营许可实施办法》，自2013年12月1日施行。

10月25日，国务院办公厅发出《关于印发突发事件应急预案管理办法的通知》。

11月15日，国务院安委会发出《关于进一步加强生产安全事故应急处置工作的通知》。

11月21日，国家安监总局召开煤矿安全生产专题视频会。

11月22日，位于山东省青岛经济技术开发区的中国石油化工股份有限公司管道储运分公司东黄输油管道的原油泄漏，发生爆炸事故，造成62人死亡，136人受伤。

11月24日，习近平总书记专程到青岛，考察黄潍输油管线事故抢险救援、医疗救治工作，并主持会议听取汇报，指出这次事故再一次给我们敲响了警钟，安全生产必须警钟长鸣、常抓不懈；必须建立健全安全生产责任体系，强化企业主体责任；深化安全生产大检查，认真吸取教训，注重举一反三，全面加强安全生产工作。

11月28日，国家安监总局、国家煤矿安监局在重庆召开煤矿安全科技“四个一批”项目成果推广现场会。

12月5日，国务院安委会印发《国务院安委会关于开展油气输送管线等安全专项排查整治的紧急通知》。

12月6日，国务院安委会召开全体会议，传达贯彻习近平总书记在考察青岛“11·22”事故救援工作时的重要讲话精神，研究部署油气输送管道隐患排查治理等重点工作。

12月13日，新疆昌吉州呼图壁县白杨沟煤矿发生瓦斯爆炸事故，造成22人死亡。

12 月 23 日，国家卫生计生委、人社部、国家安监总局、全国总工会发布《职业病分类和目录》。

12 月 31 日，国家安监总局发出《关于开展职业病危害防治评估工作的通知》和《关于印发职业卫生档案管理规范的通知》。

2014 年

1 月 3 日，国家安监总局发布《食品生产企业安全生产监督管理暂行规定》。

同日，交通部发布《国内水路运输管理规定》。

1 月 5 日，宁夏自治区固原市西吉县北大寺发生踩踏事故，造成 14 人死亡，10 人受伤。

1 月 14 日，浙江省台州温岭城北街道杨家渭村大东鞋厂发生火灾事故，造成 16 人死亡，5 人受伤。

1 月 15 日，国务院召开全国安全生产电视电话会议。马凯副总理出席并讲话，要求坚持科学发展、安全发展，坚守红线、强化责任，注重预防、狠抓治本，依法治理、夯实基础，促进安全生产形势持续稳定好转。

同日，《中华人民共和国安全生产法修正案（草案）》经国务院第 36 次常务会议讨论通过，提交全国人大常委会审议。

1 月 17 日，国家安监总局召开年度安全生产工作会议，强调要全面贯彻落实习近平总书记、李克强总理重要指示精神，强化红线意识，勇于改革创新，重抓预防治本，扎实推动安全生产工作。

1 月 20 日，国家安监总局、国家煤矿安监局发布《关于开展“千名干部与万名矿长谈心对话”活动的通知》。

2 月 13 日，国家安监总局、国家煤矿安监局召开 50 个煤矿安全重点县（市、区）煤矿安全生产专题视频会议。

2 月 17 日，国务院安委会下发《关于开展安全生产重点工作专项督查的通知》。

2 月 21 日，国家安监总局召开全国危化品和烟花爆竹安全监管工作视频会议。

2月25日，第十二届全国人大常委会第7次会议首次审议《中华人民共和国安全生产法修正案（草案）》。受国务院委托，国家安监总局负责人作了关于《安全生产法修正案草案》的说明。

2月27日，国家安监总局技术委员会正式成立。

2月28日，国家安监总局召开全国职业卫生监管工作视频会议。

3月1日，山西省晋城市境内的晋济高速岩后隧道内，两辆运送甲醇的车辆追尾相撞，造成燃烧爆炸事故，死亡40人，受伤12人。

3月7日，唐山开滦（集团）化工有限公司乳化炸药生产车间发生爆炸事故，造成13人死亡。

3月20日，全国政协主席俞正声主持召开协商座谈会，就《安全生产法修正案》的有关问题进行座谈交流。

3月25—30日，国家安监总局举办全国50个重点产煤县煤矿安全专题研究班。

3月27日，国家安监总局下发《开展“工作场所职业卫生监督执法年”活动的通知》。

3月31日，教育部、公安部、交通部、国家卫生计生委、国家质检总局、国家安监总局、国家林业局、共青团中央、全国少工委、国务院妇女儿童工委办公室、中国地震局、中国气象局、国务院应急办、北京市政府在北京市海淀区上地实验小学共同举办了以“强化安全意识，提升安全素养”为主题的第19个全国中小学生安全教育日主题活动。

4月7日，云南省曲靖市麒麟区下海子煤矿发生水灾事故，死亡和下落不明22人。

4月9日，国家安监总局发布《安全科技支撑平台建设与管理暂行办法》。

4月14日，国家安监总局发布《职业卫生技术服务机构工作规范》。

4月15日，国家安监总局召开安全生产宣传教育工作视频会。

4月21日，国务院安委会召开全国安全生产工作视频会，通报一季度全国安全生产情况，分析形势，部署下一步工作。

4月23—24日，国家煤矿安监局在安徽淮南召开煤矿安全监管监察执法工作座谈会。

4月28日，“世界安全生产与健康日”纪念活动暨企业安全标准化国际研讨会在北京举行。

4月29日，国务院安委会召开安全生产重点工作专项督查汇报会。国务委员王勇出席会议并讲话。

4月，韩国“岁月号”沉船事故①发生后，国家安监总局会同交通部等，组织开展了一系列针对海上和内河航运安全的监督检查，要求做好“三个一”（一次水上弃船演习、一次船员安全教育、一次船舶关键设备和结构的安全自查）等工作。

5月22日，国务院新闻办举行新闻发布会，邀请国家安监总局负责人介绍安全生产形势和下一步重点工作，并回答了记者提问。

5月27日，马凯副总理主持召开国务院安委会全体会议，研究部署安全生产阶段性工作。

5月30日，国务院安委办下发通知，要求在“安全生产月”期间，各地区要开展油气管网突发事件联合应急救援演练。

6月7日，国务院召开全国安全生产电视电话会议，部署开展安全生产大检查。

6月9日，国务院办公厅发出《关于印发推进长江危险化学品运输安全保障体系建设工作方案的通知》。

6月12日，交通部发布《内河渡口渡船安全管理规定》。

6月20日，国家安监总局发布《非煤矿山企业安全生产十条规定》。

6月24日，国家安监总局、国家煤矿安监局召开煤矿事故警示教育视频会。

---

① 2014年4月16日，韩国一艘载有470多人的“岁月（SEWOL）号”客轮在全罗南道珍岛郡屏风岛以北20公里海上发生浸水事故，事故造成304人死亡和失踪，142人受伤。

6月25日，住房和城乡建设部发布《建筑施工企业主要负责人、项目负责人和专职安全生产管理人员安全生产管理规定》。

6月26日，国务院安委会办公室召开重点行业领域事故防范工作专题会。

6月28日，国务院安委会召开安全生产综合督查动员部署会议，王勇国务委员出席会议并讲话。

7月2日，国家安监总局举办“县（市区）领导干部危险化学品安全”专题研讨班和座谈会。

7月3日，国家安监总局发布《安全生产科技项目管理规定》。

7月10日，国家安监总局召开非煤矿山安全生产工作座谈会。

同日，湖南省湘潭市雨湖区响塘乡乐乐旺幼儿园一辆校车，在送幼儿回家途中坠入水塘，导致11人死亡（其中幼儿8名）。

7月11日，国家安监总局发出通知，要求各地深刻吸取事故教训，集中开展为期半年的化学品罐区安全专项整治。

同日，国家安监总局在安徽合肥召开安全生产经济政策座谈会。

7月17日，国家安监总局召开视频会议，总结上半年工作，点评各地区安全生产情况，对下半年工作进行安排部署。

7月19日，沪昆高速湖南省邵阳市境内，一辆非法改装的轻型货车与前行的大客车追尾，致使轻型货车所非法充装的乙醇泄漏燃烧，造成54人死亡。

7月22日，马凯副总理主持召开国务院安委会全体会议，研究部署下半年安全生产重点工作。

7月24日，国家安监总局在京召开50个煤矿安全重点县县委书记座谈会。

7月29日，王勇国务委员在四川主持召开重点地区煤矿整顿关闭工作座谈会，强调要认真贯彻《国务院办公厅关于进一步加强煤矿安全生产工作的意见》，加大煤矿安全治本攻坚力度。

7月30日，国务院安委会下发《关于集中开展“六打六治”打非治违专项行动的通知》。

8月1日，中央综治办、公安部、工信部、国家安监总局联合发布《全国危爆物品安全管理重点地区挂牌督办办法》。同日，国家安监总局召开理论研讨会，探讨工业化、城镇化、城乡一体化条件下安全生产的规律特点。

8月2日，位于江苏省苏州市昆山经济技术开发区的中荣金属制品有限公司发生铝粉尘爆炸事故，死亡97人，受伤163人。

8月7日，全国安全生产资格考试体系建设暨注册安全工程师工作视频会议在京召开。

8月9日，西藏自治区拉萨市尼木县境内318国道发生道路交通事故，造成44人死亡，11人受伤。

8月14—19日，国家安监总局举办50个非煤矿山重点县县长及全国非煤矿山安全监管人员培训班。

8月15日，国家安监总局发布《严防企业粉尘爆炸五条规定》。

8月25日，住房和城乡建设部发布《建筑施工项目经理质量安全责任十项规定（试行）》。

8月28日，国家安监总局、国家煤矿安监局发布《煤矿安全监察执法监督办法（试行）》。

8月31日，习近平签署中华人民共和国主席令第十三号，公布《全国人民代表大会常务委员会关于修改〈中华人民共和国安全生产法〉的决定》，修改后的《安全生产法》自2014年12月1日起施行。

9月4日，国务院安委会办公室召开隧道施工安全专题会议。

9月5日，国家安监总局、国家煤矿安监局制定发布《煤矿行业领域贯彻落实国务院安委会"六打六治"打非治违专项行动实施方案》和《金属非金属矿山领域"六打六治"打非治违专项行动实施方案》。

9月12日，国家安监总局发出通知，要求各地把宣传贯彻修改后的《安全生产法》，作为"六五"普法的重中之重。

9月18日，国家安监总局发布《关于印发〈生产安全事故统计报表制度〉的通知》。

9月19日，国家安监总局、交通部、国务院国资委、国家铁路局联合印发

《隧道施工安全九条规定》。

9月22日，湖南省株洲市醴陵市浦口南阳出口鞭炮烟花厂发生爆炸事故，造成14人死亡，33人受伤。

9月23—25日，第七届中国国际安全生产论坛暨中国国际安全生产及职业健康展览会在北京举行。王勇国务委员出席并致辞。

9月24日，国家安监总局发出《关于建立健全安全生产“四不两直”暗查暗访工作制度的通知》。

9月26日，国家安监总局召开宣传贯彻新修订的《安全生产法》视频会议。

同日，云南省昆明市明通小学发生踩踏事故，造成6人死亡，26人受伤。

9月28日，国家安监总局召开全国烟花爆竹安全监管工作视频会议。

9月29日，国家安监总局发布《有限空间安全作业五条规定》。

10月1日，交通部海事局发布《重点跟踪航运公司安全监督管理规定》。

10月10—11日，国家安监总局在陕西榆林召开全国安全文化建设现场会暨“安全生产月”活动总结交流会。

10月13日，国家卫生计生委发布《职业性手臂振动病的诊断》等22项国家职业卫生标准。

10月20日，国务院办公厅下发《关于成立国务院油气输送管道安全隐患整改工作领导小组的通知》。

10月31日，国家卫生计委发布《关于发布推荐性国家职业卫生标准〈职业病诊断通则〉的通告》。

11月6日，国家安监总局召开部分中央企业负责人安全生产座谈会。

11月13日，全国政协召开议题为“建筑工人工伤维权”的座谈会，俞正声主席主持会议。

同日，国家安监总局发出《关于印发用人单位职业病危害告知与警示标识管理规范的通知》。

11月14日，国务院油气输送管道安全隐患整改工作领导小组召开第一次全体会议。王勇国务委员出席会议并讲话。同日，国家安监总局对存在重大安全隐患的临邑—沧州原油管道、塘沽油库—大港天津石化公司426原油管道，作出了停止输送的决定。

11月16日，山东省寿光市化龙镇龙源食品有限公司发生火灾，造成18人死亡，13人受伤。

11月24日，国务院安委会办公室、国家安监总局召开视频会议，动员部署开展全国油气输送管道隐患整治攻坚战。

11月26日，国务院安全生产委员会发布《国务院安全生产委员会关于加强企业安全生产诚信体系建设的指导意见》。

11月27日，国家安监总局、国家煤矿安监局召开煤矿安全生产紧急专题视频会。

11月28日，国务院办公厅印发《关于实施公路安全生命防护工程的意见》。

11月，孙华山兼任国家安全生产应急救援指挥中心主任；黄玉治担任国家煤矿安监局局长。

12月1日，新修改的《安全生产法》开始施行。

12月2日，国务院安委会发出《关于开展劳动密集型企业消防安全专项治理工作的通知》。

12月4—5日，国家安监总局在湖北鄂州召开安全隐患排查治理体系建设现场会。

12月5日，国务院安委会办公室召开劳动密集型企业消防安全专项治理工作视频会议。

12月10日，国家安监总局发布《企业安全生产风险公告六条规定》。

12月18—19日，国家安监总局在重庆召开职业卫生监管工作座谈会。

12月23日，第十二届全国人大常委会召开第12次会议审议国务院安全生产工作。受国务院委托，国家安监总局负责人就全国安全生产情况、存在的问题和下一步措施，向常委会作了报告。

12月29日，北京市海淀区清华附中施工工地脚手架倒塌，造成10人死亡，4人受伤。

12月31日，上海市黄浦区外滩发生踩踏，导致36人死亡，49人受伤。

2015年

1月2日，黑龙江省哈尔滨市道外区太古头道街一仓库发生大火，连续燃烧20多个小时，火灾造成5名消防员牺牲，14人受伤。

1月3日凌晨，云南大理白族自治州巍山县南诏镇发生火灾，600多年的历史古城全部被烧毁。

1月6日，国务院召开全国安全生产电视电话会议。马凯副总理出席会议并发表讲话，要求大力实施安全发展战略，狠抓责任落实，加快推动全国安全生产状况的根本好转。

1月8日，国务院安委会发出《关于开展安全生产综合督查的通知》，拟于2015年1月中下旬，就春节和“两会”期间安全防范工作，以及新修改《安全生产法》的宣传贯彻情况等，开展综合督查。

1月14日，云南省红河自治州金珂糖业公司制炼车间的一名工人在清洗糖浆箱时中毒晕倒，其他人相继进入糖浆箱施救，事故造成4人死亡、2人中度中毒、6人轻度中毒。

1月26日，国家安监总局召开年度安全生产工作会议，强调要牢牢抓住依法治安这条主线，加快改革创新，深化治理整顿，适应经济发展新常态，在预防和治本上继续狠下功夫，全面完成安全生产“十二五”规划目标。

1月29日，国家安监总局对2014年第四季度开展的职业卫生技术服务机构专项执法检查情况进行了通报。

1月31日，内蒙古自治区呼伦贝尔市根河市金河兴安人造板发生粉尘爆炸事故，造成6人死亡，3人受伤。

2月5日，广东省惠东县义乌商品城四楼仓库发生火灾，造成17人死亡，多人受伤。

2月24日，新疆自治区喀什地区巴楚县尚未通车的施工路段发生一起客车爆胎侧翻事故，造成22人死亡，38人受伤。

2月28日，国家安监总局发布《企业安全生产应急管理九条规定》。

3月2日，河南省安阳市林州市山区公路发生一起乡村流动演出团体自备客车翻坠事故，造成20人死亡，13人受伤。

3月9日，国家安监总局批准公布了液氯钢瓶充装自动化控制系统技术要求、危险化学品事故应急救援指挥导则等37项安全生产行业标准。

3月18日，海南省儋州市蔚林橡胶公司组织进行橡胶废水池清洗作业，一名员工在废水池中作业时突然晕倒，其他人下池相救时也中毒，事故共导致3人死亡。

3月30日，国家安监总局召开安全警示教育视频会议。会议强调要强化红线意识，进一步深化措施落实，推动全国更多煤矿实现“零死亡”目标。

4月4日，贵州省毕节市汽车运输公司织金县分公司一辆农村班线客车在纳雍县境内坠入河内，造成21人死亡，3人受伤。

4月13日，国务院办公厅印发了《关于加强安全生产监管执法的通知》，要求健全完善安全生产法律法规和标准体系，依法落实安全生产责任，创新安全生产监管执法机制，严格规范安全生产监管执法行为，加强安全生产监管执法能力建设。

4月19日，山西省大同市南郊区同煤集团所属的姜家湾煤矿发生透水事故，造成21人死亡。

4月25日，云南省昆明市东川金水矿业公司落雪铜矿发生中毒窒息事故，造成9人死亡，12人受伤（其中3人重伤）。

5月6日，国家安监总局发出《关于深化工贸行业企业安全生产标准化建设的通知》。

5月12日，国家安监总局发布《淘汰落后与推广先进安全技术装备目录管理办法》。

5月15日，陕西省西安市相伴商贸有限公司租赁的一辆大客车，在行驶至咸阳市淳化县一处下坡转弯路段时坠下深崖，造成35人死亡，11人受伤。

5月16日，山西省晋城市阳城县瑞兴化工有限公司二硫化碳生产装置泄漏，在维修过程中发生中毒事故，造成8人死亡，6人受伤。

5月25日，河南省平顶山市鲁山县康乐园老年公寓发生火灾，造成38人死亡，6人受伤。

5月26日，国家安监总局、交通部、公安部发出《关于在道路客运行业深入开展驾驶员安全承诺和安全教育工作的通知》。

6月1日，重庆东方轮船公司的客轮“东方之星”号在长江湖北石首段倾覆，死亡和失踪442人。

6月12日，国务院安委会发出《关于成立安委会专家咨询委员会的通知》。

6月24日，全国客运索道应急救援综合演练在安徽黄山风景区云谷索道举行。

7月16日，山东省日照市山东石油大学科技石化有限公司液化石油气球罐区发生着火爆炸事故，罐区周边一公里范围内居民房屋门窗被震坏，7辆消防车被毁，2名消防员受伤。

7月21日，河北省邢台市宁晋县东旺镇一处非法生产的烟花爆竹厂点发生爆炸事故，死亡和失踪22人，受伤25人。

7月23日，国务院安委会印发了《油气输送管道保护和安全监管职责分工》和《2015年油气输送管道隐患整治攻坚战工作要点》。

7月28日，马凯副总理主持召开国务院安委会全体会议。会议要求各地抓紧建立健全党政同责、一岗双责、齐抓共管的安全生产责任体系，集中开展安全生产大检查，深入排查整治安全隐患，加强汛期安全防范。

8月7日，国务院安委会发出《关于全面开展安全生产大检查，深化“打非治违”和专项整治工作的通知》。

8月11日，贵州省黔西南州普安县楼下镇政忠煤矿发生中毒与窒息事故，造成13人死亡。

8月12日，天津市滨海新区瑞海国际物流有限公司危险品仓库发生火灾爆炸事故，造成165人遇难（其中公安消防人员110人，事故企业、周边企业员工和周边居民55人），8人失踪（其中消防人员5人，周边企业员工、天津港消防人员家属3人)),798人受伤(伤情重及较重者58人)。直接经济损失68.66亿元。

8月14日,国务院安委会发出《关于深入开展危险化学品和易燃易爆物品安全专项整治的紧急通知》。

8月17日,国家安监总局在总结山东石油大学油气罐区“7·16”爆炸事故教训基础上,制定并发布《油气罐区防火防爆十条禁令》。

8月18日,国务院天津港瑞海公司危险品仓库“8·12”特别重大火灾爆炸事故调查组成立并开展工作。国务院安委会副主任、公安部常务副部长杨焕宁任调查组组长。

8月19日,中央组织部有关负责人在国家安监总局党组扩大会上宣布:国家安监总局的工作由杨元元临时牵头负责,孙华山协助。

8月22日,国务院安委会召开全体会议,马凯副总理深入分析了天津港“8·12”瑞海公司危险品仓库特别重大火灾爆炸等事故所暴露出的突出问题,对做好下一阶段安全生产工作提出了要求。

8月28日,湖南省常德市安乡县众鑫纸业公司在纸浆池内发生中毒窒息事故,因施救不当,事故共造成8人死亡,1人受伤。

8月31日,山西省运城市河津市华鑫源钢铁有限责任公司在进行高炉检修时发生残留煤气中毒事故,造成4人死亡,4人受伤。

9月14日,国家安监总局印发《职业卫生技术服务档案管理规范》和《职业卫生技术服务机构实验室布局与管理规范》。

10月14日,国家安监总局召开干部大会,杨焕宁就任国家安全生产监督管理总局局长、党组书记。

10月20—22日,由国家安监总局、全国总工会、共青团中央、浙江省政府联合主办的第一届危化品救援技术竞赛在浙江宁波举行。

11月4日,国家安监总局制定发布《全国安全生产监管监察系统推进安全生产监督检查随机抽查工作实施方案》。规定要使随机抽查成为安监部门实施年度监督检查计划和开展安全生产大检查、专项治理、暗查暗访等执法活动的主要方式，以解决“检查任性、执法扰民、执法不公”等问题。

11 月 17 日，国家卫生计生委、人社部、国家安监总局、全国总工会联合发布新的《职业病危害因素分类目录》。原卫生部 2002 年 3 月发布的分类目录同时废止。

11 月 20 日，黑龙江省龙煤集团鸡西矿业公司杏花煤矿发生火灾事故，造成 22 人死亡。

11 月 29 日，山东省滨州市山东富凯不锈钢有限公司发生煤气中毒事故，造成 10 人死亡，7 人受伤。

11 月 30 日，国务院安委会办公室发出《关于实行生产安全事故统计联网直报的紧急通知》。

12 月 3 日，国家安监总局发布《煤矿重大生产安全事故隐患判定标准》。

12 月 16 日，福建省龙岩市新罗区一家名为“阿古制造”的餐厅发生爆炸，造成 7 人死亡，3 人受伤。

同日，黑龙江省鹤岗市向阳煤矿发生瓦斯爆炸事故，死亡 19 人。

12 月 17 日，辽宁省葫芦岛市连山钼业兴利矿业公司发生火灾，造成 17 人死亡，10 人受伤。

12 月 20 日，广东省深圳市光明新区恒泰裕工业园发生滑坡事故，造成 77 人死亡和失踪。

后　　记

经过大约一年的艰辛和努力，《中国安全生产史（1949—2015）》的编写任务终于完成，就要出版发行了。

国家安监总局局长、党组书记杨焕宁同志，对本书非常关心和支持，多次作出批示，肯定了编写安全生产史，以及做好安全生产史志工作所具有的“重大镜鉴意义”，要求总局各部门及有关方面予以“积极支持”；要求充分收集、深入研究历史资料，请“熟悉情况的老同志把一把关”。并在认真思考、反复斟酌的基础上，为本书撰写了题为《以史为鉴做好安全生产工作》的序言。

中国安全生产协会会长赵铁锤同志直接领导、具体指导了本书的筹划写作及其编审委员会的工作。

本书一至十一章以及绪论由朱义长撰写。杨乃莲负责收集并提供了“建国以来安全生产大事纪略”相关资料，朱安愚绘制了本书的所有图表，王世龙对本书进行了初审初校。赵歌今、刘顺章等为本书写作提供了部分资料和许多帮助。周寅生及国家安监总局档案馆在资料征集查询方面予以了帮助。

2016 年 1 月本书写作大纲提出后，国家安监总局领导孙华山和徐绍川同志，总局办公厅主任欧广等，就安全生产历史研究的方向及重点问题、书稿的篇章结构等，提出了很好的意见和建议。8 月上旬初稿形成后，总局办公厅将其印发给有关领导、相关单位征求意见。原国家安监局（总局）历任负责同志张宝明、王显政、李毅中、王君、赵铁锤、骆琳、杨元元、王德学、梁嘉琨、闪淳昌、黄毅、王树鹤、彭建勋等，认真进行了审阅并提出了宝贵意见。特别是李毅中同志，逐段逐句审阅、修改了初稿，并就我国事故总量下降的历史性拐点、正确评价大跃进时期安全生产所遭受的干扰冲击、如何看待我国一次能源构成等，提出了十分中肯、贴切的意见。相关单位特别是总局规划科技司、职业健康司、人事司（宣教办）、国家煤矿安监局行管司、国家安全生产应急救援指挥中心、中国安全生产科学研究院、档案馆等，以极其负责任的态度做出了修改和回复。劳动人事部退休干部张晓学同志等，对初稿提出了很有价值的修改意见。

在本书的写作过程中，我们参阅、引用和借鉴了许多同志的安全生产专著、论文、研究报告等，已分别在脚注、尾注中做了标明。这里再次表示感谢。

由于受到作者对建国以来安全生产历史资料的掌握程度、对相关历史素材的归纳分析能力等因素所限制，加之急于成书，时间颇为仓促，使本书在谋篇布局、叙事述物、列举比对、评价论证，以及所引用的数据、所做出的诠释等方面，都存在着不少的缺陷。由衷希望读到此书的人不吝赐教，予以我们的更多的批评、指导和帮助，以便使之后的版本臻于完善。

由衷希望本书的出版发行，能够引发大家对安全生产史的兴趣，我们共同努力、深入研究，理清我国安全生产的发展脉络，探索和把握安全生产的规律特点，逐步增强安全生产工作的前瞻性、主动性，为推动我国经济社会的安全发展而尽绵薄之力。

作　者

2016 年 10 月 26 日

参考文献

[1] 国家经济贸易委员会安全生产局．中国安全生产工作重要文献新编［M］．北京：中国石化出版社，2000.

[2] 国家经济贸易委员会安全生产局．中国安全生产年鉴（1979—1999）［M］．北京：民族出版社，2000.

[3] 闪淳昌．中国安全生产年鉴（2000—2001）［M］．北京：煤炭工业出版社，2002.

[4] 闪淳昌．中国安全生产年鉴（2002）［M］．北京：煤炭工业出版社，2003.

[5] 赵铁锤．中国安全生产年鉴（2003）［M］．北京：煤炭工业出版社，2004.

[6] 王显政．中国安全生产年鉴（2004）［M］．北京：煤炭工业出版社，2005.

[7] 王显政．中国安全生产年鉴（2005）［M］．北京：煤炭工业出版社，2006.

[8] 王显政．中国安全生产年鉴（2006）［M］．北京：煤炭工业出版社，2007.

[9] 黄毅．中国安全生产年鉴（2007）［M］．北京：煤炭工业出版社，2008.

[10] 黄毅．中国安全生产年鉴（2008）［M］．北京：煤炭工业出版社，2009.

[11] 支同祥．中国安全生产年鉴（2009）［M］．北京：煤炭工业出版社，2010.

[12] 支同祥．中国安全生产年鉴（2010）［M］．北京：煤炭工业出版社，2011.

[13] 支同祥．中国安全生产年鉴（2011）［M］．北京：煤炭工业出版社，2012.

[14] 朱义长．中国安全生产年鉴（2012）［M］．北京：煤炭工业出版社，2013.

[15] 朱义长．中国安全生产年鉴（2013）［M］．北京：煤炭工业出版社，2014.

[16] 朱义长．中国安全生产年鉴（2014）［M］．北京：煤炭工业出版社，2015.

[17] 国家安全生产监督管理局，国家煤矿安全监察局办公室．安全生产重要文件汇编（2000—2001）、(2002)、(2003).

[18] 国家安全生产监督管理总局办公厅．安全生产重要文件汇编（2004）、(2005)、(2006)、(2007)、(2008)、(2009)、(2010)、(2011)、(2012)、(2013)、(2014)、(2015).

[19] 国家安全生产监督管理局，国家煤矿安全监察局．国家煤矿安全监察大事记（1999—2009).

[20] 国家煤矿安全监察局办公室．安全重要讲话汇编（1999—2009).

[21] 国家安全生产监督管理总局研究室．王显政安全生产讲话实录（2002—2007).

[22] 国家安全生产监督管理总局政策法规司．李毅中安全生产文集（未定稿).

[23] 国家安全生产监督管理总局政策法规司．王君安全生产工作文集．

[24] 国家煤矿安全监察局办公室．赵铁锤安全生产文集．

[25] 国家安全生产监督管理总局研究室．骆琳安全生产文集．

[26] 国家煤矿安全监察局办公室．安全生产重要讲话汇编（2008—2012）．

[27] 国家安全生产监督管理总局政策法规司（研究室）．2002—2015 各年度《全国安全生产工作会议文集》、《安全监管局长座谈会文集》．

[28] 国家安全生产监督管理总局统计司（调度中心）．2005—2015 各年度《全国生产安全事故统计分析报告》．

[29] 刘卓宝，胡天锡．我国职业卫生工作世纪顾瞻［J］．劳动医学，2011，18(3)：129－131.

[30] 国家安全生产监督管理局政策法规司，煤炭信息研究院．安全文化研讨会论文集．2002.

[31] 国家安全生产监督管理局安全生产科研中心理论研究所．安全生产长效机制研究．2003.

[32] 国家安全生产监督管理局安全生产科研中心理论研究所．国际劳工组织职业安全卫生标准与我国安全生产法律法规对比研究．2003.

[33] 罗云．安全小康社会发展战略及目标研究报告．2003.

[34] 国家安全生产监督管理局宣传教育中心．《安全文化建设与安全文化产业发育》研究报告．2004.

[35] 李书清．安全生产经济政策文件汇编．2004.

[36] 煤炭信息研究院．《生产安全与社会经济发展研究》研究报告．2004.

[37] 王显政．完善我国安全生产监督管理体系研究［M］．北京：煤炭工业出版社，2005.

[38] 国务院法制办公室工交商事法制司，国家安全生产监督管理总局政策法规司，监察部法规司．《〈国务院关于预防煤矿生产安全事故的特别规定〉（释义）》［M］．北京：中国市场出版社，2006.

[39] 国务院国有资产监督管理委员会业绩考核局，国家安全生产监督管理总局安全生产协调司．现代安全理念和创新实践［M］．北京：经济科学出版社，2006.

[40] 中国灾害防御协会．中国灾害大事记（2001—2003）［M］．北京：地震出版社，2006.

[41] 白海金．见证与推动——《中国安全生产报》创刊五周年文集（2001—2006）［M］．北京：作家出版社，2006.

[42] 王显政. 安全生产与经济社会发展报告 [M]. 北京：煤炭工业出版社，2006.

[43] 财政部经济建设司，国家安全生产监督管理总局办公厅（财务司）. 安全生产经济政策制度汇编 [M]. 北京：中国财经出版社，2007.

[44] 国家安全生产应急救援指挥中心. 安全生产应急管理工作法律法规与重要文件汇编. 2007.

[45] 国家安全生产监督管理总局政策法规司，中国煤炭劳动保护学会，中国人寿保险有限责任公司，等.《煤矿井下作业职工意外伤害保险改革》调研报告. 2007.

[46] 胡尘白. 煤矿矿难纪年 [M]. 北京：煤炭工业出版社，2007.

[47] 中国安全生产科学院.《安全生产政策体系》研究报告. 2007.

[48] 黄盛初.《我国安全生产变化趋势与主要影响因素》研究报告. 2007.

[49] 煤炭科学研究总院.《生产经营单位生产安全事故伤亡赔偿办法》研究报告. 2007.

[50] 国家安全生产监督管理局政策法规司. 安全生产法律法规汇编（2008 年版）[M]. 徐州：中国矿业大学出版社，2008.

[51] 孙安弟. 中国近代安全史 [M]. 上海：上海书店出版社，2009.

[52] 刘铁民. 中国安全生产 60 年 [M]. 北京：中国劳动保障出版社，2009.

[53] 中国安全生产协会. 安全生产管理工作撰文获奖文集 [C]. 北京：中国劳动保障出版社，2009.

[54] 石少华. 安全生产法治总论 [M]. 北京：煤炭工业出版社，2011.

[55] 吴晓煜. 中国煤矿安全史话 [M]. 徐州：中国矿业大学出版社，2012.

[56] 詹瑜璞. 安全法学 [M]. 徐州：中国矿业大学出版社，2012.

[57] 国家安全生产监督管理总局宣教办，全国“安全生产月”活动组委会办公室. 强化红线意识，促进安全发展. 2013.

[58] 阚珂，杨元元.《〈中华人民共和国安全生产法〉释义》[M]. 北京：中国民主法制出版社，2014.

[59] 王国强. 中国疾病预防控制 60 年 [M]. 北京：中国人口出版社，2015.

[60] 贺佑国，颜爱华，等. 全国煤矿安全发展战略研究 [M]. 北京：煤炭工业出版社，2015.

[61] 中国企业联合会.《我国安全生产责任保险的现状和实现方式》研究报告. 2016.

[62] 詹瑜璞. 安全生产法律制度实施与完善 [R]. 北京：华北科技学院，2009.

图书在版编目（CIP）数据

中国安全生产史：1949－2015／朱义长主编．－－北京：煤炭工业出版社，2017（2020.6重印）

ISBN 978－7－5020－5643－8

Ⅰ.①中…　Ⅱ.①朱…　Ⅲ.①安全生产—概况—中国—1945—2015　Ⅳ.①X93

中国版本图书馆CIP数据核字（2016）第311332号

中国安全生产史（1949—2015）

主　　编　朱义长
责任编辑　尹忠昌
责任校对　姜惠萍
封面设计　于春颖

出版发行　煤炭工业出版社（北京市朝阳区芍药居35号　100029）
电　　话　010－84657898（总编室）
010－64018321（发行部）　010－84657880（读者服务部）
电子信箱　cciph612@126.com
网　　址　www.cciph.com.cn
印　　刷　海森印刷（天津）有限公司
经　　销　全国新华书店

开　　本　710mm×1000mm $^{1}/_{16}$　**印张**　31 $^{3}/_{4}$　**字数**　476千字
版　　次　2017年1月第1版　2020年6月第5次印刷
社内编号　8506　**定价**　78.00元